城市微更新设计研究

主编 戴 进 胡展鸿 马金剑

黑龙江科学技术出版社
HEILONGJIANG SCIENCE AND TECHNOLOGY PRESS

图书在版编目（CIP）数据

城市微更新设计研究 / 戴进 , 胡展鸿 , 马金剑主编
. -- 哈尔滨 : 黑龙江科学技术出版社 , 2023.2 （2024.3 重印）
ISBN 978-7-5719-1813-2

Ⅰ . ①城… Ⅱ . ①戴… ②胡… ③马… Ⅲ . ①城市规
划—建筑设计—研究 Ⅳ . ① TU984

中国国家版本馆 CIP 数据核字 (2023) 第 029209 号

城市微更新设计研究

CHENGSHI WEIGENGXIN SHEJI YANJIU

作　　者	戴　进　胡展鸿　马金剑	
责任编辑	陈元长	
封面设计	张顺霞	
出　　版	黑龙江科学技术出版社	

地址：哈尔滨市南岗区公安街 70-2 号　邮编：150007
电话：（0451）53642106　传真：（0451）53642143
网址：www.lkcbs.cn

发　　行	全国新华书店
印　　刷	三河市金兆印刷装订有限公司
开　　本	710mm×1000mm　1/16
印　　张	27.75
字　　数	410 千字
版　　次	2023 年 2 月第 1 版
印　　次	2024 年 3 月第 2 次印刷
书　　号	ISBN 978-7-5719-1813-2
定　　价	90.00 元

编 委 会

前言

　　近 20 年来，中国城市化的进程不断加快，城市的面貌日新月异。研究城市化的进程就会发现，城市其实一直处于变化之中，如同一个不断生长的生命有机体。城市从诞生到发展，再到蓬勃，一直在"新陈代谢"。当然城市也会老去，历史中也有不少城市消失在历史的长河中。在人类历史中，科技发展其实是城市化的基础动力。无论是工业革命还是信息革命，生产方式的转变都带动了城市地块功能的逐步转变。比如，原来城市核心区的码头建筑，因为铁路运输的发达而被逐渐废弃，这是物流方式转变带来的城市地块功能的变化。城市化进程最大的表象是城市人口的剧增，更多的人口需要更多的居住空间、交通空间和公共空间。城市扩张、工厂外迁，留下了需要更新改造的城市"棕地"。城市化的发展也带来了更多的剩余空间：一种是城市设施自身的富余空间，如立交桥下的空间；另一种是城市设施之间的挤压空间，如口袋公园。这些也是需要不断更新的场地。城市建筑自身也有寿命期限，当城市的细胞因为年代久远，不再适宜居住或功能转变时，则需要用更好、更新的方式来对待它们。

　　本书一共十二章。第一章是绪论，论述了由城市更新迈向城市微更新、城市微更新的价值与意义、城市剩余空间的微更新三个方面；第二章论述了城市微更新相关理论研究，分别是有机更新理论、城市针灸理论与城市触媒理论；第三章论述了城市空间的微更新设计，分别是老旧独立居住空间的微更新设计、城市滨水空间的微更新设计与遗留的老旧工业厂房的微更新设计；第四章至第八章就城市微更新设计实践进行论述，分别是社区微更新设计实践、公共空间微更新设计实践、商业区微更新设计实践、工业区微更新设计实践与住宅区微更新设计实践；第九至第十一章为城市更新制度建设与路径的相关问题，内容分别为城市更新制度建设的需求和路径、城市更新中空间演进规律及高质量发展策略、城市更新与空间演进的实践路径。第十二章讲述了城市微更新的发展与展望，分别是城市微更新的发展趋势、城市微更新存在的问题与城市微更新的优化路径。

本书主编人员为戴进、胡展鸿、马金剑，其中戴进负责编写第一至第三章以及第四章第一节，合计约 10 万字；胡展鸿负责编写第五至第七章，合计约 10 万字；马金剑负责编写第四章第二和第三节以及第八和第十二章，合计约 8 万字，本书副主编人员为郭其轶、张殷婧，其中郭其轶负责编写第九章，合计 5 万字；张殷婧负责编写第十、十一章，合计 5 万字。

为了提升本书的学术性与严谨性，在撰写过程中，笔者参阅了大量的文献资料，借鉴了诸多专家学者的研究成果，在此表示最诚挚的感谢。由于时间仓促，本书难免存在不足之处，希望各位读者不吝赐教，提出宝贵的意见，以便笔者加以改进。

目 录

第一章　绪论

第一节　由城市更新迈向城市微更新

一、城市更新概述

（一）城市更新的起源

城市更新是城市永恒不变的主题，它是将城市中已经不适应城市新发展阶段的地方做必要的、有计划的改扩建活动。城市更新最早可追溯到第二次世界大战后，随着经济的发展，西方国家的城市中心区进行了大规模推倒重建式的更新运动，并逐渐从解决住房问题等物理空间的改善转向经济、社会、环境、文化等综合维度的发展。21 世纪之后，全球则更加关注城市更新中地域文化的延续。1958 年 8 月，学术界在荷兰召开了第一次城市更新研讨会，会议认为城市居民对于居住环境、交通出行、购物、娱乐及其他生活活动有着不同的期望和要求，对于自己所居住房屋的修缮，以及街道、市政、绿地等公共设施的环境改善也有要求，以形成舒适的人居环境和美丽的市容市貌，包括上述内容在内的城市建设活动都属于城市更新。在发展过程中，城市更新的相关术语也历经了多种演变，如"城市重建"（urban renewal）、"城市再开发"（urban redevelopment）、"城市振兴"（urban revitalization）、"城市复兴"（urban renaissance），以及本书提到的"城市更新"（urban regeneration）。

西方国家的城市更新已有将近 100 年的历史，历经了多次重要变革。根据城市更新主要政策的转变，可以将西方国家城市更新的历程大致划分为三个阶段：20 世纪 60—80 年代，推土机式的重建，国家福利主义色彩的社区更新；20 世纪 80—90 年代，地产导向的旧城开发；20 世纪 90 年代之后，物质环境、经济和社会多维度的社区复兴。根据干预手段的变化，城市更新的三个阶段也可阐述为：20 世纪 60—80 年代，即第二次世界大战后，侧重"硬件"的城市更新，推土机式的大拆大建，以解决居住问题为主要目标；20 世纪 80—90 年代，全球经济衰退，西方国家城市经济结构转型，即向去工业化和郊区化转变，因而出现内城衰败、就业困难等社会问题，此时的城市更新侧重于"软件"目标——内城振兴，以维持该地区的人口数量；20 世纪 90 年代之后，城市更新朝多元化方向发展，转向"整合的城市更新"，城市建设、经济和社会干预相结合，在更新过程中强调保护历史环境和公众参与，追求多样化的整体目标。

20 世纪 90 年代，我国著名建筑学家吴良镛院士从城市"保护与发展"的角度出发，借用了有机体新陈代谢的特征，提出了城市"有机更新"的概念，注重物质层面的更新。后来，"有机更新"的内涵不断拓展应用到社会、环境、经济等综合领域。

（二）城市更新的国际经验

第二次世界大战结束后到 1960 年初，由于战争的影响，西方各国的许多建筑遭到严重破坏，因此这个时期的城市更新侧重于大拆大建、贫民窟的清理和住房的改善。20 世纪 50 年代，美国的城市更新主要注重居住条件的改善，因而推出了一系列贫民窟清理计划，如纽约华盛顿广场的"西南区计划"、旧金山的"金门计划"和圣保罗的"城市中心重建"等，这些改造都是以大规模拆迁与清除的方式推进的。20 世纪 60 年代，欧洲的城市更新同样是以"形体规划"为特征，以推土机式的重建为主要手段，对内城区域的贫民窟进行改造。然而，这种大拆大建式的城市更新无疑会破坏、摧毁一些有特色的、承载着当地历史文化传统与记忆的建筑物、街区，以及城市的文化、资源和资产，因此受到学者和居民的质疑。而且，这些改造往往成为地产商、建筑师、政客们谋求利益的工具，而利益受损的都是当地的平民阶层。

20 世纪 60—80 年代，西方城市更新的重点发生转移，从清理贫民窟的大拆大建转向建立公共住房体系，带有明显的福利主义的特点，成为一些国家重要的城市治理手段。这个时期的城市更新追求社区自发自愿参与，整治社区环境，复兴社区经济，重建邻里关系。一方面为日趋衰败的社区注入新鲜空气；另一方面为原有居民被迫外迁提供解决方法，缓解冲突，保留了社区结构的有机延续性。

20世纪80—90年代，全球经济下滑，制造业遭遇寒冬，依靠制造业发展的城市转向衰落，大量失业工人聚集在城市中心区域，中产阶级纷纷搬出内城，进一步加速了内城的衰落。这个时期的城市更新政策转变为以地产开发为主导的旧城开发模式，市场机制得到重视。该时期的城市更新政策具有以下三个显著特征。第一，国家角色逐渐淡化，政府开始主动寻求私人部门进行深入合作，政府通过出台政策鼓励私人投资标志性建筑及娱乐设施。例如，在20世纪80年代达到顶峰的、具有标志性的水岸振兴工程，以促使中产阶级回归内城，进而刺激内城的经济增长。第二，大片工业区得到再利用，如美国西雅图煤气厂公园等。第三，城市的文化和内涵开始受到重视，典型的是1985年推出的欧洲"文化城市"计划，促进了英国的格拉斯哥、荷兰的鹿特丹、爱尔兰的都柏林等多个城市向文化名城的转型。

20世纪90年代之后的城市更新注重人居环境的社区综合复兴。这个时期的城市更新有以下五个表现：①鼓励政府、私人、社区的三方合作，多部门协作和公众参与；②相比于政府和私人部门主导的自上而下的更新，更加强调自下而上的更新机制；③开始探索"可持续"更新；④更加关注人们的利益和历史建筑的保护；⑤文化事件、文化活动、文化旗舰项目涌现，逐渐成为城市更新的催化剂。

当前，城市更新已经发展成为城市的自我调节与发展，防止城市衰退，促进城市土地集约利用，通过结构和功能的调节增强城市的整体机能，使城市能够不断适应社会和经济发展需求的一种新的可持续动态平衡的方法，为城市的建设发展增添新的活力。

二、城市微更新的开始

近年来，随着中国城市化进程步入新阶段，城市发展及其策略也发生了重大变革。越来越多的实践经验表明，单纯依托于空间扩张及土地金融的城市建设方式已经难以为继。同时，由于土地收储成本的飙升，以及不均衡的公共服务供给，大拆大建的城市更新模式也逐渐步履维艰。

在此背景之下，相对于大规模、重资本、促增长的城市改造模式，一种小规模、精准性、渐进式的城市微更新策略，因其在实现社会与环境可持续发展方面表现出的良好效能，正日益引起专业领域、政府部门和决策者的关注。采用微更新的工作方式，尝试在更大层面上实现城市的整体战略目标，正成为一些地方政府在环境治理中得以提升空间品质的重要选项。

2015年，上海市人民政府印发《上海市城市更新实施办法》。次年，"行走上海2016——社区空间微更新计划"的首批11个微更新试点项目开始全面启动，标志着城市更新逐步从以城市用地再开发为主导的粗放型建设，向关注小微空间品质提升与功能复兴的精细化治理转型。在"小投入、大改观"的城市更新政策下，我国涌现了大量相关实践，也相应地激发了学术界对"城市微更新"的广泛探讨。

在实践领域中，虽然类似的城市微更新项目早已有之，在政策层面上，也早有北京、广州、上海等城市相继将城市微更新作为一个重要选项，但是在国内城市与建筑研究领域，相关的学术梳理与研究仍然处于初级阶段，对于城市微更新的学术研究明显落后于社会实践，而这一相对滞后性对于实践领域也产生了反向影响。

由于缺乏针对城市微更新内涵与方法的归纳、反思，许多由政府部门推行的微更新措施，经常被等同于建筑外立面粉饰、店招标牌整治、架空线缆入地等城市美化运动。同时在更为广泛的层面上，由于具体操作部门缺乏对城市宏观发展战略的理解，因而也无法形成有目标、有计划、有步骤的系统性操作，也就无法形成真正有效的精准性干预，实现一种以改善整体环境为目标的城市有机更新。

因此在当前阶段，无论是理论层面还是实践层面，都非常有必要从现实主义出发，系统性地审视和辨析城市微更新，厘清其对于操作层面具有引导作用的理论内涵，使之成为当前可以发挥更大社会效用的城市更新工作策略。

三、城市微更新的发展

尽管在更为广泛的学术领域，城市微更新并没有作为一种全球流行的概念进行使用，但是它的基本含义却已经广泛出现在自简·雅各布斯（Jane Jacobs）以来的各类城市研究中，并且从 20 世纪 60 年代开始，在全球众多城市中已有多年的实践发展，因而也积累了相当丰富的理论体系与实践方法

（一）国外城市微更新的发展

就其基本含义而言，"城市微更新"与当前在全球城市发展中普遍运用的"城市针灸"（urban acupuncture）的含义更为接近。作为一种将当代城市设计手法与中国传统针灸学说相结合的社会环境理论，城市针灸倡导使用小规模的精准干预，实现更大层面上城市整体环境的改善。

城市针灸这一术语最早出现在西班牙建筑与城市学家曼努埃尔·德·索拉·莫拉莱斯（Manuel de Sola Morales，以下简称"莫拉莱斯"）于 1982 年西班牙巴塞罗那城市复兴计划中提出的开创性举措，即通过在城市肌理中选择关键性"穴位"进行治疗，从而提振城市中已逐渐衰退的新陈代谢过程，改善城市的整体机能。这一将城市视为生命过程的设计思想可追溯至英国生物学家、社会学家、地理学家和城市规划师帕特里克·格迪斯（Patrick Geddes）所提出的"保守手术"（conservative surgery）概念。

1971 年，美国艺术家戈登·马塔-克拉克（Gordon Matta-Clark）提出了"反建筑"（anarchitecture）的理念，他将废弃建筑物改造为艺术作品，拓展了在建成环境中可以被识别的"针灸点"，为自下而上展开城市微更新提供了方法路径，也为战术城市主义（tactical urbanism）的进一步发展提供了启示。

随着城市针灸的概念逐渐得到广泛接受，来自世界各地的各类不同实践也相继涌现，大大发展并丰富了它的实践内涵。芬兰建筑师、环境艺术家马可·卡萨格兰德（Marco Casagrande）探讨了通过对生态环境系统的针灸，促使后工业城市向有机城市进行转型。美国学者阿丽亚娜·劳里·哈里森（Ariane Lourie Harrison）则深入讨论了社区层面的城市针灸策略，提出与传统城市设计方法相比，城市针灸对社区需求更加敏感，能够在满足本地化需求的同时，更好地了解城市系统如何在具体节点上运行、融合，从而帮助

设计师做出更精准有效的响应。

巴西建筑师、城市规划家贾米·勒纳（Jaime Lerner，以下简称"勒纳"）在其引领全球城市设计实践的库里蒂巴案例中提出，都市地区生活、工作和休闲的分离是导致城市失活的主要原因，而城市针灸可以在不进行大规模改动的基础上，使用低成本的精准干预，将城市中互不兼容的功能进行混合与提升，从而实现城市整体环境的改善。他于2014年出版了《城市针灸》一书，以其建筑师与政治家的双重身份分享了世界各大城市成功实施城市针灸的有益经验。

同时，俄罗斯规划师玛丽娜·彼得罗娃（Marina Petrova）提出了一种略有争议性的观点，她认为现有的城市微更新方法仍高度依赖于建筑师与规划师的"主观"判断，是一种有失偏颇的信息源。据此她提出了城市针灸2.0的概念，主张将城市居民的社交媒体数据作为真实社会行为加以分析，以尽可能提升城市决策中公众参与的比重。

综合以上观点，同时结合中国城市发展的特定语境，我们可以认为，当前中国城市正在开展的城市微更新运动，同许多西方国家实行的城市针灸战略在内涵方面具有很多的共性特征，但是在操作机制方面却存在着较为显著的差别。

（二）国内城市微更新的发展

相较于西方城市的治理体系及其所强调的自下而上的公众参与、社区自治等思想，中国城市的制度环境普遍提供的是在一种高度制度化、结构化的城市政府治理系统中，所从事的微观、具体、渐进的城市更新策略。可以说，这是一种自上而下的公共治理与自下而上的公众参与相结合的实践策略。总体而言，当前关于国内城市微更新的相关研究，主要可以梳理为以下四类观点。

（1）城市微更新是针对大规模城市整体更新所引发的空间危机的一种全面反思，它的诉求并不在于宏大叙事，而是通过广泛的、小型的、可调整的、可优化的实际项目，去具体提升城市环境与居民日常生活品质。因此，相对于现代主义建筑中英雄式的"乌托邦情节"与"空想主义"，城市微更新是一种极具现实性的工作策略与方法，与在中国城市中普遍推行的跨越式扩张相比，城市微更新更能够顺应城市发展的自身规律与要求。

（2）城市微更新是宏观规划具体介入社会经济运行的实质性领域，也是应对当前城市更新工作中资金短缺、收储困难等困境的一种现实性选择。由于城市微更新具有更低的实践门槛、更广泛的社会参与及更多元化的合作形式，因此它实质上也是一种关于宏观政策、发展趋势及社会需求的现实回应。通过其小尺度、适应性、多样化的工作模式来看，城市微更新在本质上是针对城市经济发展动力机制转变的一种反应。

（3）城市微更新面对的主要是社会日常生活领域，这也是公共事务的核心领域，是衔接城市治理与市民参与的最基本层面。因此，城市微更新作为城市精细化治理的有效手段，主要是以温和、低冲击的方式，由表及里地探索城市更新与环境保护的路径。与此同时，除了对城市具体环境进行改善与提升，城市微更新所探讨的是如何通过社会各领域、各方面的通力合作与协调创新，实现当地居民的共同经验价值和城市空间资源的共建共享。

（4）城市微更新是新技术背景下城市治理发展的新趋向。当前的城市微更新与以往类似行动的不同之处在于"互联网＋"时代下的新媒介技术正在改写城市建设的工作语境。一方面，这场社会变革使得大量的工作经验与策略面临着革新；另一方面，新技术工具的引入也相应地为城市环境的整合提升带来了更多可能性。因此，城市微更新应当在传统的"社会 - 空间"维度中增加对"技术 - 社会"关系的探讨，以期能够使用技术手段创造性地、综合性地解决城市中的复杂问题。

当今世界各国的城市，无论何种政治制度与经济状况，都面临着城市化这一客观历史进程所带来的一些共性问题。随着这些问题的日益涌现，不同的城市更新方法也在不断形成，以提供美观、清洁、宜人的环境，保证安全、舒适、高效的城市运行。然而，有些城市问题的原因和影响却是非常抽象的，也难以在经济、社会和环境中归纳出明确、可操作的解决方案。

因此，1980 年以来，一些城市研究者借用城市针灸的理念，通过将城市视为有机生命体，在一种更为全面、动态、可持续的城市发展理念下，提出了以精确的、小规模的实践性操作来"治疗"城市中大规模、整体性的衰败。尽管在具体的实践操作中略有差别，但在中国城市环境里正逐步发展的微更新运动具有与之相同的思想理念，即在一种更加系统、综合的视野下，采取更加精准的操作方法，为城市的可持续发展提供答案。

第二节　城市微更新的价值与意义

城市微更新是一项公共事业，其目的是通过对城市存量空间的改造，推动城市结构的优化和品质的提升，从而改变城市的综合面貌和居民的生活环境。城市微更新在持续促进经济社会健康发展、不断满足人民日益增长的美好生活需要上有着重要的作用。

一、提升城市竞争力及土地的使用价值

从城市发展的角度来看，城市微更新可以重新规划城市区域的功能，从而完成产业结构和用地结构的调整。相关的市政建设也可以起到改善居住及营商环境、解决交通问题、盘活土地价值、挖掘空间服务力等作用，从而提高城市的综合竞争力。

被改造成艺术中心的老厂房为市民提供了互动娱乐空间。除此之外，城市微更新的价值还体现在土地使用效率的提高上。城市的土地空间有限，城市微更新可以通过对老旧社区的改造，以及城市中工业用地的使用功能置换，来增加居住及商用空间的容积率，从而缓解土地供求矛盾，使土地价值得到进一步提升。城市微更新除了可以给地方政府带来土地出售收入，还可以为地方政府培育新的税源并带来相应公共事业的收益，充分发挥出旧城区聚焦经济效益的作用（见图 1-1）。

图 1-1 良友红坊 ADC 艺术中心及社区景观改造 / UAO 瑞拓设计 / 赵奕龙
（图片来源：李涛，孟娇《城市微更新：城市存量空间设计与改造》）

二、有利于居民物质及精神文化生活的提升

从人文生活角度来看，城市微更新可以实现居民从物质满足到精神丰盈的过渡。在我国城市化发展进程中，难免会出现追求建设速度和规模而忽视人居环境质量的问题，从而导致城市的宜居性、包容性、系统性不足等弊病。以城市微更新的方式对土地资源进行二次开发利用，能有效拓展城市的空间容量，丰富完善城市功能，为居民提供完善的公共基础设施，让居民享受丰富的商业生活配套，改善生态环境，提升生活品位，营造和谐的居住氛围（见图 1-2、图 1-3）。

图 1-2 爱马思艺术中心 / 建筑营设计工作室 / 王宁
（图片来源：李涛，孟娇《城市微更新：城市存量空间设计与改造》）

图 1-3 北京华润凤凰汇购物中心里巷改造 /Kokaistudios/ 金伟琦
（图片来源：李涛，孟娇《城市微更新：城市存量空间设计与改造》）

三、对城市印记的保留

城市改造中的大拆大建很容易破坏城市原有的文脉及特色，同时造成资源的浪费。因此在城市微更新的过程中，要坚持理念创新、方式创新，不仅要通过城市更新来改善民生，还要保留城市原有的印记，延续城市的历史价值及人文价值，努力走出一条城市更新的新路径。以上海市为例，历经时代更迭，外滩依旧是近代以来上海最闪耀的城市名片。在上海市南京路步行街中央广场的改造过程中，除了增加公共配套设施，提供休闲场所，还对原有的历史性建筑按照"重现风貌，重塑功能，修旧如故"的总体要求进行了修缮。修缮改造中保留了老建筑原有的风格，采用保护性手段对外墙进行了清洗和修缮，恢复了外墙原本的立面特色，使墙面原本的花饰和凹凸肌理得以重现。在确保原有城市肌理完美保留的同时，让沿街风貌统一和谐。街区的历史风貌和历史建筑的保留与保护留存了城市记忆，改造之后的建筑很好地延续了城市的历史风貌。市民及游客通过近距离接触这些建筑，可以切身感受到这座城市的历史文化积淀，同时这些建筑的使用价值也得到了最大限度的发挥。

第三节 城市剩余空间的微更新

一、城市剩余空间概述

（一）城市剩余空间定义

"城市剩余空间"并不是学术上的专有名词，在专著上并没有严格的定义。剩余空间（residual space）概念最初来源于 1966 年美国建筑师罗伯特·文丘里（Robert Venturi，以下简称"文丘里"）的《建筑的复杂性与矛盾性》一书。文丘里认为"建筑外部与室内之间存在一层额外空间"，他将这个"额外空间"称为"剩余空间"。文丘里在书中指出："对城市主要空间内部及其间的剩余空间所具有的不同开放性，我们已有所了解……如公路下面的空间及其两旁的防护地带。我们不仅没有意识到和利用这些空间的特殊性，还把它们当作停车场或零星草地，无论在区域还是场所尺度，这些都不是属于人的空间。"

1996 年，美国加利福尼亚大学城市规划系在《城市的破碎：寻求城市设计的困境及潜力》一文中提出，城市的问题之一是没有被开发的、没有被充分利用的，以及空间处理不当所导致的剩余空间。王坚锋在《上海城市剩余空间问题初探》一文中对剩余空间的定义是"在城市目前这一发展阶段没有被充分利用的也没有明确功能定义的空间"。香港大学建筑系教学团队自 2008 年在上海成立学习中心开始，就试图将教学经验总结成一套系统的研究方法。他们认识到由城市化或者城市的形成方式，直接导致了计划外的、无法解释的、偶然的，有时甚至看似无理性的"空间现象，他们将有这类现象的空间称为"剩余空间"。香港大学建筑系教学团队提出的"剩余空间"是对当下城市建设过程中产生的空间形态进行观察和反思的形式，基于时间维度上的积累与变化。

城市剩余空间源自城市更新运动，它是在一种运动的状态下产生的。这种"剩余"是一种临时性的状态，当空间的使用方式和功能发生从积极状态到消极状态的变化时，剩余空间也就出现了。而空间功能的变化最终与经济及社会的生产消费相关，城市在动态的发展下，不同地区的生长与衰落都有一定的周期性。当衰落地区借助于公共政策干预、低租金等方式吸引促进创新生产的群体和拥有一定话语权的群体时，在新的周期里该地区就又回到了发展前线。在这样一个动态的城市发展宏观现状下，可以发现剩余空间具有临时性这一特点。并且，剩余空间是随着公共空间的使用方式及功能往消极方向改变时而出现，那么当一空间被使用主体遗忘、放弃时，其也成为剩余空间。

（二）城市剩余空间的特性

1. 城市性

剩余空间是指城市环境中未被利用或者未能充分发挥其价值的空间，而不是乡村空间。乡村空间具有清晰且明确的用途与意义，即提供木材、粮食等资源，同时也能满足人们亲近自然的需求。乡村空间主要是由地形、水体、植被等自然要素和篱笆、石墙等人工要素构成的自然景观，因而被界定为有积极性及结构性的空间。城市是更新运动的主战场，而剩余空间大多存在于城市中。

2. 公共性与开放性

剩余空间是指"剩余"的公共空间，是城市公共活动空间中缺乏活力而被"剩余"的区域，是一个开放性的场所。随着人们生活水平的提高与生活压力的增加，大众参加公共活动及追求精神享受的需求也更为突出，而公共活动空间布局与建设品质的不足迫使大众远离。在这一矛盾现状下，公共空间就出现了"剩余"困境。

3. 次要性

剩余空间在性质上属于城市空间中"剩余"的部分，被空间使用主体忽略的、遗忘的部分，表现出次要性特征。一方面，剩余空间最初可能并不是"剩余"的状态，只是在城市空间使用过程中由于各种原因渐渐被人们遗忘，继而成为剩余空间；另一方面，剩余空间本身具有其他空间形式的一些属性，最后却只留下了"剩余"的属性。空间功能供给不足，从某方面来说也是被使用者遗忘的。

4. 消极性

剩余空间分布零散、形式不一。从形式上来看，它破坏了城市空间的整体性。大多数剩余空间是不整洁的，一部分因被空间使用主体遗忘而衰败，另一部分因本身存在的形式等问题而导致空间杂乱，这些都影响了城市的美观。最重要的一点是，城市剩余空间是闲置的，或者说该空间原本具有的功能已不被需要。从空间的功能性方面分析，这类空间就是消极空间。所以，综合其形式结构、美观性及空间功能性三方面来看，剩余空间具有一定的消极性。

5. 未充分利用性

大多数剩余空间的现状是不尽如人意的，人们甚至忽略了这一空间的存在。由于忽略剩余空间的存在而没有发现其潜在价值，因此剩余空间是未被充分利用的空间。也正因为这类空间具有未充分利用性，所以才有进一步发展与利用的可能。从时间这一维度上来说，剩余空间的存在只是暂时的。当空间使用主体和专业人员意识到这类空间的"剩余"价值并将其转变为具有积极意义的空间时，剩余空间也就不再"剩余"了。

（三）城市剩余空间的形成原因

1. 城市自身发展产生的"剩余"

一座城市的起始发展点有很多，可能是沿河发展，可能是依靠当地重要的资源发展，也可能是因为商业而发展起来的。在发展的长河中，城市必然会依附其他产业。当城市中的土地找不到当下与其价值相符合的功能时，如地块价值过低或过高、规划与实际价值不符等，这个地块就可能出现剩余空间。

在城市的发展中，随着社会关系的复杂化、文化价值的多样性、经济需求的差异性，传统的城市空间已无法满足人们现代生活的需要。原有的城市空间只会保留"空间"的形式，而空间中的文化精神会随着人们的远离而衰落，甚至消失。例如，20 世纪末，大众喜欢追寻新鲜事物，北京一些胡同的认同感与亲切感在城市空间功能的转换中逐渐消失，因而成为剩余空间。

另外，城市发展中必然会出现很多产物，在满足人们需求的同时也会带来一些问题，在此提出两个影响较大的方面。其一是汽车的普及，在拓宽马路的同时改变了原有的街道尺度，随之出现了错综复杂的交通干道与空中的高架桥，分割了人们日常连贯的生活构成要素，破坏了公共空间的质量。而在城市快速干道与周边地块之间、高架桥下面就会产生大量的剩余空间。其二是人们将土地当作自然的"排污厂"，无限制的施肥灌溉、工业"三废"的污染、交通工具排放的尾气等造成了严重的土地污染，改变了土地性质。当土地中含有重度污染元素时，这类地块也会被人们遗弃，成为在很长的周期内难以再次使用的剩余空间。

因此，城市在自身发展过程中本就蕴含着出现剩余空间的可能性，这是难以避免的问题。

2. 土地所有制引发的"剩余"

土地所有制的方式决定了人们对城市空间的态度，甚至会促使剩余空间的产生。为了使土地得到高效利用，日本的街道上建造了大批钢筋混凝土结构的多层和高层不可燃公寓住宅。或许是对土地私有制度的尊重，造就了今天这种不可燃建筑高高低低、混杂并置的城市景观乱象。因为土地私有制带来的土地观念，所以每个人都会将自己的利益放在第一位。日本在面向狭窄街道的拐角处会留出一个斜角给行人使用，但是无论交通情况是否拥堵，土地所有者都会立起栏杆来强调所有权。当个人利益最大化的时候，公共利益就会受到伤害，就会产生剩余空间。

当土地所有制是公有制时，土地属于国家，土地的使用方式由国家统一安排。在土地规划与安排上的集中处理虽然避免了剩余空间的产生，但是使得人们对土地缺乏感情，对公共空间缺少归属感。当公共空间出现公共问题时，人们会选择回避或者不再利用该空间，一些本可以得到利用的小范围空间因此变成了剩余空间。

3. 城市规划、管理导致的"剩余"

在古代，城市是自发形成的。在《清明上河图》描绘的宋代市井中，有驿站，有表演的场子，有临时摆的小摊，有赶马的车夫，还有路过的行人，中间街巷流畅，整体看似无序却让空间的每一处都有了适宜的用途。而现代城市在规划中有序发展，剩余空间却变多了。

从城市规划的角度来看，城市规划在一定时期内界定了土地的性质与用途，而当城市功能发生自然转换或规划管控出现空白的时候（如土地租约到期、规划调整、权利管控松动），就会出现剩余空间。在城市规划中，规划部门做好功能分区并划分好土地之后，会对土地进行拍卖或建设。在不同地块的交界处，规划部门会留出一定的退让边界，由于建设主体的不同和受益群体复杂，开发商往往会要求压着边界进行设计，这就导致各个地块边界僵硬，而两块用地边界即建筑与建筑之间的预留空间在不能做好过渡空间的情况下变成剩余空间。因此，规划部门应制定好城市建设导控总则，在建设前进行统一设计并全盘考虑可能出现的一些问题。另外，在城市产业更替进程中，由于用地性质、产权归属和受益方不同等因素使得原有产业空间未能得到及时管理，或者地块再次分割后留下"三不管"地带，这部分空间在长期闲置中走向衰败并成为剩余空间。

人们走在城市中关注的是身边日常空间角落，规划师、设计师在规划与设计时关注的是一个空间的整体规划，他们看到的更多是主要干道、广场与公共设施，而忽略了日常生活中的细节。在规划过程中缺少市民的参与，或者说市民参与只是流于形式，规划的功能区只满足了少部分人的需求，在规划时没有考虑到空间的后期发展和建成后的管理，这类空间最终都有可能发展成剩余空间。

4. 城市公共空间设计现状导致的"剩余"

在城市化进程快速发展的背景下，每座城市，或者说一座城市的不同公共空间营造的都是"同一张脸"。人们在一个毫无特征的公园打电话告诉对方自己在哪里时，会以附近的街道为指示物，因为每个公园的区别仅限于所在街道不同。显然，公共空间的营造现状没有区域特色差异，究其根源是缺乏对城市文化底蕴的挖掘，营造的空间乍看起来"百花齐放"，实际上是对社会群体生活环境的无视甚至遗忘。"钢筋混凝土竖立一座城，或街或巷或胡同"，这或许是对某些城市淡化公共空间的形象写照。城市公共空间营造看重的是空间与功能的构建，却忽视了人们的真正需求，更忽视了公共空间带给人们的空间感受与文化氛围。这样缺乏人文关怀的公共空间既不能满足人们的功能需求，也不能满足人们的情感寄托需求。人们不愿参与到空间活动中，更多的仅仅是旁观，甚至是无视，这类空间在快消费文化发展的现代必然会发展成剩余空间。

（四）城市剩余空间的类型

1.线性剩余空间

从城市平面肌理上来看，线性剩余空间形态长而窄，具有连续性、通过性及引导性特征，多与市政基础工程有关，废弃铁路、高架桥下的空间是其典型代表。以废弃铁路为主的线性剩余空间多为工业化进程的产物，一般作为运输、物流的媒介而存在。在城市化进程中，由于运输方式向快速、环保等方面改进，因此原先的设施并未得到合理的改进、利用而被搁置。高架桥下的空间是指由高架桥顶面、支撑柱与地面形成的空间。建设高架桥是解决道路交通拥挤、缓解车流与人流压力的有效办法。基于此，高架桥大量出现，而高架桥下的附属空间却被忽略了。

从城市空间纵向维度上来看，建筑物之间的"缝隙"有可能会形成剩余空间。由于城市中的建筑在施工时并不能按照"乌托邦"式的规划去建设，以及城市建筑风格上的差异、不同时期建设的差异、居住群的差异，因此建筑与建筑之间的空间不一定是具有积极意义的空间。两栋建筑物之间必然会因为距离而产生空间，可能是积极有效的空间，也可能是无人光顾的消极空间。因此，建筑与建筑之间的消极"缝隙"也是城市线性剩余空间的一种。线性剩余空间是城市肌理的重要组成部分，无论是在城市化进程中遗弃的，还是在发展中忽略的剩余空间，都应该得到人们的重视。

2.团块状剩余空间

团块状剩余空间一般体量较为庞大，在城市平面肌理中呈团块状，一般由多个建筑围合而成，主要包括旧工业厂房、烂尾楼等。由于土地性质、产权归属等众多问题难以解决，或者无法满足现代城市的发展，这些空间变成了无人造访的剩余空间。还有一类团块状剩余空间是被污染的土地。土地污染是指土地受到工业废弃物或农用化学物质的侵入，改变了土壤原有的理化性质，使土地生产潜力减退、产品质量下降并对人类和动植物造成危害的现象和过程。在城市公共空间中，土地污染主要来自生活污染和交通运输污染，这些被污染的土地很可能会引发其他污染，所以一般被闲置成剩余空间。

3. 散点式剩余空间

散点式剩余空间是人们在生活中最常见的剩余空间类型，其空间尺度相对于老工厂、废弃铁路要小许多，呈散点式分布于城市空间的各个角落。这类空间一般包括零散地块、闲置地块、边角地块等低效微绿地、小型废弃公园和闲置屋顶空间，形态多元且可利用性更高，常出现于社区空间中。另外，在近些年的旧城改造中，新建筑坐落于蕴含历史文化内涵的老建筑周边。由于空间关系的改变，老建筑逐渐失去了原先的"韵味"，新老建筑的过渡空间塑造是能否产生城市剩余空间的关键。然而，这些过渡空间时常被人们忽略，合理利用这些"小"空间能从日常生活中提升人们的幸福指数，发挥"大"作用。从社区生活角度进行剩余空间设计，关注生活周边的微空间设计，也是本书中改变城市剩余空间现状的切入点。

二、城市剩余空间设计现状

（一）对于城市剩余空间存在性的忽略

由于中国城市化的快速发展，城市建筑建设的需求量逐渐增加，人们更多地关注建筑主体，而外部公共空间很容易被忽视。在此现状下建设的城市公共空间，乍看起来表面美不胜收，实际上却忽视了人们的活动需求和情感需求，在人们的无视甚至遗忘下，城市剩余空间就出现了。

让城市剩余空间变得不再"剩余"的第一步是要发现这类空间。由于剩余空间涵盖的空间类型众多，以及空间存在临时性等特点，大众往往难以发现这类空间。所以，空间存在的模糊性界定也是城市剩余空间设计利用的问题之一。笔者通过对城市剩余空间的定义总结、相关词辨析、空间特性、形成原因及类型分析，旨在让人们认识、了解什么是城市剩余空间，发现身边的剩余空间。

（二）单一的空间功能设计，忽略人的行为需求

在城市剩余空间涵盖的众多空间类型中，畸零地块和高架桥下的空间在生活中最为常见，对这类空间的设计改造手法往往是绿化填充。绿化填充符合生态设计理念，具有美化环境的作用。然而，绿化空间的利用率较低，大众只会远远观之，缺乏公众参与的公共空间必然会再次"剩余"。尤其是高架桥下剩余空间的尺度很大，大量的绿化填充会使大众产生厌倦心理，继而选择性忽略。对于社区中出现的部分低效绿地，居民私自占用为菜园、踩踏出路径的现象更是体现了居民的实际需求。人们的行为需求是多元的，在同一个空间中，不同年龄段的人会有不同的行为需求。一个公园可能包含了人们散步、跑步、交流、健身、玩耍、思考等多个需求，单一的功能无法满足城市剩余空间构成的复杂性特质。城市剩余空间的改造要关注人们的行为需求，从行为需求出发，构思空间的多样性功能。

（三）地域文化与现代产业发展的结合失败

进行城市公共空间设计经常会结合地域文化，一个地区留存的历史痕迹越多，地域文化也就越深厚，在丰富的地域文化背景下存在的空间更能承受住时代的考验。城市剩余空间中的废弃工业用地、废弃铁路，尤其是旧工业厂房，其承载着一个城市的文化记忆，在设计改造时应保留部分城市文化载体的建筑与空间，结合现代产业发展进行空间重塑，往往以文化创意产业园的形式再生。然而，改造后的文化创意产业园大多呈现出冷清的迹象，如南京晨光1865科技·创意产业园。地域文化与现代产业发展二者是"旧"与"新"的碰撞，不同地域背景下文化创意产业园的衰败原因往往也不相同。从宏观角度来看，笔者将其分为以下三点原因：一是对文化记忆的呈现只停留在原有建筑上，空间再造浮于表面而缺乏内容；二是文化创意产业园中的文化产业入驻边缘化，没有呼应城市的特有文化，无法引起大众内心的共鸣；三是文化创意产业园本身处在一个闭合的空间内，四周有院墙或栏杆，不能与大众进行直接的沟通和交流。

虽然剩余空间所处地域不同，但是都有独特的地域文化。探寻地域文化

与现代产业发展之间的交织点,是将剩余空间变为积极场所的有效方法之一。

(四)空间设计中缺乏公众参与

城市剩余空间是"剩余"的公共空间,而人们积极参与的公共空间便不再是"剩余"的了。在城市剩余空间的设计利用上,设计师会考虑到公众参与,试图用"人"这一活力因素改变空间剩余现状。人是最大的、最活跃的,也是最复杂的随机因素,通过人的活动才能在空间与时间上建立联系。人对于一个事物一旦有了参与,就会产生回忆性意识,而人是对自己的回忆具有情感倾向的。公众参与剩余空间设计是一项集体活动,在集体活动的过程中可以形成集体记忆,建立认同感。认同感的建立加强了公众之间的关系与团体的凝聚力。同时,改造完成的空间表现出了人在营造过程中的参与性,人的参与性产生了回忆,回忆引发了情感。最终,剩余空间通过改造让人产生了情感共鸣。公众对改造完成的剩余空间会建立起情感关系,产生归属感。

三、城市剩余空间微更新的设计策略

(一)以人为主,多元主体参与

由城市剩余空间形成的原因可知,除制度、规划方面造成的空间剩余以外,其他"剩余"的形成都是因为人的远离。城市剩余空间具有公共性,是公众共有的空间。因此,在城市剩余空间微更新设计中,"人"应当是所有要素的首要条件。设计师要以公众的实际需求为导向,找出城市剩余空间的"痛点",结合公众的生活方式、改造意向等进行空间环境层面的设计,从而提高空间环境质量,满足人们的活动需求、交往需求和消费需求。

1.了解不同年龄段公众的行为需求

一个公共空间的使用者包含了各个年龄段的人群,城市剩余空间也是这样。不同年龄段的人群,其行为需求往往也不一样,这就要求设计师根据公众的行为需求进行空间的功能设计。公众在公共空间中往往有休憩、健身、跑步、交流、玩耍等动静不一的行为需求;儿童注重空间的游戏性,希望能在城市剩余空间中与伙伴一起玩游戏;青年注重空间的趣味性与新鲜感,希望城市剩余空间能提供高品质的交往需求;中老年更关心空间有无适合休息闲谈的区域，有无简单的健身设施。综合不同年龄段人群的行为需求，城市剩余空间的重塑重点是提供多元、趣味的互动性，让静态的空间在人们的参与互动中"动"起来。

2. 关注公众的心理需求，塑造多维感官体验

了解公众的行为需求是基础，设计师更应该关注公众的心理需求，营造有归属感的空间，改变剩余空间因遗忘而"剩余"的窘境。公众对城市剩余空间的体验主要来自一些有意义的空间节点、标志、区域，如导向性标志、有趣的细节设计等，在这个空间形成的触觉、嗅觉、听觉、视觉等感受都会转化为潜在意识汇聚到公众的记忆中。从关注公众的多维感官出发，设计师对城市剩余空间的重塑也会有新的认识。人们的多维感官体验往往是交织存在的，在剩余空间重塑方面，影响公众多维感官体验的基础环境元素，包括水平界面、垂直界面和基础设施等要素在色彩、材质、形态三个方面的处理，要使公众与空间之间产生交流。

在水平界面的设计上，可以局部改变铺地的形式，吸引公众在不同的路线上行走，产生不同的心理感受。垂直界面一般指空间水平元素构成的顶部，包括由树冠构成的顶部连接面和构筑物的内部顶面。在垂直界面的设计上，一方面可以通过绿化的色彩、层次性和季节性营造不一样的空间氛围，并且绿化创造的半私密性空间也能为人们的停留休憩提供场所；另一方面，在构筑物的内部顶面，可以营造特殊的感官体验来满足公众的心理需求。例如，澳大利亚多伦多地道公园的天桥顶面设计，通过六边形镜面装置表现出从白天自然光到夜晚灯光的变化情境，丰富的光影变化打破了原来的灰色沉闷，吸引公众来此参观。同时，镜面装置打造的顶面削弱了上方桥梁带给人们的厚重压迫感，镜面折射扩大了场地的空间感，使得桥下空间更为通透。在基础设施的设计上，可以改变设施的单一化，将自然材料与空间基础环境元素相结合，在保证空间整体性的前提下吸引人们前往。例如，在街道上巧妙增加坐凳，亚克力材料的坐凳在视觉上形成了玉石或青瓷釉的温润质感，潜移默化地融入街道中，不仅解决了行人短暂停留的需求，还丰富了公众与街道的互动性。

综上所述，利用对环境元素的不同处理方法，可以激发公众的视觉、触

觉、嗅觉等多维感官体验，在满足公众生理需求的基础上满足其心理需求，增加公众与空间的互动性。

3. 多元主体参与，共同创作

城市剩余空间涉及多方利益主体，在多元主体参与的模式下进行空间改造能建立一个利益的平衡点，在相互制约中趋于稳定。政府、开发商、设计师、不同职业的公众和自组织的共同参与，可以为唤醒城市剩余空间提供多角度的思考方向。在共同创作中提出多个角度的创新点，塑造空间环境的多样性，将城市剩余空间转化成一种可回收资源。此外，公众积极参与剩余空间的设计，是剩余空间改造过程中不可或缺的一环。在参与的过程中培养公众关注身边剩余空间的意识，为深度的公众参与做铺垫。要逐步唤醒公众的自治意识，呼吁公众主动参与到城市剩余空间的设计中，建立维护管理小组，凝聚集体意识，以公众参与实现城市剩余空间的改造。

（二）文化活动激活，创造集体记忆

城市剩余空间是在经历了一定时期的演变下形成的，空间文化也经历了时空的沉淀。要从空间文化方面挖掘城市剩余空间的潜在功能，呼唤公众的集体记忆，提升公众对区域文化与城市文脉的保护意识。通过文化活动的举办，促进公众在空间中的交往，在创造新的集体记忆的同时，激活城市剩余空间。

文化活动的组织可以贯穿城市剩余空间的整个改造过程。在改造之初，可以组织公众参与收集历史文化记忆，在活动中增强公众对生活区域的了解，以及对城市文脉的认同，激发公众内心的归属感；也可以通过文化活动引导公众参与空间设计畅想，了解公众的需求与希冀。在上海四平社区创生的项目中，当地公开征集方案、收集社区照片故事、采访社区手艺人并录制摄影纪录片，通过照片、影片记录和开放访谈，向长期生活在四平社区的人们了解社区历史和手艺故事。在影片记录和这些社区居民口述历史的过程中，激发公众内心对社区文化的认同。同时，文化活动开展过程中的交流，以及社区老手艺人与居民之间的日常交往互动，更生动地刻画出四平社区的集体记忆。在剩余空间改造过程中，设计师可以通过组织空间共同建设活动，让公众在参与中形成空间集体记忆，增强与场地的联系。在改造完成后，可以根据公众兴趣定期组织文化活动，促进公众之间的交往，逐渐建立"熟人"社会。

（三）多样化的功能构建，营造叙事性体验

在社区改造视角下，城市剩余空间设计关于"景"的议题，主要涉及空间层面、环境层面的综合性设计，构建高品质的交往空间、多层次的活动空间。多功能的构建有利于增加人们在空间中的互动，在体验中促进人与人、人与空间的情感联系，形成归属感。

1.模糊"剩余"边界，复合相邻空间功能

在公众多元化的行为需求下，城市剩余空间的功能设计趋向于多元混合，即城市剩余空间在满足基本行为需求的同时还能满足其他类型的需求。例如，小广场主要满足人们的休憩与休闲运动，步行街道满足人们的畅通行走。多元混合的功能则要求处理好二者的边缘空间，打造复合型的休憩、行走区域，以此吸引人们逗留，促进交往互动的产生。城市剩余空间的边界一般位于建筑的边缘，或者道路、建筑和其他区域的接合处。从空间层面来看，大部分城市剩余空间的形成都源于边界的"僵硬"。边界在两处区域起的是缝合作用，而不是隔离作用。"边界效应"指出，公众会倾向于边界空间营造的安全性与私密性，富有变化的边界空间往往能满足空间功能的多样化。应利用边界线的凸出或凹进造成对人的吸引或逗留，形成促进人们交往的功能空间。不同类型的城市剩余空间在边界的处理手法上也有所不同，可以巧妙利用植物群形成富有动态的边界空间，也可以利用不同形态的座椅、构筑物等实现两个空间的缝合，吸引公众产生互动。

2.趣味性的细节设计，引导公众参与

趣味性的细节设计会抓住公众的第一感官，吸引公众参与到空间互动中。趣味性的细节设计可以贯穿空间的节点、路径、标志物、互动性设施等组成要素，对材质、色彩、形态三方面进行特别塑造。在材质方面，可以选用一些常规材料以外的材料，营造特殊感觉。例如：用锈钢板做文化创意产业园的景观文化墙，丰富了空间的色彩，保留了工业风带来的历史感；瓦片常用

于屋顶，但有序排列的瓦片可以代替混凝土划分地面的不同区域，减少了混凝土的"冷漠感"，增加了绵绵思绪的细节。

3. 整合多元要素，构建环境叙事体验

构建环境叙事体验，是指通过序列组织富有动态感的城市剩余空间，吸引公众走进这个环境，聆听与解读空间故事，形成独特体验并构建空间记忆。环境叙事体验的设计可以在公共领域制造有趣的介入，把陌生人和城市剩余空间聚集在一起，通过制造吸引人的、互动的、具有特定情节的社交空间，培育社会互动和空间凝聚力。一个故事有开端、发展、高潮、结局，空间也有这样的序列。独特的高潮吸引公众的第一感官，在过渡与起伏之间吸引公众在空间中探索，在互动与探索中形成场所记忆。城市剩余空间根据尺度的不同，可以创造单一的环境叙事，也可以将几个小尺度的剩余空间串联成一个故事。在环境叙事组织上，一种是以路径为主的轴线组织空间动态序列，通过路径串联不同的区域空间。当然，各个功能区域是遵循叙事序列而设计的，促使公众在空间行走的过程中按照序列体验不同的区域，在互动中留下深刻的记忆。另一种是通过视线引导公众参与到空间中，空间环境中的节点、标志、构筑物等多方面要素对公众形成心理暗示或视线引导，激发公众根据视线要素探索整个空间的兴趣。在环境叙事体验中，人与空间产生互动，人与人发生交往，通过体验的过程生成新的记忆。

（四）地域性元素的保护与发展，在地性文化活动的开展

1. 地域性元素的保护与发展

城市剩余空间中的物质性文化元素可以是这个空间在历史长河中留下的建筑、设施、古树等环境元素，也可以是传统服饰、民俗上的图案等文化元素。在进行城市剩余空间重塑时，要先整合分析物质性文化元素，确定要保护的环境元素和要发展利用的文化元素，突出剩余空间的地域性特点，增加人们对空间文化的认知，继而营造空间场所感。城市剩余空间的重塑不是大拆大建，而是巧妙利用剩余空间有价值的部分，在充分尊重空间原有地形环境的前提下进行设计，营造地域性特色场所。例如：美国纽约高线公园利用原有的铁轨在高线上建造了一个公园；以色列希瑞亚（Hiriya）垃圾填埋场

位于高地，常年受到劲风冲击与太阳辐射，设计师在地面铺设一层薄而重的粉碎混凝土保护层以防腐蚀或高温；针对生活中散点式的剩余空间，则是巧妙利用不规则畸零地块营造特色空间。

在文化元素的整合过程中，让公众参与进来共同寻找空间历史文化，促进公众内心产生对空间历史文化的共鸣。在我们生活的场所中隐藏着很多民间艺人，通过他们口述历史能让我们感受到一个更加本土化、生活化的地域场所。设计师可以根据走访调研和参与的公众提供的信息，将地域文化元素提取成符号化元素，运用到城市剩余空间的改造中。例如，南京晨光 1865 科技·创意产业园在建设中保留了清代建筑元素（如门窗上的拱形青砖墙），将工厂的机械设施作为景观小品展示，通过对这些历史文化元素的留存、提取与运用，在公众与空间之间建立情感联系，引发公众的认同感与归属感。同时，历史文化元素的保护与发展也可以展现一座城市的文化，促进在地性文化的传承与新生。

2. 在地性文化活动的开展

每座城市都有独特的历史文化，甚至城市的每个社区、角落都有特殊的日常活动。在地性文化活动是指一个地区、空间在历史长河中保存下来的风俗，或者在书中有记载却被人们渐渐遗忘的历史文化活动。在地性文化活动的有效开展，一方面可以通过血脉里的情感价值联系吸引公众参与进来，使公众之间产生互动，弥补现代社会匮乏的邻里情；另一方面保护与发展了地域特色文化，塑造了该地区、空间特有的文化活动，在创造集体记忆的过程中让公众内心产生归属感，形成具有地域特色的场所，赋予城市剩余空间地域文化价值。

（五）导入相关产业，促进空间重塑

在城市剩余空间中引进产业，需要根据其所处的区域环境，结合土地改造整合规划，导入具有当地文化特色的餐饮、展览、体育等相关休闲创新产业，在吸引人流的同时给城市剩余空间注入新活力。商业区附近的城市剩余空间可以改造为小型广场。一方面，商家需要开放的场地吸引消费者；另一方面，公众需要一个可供休憩的公共场所。公众与商家在广场上的互动过程可以激发城市剩余空间的活力。同时，可以在城市剩余空间中引入文化创意产业。发扬中华传统文化是每个人的使命，与文化相结合的创意类产业充满了趣味性，将责任与趣味融合的产业无疑会吸引公众主动地参与进来。

在城市剩余空间中植入文化创意产业可以是长期性的或者临时性的，由老工业厂房改造的文化创意产业园里的文创产业一般都是长期入驻的，但这要求剩余空间具有较大的尺度。与人们日常接触更多的城市剩余空间往往尺度较小，在小尺度的剩余空间中可以植入小型文创摊位，或者临时性的市集活动。上海四平路街道开展过一次创意市集活动，每个摊位上都是大学生的设计作品，包括首饰、文具礼品、服饰、花艺等多种类别，别具一格的摊位了吸引了很多行人驻足。在这次创意市集中，四平路街道还请来了当地的手工艺人，面人、剪纸、糖画等传统工艺与大学生的创意作品碰撞出了时代的火花。创意市集不仅促成了"交易"的发生，还带动了这片空间的活力，通过产业吸引公众参与，在人与人的互动中激活空间，可以使剩余空间成为文化和创意的聚集地。

文化创意产业的入驻可以推动剩余空间的创新发展，地域性特色产业的挖掘与经营则可以增加区域的经济收入，推动剩余空间的可持续发展。结合城市剩余空间的区域环境，根据地域特色导入相关产业，部分收入可以用于剩余空间的公共支出，支持剩余空间重塑后的自主运营与发展。同时，举办文化活动可以增强公众对剩余空间的认同感，引导公众组成志愿团体参与到剩余空间产业的自主管理中，促进剩余空间的重塑。

城市剩余空间的产业创新还可以充分结合附近区域的教育资源与文化资源，让青年人成为创新的主要推动者，利用大学的开放性与大学生的创新性带动剩余空间的重塑，新鲜血液的融入会促使剩余空间迸发不一样的活力。

第二章　城市微更新相关理论研究

第一节　有机更新理论

一、有机更新理论的基本内容

吴良镛院士在研究了中西方城市发展历史和城市规划理论的基础上，对北京市旧城整治展开了长期研究，他在对北京菊儿胡同和什刹海更新改造的研究中，提出了城市有机更新理论。城市有机更新理论，即根据城市改造的要求与内容，选择适当的尺度、规模处理城市当前发展与未来发展之间的关系，提高城市更新的质量，使城市趋于完整性与系统性，实现可持续发展。城市更新，不单是指城市旧区的改造，更要对城中村、老旧商业街区等进行全方位改造。因此，城市有机更新理论下的老城区改造，不仅要改造老化的建筑实体，还要更新、延续空间环境、生态环境、产业结构、历史人文环境、文化环境、社会心理、功能业态等软环境，为居民构建适宜居住、兼顾精神文明与物质文明的生活环境，提高生活质量，促进社会和谐发展。

吴良镛院士提出，城市从总体到局部都应该是一个有机整体，城市每个部分之间的联系就好比人体各器官和组织之间的相互合作，使城市一体化并有序发展。生物体内以细胞作为基本单位进行的某种逐步的、持续的、自发的转变过程称作新陈代谢，其遵循内部的规律和秩序，城市更新与此相同。城市各个"细胞"组成城市的"组织"，如社区建筑组成社区街巷。细胞需要持续不断地更新，这个过程是必须的，也是必不可少的。结合北京菊儿胡同的改造实践，有机更新理论主张在更新过程中采取保护、整治的手段，进行"合院体系"建筑群设计，引导同类型旧城改造。

（一）有机更新的理论构成

根据吴良镛教授关于"有机更新"的论述来看，"有机更新"从概念上来说，至少包含以下三层含义。

（1）城市整体的有机性。作为供千百万人生活和工作的载体，城市从总体到细部都应当是一个有机整体。城市的各个部分之间应像生物体的各个组织一样，彼此相互关联，同时和谐共处，形成整体的秩序和活力。

（2）细胞和组织更新的有机性。同生物体的新陈代谢一样，构成城市整体的城市细胞（如四合院）和城市组织（街区）也要不断地更新，这是必要的，也是不可避免的。但新的城市细胞仍应顺应原有的城市肌理。

（3）更新过程的有机性。生物体的新陈代谢（是以细胞为单位进行的一种逐渐的、连续的、自然的变化）遵从其内在的秩序和规律，城市的更新亦当如此。

（二）有机更新的规划程序

（1）确定城市更新的区域范围，根据城市的动态发展变化，提出城市更新总体发展策略。

（2）确定城市优先更新地段，并对具体更新地段进行现状评估。

（3）根据现状评估确定具体更新目标，提出更新规划，选择多个更新方案并进行影响评价研究，确立实施方案和实施计划，以及分期、分区优先顺序计划。

（4）更新项目要通过公众的论证、沟通，对反馈意见进行整理。

（5）综合所有的影响因素，对原有规划进行修订并制订项目实施计划。

（6）对实施过程及更新结果进行管理和评估，并反馈给决策部门和设计部门，为进一步分析和修改更新目标及计划服务。

（7）对不妥之处进行调整。

二、有机更新理论的特征与作用

有机更新理论主张旧城住宅改造应顺应原有的城市肌理，这意味着对于改造对象乃至周边的整体格局和历史文化底蕴都要进行深入了解，不可脱离历史和现状。在遵从历史规律的同时，维持该区域城市肌理的相对完善。强调自上而下和自下而上两种更新模式并存，带动涉及利益的各方主体共同参与，以解决居民实际问题为主，提高居民参与的积极性。

有机更新理论强调旧城更新是长期且持续的过程，任何改造都不是最后的完成，也没有最后的完成，而是处于持续更新之中。因此，需要科学地看待旧城更新中过去、现在和未来的联系。城市的发展应从"有机更新"逐渐向"有机秩序"迈进。

（一）对城市的定位和研究是进行有机更新的关键

有机更新是为了使城市更好运行而在其基础上进行的改善，这要求规划师对城市的历史文化、经济条件、空间形态和社会形态等方面进行了解和研究。吴良镛教授指出："有机更新是按照城市内在的发展规律，顺应城市之肌理，在可持续发展的基础上，探求城市的更新与发展。"因此，深入正确地认识旧城的发展规律是有机更新理论的思想精髓，也是旧城有机更新实践的基础条件。如果对城市缺乏系统研究，不尊重本地特色而盲目定位，势必会出现空间失调、文化破坏、环境污染、千城一面的现象，使"城市更新"变成"城市破坏"。

（二）要在城市更新的过程中遵循整体性原则

"有机更新"的突出特点是改造后的城市仍然是一个协调统一的整体。也就是说，要研究更新地段及其周围地区的城市格局和文脉特征，在更新过程中遵循城市发展的历史规律，保持该地区城市肌理的相对完整性，从而确保城市整体的协调统一。

菊儿胡同改造工程就是在充分研究北京旧城肌理的基础上，提出了符合居民生活需要的院巷体系和合院建筑模式，并巧妙地将其嵌入菊儿胡同的现有街坊中，既实现了建筑的现代化，又与原有的院落融为一体，保持了地段的特色。保持城市的整体性原则主要包括以下几个方面。

1. 保持文脉的整体性

城市更新应当尊重历史和现状，了解该地区物质环境的主要问题，同时尊重居民的生活习俗，继承城市在历史上创造并留存下来的有形和无形的各类资源和财富。这是延续并发展城市文化特色的需要，同时也是确保城市更新获得成功的基本条件。菊儿胡同改造方案保留了原有胡同的位置和格局，以及若干有价值的老四合院和一些老的树木。同时，新院落沿原有院落的边界布置，建筑形式和建筑色彩也在因袭传统的基础上有所创新。外国专家称菊儿胡同改造工程"反映了中国传统的文化和价值观""创造性地继承了城市建筑文化"。

2. 保持功能的整体性

在城市更新的过程中，要根据区域内的原有功能系统进行更新，注重保持功能的整体性，从而保证人们居住、工作、生活的平衡，使更新后的区域保持功能完整。

3. 保证更新过程的整体性

更新是不可能一步到位的，有机更新更加注重更新过程的连贯和合理。更新应首先从衰败地区开始，这些地区是问题较多的地区，也是矛盾最集中的地区。对于某一地区的更新，规划师要考虑以公共空间环境带动整个地区的更新。通过整治公共空间环境以点带面地进行更新，可以起到改善地区面貌和提高城市活力的作用。

（三）要在城市更新过程中加强法制化管理，严格控制城市更新量

在城市更新的过程中，要严格按照规划执行。例如，对用地性质、建筑高度、绿地率等做出了规定，就要严格执行，明确开发者的责任，提高开发和管理效率。防止受到经济利益影响而出现过度过量开发的现象。

第二节　城市针灸理论

一、城市针灸理论的基本内容

"城市针灸"（urban acupuncture）是一种将当代城市设计手法与中国传统针灸学说相结合的社会环境理论。该术语最早出现在莫拉莱斯于1982年西班牙巴塞罗那城市复兴计划中提出的开创性举措。莫拉莱斯将城市建成环境看作物质性、组织性、传递能量的皮肤，"皮肤不是内部的覆盖物，而

是组织的基本结构，最清晰地体现其特点。通过皮肤来分布能量。城市肌理的表皮使我们能转换其组织的内在新陈代谢。"

勒纳在其2014年出版的《城市针灸》一书中，分享了世界各大城市成功实施城市针灸的有益经验。

城市针灸术是与现代主义"手术刀"式的城市更新截然不同的城市发展理论。它反对现代主义规划的大规模改造，认为"手术刀"式的城市更新需要大量的资金和长期的政策作为保障，在实施过程中充满不确定性。而且，用"手术刀"整体切除城市的"病灶"，会给所在地区带来不可修复的"疤痕"，将彻底改变原有的深层结构和肌理，给城市带来难以恢复的伤害。因此，将城市视为有机生命体，在一种更为全面、动态、可持续的城市发展理念下，城市针灸理论倡导以精确的、小规模的实践性操作来"治疗"城市中大规模、整体性的衰败。

（一）城市针灸理论的原则

城市针灸理论在城市规划中的应用越来越广泛，其共同点往往只是对"针"这一隐喻的描述：一个临时且微小的介入，旨在产生快速而广泛的影响。但这种具有半个世纪发展过程的综合规划方法，仍然缺乏较为明确的应用原则。

对此，斯蒂芬·格鲁伯（Stefan Gruber）以勒纳在库里蒂巴的针灸实践为例，提出了城市针灸理论的三个原则。首先，城市针灸对城市系统优先考虑部分与整体之间的生理学理解。通过建立在地的相互依存关系，这些彼此关联的干预措施所产生的影响将相互叠加以引发更大范围的积极效应。其次，城市针灸更多地关注过程而非预先设定结果，并且主要是针对具有催化能力的痛点。同时，这种策略既依赖于政府的管理，也需要公众的共同参与。最后，城市针灸需要迅速实施。只有这样，才能根据形成的评价和反馈对方案进行迅速且持续的调整，避免了传统城市规划模式容易受到抵制而导致最终的失败。

其他学者进一步对莫拉莱斯、勒纳和马可·卡萨格兰德的相关论述进行了批判性研究，从他们的愿景和项目中总结出了八项原则，即寻找敏感穴位、描绘愿景、快速行动、公众参与、传播知识、全面分析、小规模、场所营造。乔凡娜·阿坎帕（Giovanna Acampa）等则在研究中指出，"城市针灸"应该遵循的基本原则为小规模、精准性、对整体环境有催化作用、短时间内可实施和低成本。

二、城市针灸理论的特征与作用

正如针灸治疗一样，城市针灸诊治策略的第一步是确定"穴位"。莫拉莱斯能在混乱的状况下抓住城市的潜质，给这些"穴位"注入活力。他强调这些"穴位"必须具有策略性、系统性和相互关联性。他从五个方面界定了"穴位"和作用于此的都市项目（urban project）的标准：①项目所形成的影响力是大范围的，不仅仅局限于它所介入的场地；②功能是复合和相互依存的，取代单一功能（公园、道路、类型化建筑等）；③综合考虑用途、使用者、使用率、视觉导向等因素；④具有中等规模，能够在较短的时间内完成；⑤主动设定为都市建筑，在投资和功能的集体使用方面，具有显著的公共性。

近年来，我国借用城市针灸理论开展城市老旧社区公共空间微更新实践的例子越来越多。老旧社区公共空间的更新往往需要先以结构性的方式介入矛盾冲突较小领域，展开针对重要节点的具体操作，然后再回到结构中进行调整，以此往复，在这种针灸式的动态调整中开展工作。梓耘斋工作室在上海市南京东路街道贵州西里弄社区的微更新实践，就是在这样的一种思路指引下开展的，最终获得 2018 WA 中国建筑奖。该项目的工作对象为 1800 m² 的里弄空间，包含三条主弄和数条支弄。长期以来，这里一直都是居民公共生活的重要场所。然而由于一些公共设施的不当布局，以及近年来人口变化和出租用房的增加，户外公共环境有所退化，成为缺乏意义界定的消极空间。梓耘斋工作室的设计团队在该社区选取了 12 个"穴位"点进行针灸式治疗，在条件相对有限的情况下，整合重组社区的环境资源，植入相对合理的硬件设施，营造社区共享客厅，通过为居民生活提供必要的生活空间，提升公共生活的精神品质，加强场所领域的归属感受，凝聚居民生活的共识性，从而带动社区居民走向美好生活。

第三节　城市触媒理论

一、城市触媒理论的基本内容

城市触媒（urban catalysts）理论诞生于二战后美国的城市规划学者对城市中心区"中产阶级化"的反思。当时，因应对城市中心区治安衰败的困局，很多城市开始探索城区复兴的方案。最初，美国还没有形成本土化的城市规划理论，因此借鉴了大量本质上是在君主制框架下形成的欧洲理论，许多城区的复兴方案就是大拆大建。大量的廉租房被迅速拆除，原地新建的住所由于租金、费用、保险、税收等方面的差异，超出了原有居民的承担能力。于是，低收入者被迫搬离改造后的街区，更富裕的社群反而进一步挤占了低收入者的生存空间。表面看起来光鲜的城区改造，实际上演变成街区"中产阶级化"，逐渐受到市民的指责。

因此，城区改造如何改善而不是恶化原居民的生活环境，成为城市规划的一个重要议题。在众多讨论者中，美国建筑师唐·洛干（Donn Logan）和韦恩·奥图（Wayne Atton）在《美国都市建筑——城市设计的触媒》一书中提出的城市触媒理论很具有思考的意义。他们一方面反思了美国的"拿来主义"做法，另一方面结合对街区改造应改善而非改变生活环境的思考，创造性地提出了"元素相互激发"的规划理论，即城市触媒理论。

"触媒"是化学中的一个术语，意思是催化剂。它是一种与反应物有关的物质，在化学反应中的作用是改变和加快反应速率，而不是消耗反应本身。"触媒效应"就是触媒在发生作用时对其周围环境或事物产生影响的程度。城市触媒理论指出，"孤立"的好设计是不够的，城市设计应能"回应现有的元素"并"指引那些接踵而来的元素"，以实现可持续的过程。也就是说，城市环境中的各个元素都是相互关联的，如果其中一个元素发生变化，它就会像化学反应中的"触媒"一样，影响或带动其他元素发生改变。

城市触媒理论的原理并不复杂，该理论认为街区内的元素本就有相互增补价值的情况，好的城市规划应能通过一个新建的元素，额外地激发街区其他元素的价值——就像化学反应中的催化剂（触媒），不仅自身已经具有价值，还会提升其他物体的价值。城市触媒理论的目的是通过单一或少数新元素的注入，与原有元素产生相互作用，通过局部改造带动邻近地区的发展。更理想的状况是，新元素能在街区的原有元素中产生新的触媒点，引发新的触媒反应，带动整体片区持续更新。

根据以往的案例，城市触媒理论的应用大多分为两种情况。一是兴建地标性建筑，用大中心式的触媒效应辐射周边地区。这种做法一般用来带动落后地区发展。二是构建适宜环境，吸引特定群体进驻，营造开展某种活动的氛围。这是一种非中心式的触媒效应，也是一种集聚效应，一般旨在已经成熟的街区中增加新的元素。

城市触媒可以理解为能够促使城市发生变化，并能加快或者改变城市发展建设速度的新元素，即建构新的元素或者挖掘潜在元素作为催化剂，通过链式反应，辐射到更广泛的区域，其激发或者制约作用，能够影响发生速度。城市触媒并非一个单一的最终产品，而是一个具有刺激性、引导性的元素。

二、城市触媒理论的特征与作用

城市触媒理论将城市视为一个巨大的实验室或者一个实验瓶，触媒可以是具体有形的物质空间，也可以是活动与事件，涉及经济、文化、政治等各个方面，但它却着实起到一种催化的作用。其作用形式有以下三种。

（1）激发式。在城市某一平静区域（因缺乏某些条件而建设滞后或者更新慢的区域）嵌入触媒，在触媒的激发下吸引或者补足建设条件，达到带动周边地区发展的目的。激发式是最常见的形式，如地铁站、轻轨站等轨道交通站点的建设，能够快速打破城市格局，快速聚集各种城市元素。

（2）链条式。链条式是一种阶段性明显、持续性时间长、涉及范围广的作用形式，能够产生链条式影响的往往是重大城市事件。

（3）缝合式。城市触媒的缝合作用主要表现在缝合已有的两个或者多个功能，建立或者加强联系，最终达到"1+1>2"的目的。这些触媒散布在城市的各个街区中，周围是居住、商业、办公、休闲娱乐等多种功能区，触媒联系着它们并使它们发生关系、加强关系、创造关系。这时，触媒作为一个实体或者一个开敞空间，吸引不同人群的驻足停留，成为交往的场所。

在近年来我国城市微更新运动中，不乏城市触媒理论引导下进行建构或者挖掘触媒，策略性地运用触媒效应来解决老旧社区公共空间发展所面临的社区活力缺失问题，促进局部自发、缓慢而持续地自我完善和提升的实践成果。例如，上海愚园路"城事设计节"以解决街区居民实际生活需求、塑造社区人文环境、改善公共空间品质为目标，依据街道管理方、居民提出的具体要求，搭建为民生设计的触媒平台，形成"城事设计大奖""城事设计展""城事设计论坛"和"城事设计实践"等一系列激活触媒的方式，改善街巷环境风貌，营造宜居社区。深圳现存最大的混合型历史街区——沙井古墟，占地面积约 26 万 m²，包括一条古老的河流——龙津河，一幢上千年历史的南宋建筑遗址——龙津石塔，以及几百栋老屋，十几处祠堂，若干古井、牌坊、废墟和遗迹等。随着城市发展它又混杂了城中村、临时建筑与非正规移民社区，整体风貌呈现出极具特色的新旧杂陈和多元共生状态。2019 年 9—12 月，趣城工作室（ARCity Office）受沙井街道办和华润置地集团的委托，策划、设计了一组景观、建筑、室内设计微改造（含新建）项目。同时作为策展人，其一并策展了"时光漂流——沙井古墟新生"城市现场展，在真实的街道和村落生活场景之中植入多元的触媒，并组织居民和社区开展各种类型的公共活动，借助有创意的设计和展览，发现历史遗存的独特美学价值，构建全新的文化融合场景，激活已经趋于衰败的地方生活社区。

第三章 城市空间的微更新设计

第一节 老旧独立居住空间的微更新设计

一、老旧独立居住空间的微更新设计概述

对于居住空间而言，无论是以徽派、闽派、苏派为代表的位于江南水乡的各式城市老建筑，还是北京胡同或者四合院里的老房子，都具有一定的地方特色。其建筑材料和设计手法具有相应的时代感。对于这类建筑的改造，通常是保留整体建筑结构，很多拆除的旧材料也会被再次利用，使改造后的建筑和原来的建筑既有新旧对比，也能融为一体。例如，由韩文强主持改造的位于北京胡同里的七舍合院，一方面通过对院落房屋进行整理，加固建筑结构，修复各个建筑界面，使传统建筑的样貌得到了保留；另一方面植入新的生活基础设施和崭新的透明游廊，将原本相互分离的七间房屋连接成一个整体。游廊既组织了交通，又重新划分了庭院空间，提供观赏与游走的乐趣。再如，由青山周平改造的位于苏州的清代古宅，保留了建筑原有的木结构及园林特色，在内部增加了现代化的生活设施，新与旧有着各自清晰的逻辑，在对比和碰撞中和谐共存。

二、七舍合院胡同四合院的微更新设计

（一）建筑原貌及基本改造思路

七舍合院位于北京旧城核心区内，占地宽约 15 m，长约 42 m，是一座小型的三进四合院。由于原院落共包含七间坡屋顶房屋，且正好是该胡同的

七号，故得名七舍。原始建筑年代较为久远，除了基本上还保持的木结构梁柱和局部有民国特点的拱形洞，其他大部分屋顶、墙面、门窗等都已经破损或消失。院内遗留了大量大杂院时期的临时建筑，遍布清空之后的建筑废料，杂草丛生、一片凋零。因此，本次改造设计一方面是修复旧的——对院落房屋进行整理，保留历史的印记，修复各个建筑界面，加固建筑结构，重现传统建筑的样貌；另一方面是植入新的——新的生活功能配备（卫生间、厨房、车库等），新的基础设施（水暖电设备管线），以及新的游廊空间（见图3-1—图3-7）。

图 3-1　建筑整体

（图片来源：李涛，孟娇《城市微更新：城市存量空间设计与改造》）

图 3-2 院落鸟瞰图

（图片来源：李涛，孟娇《城市微更新：城市存量空间设计与改造》）

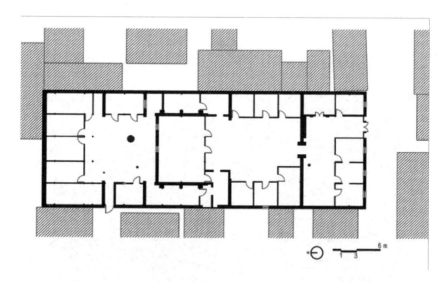

图 3-3 原始平面图

（图片来源：李涛，孟娇《城市微更新：城市存量空间设计与改造》）

图 3-4 原始建筑

（图片来源：李涛，孟娇《城市微更新：城市存量空间设计与改造》）

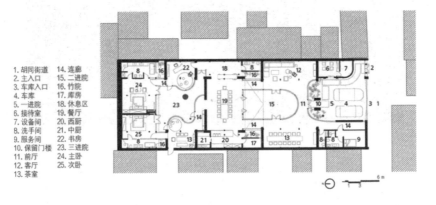

1. 胡同街道　14. 连廊
2. 主入口　　15. 二进院
3. 车库入口　16. 竹院
4. 车库　　　17. 库房
5. 一进院　　18. 休息区
6. 接待室　　19. 餐厅
7. 设备间　　20. 西厨
8. 洗手间　　21. 中厨
9. 服务间　　22. 书房
10. 保留门楼　23. 三进院
11. 前厅　　　24. 主卧
12. 客厅　　　25. 次卧
13. 茶室

图 3-5 改造后平面图

（图片来源：李涛，孟娇《城市微更新：城市存量空间设计与改造》）

图 3-6 门楼修复前后对比

（图片来源：李涛，孟娇《城市微更新：城市存量空间设计与改造》）

图 3-7　门洞和拱门修复前后对比

（图片来源：李涛，孟娇《城市微更新：城市存量空间设计与改造》）

（二）一进院设计

　　一进院被设计为停车院，设计保留原建筑屋顶，移除墙面，并平移了主入口位置，以留出尽量宽阔的停车空地。一进院中有价值的历史遗存，如门楼、拱雕花，甚至枯树等均被修复或保留，但拆除了前后院子之间的围墙，代之以透明的游廊作为建筑新的入口。游廊是传统建筑中的基本要素，设计师引入游廊作为本次改造中最为可见的附加物，将原本相互分离的七间房屋连接成一个整体。它既是路径通道，又重新划分了庭院层次，并提供观赏与游走的乐趣。游廊延续了坡屋顶的曲面形态特征，并结合前后院景观与功能进行相应的变化。一侧游廊在入口处微微上扬，结合两侧的曲面屋顶构成一个圆弧景框，将建筑、后院的大树和天空纳入风景之中。另一侧游廊的屋顶则向下连接成曲墙，在停车院之内分隔出卫生间、服务间、设备间等功能空间（见图 3-8—图 3-10）。

图 3-8　一进院日景

（图片来源：李涛，孟娇《城市微更新：城市存量空间设计与改造》）

图 3-9　一进院夜景

（图片来源：李涛，孟娇《城市微更新：城市存量空间设计与改造》）

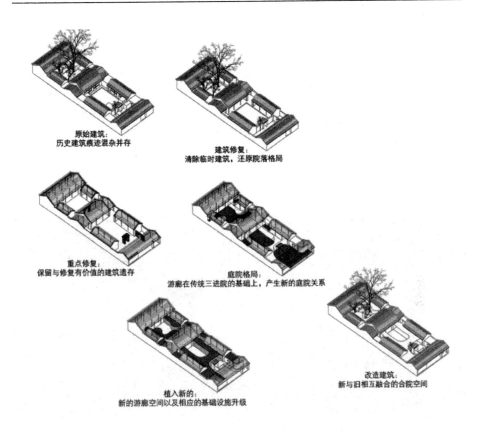

原始建筑：
历史建筑痕迹混杂并存

建筑修复：
清除临时建筑，还原院落格局

重点修复：
保留与修复有价值的建筑遗存

庭院格局：
游廊在传统三进院的基础上，产生新的庭院关系

植入新的：
新的游廊空间以及相应的基础设施升级

改造建筑：
新与旧相互融合的合院空间

图 3-10　项目分析图

（图片来源：李涛，孟娇《城市微更新：城市存量空间设计与改造》）

（三）二进院设计

　　二进院是公共活动院，结合原本建筑一正两厢三间的房屋格局，分别布置了客厅、茶室、餐厅、厨房等。室内外空间划分依然采用对称式布局，继承了传统院落的空间仪式感。设计拆除了房屋之间的台阶，代之以缓缓的坡道，并结合透明的游廊共同加强内部公共空间与院落的连通。处于正房的餐厅向庭院完全开敞，保证室内活动灵活地延伸至弧形庭院。餐厅正中的拱门经过修复后成为进入后院的入口（见图 3-11、图 3-12）。

1.胡同　　3.一进院　　5.前厅　　7.餐厅　　9.三进院
2.车库　　4.保留门楼　6.二进院　8.连廊　10.卧室

图 3-11　二进院剖面图

（图片来源：李涛，孟娇《城市微更新：城市存量空间设计与改造》）

图 3-12　二进院夜景

（图片来源：李涛，孟娇《城市微更新：城市存量空间设计与改造》）

（四）三进院设计

　　三进院作为居住院，包括两间卧室，以及茶室、书房等空间。旧建筑依然是一正两厢的格局，院内有三棵老树。游廊平面在这里演变为连续曲线形态，一方面与庭院内的三棵树产生互动，另一方面也营造出多个小尺度的弧形休闲空间。两间卧室位于建筑最后面，室内根据屋脊呈对称式布局，两个卫生间均与小院子比邻，实现了良好的采光和通风效果（见图 3-13、图 3-14）。

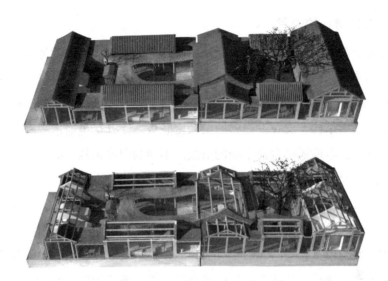

图 3-13　三进院院落模型

（图片来源：李涛，孟娇《城市微更新：城市存量空间设计与改造》）

图 3-14　三进院夜景

（图片来源：李涛，孟娇《城市微更新：城市存量空间设计与改造》）

（五）建筑材料的使用

七舍合院的设计在保持传统建筑材料特征的基础上适度添加新材料，注重保留历史的印记。原始建筑结构整体保留，局部破损的构件仍然以松木材料替换。新的游廊、门窗和部分家具使用竹钢作为"新木"，与"旧木"对应。游廊采用框架结构，支撑上设密肋梁和密肋板，使其尽量通透、轻盈，融入旧建筑环境。室内还结合使用功能搭配了不同的旧木家具、原木家具，让不同色泽与质感的木材相互混合。传统屋顶缺少现代防水措施，保温性能也比较差，因此本次改造在保持原建筑灰瓦屋面不变的基础上，优化了屋面做法，改善了其物理性能。新的游廊屋面则采用聚合物砂浆作为曲面面层材料，用平滑的灰面与带有纹理的瓦顶相对应。旧建筑墙面依然以原本院内留下的旧砖为主材进行修复，让此前拆除的建筑材料得以循环利用。室内外地面也沿用了这种灰砖铺装，保持内外的整体效果。部分新墙面采用了透光的玻璃砖，但尺寸仍与旧建筑灰砖一致。施工过程中意外发现的石片、瓦罐、磨盘等，完工后将其作为景观、台阶、花盆点缀于室内外；建筑修复中拆下的木梁则被改造为座椅。旧材料被赋予新的使用功能而不断延续下去。

（六）项目改造的意义

对于合院改造而言，新与旧相互叠合成为一个新的整体，以此来满足公共接待和居住的使用要求。这是一次对老旧合院建筑改造的全新尝试，不仅激活了原本废弃的空间，打造出全新的生活体验空间，也为通过微更新改变城市生活做出了成功的示范。

三、苏州有熊文旅公寓古宅改造

（一）建筑原貌及基本改造思路

改造对象是位于苏州老城区的一处古宅，为典型的苏派建筑，白墙黛瓦，庭院幽深，飞檐高翘，草木生辉，建筑布局错落有致。宅院占地面积 2500 m²，始建于清代，前后共四进。其中四栋建筑是清代的木结构古建筑，另外四栋为后来扩建的砖混结构建筑。设计内容包括木结构古建筑和砖混结构建筑改造，以及室内设计、庭院改造，将老宅院变身为现代文旅公寓（见图 3-15、

图 3-16）。

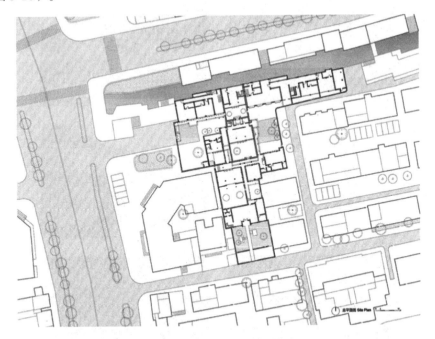

图 3-15　建筑总平面图（改造后）
（图片来源：李涛，孟娇《城市微更新：城市存量空间设计与改造》）

图 3-16 建筑改造对比图

（图片来源：李涛，孟娇《城市微更新：城市存量空间设计与改造》）

（二）设计理念

　　整个宅院在历史上是一户人家的私宅，虽然要改造成现代公寓，但设计理念是希望延续老宅原有的场所精神和空间体验感，而不是将宅院割裂成一个个孤立的客房。对于每个入住的客人来说，不仅有自己的私密空间，更能走出来在园子里与其他人交流。整个园子除了将 15 个房间作为客房，另外超过一半的区域都作为公共空间利用。例如，公共的厨房、书房、酒吧，甚至是公共泡池。做饭、健身、休闲娱乐等不但可以在自己的房间里完成，也可以在园中和他人一起以共享的模式实现。家的意义在概念和空间上都被扩大了。建筑整体充分运用文学、诗词、绘画、书法、雕刻等美化手法，其庭院与厅房的组合造景，构建出将自然与艺术融为一体的空间环境。整体的功能布局在庭院从南侧入口向北侧层层递进的同时，完成由公共向私密的过渡和转化（见图 3-17、图 3-18）。

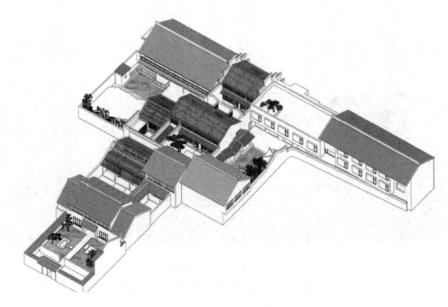

图 3-17　建筑轴测图

（图片来源：李涛，孟娇《城市微更新：城市存量空间设计与改造》）

图 3-18 从室外望向室内客房

（图片来源：李涛，孟娇《城市微更新：城市存量空间设计与改造》）

（三）建筑外观与室内设计

设计基本沿用了原有的庭院布局，保留了古典园林特色，室内外更有连接特性。对于清代古建筑改造部分，设计保留了全部的木结构，并在内部增加了空调和供暖系统，以及卫生间、淋浴间等现代生活所必需的功能。外观维持古建筑庭院风貌，外立面改造去除原有木结构表面的暗红色油漆，改为传统大漆工艺的黑色，与原木色门窗结合，展现出古宅古朴素雅的气质。在室内材质的选择方面，采用黑胡桃木材、天然石材等自然材料，忠实于材料本身的质感。材料本身的质感与建筑的复古气息相融合，延续了古朴的氛围。砖混建筑改造的部分，则去除了原先立面上的仿古符号，新做的黑色金属凸窗使用的是简洁而纯粹的现代语言。室内使用原木色家具、浅灰色的柔软布艺沙发、浅灰色磨石子地板，与古代建筑室内的深色黑胡桃形成对比，更具有轻松舒适的现代气息。新与旧有着各自清晰的逻辑，在对比和碰撞中和谐共存（见图 3-19—图 3-25）。

图 3-19　木结构古建筑客房保留了古朴的建筑风格

（图片来源：李涛，孟娇《城市微更新：城市存量空间设计与改造》）

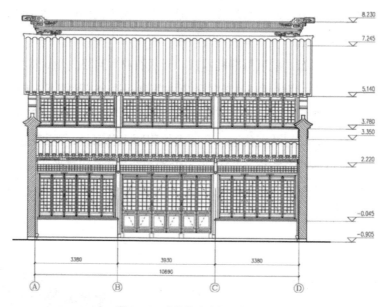

图 3-20 木结构古建筑客房立面

（图片来源：李涛，孟娇《城市微更新：城市存量空间设计与改造》）

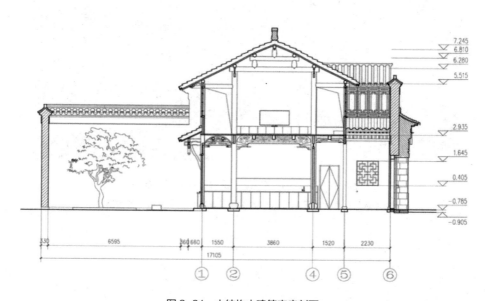

图 3-21 木结构古建筑客房剖面

（图片来源：李涛，孟娇《城市微更新：城市存量空间设计与改造》）

图 3-22　砖混结构古建筑客房立面

（图片来源：李涛，孟娇《城市微更新：城市存量空间设计与改造》）

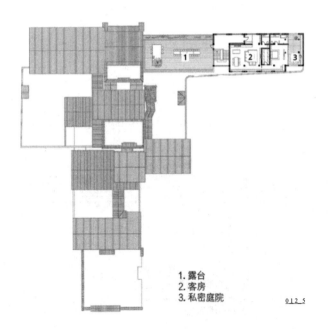

1. 露台
2. 客房
3. 私密庭院

图 3-23　三层平面图

（图片来源：李涛，孟娇《城市微更新：城市存量空间设计与改造》）

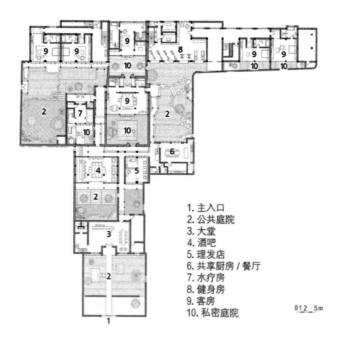

1. 主入口
2. 公共庭院
3. 大堂
4. 酒吧
5. 理发店
6. 共享厨房 / 餐厅
7. 水疗房
8. 健身房
9. 客房
10. 私密庭院

图 3-24 二层平面图

（图片来源：李涛，孟娇《城市微更新：城市存量空间设计与改造》）

1. 画廊
2. 客房
3. 私密庭院

图 3-25 一层平面图

（图片来源：李涛，孟娇《城市微更新：城市存量空间设计与改造》）

（四）庭院设计

庭院是苏州古宅中最美的空间，因此庭院成为另一个设计重点。在古宅院里，每个古建筑都有一个独立的庭院，在设计中把原本格局中没有庭院的房间也特意留出一部分空间作为庭院使用。住宅不再是封闭的，而是室内与室外相通，庭院与庭院相连，延续了苏州园林的情趣。空间随着人的行走变化流动，人的感官体验是动态的。其中的亮点是入口空间，原先的停车场被改造成了石子的庭院和水的庭院，穿过竹林肌理的现浇混凝土墙面，人们从外面的城市节奏自然地转换到园林宁静自然的氛围里。水池中的下沉座椅，让人们在休息时更加亲近水面和树木，带来不一样的视角和体验。通过庭院的改造，动和静、城市和自然，达到了最大限度的和谐。

（五）项目改造的意义

古宅的改造是一种与历史的对话，在城市人越来越倾向于独居生活的时代，希望通过苏州古宅的改造，创造一种打破私密界限，让人与人、人与自然都能产生交流的空间。这是一种对新的生活方式的探索，也是一种对于古宅更新模式的新思考。

第二节　城市滨水空间的微更新设计

一、城市滨水空间的微更新改造

城市滨水空间作为城市公共空间的重要组成部分，是自然景观和人文景观的结合体，是人们亲近自然的重要场所之一。因此，城市滨水空间的更新与改造是改善城市生态环境、调节局地气候和实现可持续发展的重要举措。除此之外，滨水地带作为水陆交界地，其自然环境特色鲜明，在改造中对其生态环境进行修复，并尽可能地创造更多开敞的公共空间，为居民提供放松身心的娱乐休憩环境，这也是滨水景观改造的重要目的。针对滨水空间设计，首先要尊重其原有的自然特征和城市文脉，充分发挥自然的组织能力，在设计过程中就地取材，保持其原有的景观特色和格局，使自然环境和人造环境和谐共生，凸显城市特色。具体而言，在滨水空间设计中，需要注意把控不同景观元素之间的关系，合理布局，选择适合当地气候环境的植物进行栽种并保护生态环境。与此同时，还要计算环境容量，进行防洪设计，加建防汛墙，提供停车场、紧急避难空间等场地和设施。例如，由刘宇扬主持设计的上海民生码头水岸改造及贯通项目，在保留原有产业遗存空间特质的前提下，置入新的活动空间。设计从竖向入手，结合对地形和基础设施的细致分析与推敲，用绿坡、步道、台阶和广场等不同方式将场地的高程关系重新组合，将这里打造成黄浦江东岸最具特色的都市休闲型水岸空间（见图 3-26）。

图 3-26　上海民生码头水岸改造及贯通 / 刘宇扬建筑事务所 / 田方方
（图片来源：李涛，孟娇《城市微更新：城市存量空间设计与改造》）

二、上海民生码头水岸改造及贯通

（一）项目综述

上海民生码头水岸改造及贯通项目的主体工程为民生码头水岸景观及贯通，东侧连接洋泾港步行桥，西侧贯通民生轮渡站区域，并连接新华滨江绿地。基于城市设计的整体性和延续性，设计师通过低线漫步道、中线跑步道、高线骑行道"三线贯通"的设计手法，创造了丰富多样的慢行空间及游赏体验。这是一个极具公共性与历史感的滨水空间，也是一处自带流量和充满活力的景观基础设施。经过近两年的景观改造和贯通工程，民生码头水岸已成为上海最新的城市水岸地标。

基于城市空间的整体性和延续性，通过标高 5.2 m 的低线漫步道，坐落在标高 7 m 的防汛墙以上的中线跑步道，以及逐步起坡到最高点 11 m 的架空高线骑行道，形成"三线贯通"的总体设计，创造了丰富多样的行进路径、驻足空间及游赏体验。

　　为了呼应"艺术＋日常＋事件"的主题，设计师在设计伊始就采用"旧骨新壳、旧基新架、新旧同生"的策略，自东向西依次规划了林木绿坡区、滨水步廊区、中央广场区、架空贯通道等多种相互叠加的活动空间，在保留原有产业遗存空间特质的前提下，置入新的活动空间。多种活动空间的叠加，使整体流线的规划组织可以满足日常及庆典两种不同活动的需求。这里将成为黄浦江东岸最具特色的都市生态休闲型水岸空间（见图3-27—图3-32）。

图3-27　西段景观

（图片来源：李涛，孟娇《城市微更新：城市存量空间设计与改造》）

图 3-28　洋泾港步行桥鸟瞰图

（图片来源：李涛，孟娇《城市微更新：城市存量空间设计与改造》）

图 3-29　民生轮渡站鸟瞰图

（图片来源：李涛，孟娇《城市微更新：城市存量空间设计与改造》）

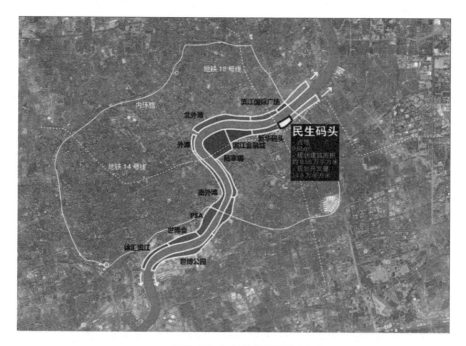

图 3-30 项目总体区位图

（图片来源：李涛，孟娇《城市微更新：城市存量空间设计与改造》）

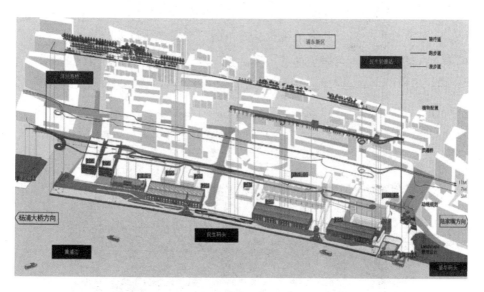

图 3-31 贯通轴测爆炸图

（图片来源：李涛，孟娇《城市微更新：城市存量空间设计与改造》）

图 3-32　民生轮渡站从东向西鸟瞰图

（图片来源：李涛，孟娇《城市微更新：城市存量空间设计与改造》）

（二）民生码头水岸景观及贯通

1. 设计思路

工业水岸有它自身强大的视觉魅力，而不需要进行过多的装饰与设计。但原有的防汛墙却不可避免地造成了街道与水岸的阻隔和城市空间的割裂。设计从竖向入手，结合对地形和基础设施的细致分析与推敲，用绿坡、步道、台阶和广场等不同方式将场地的高程关系进行重新组合及新旧糅合，实现了场地空间、景观和动线的连续性，大大改善了人们进入水岸空间的体验感（见图 3-33—图 3-35）。

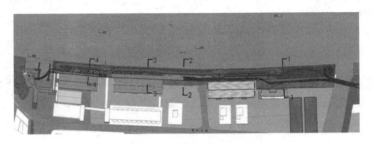

图 3-33　剖面位置索引图

（图片来源：李涛，孟娇《城市微更新：城市存量空间设计与改造》）

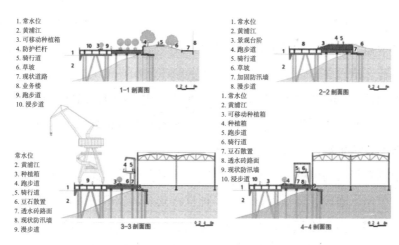

1. 常水位
2. 黄浦江
3. 可移动种植箱
4. 防护栏杆
5. 骑行道
6. 草坡
7. 现状道路
8. 业务楼
9. 跑步道
10. 浸步道

1-1 剖面图

1. 常水位
2. 黄浦江
3. 景观台阶
4. 跑步道
5. 骑行道
6. 草坡
7. 加固防汛墙
8. 漫步道

2-2 剖面图

常水位
2. 黄浦江
3. 种植箱
4. 跑步道
5. 骑行道
6. 豆石散置
7. 透水砖路面
8. 现状防汛墙
9. 漫步道

3-3 剖面图

1. 常水位
2. 黄浦江
3. 可移动种植箱
4. 种植箱
5. 跑步道
6. 骑行道
7. 豆石散置
8. 透水砖路面
9. 现状防汛墙
10. 浸步道

4-4 剖面图

图 3-34　场地剖面图

（图片来源：李涛，孟娇《城市微更新：城市存量空间设计与改造》）

图 3-35　同一区位改造前后对比

（图片来源：李涛，孟娇《城市微更新：城市存量空间设计与改造》）

2. 细节设计

场地东段起始于从洋泾港桥下来的两个弓道。靠陆域侧是一个有 4% 坡度的自行车道，平行于水岸线笔直地进入防汛墙标高以上的堆坡。靠水域侧是一个直径 12 m 的半螺旋步行台阶，使行走于桥上的人们能徐徐回旋下降到码头上，在行进过程中以近 270° 的环形视野，远眺黄浦江两岸和陆家嘴金融区的壮美景致。

以筒仓形式为灵感，由模块化金属树箱组合而成的江岸树阵，种植白玉兰、重阳木、香樟、乌桕等乔木和多种草本花卉，让市民可在林中穿行，感受树影婆娑。高低错落的地形、光影交织的树林、嬉戏的人群、日照晚霞中的水洗石座椅和丝网栏杆、黄浦江上穿梭的船舶和对岸的城市天际线，共同形成了丰富、灵动、有层次的风景。码头上设置的树箱和座椅延续了东段的树阵空间（见图 3-36），为人们提供逗留和休憩的场所。富有微地形的绿化植栽及步道供人们快慢穿行于其中。

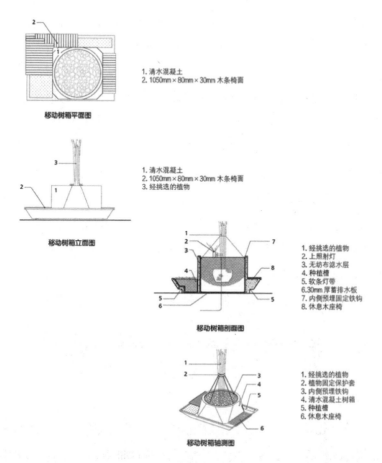

图 3-36　移动树箱平面图 / 移动树箱立面图 / 移动树箱剖面图 / 移动树箱轴测图
（图片来源：李涛，孟娇《城市微更新：城市存量空间设计与改造》）

民生艺术广场位于民生码头的中央位置。设计结合了防汛墙标高而形成可举办各类活动的开放式滨水空间。这里是供民众游览、驻留与拍摄黄浦江东岸的全新视点，也是市民休憩、游走、跳广场舞和进行其他活动的最佳场地。广场上的大台阶与穿插于其中的绿植小平台相得益彰，人们通过数条斜坡道可走向码头。沿江处保留在原位置的系船柱、水洗石矮墙和灯光形成具有历史感的人文景观。

西段的高桩码头岸边景观设计，通过铺装的整合保留了原塔吊的运输轨道，但对塔吊的位置进行了调整，在保留其历史样貌的同时，赋予其贯通景观标识与指引的新价值，并为以后的发展和改造预留了空间。

　　骑行和跑步贯通道从民生艺术广场架设到转运站，连接民生轮渡站区域，从 7 m 的防汛墙标高一路爬升到 11 m 的轮渡站顶部广场标高。原场地上的混凝土构架与新建的钢结构步道自然融合并相互支撑，两个极富戏剧性的螺旋坡道将西段地面景观与之相接，在满足行人及自行车通行需求的同时，也提供了贯通桥底部漫步道的游弋观景。对原结构进行加固和新增加的玻璃顶面，使原有的工业运输物流流线转化为城市景观的人流流线。258 仓库前的廊道桥在现有跨度内加入大坡道连通转运站及 257 仓库前的廊道。其中，对转运站的原始结构和面层肌理进行了最大限度的保留，芥末黄涂料的面层喷涂不费力气地赋予了原有空间一个全新的穿行体验（见图 3-37）。当行走于整体近 400 m 的架空贯通道中时，黄浦江景象如画卷般一一展现。这是一个融合当代城市与后工业景观的转化过程，是一个激活水岸断点与强化游憩体验的景观基础设施，也是城市建设中最具特色的空间营造策略。

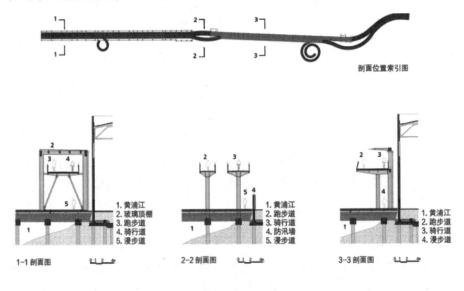

图 3-37　廊道剖面图

（图片来源：李涛，孟娇《城市微更新：城市存量空间设计与改造》）

（三）洋泾港步行桥

1. 项目概述

　　洋泾港步行桥位于杨浦大桥旁的洋泾港，是浦东东岸开放空间贯通的第一座慢行桥梁。结构形式为钢结构异型桁架桥，主桥宽 10.75 m，跨度 55 m，总长度为 140 m。设计将结构、功能及造型三者结合，利用高差分流骑行、跑步及漫步功能。跨洋泾港，指陆家嘴，清水一道为泓，结构如弓，隐喻黄浦江东岸第一桥、蓄势待发之张力，是为慧泓桥（见图 3-38、图 3-39）。

图 3-38　洋泾港步行桥总平面图

（图片来源：李涛，孟娇《城市微更新：城市存量空间设计与改造》）

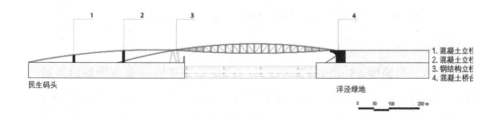

图 3-39　洋泾港步行桥结构示意图

（图片来源：李涛，孟娇《城市微更新：城市存量空间设计与改造》）

2. 工程范围

洋泾港步行桥工程范围西侧从民生艺术码头的桥台开始，东至洋泾绿地公园内的桥台结束，包含桥下洋泾港沿岸的防汛墙和部分绿地。主桥部分采用异型桁架结构一跨过河，民生码头段弓桥均采用钢箱梁，骑行道引桥总长 85 m，宽 4.5 m，慢行道（含跑步道和漫步道）引桥长 37 m，宽 6.5 m。桥体以优雅的曲线回应周边景观，将视线引导至其东北侧的杨浦大桥和西南侧

的陆家嘴中心建筑群。为了减少对南侧民生码头遗留厂房建筑的影响，桥体
选址在更靠近黄浦江的一侧（见图3-40）。

图 3-40　桥面局部鸟瞰图

（图片来源：李涛，孟娇《城市微更新：城市存量空间设计与改造》）

3. 细节设计

桁架结构跨度 55 m，高度 4 m，利用高差隔开骑行道与漫步道区域，
保证安全通行、互不干扰，各自拥有良好的观景视野。为适应不同通行方式
的坡度需求，设计师将梭形上下弦的弧度进行了调整。将骑行道布置在平缓
的桁架下弦，坡度均控制在 4% 以内，以提供舒适安全的骑行体验，沿江侧
靠竖杆形成防护界面。漫步道和跑步道布置在桁架上弦，跑步及步行能适应
10% 的坡度，局部坡度较大处设置缓步台阶，视野开阔处桥面放宽形成驻足
休憩的空间。桥面铺装采用统一的环氧树脂材料，深灰色为骑行道，红色为
跑步道。桥面放宽处，再次使用深灰色划分出漫步区域。

为了预留未来河道的通航高度，桥底需达到绝对标高 9.5 m，进一步加
大了桥面同两侧码头面的高差。西侧的骑行道引桥平缓地接入民生码头的绿
坡树林，自然而又不经意地就跨越了防汛墙。漫步道采用螺旋曲线的形式，

在局促的码头空间内获得足够的引桥长度，引导人流进入空间层次更为丰富的民生艺术码头。主桥东侧过桥台后直接接入洋泾绿地的步道，以标志性的栏杆语汇延伸入场地内部（见图3-41、图3-42）。

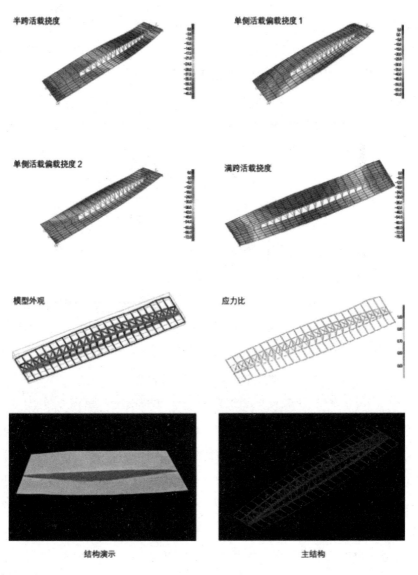

图3-41　结构可行性设计示意图

（图片来源：李涛，孟娇《城市微更新：城市存量空间设计与改造》）

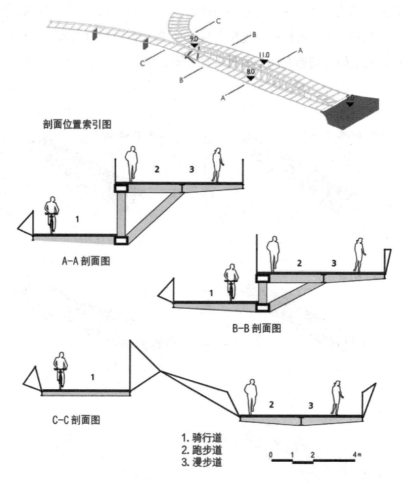

剖面位置索引图

A-A 剖面图

B-B 剖面图

C-C 剖面图

1. 骑行道
2. 跑步道
3. 漫步道

图 3-42　洋泾港步行桥剖面图

（图片来源：李涛，孟娇《城市微更新：城市存量空间设计与改造》）

　　栏杆部分采用氟碳喷涂圆钢管，拼接出起伏变化的三角形变截面连续体量。粼粼波光般的不锈钢绳网，通过绕绳法的固定方式与杆件合二为一，栏杆一侧为过桥管线预留空间，保证桥身桁架空间的完整性（见图 3-43）。夜间的灯光照明设计，将点光源和线性光源结合，照亮栏杆网面及结构桁架。整体桥身喷涂成铂金色，造型轻盈，如彗星划过天际，勾勒出黄浦江东岸的崭新气象（见图 3-44）。

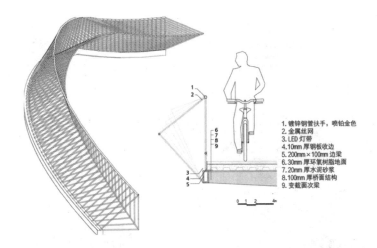

1. 镀锌钢管扶手，喷铂金色
2. 金属丝网
3. LED灯带
4. 10mm厚钢板收边
5. 200mm×100mm地梁
6. 30mm厚环氧树脂地面
7. 20mm厚水泥砂浆
8. 100mm厚桥面结构
9. 变截面次梁

图3-43 栏杆细部图

（图片来源：李涛，孟娇《城市微更新：城市存量空间设计与改造》）

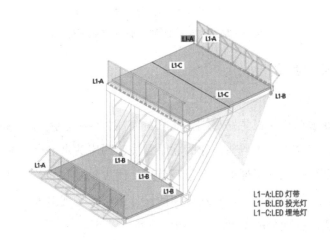

L1-A:LED灯带
L1-B:LED投光灯
L1-C:LED埋地灯

图3-44 灯光设计

（图片来源：李涛，孟娇《城市微更新：城市存量空间设计与改造》）

民生码头一侧的桥下空间，结合洋泾港防汛墙改造，设置了一处观景平台。利用防汛墙作为围栏，采用下沉树池结合台阶的手法与周边景观结合。基于城市设计的整体性和延续性，步行桥将成为融合市民活力和城市美学的基础设施。从贯通到连接，城市陆域水网的"断点"因桥而变，激发出都市水岸景观的蓬勃生命力（见图3-45）。

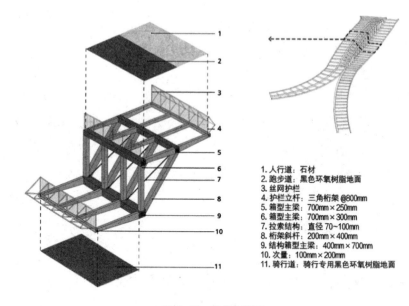

1. 人行道：石材
2. 跑步道：黑色环氧树脂地面
3. 丝网护栏
4. 护栏立杆：三角桁架 @800mm
5. 箱型主梁：700mm×250mm
6. 箱型主梁：700mm×300mm
7. 拉索结构：直径 70~100mm
8. 桁架斜杆：200mm×400mm
9. 结构箱型主梁：400mm×700mm
10. 次梁：100mm×200mm
11. 骑行道：骑行专用黑色环氧树脂地面

图 3-45 节点大样图

（图片来源：李涛，孟娇《城市微更新：城市存量空间设计与改造》）

（四）民生轮渡站

1.项目位置特点

民生轮渡站位于民生路尽端，北临黄浦江，西侧连接新华绿地，东侧通过慧民桥连接民生艺术码头。作为联系黄浦江两岸的水上交通基础设施，同时也是东西两侧滨江贯通的重要景观节点，民生轮渡站的整体设计将建筑融入周边景观，并通过上下层功能分离的设计策略，实现出入轮渡站的人流同滨江贯通道的合理分流（见图 3-46）。

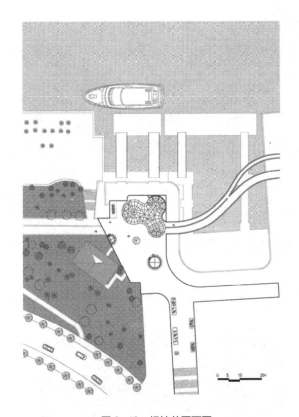

图 3-46　场地总平面图

（图片来源：李涛，孟娇《城市微更新：城市存量空间设计与改造》）

2. 建筑的两层空间

　　建筑共分两层，高度 9 m，建筑面积为 645 m^2。一层为轮渡站候船厅及站务用房，主要流线为南北向；二层为配套设施，可服务周边贯通道，提供便民设施。上部为覆盖金属网的景观构筑物，结合夜景灯光变化成独特的地标建筑（见图 3-47—图 3-52）。

图 3-47 一层入口

（图片来源：李涛，孟娇《城市微更新：城市存量空间设计与改造》）

图 3-48 通往二层的楼梯

（图片来源：李涛，孟娇《城市微更新：城市存量空间设计与改造》）

图 3-49 一层停车空间

（图片来源：李涛，孟娇《城市微更新：城市存量空间设计与改造》）

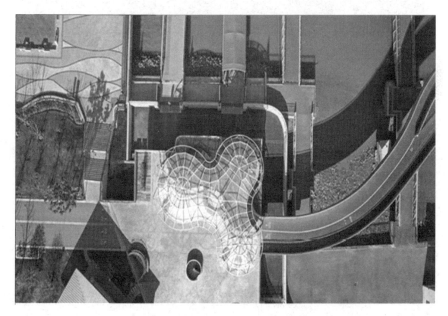

图 3-50 轮渡站与贯通桥相连相通

（图片来源：李涛，孟娇《城市微更新：城市存量空间设计与改造》）

图 3-51 轮渡站登船通道

（图片来源：李涛，孟娇《城市微更新：城市存量空间设计与改造》）

图 3-52 轮渡站二层活动平台

（图片来源：李涛，孟娇《城市微更新：城市存量空间设计与改造》）

　　一层轮渡站大厅为南北向开敞，并设置天窗，为狭长的空间带来自然光线。大厅西侧布置站务用房和可以对外开放使用的公共厕所。一层层高 5.5 m，整体都位于漫步道平台下方。二层空间连通贯通道，具有良好的江景视野，顶部构筑物采用钢构架及金属丝网，配合灵动活泼的几何造型，成为慧民桥西端的重要节点，搭配攀缘绿植，提供遮阳的休息空间。

　　民生轮渡站及其周边的公共开放空间，在承载基础设施和交通功能的同时，也为滨江游憩提供了多元的体验（见图 3-53—图 3-59）。

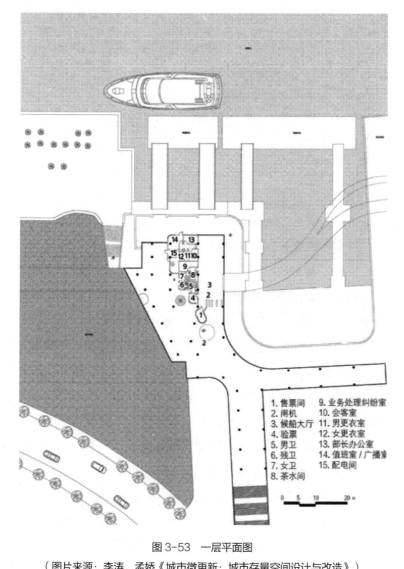

1. 售票间　　9. 业务处理纠纷室
2. 闸机　　10. 会客室
3. 候船大厅　11. 男更衣室
4. 验票　　12. 女更衣室
5. 男卫　　13. 部长办公室
6. 残卫　　14. 值班室/广播室
7. 女卫　　15. 配电间
8. 茶水间

图 3-53　一层平面图

（图片来源：李涛，孟娇《城市微更新：城市存量空间设计与改造》）

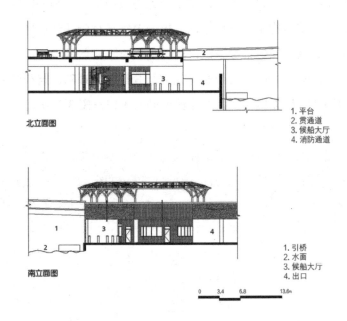

图 3-54　北立面图 / 南立面图
（图片来源：李涛，孟娇《城市微更新：城市存量空间设计与改造》）

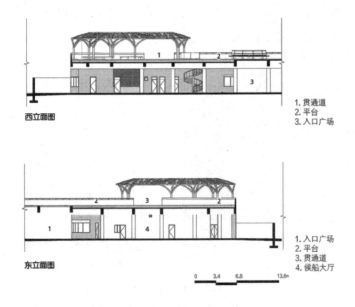

图 3-55　西立面图 / 东立面图
（图片来源：李涛，孟娇《城市微更新：城市存量空间设计与改造》）

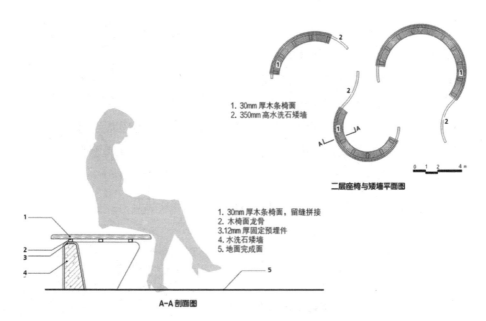

1. 30mm 厚木条椅面
2. 350mm 高水洗石矮墙

二层座椅与矮墙平面图

1. 30mm 厚木条椅面，留缝拼接
2. 木椅面龙骨
3. 12mm 厚固定预埋件
4. 水洗石矮墙
5. 地面完成面

A-A 剖面图

图 3-56　二层座椅与矮墙平面图 /A-A 剖面图

（图片来源：李涛，孟娇《城市微更新：城市存量空间设计与改造》）

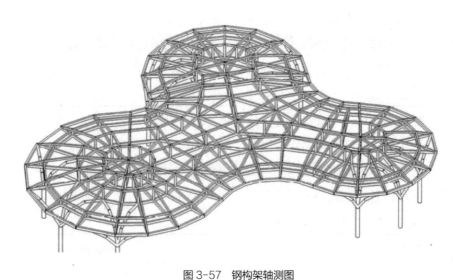

图 3-57　钢构架轴测图

（图片来源：李涛，孟娇《城市微更新：城市存量空间设计与改造》）

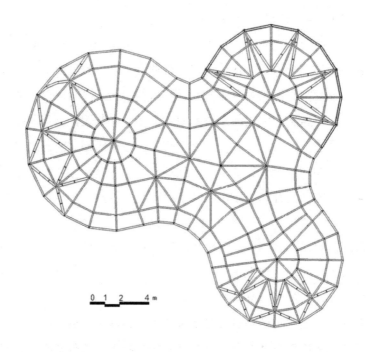

图 3-58　钢构架顶平面图

（图片来源：李涛，孟娇《城市微更新：城市存量空间设计与改造》）

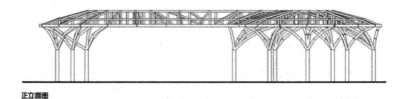

图 3-59　正立面图／西立面图

（图片来源：李涛，孟娇《城市微更新：城市存量空间设计与改造》）

（五）项目改造的意义

作为上海市的重大战略，黄浦江两岸综合开发规划是一个承载历史、面向未来的宏伟愿景。通过对这个愿景的具体描绘，在满足三线贯通、衔接街区、市民活动和生态环保的前提下，民生码头的改造打造了黄浦江东岸从杨浦大桥以西往陆家嘴方向的第一个重要都市型休闲水岸开放空间节点（见图3-60）。

图 3-60　洋泾港步行桥及周边景观

（图片来源：李涛，孟娇《城市微更新：城市存量空间设计与改造》）

第三节　遗留的老旧工业厂房的微更新设计

一、遗留的老旧工业厂房的微更新改造

随着产业结构的不断调整，大量工业建筑丧失了原有的使用功能。对其改造最终要达到的效果是对空间进行重组，从而使其能够被再次利用，实现其全新的功能。工业建筑具备其他类型建筑所不具备的特殊性，如内部空间

高大开敞、承重能力好、平面布局简单、工业风格自成一派等。根据常见的旧工业建筑空间类型，可将其改造成对应的适宜空间。例如，常规型旧厂房适宜改造成办公、居住、餐饮空间，大跨型旧厂房适宜改造成美术馆、艺术馆、博物馆等大型公共活动空间，特异型旧厂房可根据其外观的特殊性适宜改造成创意性空间。工业建筑是特定时期的历史产物，通常伴有不可再生性、传承性、旅游观赏性等特征，是极为珍贵的历史及文化资源。在建筑改造之前，设计师应对其历史遗存现状、建造背景、原始用途及状况、修缮记录、配套图纸、所在地自然状况等内容进行充分调研，以确定既有建筑所属保护等级，并制定与之匹配的改造标准。众所周知，上海宝钢在我国的重工业领域有着举足轻重的地位，该展示馆位于宝钢第一炼钢厂的所在地，设计师在对其进行改造的过程中其实肩负着一种社会责任。这里可以展示模型、图纸和规划，可供开发商、客户及潜在租户参观，也可接待学生，使他们了解绿色能源战略，从而发挥重要的教育作用（见图 3-61）。

图 3-61　宝山再生能源利用中心概念展示馆 / Kokaistudios / 张虔希

（图片来源：李涛，孟娇《城市微更新：城市存量空间设计与改造》）

二、良友红坊 ADC 艺术设计中心及社区景观改造

（一）项目改造背景及厂区原貌

　　武汉良友红坊文化艺术社区的前身是 20 世纪 60 年代的老厂房，20 世纪 90 年代又被作为建材市场使用。城市化进程使得这个位于汉口三环线内的厂区逐步被边缘化，杂草丛生、建筑破旧、排水不畅等问题困扰着这个原来的城市"棕地"，也使得这个节点如同一块城市伤疤，急需进行一场在地"手术"。2018 年，上海红坊集团接手了这个厂区的运营，立志将其改造为文化创意企业的办公园区。UAO 瑞拓设计受红坊集团委托，对园区的景观设计和核心建筑 ADC 艺术设计中心进行了改造设计（见图 3-62—图 3-64）。

图 3-62 高耸的 A 字造型

（图片来源：李涛，孟娇《城市微更新：城市存量空间设计与改造》）

图 3-63 园区鸟瞰国资图
（图片来源：李涛，孟娇《城市微更新：城市存量空间设计与改造》）

图 3-64 建筑正立面
（图片来源：李涛，孟娇《城市微更新：城市存量空间设计与改造》）

场地原有的法国梧桐、红砖厂房、坡屋顶红瓦屋面、松木桁架和20世纪80年代典型的庭院设施（蘑菇形状的混凝土亭子、水池里的白鳍豚雕塑），以及高耸的红砖烟囱、水塔等都给人留下了深刻的印象。这些20世纪七八十年代"单位大院"里的日常物件或构筑物，突然出现在现代化大都市的核心区域内，会莫名产生一种距离感，但同时又带给 UAO 的设计师一种亲切感，仿佛回到了小时候的生活场景。

厂区的总体布局是典型的行列式厂房布局，但各个厂房又是不同年代的建设产物：有 20 世纪 60 年代红砖、单层木桁架和瓦屋顶的厂房；有 20 世纪 80 年代多层砖混结构、水磨石外表面的厂房；还有 20 世纪 90 年代瓷砖或小马赛克外表面的楼房；更有后来各个租户自己加建的临时建筑。这些单层或多层建筑，被棋盘式的道路划分成一块块面积相对均衡的区域。虽然场地密度大体均质，但是也在场地的两块区域出现了比较大的空地：一块是一进主门后，由原有小游园和大车停车场组合成的中心广场区域；另一块是场地东北侧原板栗仓库门前的卸货区域。调查发现：中心广场区域本身承载了场地原有停放重型卡车的功能，基础混凝土厚重，空间较大；而板栗仓库门前区域，因为地下是一个冷藏库，所以地上空地就在后来的"私自加建"过程中幸存下来。由于板栗仓库建筑是冷库，因此具有和厂区其他建筑完全不同的特质：包裹着灰色水洗石的外立面封闭而厚重，主立面电梯机房的实体墙面正对着主入口的轴线。

（二）园区景观设计构思

主创设计师李涛通过一条从主入口到板栗仓库主墙面的轴线串起了主入口和两块主要的空地。这条斜向轴线把中心广场区域划分成两个三角形的场地。轴线北侧是原有的池塘花园，改造设计填掉了池塘，保留了池塘周边的大树，将其改造为生态停车场。斜轴线宽 3 m，用红砖铺筑，起点位于大门处，红砖叠砌的三角形景墙背后覆土，形成了对入口停车场的遮挡。斜轴线终点直达板栗仓库门前的大草坪，中间横穿一个建筑。而斜轴线南侧三角形用地的方案历程，并不是直接就达到最理想的状态——因为每个设计师心中都克制不住"强加给场地设计"的冲动。在最初的方案中，南侧这个三角形用地被设计成无边界水池，希望人们能够在场地中间看到周边老建筑的倒影，原有的用于停放重型卡车的混凝土场地也得以保留。在随后破拆厂区混凝土广场改为绿化的过程中，挖掘机铿锵有力的声音，棱角分明的碎混凝土块，给了设计师另外一个灵感——把原来停放重型卡车的厚重混凝土整体保留下来（见图3-65、图3-66）。

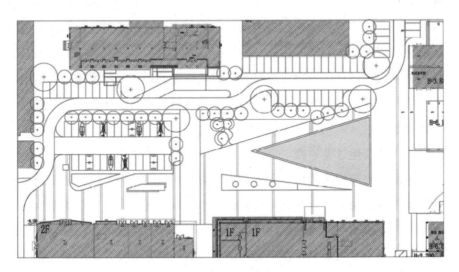

图3-65　原始改造方案平面图

（图片来源：李涛，孟娇《城市微更新：城市存量空间设计与改造》）

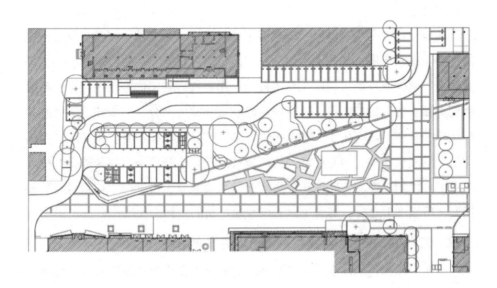

图3-66　最终改造方案平面图

（图片来源：李涛，孟娇《城市微更新：城市存量空间设计与改造》）

（三）中心广场方案的优化

中心广场方案的优化，随着甲方把位于上海的花草亭搬到武汉再建，也逐渐清晰起来。花草亭是建筑师柳亦春和知名艺术家展望合作的一个艺术景观构筑物。几片寓意为太湖石的不锈钢薄板，支撑着耐候钢板的屋顶，屋顶上覆土种植了花草。其构思巧妙之处在于不锈钢薄板与屋顶的连接若有若无。而屋顶采用反梁设计，使得悬挑出去的耐候钢板的轻巧与屋顶厚重的覆土产生了不安稳的对比。所有的设计，用工业感和植物来对比和共生，形成轻、薄的既视感。

什么样的场地才能承载这个"举重若轻"的艺术景观构筑物呢？新的设计，从花草亭支撑钢板的形状开始，将之拓扑到地面，把不规则的切割手法运用到地面的混凝土上，这也是前面提到的混凝土场地得以保留的原因。不规则切割后宽窄不一的缝隙，回填土后种植草皮，自然延伸了花草亭的设计手法，也让花草亭就像是存在于场地很多年的一件艺术品。花草亭位于广场的中心，与园区核心建筑 ADC 艺术设计中心的 A 字入口处于一条轴线上，建筑的中央光轴也与花草亭的中心相对，这体现了建筑、景观、室内一体化设计的思想。

场地旧物的利用、保留、改造对于场所记忆的营造功不可没。首先是保留红砖烟囱、水塔、老的木桁架和瓦屋面，以及具有年代感的雕塑小品，如蘑菇亭、白鳍豚雕塑；其次是利用再造，用霓虹灯管装饰蘑菇亭，把白鳍豚雕塑重新安置在集装箱里，补齐白鳍豚雕塑残缺的部分，一个兼具历史感和时代感的新作品就诞生了。改造中拆下来的红砖被重新组合，用于厂区内的花坛、景墙和铺地。中心广场周边区域被改造成步行区域，原来破损的机动车道不再使用，混凝土路面历经风雨已然裂痕累累，设计师用切割机将裂缝切开，重新铺上红砖，形成了材质保留和对比的一种亲切感。

（四）艺术中心建筑原有结构及改造后的主要用途

艺术中心建筑的前身是五栋连在一起的坡屋顶厂房建筑，其中三栋建于 20 世纪 60 年代，原有功能为仓库。其结构形式为砖混结构，木桁架，红色瓦屋面，屋脊高度为 7 m。20 世纪 90 年代，该建筑的功能转换为建材市场，在三栋建筑的中间空地处加建了两栋厂房。新建的砖柱贴着老仓库的柱子，屋顶为钢桁架结构，石棉瓦屋面，屋脊高度为9 m，相邻建筑的高差部分为新建建筑的天窗。

原有建筑的横轴柱距为4 m，纵轴柱距为16 m。拆除建筑内部的横隔墙后，从横轴看过去，空间内都是柱子，显得拥挤；但从纵轴方向看过去，则是开敞空间，一览无余。这个空间感很像西班牙科尔多瓦的大清真寺，柱网林立，一个方向柱距较小，但另外一个方向空间较大。该建筑位于整个园区的核心位置，改造后的功能为公共设计艺术中心。其主要用途为举办各种艺术、设计类的展览活动。高达9 m的展厅，除了用于举办常规的美术和雕塑等艺术类展览，也曾经被UAO用来举办"中荷城市再生工作营"，还被甲方用来举办"城市再生实践展和论坛"。这符合建筑（Art Design Center）的定位，正如最开始被设计师李涛在外立面设计的三个字母一样醒目和明确。

（五）建筑入口改造

ADC艺术设计中心建筑入口与花草亭的广场相对，因此必须经过较窄的横轴柱距才能进入建筑。UAO的解决方案是在五个连排建筑的正中间切开一个光轴，将中间两跨到三跨（8~12 m）的屋顶打开，移除瓦屋面，保留木桁架（或钢桁架）。屋顶打开后，光线进入建筑内部，自然就形成了一个序列空间。这个序列空间被设定为类似拉斐尔名画《雅典学院》式的中轴艺术大道。它是主要的交通空间，顺势串联起两边的展厅，形成经典的展览建筑"鱼骨"状平面布局。中轴两侧的展厅分隔墙，使用拆下来的红砖砌筑成清水砖墙。中轴局部的屋顶被打开，形成露天的中庭；而顶部的钢或木桁架结构被保留，白天桁架的光影会投射在主轴两侧的墙面上。

建筑主入口的设计原则是强调对比和并置，用钢结构形成高耸的外形。其斜向的屋面造型，来源于Art的第一个字母A，这个想法来自主创设计师李涛的思考偶得。他最开始的想法是较为传统的对称造型，后来演变为方形造型，又觉得太过正规，然后将其改为斜边和直角的组合，最后形成A字。A字和外立面的橱窗造型D、C形成"Art Design Center"的首字母缩写。设计用波普的手法直接表达了建筑名称ADC的意思，虽简单，但直接有效（见

图 3-67、图 3-68)。

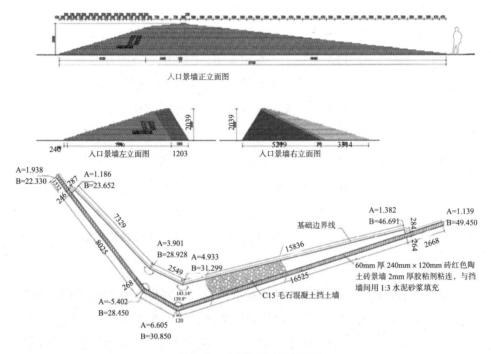

入口景墙正立面图

入口景墙左立面图 入口景墙右立面图

图 3-67 入口景墙平面布置图

（图片来源：李涛，孟娇《城市微更新：城市存量空间设计与改造》）

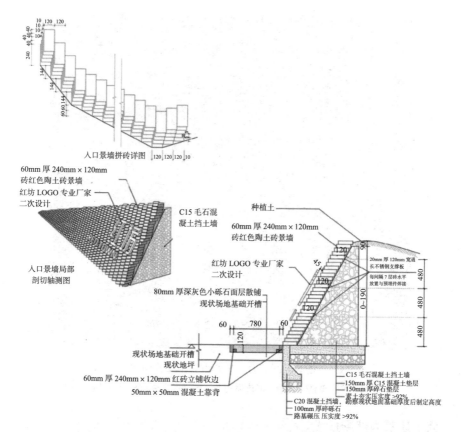

图 3-68 入口景墙做法剖面详图

（图片来源：李涛，孟娇《城市微更新：城市存量空间设计与改造》）

　　A 字是新植入的结构形态，它和保留的屋面、墙面形成了年代和材质新旧的强烈对比。A 字顶部透过的玻璃天光，使黑色高耸空间不至于显得压抑。A 字下部作为整个建筑的前厅使用，内部空间较暗，中轴后续空间由于屋顶的移除，光线较亮，也吸引观者探索向前（见图 3-69）。

图 3-69　前厅：A 字室内的高耸空间

（图片来源：李涛，孟娇《城市微更新：城市存量空间设计与改造》）

（六）建筑内部展厅设计

建筑的外墙面和展厅局部内墙保留了各个年代的装修痕迹，不做任何处理。展厅内不设吊顶，露出桁架结构。新建用于展示挂画的白色墙面，设定在一个统一的水平高度。

两个展厅内被设计师利用桁架结构的特性，用钢索悬挂了两个轻钢"盒子"，外覆盖阳光板，一个为白色，一个为红色。阳光板材质较轻，具有半透明特性。"盒子"底部悬空，宛如漂浮在展厅中。它既起到分隔空间的作用，又不至于显得太堵，从而影响空间的整体性和流动性。这种悬浮感体现的是装置的轻，它与原有建筑的历史感也形成了对比。

从入口 A 字钢结构的重量感，到中轴屋顶掀开后的自然感，最后到展厅悬浮盒子的轻量感。光线也从暗到亮，再到适应展厅的半人工光线。这是设计师刻意制造的一种感知序列。

（七）项目改造的意义

　　项目建成后，红坊的甲方不断从上海搬运来更多的室外艺术作品，慢慢将整个园区填满。这种充分发掘场地特性，对场地有限度的更新改造，对旧有材料的适当重复利用，其实是针对原有场地特质的"场所精神再造"，距离感与亲切感同在。这也为老工业遗产的更新改造提供了一条更适合的道路（见图 3-70）。

图 3-70　同一区域改造前后对比

（图片来源：李涛，孟娇《城市微更新：城市存量空间设计与改造》）

第四章　社区微更新设计实践

第一节　上海杨浦创智片区政立路 580 弄社区微更新设计实践

一、上海杨浦创智片区政立路 580 弄社区微更新总体规划实践

（一）创智片区社区治理建设历程

　　杨浦区是上海中心城区面积最大、人口最多的行政区，同时也是中国近代工业的发源地。20 世纪 90 年代以来，杨浦区历经几十年的发展，实现了从"工业杨浦"到"知识杨浦"，再到"创新杨浦"的转型，在区域转型发展历程中，社区治理也相应历经了三个发展阶段。

　　1. 社区治理 1.0 阶段：综合知识型社区建设（2000—2013 年）

　　1999 年，《杨浦区城区总体规划（2000—2020 年）》提出依托五角场地区，打造以教育和高新技术转化为主导特色、以居住功能为基础的现代化新型城区。2003 年，杨浦区正式提出"知识创新区"的建设目标，启动了大型开发项目"创智天地"的建设，以搬迁老厂房、老住宅，完善基础设施，推进产业载体建设为主要工作。2010 年，《杨浦国家创新型试点城区发展规划纲要》提出社区、校区、园区"三区联动、三城融合"的核心理念，社区治理进入 1.0 阶段——综合知识型社区建设。重点打造公共开放空间（创智天地广场、江湾体育中心等）、办公居住一体化的 SOHO 社区（创智坊）、多功能办公空间等项目。创智天地及周边地块完成了 1 140 000 m² 的体量建设，Dell、

AECOM 等多个世界领先的创新企业入驻，形成了集办公、居住、创业、商业服务、教育与餐饮等多功能于一体的开放式社区模式。

2. 社区治理 2.0 阶段：渐进式社区微更新（2014—2017 年）

2014 年，为打造国家双创示范区，杨浦区政府计划用 3 ~ 5 年时间，通过城市微更新解决现状发展问题，构建高品质创新城市环境。在政策上，杨浦区陆续实施了双创背景下"三轴联动"发展方案、"行走上海 2016——社区空间微更新计划"的"睦邻家园"项目试点，以及对小区更新建设的《上海市住宅小区建设"美丽家园"三年行动计划（2018—2020）》等。以延伸创智天地品牌，建设"大创智"功能区为主要工作，重点打造"创业成长轴、城市交通轴、绿色生态景观轴"的三轴方案，在"大创智"的核心区内形成"黄金三角区"（见图 4-1、图 4-2）。社区治理进入 2.0 阶段——渐进式社区微更新。采用低干扰、渐进式的改造方式，促进老旧社区内外更新。以提升居民文化与绿色生活品质为目标，以社区治理共同缔造为模式，推进城市存量绿地更新。

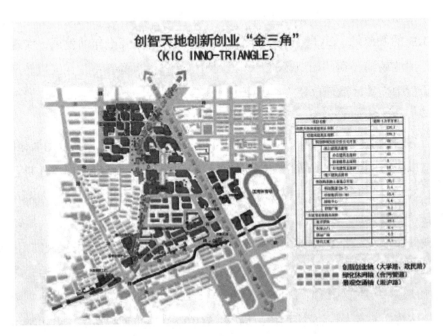

图 4-1 大创智"三轴"方案

（图片来源：廖菁菁《公众参与社区微更新的实现途径研究》）

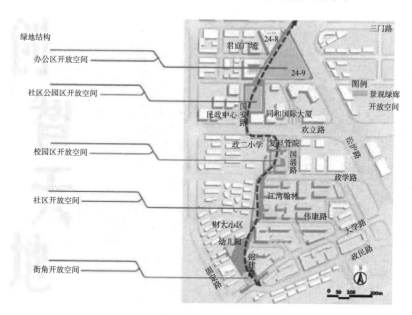

图 4-2 绿色生态景观轴

（图片来源：廖菁菁《公众参与社区微更新的实现途径研究》）

3. 社区治理 3.0 阶段：多元共建社区自治（2018 年至今）

2018 年，杨浦区首度推行社区规划师制度，派遣 12 名规划、建筑、景观专业的专家对接区内 12 个街道（镇），在该街道（镇）提供持续、驻地的社区微更新工作，鼓励公众参与，促进共享共建共治。由此，社区治理进入 3.0 阶段——多元共建社区自治。在党建引领下，以社区自治为核心目标，以公众参与为工作路径，推动社区精细化、规范化治理，形成政府监管、市场服务、社会参与及居民自治的多中心治理机制。

（二）社区规划师介入社区微更新

在此背景下，同济大学的刘悦来教授作为杨浦区五角场街道的社区规划师，带领四叶草堂团队进行了以公众参与为核心、以社区花园为空间载体的社区微更新探索实践。主要集中在"三轴"方案的"绿色景观轴"上，包含老旧社区（财大社区，政立路 580 弄、600 弄、700 弄社区）、街边绿地等多种公共空间的更新（见图4-3）。

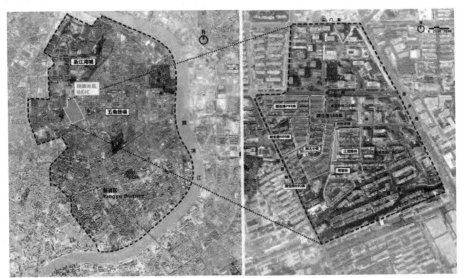

图 4-3　上海杨浦创智片区及 580 弄区位图

（图片来源：廖菁菁《公众参与社区微更新的实现途径研究》）

1. 现状概况

在 20 余年的社区治理历程中，创智片区的物质空间和社区环境发生了巨大变化，这里有乐活族休闲娱乐的据点（创智天地）、网红创意街区（大学路）、开放空间（大学路·下壹站广场、江湾体育中心）、创客邻里中心（五角场创新创业学院）。但在存量更新的城市化进程中，科技创新发展与现状社会空间仍存在许多问题与矛盾，主要体现在以下几个方面。

（1）开放空间缺乏活力，未成体系

城市中存在大量因后期维护管理不善、功能定位不匹配而出现的闲置地与消极地，这些空间与周边的社区缺乏功能黏合，其功能及业态与需求不匹配，导致邻里空间缺失、社区活力不足及环境疏于管理维护等问题。例如：老旧社区与江湾翰林小区之间的街头绿地，本权属江湾翰林小区的配建绿地，但由于地下管线通过而无法搭建建筑，作为临时用房与建筑垃圾堆放地，多次遭到周边居民投诉；锦嘉路与政学路路口的街头绿地，因植物浓密、照明不足、缺少休息设施等原因，成为堆放共享单车的消极绿地。

（2）围墙阻隔，社区内外慢行体系缺失

在城市化发展进程中，以车行为导向的交通空间开发建设，改变了人与环境、土地的关系，城市原有的街巷肌理被破坏，社区内外慢行空间体系整体滞后于城市化空间的发展建设。创智片区紧邻五角场（上海四大副中心之一），周边公共设施配套完备，有地铁10号线江湾体育场站、五角场商圈、复旦大学、上海财经大学、阳普国定菜市场、社区卫生站等。但社区组团间由于慢行体系缺失，加之老旧小区围墙边界阻隔，导致"15分钟生活圈"内各类基础设施的可达性与连通性较差，现状街区功能混乱，缺乏活动空间。

（3）社群彼此隔离，缺乏社区融合

过去产城融合的发展使得街区入驻了大批高新技术企业，瑞安集团在街区内开发建设了许多新型高端住宅（江湾翰林小区、创智坊小区），与老旧社区组成了多样混合社区类型。除原住民外，大量白领、创业青年、商户等外来人员在此居住和工作，不同阶层的人口组成及生活方式的差异使得人与人之间产生了无法逾越的隔阂。加之城市社区的门禁管理体制，一些居民对于社区的外部空间环境往往漠不关心，人与人之间的互动不足，社区感日益衰弱，造成现状社群隔离的现象。

（4）老旧社区面临可持续发展困境

片区内的老旧社区多建成于20世纪90年代，在城市更新进程中，普遍存在日常生活空间异化、慢行交通系统欠优、利益权责关系交叠等典型问题，社区内开放空间品质不佳，维护管理状态差，已无法满足居民日常生活休闲需求。另外，传统自上而下的社区更新改造，缺乏居民参与，空间改造仅仅流于形式，造成空间功能与居民使用需求脱节的问题。多元化的诉求无法被满足，加之权责关系交叠，公私界定不明晰，多处社区存在私搭乱建、乱停车、私自占用公共绿地等现象，引发利益纠纷与邻里矛盾。老旧社区面临可持续发展的困境，迫切需求一个公平公正、包容开放的环境来解决当前社区发展的矛盾与问题。

2. 目标定位

创智片区的社区微更新，综合考虑城市政策、历史文化、社会经济及生态环境等多个层面，结合片区现状问题，以系统整体的视角统筹片区的发展。

总体目标旨在通过公众参与的创新治理方式，结合社区绿色生态、自组织培育等方式，协助社区构建社区共同体以探索在地化的长效可持续发展方案。重新激活城市空间，增加社区资产，促进环境改善及社会公平，目标具体概述如下。

（1）重塑城市隙地，建立社区内外联系

慢行交通作为社区中重要的交通承载系统，对社区的健康运转与宜居性起到了决定性作用。为实现"三区联动"的发展目标，推进连接园区、校区、社区的绿色景观轴的建设，应将社区内外慢行体系与城市街区开放空间体系、交通体系进行整合，以营造步行友好、安全舒适的高品质城市社区空间。

具体以串联各社区组团的绿轴空间（包括锦建路、伟康路）提升为纽带，强化东西两侧社区组团与城市公共空间的联系，重塑社区组团与大学路、创智天地、地铁枢纽等公共设施的连接，提高社区与公共服务设施的连通性与可达性，完善"15分钟社区生活圈"。另外，整个慢行系统的连接涉及老旧社区围墙边界的改造，应把原本闭塞的社区空间向外打开延伸，与其他的城市更新项目整合联动，以建设具有多元包容性、在地文化性的高品质公共场所。

（2）发挥公众参与、多元协作的力量

创智片区内的老旧社区属于高密度城市中的都市型社区。这类社区内部资源丰富，外部资源较多，社会结构高度流通，具有汇聚多元资源进行跨界合作的潜力。面对片区居民多元化的利益与诉求，应鼓励居民行使营造生活环境的权利，汇聚各利益相关者，在公正开放的环境下引导多元群体平等对话，以共同界定公共利益。通过社区参与，可以强化草根民主的权利，培育居民的社区微更新理念与自主意识，促进社区自组织的形成。

（3）构建创智片区睦邻友好社区典范

创智片区不同的社区组团间存在因社会阶层差异而产生的社会隔阂。同时，老旧社区内利益权责复杂，多元主体各自为政，导致片区成为社会矛盾的聚集地。本次微更新旨在通过广泛的公众参与，增加社区互动，弘扬睦邻文化。人们在此可以感受到与他人、与自然的关联，塑造健康的邻里关系，将社区转变为具有身份认同感、归属感与地方感的场所，并以此探索社区治理的经验模式。

（4）体现在地特色，促进老旧社区可持续自治

社区空间是城市空间中最具人文价值和生活印记的区域，保留社区环境及邻里关系的原真性，有利于促进社区公共精神的再生。创智片区的老旧社区，在过去几年的社区治理中，多停留在社区物质空间环境的更新改造上，如对小区建筑平改坡、地下管道建设、外立面修缮等，缺少对社区文化、居民生活方式的沟通了解。"一刀切"的方式难以反映地方社区的文化特色，老旧社区更新面临千篇一律、缺失在地特色的问题。本次社区微更新旨在通过公众参与，将地方特色、社区文化融入规划设计之中，在参与中充分挖掘社区包括人文地产景等在地资源，延续社区的历史文化积淀，提升社会资本。并且，要延续城市的整体发展脉络，与地方文化紧密结合，以振兴本土文化。

为实现可持续性与自主性的城市社区发展，应通过渐进式公众参与，发掘自下而上的力量。以公共空间为载体，以培育社区内生力量为核心，分阶段对社区进行赋能培育，循序渐进地建构社区共同体。当规划团队及社会组织等多方力量逐渐退出时，社区也能够依靠自身力量实现运维管理并完善层级体系与管理机制，实现健康、长效的可持续发展。

3. 规划实践

创智片区自 2016 年以来积极推动社区微更新建设，至今经历了四个发展阶段，以社区花园为空间载体，以社区居民为主体力量，采用自下而上与自上而下的模式推动公众参与，其发展历程与主要内容成果概述如下。

（1）第一阶段（2016 年）：构建睦邻基础

创智片区的社区微更新从邻里共享的公共空间着手，以此为触媒点，促进居民社会交往，凝聚社区网络并增强在地归属感，进而展开社区微更新与"更深层次、更大范围的多元共治"。2016 年，在五角场街道的支持下，于开放街区建设了社区花园——创智农园（见图 4-4）。

创智农园位于伟康路 129 号对面，占据"生态景观轴"上的重要区位节点，紧邻多个社区组团，但这里原本是荒废多年的城市边角隙地，不仅未能提供城市开放空间的基本功能，甚至阻碍了社区安全通道，成为城市中的失落空间。根据项目区位特征、居民需求，将其定位于开放型社区花园，以"多

元包容、社区互动、共享园艺"为原则开展营造工作。项目由四叶草堂团队完成基础设计，瑞安集团代建，并由四叶草堂团队组织在地居民、高校师生、专业人士等参与完善后续的设计、建设和运维。在多方共建的力量下，以促进跨越世代、阶层、经济和社会障碍的社区交往为目标，汇聚多方资源，在探索公众参与机制的同时，也构建了创智片区睦邻建设的基础。

图 4-4　创智农园建设前后对比图
（图片来源：廖菁菁《公众参与社区微更新的实现途径研究》）

（2）第二阶段（2017—2018 年）：发挥策源地价值

创智农园是创智片区首批更新的城市公共空间，除具有优化生态环境、促进公众健康等城市绿地功能外，作为邻里共享空间，其还具有都市农业、自然教育、促进交往等社会功能。创智农园作为创智片区也是四叶草堂团队首个社区营造规划的策源地，在此成立了社区规划师办公室和创智坊睦邻中心，针对城市不平衡发展的问题（居民交往不足、社会隔离、与自然脱离等），旨在营造熟人社区环境，为带动周边社区的微更新打下基础。创智农园因此策划了系列特色品牌活动，包括农园服务类、课程体系类、社区互动类等活动（见图 4-5）。

农园服务类活动包括农园日常的志愿服务及管理工作。居民可自由分配时间安排志愿劳动，一米菜园以每年 2400 元的费用供居民认领，一般以家庭为单位，居民可按个人喜好自由种植并进行管理收获。农园日常对外开放，并安排讲解员介绍农园基本情况与社区微更新相关知识等，接待来自国内外的团队考察活动，逐渐扩大了创智农园的知名度与影响力，社区居民在参与互动中构建了场地认同感与自豪感，进一步激发出参与热情。课程体系类活动以自然教育主题为主，包括"都市的朴门"、社区花园自然观察活动、农耕体验等课程，采用理论课程与实践教学相结合的方式。以自然观察活动为例，围绕城市生物多样性，以动植物等为对象，展开观察记录，如已经开展过"夜观昆虫""蝴蝶和蝉的观察""非生物因素认知"等主题，以提升居民对都市中生物多样性的关注与保护意识。社区互动类活动包括社区营造、社区自治、公益活动等主题培训活动，邀请行业内知名专家分享社区营造的经验，鼓励居民自主进行社区管理，提升居民的社区公共意识与主人翁意识。除此之外，在相应的节日还会举办主题活动，如"冬至饺子宴""中秋月饼制作"等活动，将社区居民聚集在一起，带给居民"家"的氛围。

图 4-5　创智农园特色系列活动

（图片来源：廖菁菁《公众参与社区微更新的实现途径研究》）

通过社区互动，居民间构建了互相信任的关系，也塑造了一个熟人社区环境，将社区居民聚集在一起。其间借由社区公益艺术活动的契机，社区居民与漫画师、AECOM 设计团队，携手在创智农园与老旧社区的边界围墙上绘制了一扇"魔法门"，寓意未来"围墙开门，实现新旧社区沟通连接"的愿景（见图 4-6）。在后续的社区花园建设中，创智农园将继续发挥触媒作用，不断完善活动体系与管理体制，延续睦邻友好的运营发展与空间建设，推动老旧社区绿色自治。

图 4-6　创智农园特色魔法门

（图片来源：廖菁菁《公众参与社区微更新的实现途径研究》）

（3）第三阶段（2018—2020年）：老旧社区微更新

依托以上阶段构建的睦邻基础，进一步发挥多元共治的力量，搭建多方合作的公众参与平台对老旧社区进行微更新。以政立路580弄社区微更新为试点项目，探索公众参与社区微更新以实现社区绿色自治的途径。依托社区营造规划策源地创智农园的平台，链接多元参与者与居民组成"在地共创小组"，在共学共做中提高居民进行社区微更新自主提案的能力，实现长久可持续的社区发展。在两年实践中，人工与自然、传统与革新、专业与业余等多元对抗在社区花园中逐渐融合，以政立路580弄社区为代表的老旧社区也实现了环境、文化、社会的全面革新。

（4）第四阶段（2020年至今）：睦邻片区联动运作

第四阶段计划进一步对大学路及创智农园周边进行创智整体睦邻片区规划建设，挖掘城市中更多的潜力空间，让建造的社区花园体系编织成网络，联动运作。完善片区内的绿色空间网络体系，与城市更新其他项目延伸衔接，促进片区内的城市更新。

二、政立路 580 弄公众参与社区微更新实践

（一）项目概况

政立路 580 弄社区是建成于 20 世纪 80 年代的老旧小区，常住人口 3300 人，60 岁以上老年人 1100 多人，社区内有小学、菜市场等配套设施。政立路 580 弄社区北接政立路，西接国定支路，紧邻上海财经大学，以及国定路 600 弄、700 弄小区，东侧与创智农园一墙之隔，毗邻江湾翰林小区、创智坊小区。政立路 580 弄社区是绿色生态景观轴延伸至老旧社区的重要节点。

作为典型的混合型老旧社区，多种社区问题与矛盾纠纷并存。门禁社区的封闭式围墙切断了社区内外的联系，社区与外部开放空间和公共基础设施的可达性与连通性差，面对仅仅一墙之隔的创智农园，居民只能绕道而行。在社区内部，机动车无序停放及人车混行，严重阻碍了社区生命通道。在空间环境上，现状绿地破碎化，缺少连续、集中的活动空间，加之违章建筑、垃圾堆放等破坏了原有的里弄肌理和开放空间，节点体验活力不足。在社会关系上，社区缺少凝聚力，居民对公共空间的管理维护意识差，社区内部存在多处毁绿种菜的现象，多元主体基于自身利益而引发了多次矛盾纠纷。

在创智片区整体社区规划中，以创智农园开启的多元共治社区花园实践，激发了居民的参与热情，政立路 580 弄社区被纳入五角场街道的美丽家园综合整治计划。针对社区发展问题，提出以社区自治为价值导向，以公众参与为工作路径，依托创智农园策源地平台，推进老旧社区绿色自治。

（二）公众参与进程

政立路 580 弄社区微更新项目从 2018 年开始，通过渐进式的公众参与，实现了老旧社区的绿色自治。第一年是基础，旨在广泛扩大居民参与，建立起社区共识，共同完成社区规划提案，为后续共同设计营造奠定基础。第二年至今，借由共创小组的形式，让居民与设计专业者平等对话，完成节点设计与营建，并建立社区自组织。按照社区微更新进程与公众参与的渐进程度，共分为四个阶段。以下结合各阶段的内容叙述、实践成效及创智农园的触媒作用进行具体论述。

1. 阶段一：传播理念与扩大参与

（1）始于居委会的社区介入

社区微更新活动的开展，始于社区资源与需求调查。四叶草堂团队首先通过走访居委会介入社区，说明即将开展的工作计划与项目意义，初步了解社区基本情况及现状问题，包括相关的人口信息、物业信息、背景政策、停车与活动场地等。2018 年 3 月 23—24 日，四叶草堂团队举行第一场社区自治项目座谈会，分别访问了国定一社区、财大社区的居委会，与居委会初步交流意见，计划与美丽家园施工建设同步推进。四叶草堂团队于其间多次踏勘现场，全方面了解社区的人文地产景观等资源。

（2）传播理念并扩大参与

初步了解社区情况后，在居委会的协助下，四叶草堂团队在创智农园与居民开展多次座谈会，传播此次社区微更新的理念与意义，并通过问卷调查的方式了解社区的核心问题与居民需求。2018 年 4 月 3 日—15 日派发问卷100 份，回收有效问卷 97 份。问卷涉及居民基本人口信息，对社区公共事务的关注情况，社区空间的现状使用情况、满意度调查及未来使用需求与愿景。综合整理数据后初步明确居民关注的议题有围墙开门、增设与改造公共空间、拆除违章建筑、设施优化与停车问题（见图 4-7）。四叶草堂团队根据居民的信息反馈来制定后续的自治活动组织方案及社区微更新提案。

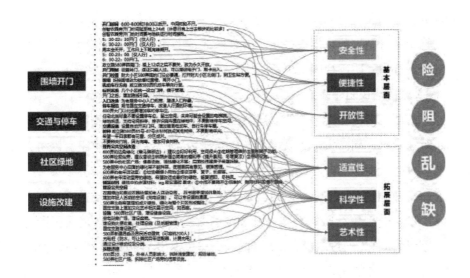

图 4-7　问卷调查：社区议题

（图片来源：廖菁菁《公众参与社区微更新的实现途径研究》）

　　同时，在初步互动中要留意观察居民的状态和表现，建立居民信息库，以便在后续的社区微更新工作中与居民更好地进行协作交流。并需留意具有"社区能人"潜质的居民，他们一般具备领导力强、积极主动性高、人脉广、沟通能力强等特质。作为社区内部居住者，他们相比于外部专业者更具有话语权与影响力，可以把社区微更新相关内容传达到社区更广的范围。

　　2. 阶段二：确立共识与引导规划

　　（1）汇聚多元主体确立社区共识

　　确立社区共识，是后续公众参与切实行动的关键。为进一步扩大居民参与，2018 年 4 月 21 日，四叶草堂团队于杨浦区创智坊睦邻中心正式举办"政立路 580 弄社区微更新项目启动会"，参与人员包括杨浦区规划和土地管理局代表人员、相关行业专家、30 余名社区居民、30 余名同济大学学生。四叶草堂作为多方利益的协调者，在协助政府推进"睦邻家园"计划的同时，也协助居民进行社区自主提案的讨论。会议上，政府一方的代表发言，以改善老旧社区环境质量、实现社区内外的绿网串联为目标。随后，相关行业专家分享了建设社区花园的营造经验，以及如何通过自下而上的更新方式，重构和谐邻里关系及美好家园环境。通过发放"社区改造策略卡"让居民了解了更为详细的计划安排，居民提出了对社区改造的建议。最后，通过多角度协商的宏观视角，明确社区微更新的核心关键词为"围墙"与"增绿"。

（2）鼓励居民自主发声

正式的项目启动会后，围绕议题，四叶草堂团队联合五角场街道社区规划师、行业专家、同济大学景观学系学生与居民，成立了共创小组，以协力共创的方式，激励居民自发参与社区更新。

2018年4月27日—28日，共创小组于创智农园举办了两场社区规划方案互动座谈会，聚焦社区的整体提升及围墙改造计划，共有35名居民参与讨论。设计团队首先通过展板介绍规划方案，居民提出了30余条针对性意见。其中，对更新节点的选定、停车问题争议较大，多方协商后确定了"社区开门与绿环串联"的核心理念。4月30日，借由大型公共活动"国定—财大互动日"进行成果公示与反馈。活动展示了社区共建的成果，并通过趣味互动的方式进一步传播社区微更新的理念，累积参加人次数百人，大部分居民认可总体规划方案。

3. 阶段三：社区培育与共同设计

整体规划方案通过后，就到了更为具体的节点改造阶段。为实现在地居民成为参与主体并具备自治管理实践的目标，四叶草堂团队组织居民开展了分阶段的社区培育计划。初阶旨在培育居民形成社区营造的基本理念，同步推进设计；进阶在共创小组的共学共做中，提高居民将理论概念落实到行动的能力，为后期的共同营建与实现自治奠定基础。

（1）初阶社区培育：形成理念

2018年6—9月，共创小组结合创智农园每周的学术沙龙活动，以社区参与自治为主题，邀请吴楠（阿甘）、李迪华、何志森等行业专家，成立了"共治的景观：社区互动技术探究"工作坊及"共治的景观：社区自组织培育"工作坊。居民学习了朴门永续理论的实践运用及自主管理社区花园的流程与注意事项，并在专家引导下针对选址进行了具体的空间方案探讨。与此同时，山崎亮、飨庭伸等国际社造专家也对社区规划师进行了培训，就"如何促进居民及社会组织等多元力量之间的良性互动"及"完善公众参与社区空间更新的发展策略"等议题，通过理论讲座课程、现场工作坊等形式，与参与者共同探索适合在地的工作路径。5月27日举办的国定一社区"节点设计互动日"，在预期改造的各方案节点进行了展板与模型展示，广泛收集附近居民的诉求与反馈，有不同年龄层次（老人、儿童、中青年）与职业类型（物业人员、律师、医生、工程师）的居民参与其中，从不同视角对社区公共空间提出了使用诉求和改造建议。

在上述的共同学习中，居民在理论知识学习与设计实践中具备了一定的社区营造基础，更多的人亲身加入社区微更新的行动中，思想的沟通与碰撞让居民的态度和认知发生了质的转变。2019年3月，共创小组就围墙开门问题逐户进行访谈与讨论，所有居民一致同意，无反对意见。经过居委会、业委会等多方努力，2019年3月13日，成功在围墙上打开"睦邻门"。

（2）进阶社区培育：共学共做

2019年6—12月，杨浦区社区规划师借由共创小组的形式，公开招募各界人员与在地居民共同决策以节点展开的设计更新，并由专业社造专家组成的导师团队进行指导。经甄选共确定8组方案，与政立路580弄社区微更新议题相关的有4组——以社区绿地改造为主题的"政立路580弄9号楼前绿地更新"小组与"政立路580弄东侧绿地更新"小组，以围墙改造为主题的"睦邻墙"小组与"墙的消亡史"小组。

在共创小组的实践过程中，居民与专业者是对等的关系。例如，围墙改造的两个小组，通过"1：50模型搭建""1：1实体放线"等清晰直观的方式，让居民与专家共同讨论推敲空间与功能，大家对建立"无围墙"社区的目标一致。居民主张围墙应被赋予多样的使用功能；景观设计师提议解决现状照明不足的情况，应增加灯光艺术装置，并可回收社区内废弃物品以设计容器花园；社区业委会主任提议以社区文化表达为重点。经过多方平等的协商与对话，最终达成"围墙透绿·自然降解"的计划，各小组依各自兴趣点进行深入设计。在此过程中，四叶草堂团队积极引导社区团体参与实践，通过培育赋能，提高了居民的综合自治能力，引导社区团体逐步发展为社区自组织。

4. 阶段四：共同营建与实现自治

政立路 580 弄社区目前已完成一期围墙改造与部分增绿节点建设，共创小组通过陆续开展营建工作坊、快闪活动等形式，激发居民持续参与的动力。

（1）增绿节点社区花园营建

在上一阶段的社区整体规划中，选定了九块绿地更新节点以串联形成社区绿环，提高了社区内外的连通性，并解决了原有绿地碎片化的问题，目前完成了朴门小花园及自治花园"馨园"的营建。在自治花园"馨园"的营建中，居民充分践行朴门永续的知识理论，在专业人员的指导下，熟练操作厚土堆肥法，并一同完成植物配置工作。朴门小花园的营建，结合"2019 都市的朴门"PDC 培训课程，将政立路 580 弄社区作为实践基地，居民与学员们一起测量场地、安装雨水箱，并在专业人士的指导下，完成了墙绘、种植池搭建、厚土栽培及花园的植物配置等工作。实地的营建工作情况复杂，各节点的推进需依据实际情况做出相应调整，其他的社区花园仍在多元参与的协商交涉中努力推进。

（2）"围墙降解"更新改造

2018 年 3 月开启的"睦邻门"，是自下而上力量的见证，也是"围墙自然降解"计划的开端。此后，整个围墙经由开门破洞、升级改造、综合提升的发展，逐步实现了自然降解。

在围墙自主提案设计阶段多次举办的社区微更新快闪活动，就已调动起了居民积极参与营建的兴趣。2019 年 8 月，同济大学暑期社会实践与共创小组合作举办活动，当天居民们共同进行了墙绘等趣味互动，其后自发进行围墙改造的募捐活动，社区不同年龄段、不同身份的人都参与其中，人与人之间的"心墙"也在逐渐消解。在此契机下，政立路 580 弄社区又举办了多次"拆墙破洞"，"砖绘系列"主题工作坊组织居民参与拆墙并回收砖块，用砖绘的方式讲述社区故事，促使人们思考。

2019 年 8 月末，结合共建成果中期总结会，共创小组在创智农园举办了面向整个片区的大型社区活动日——"你好邻居：社区规划共创夏日派对"，近 500 名居民参与了此次活动。活动分为多个主题场次，核心部分是共创小组的中期成果总结会，各小组在讨论中分享了各自的改造方案，并共同制定了一条属于创智片区的"社区小旅行"路线。后续组织了一场"拆墙仪式"，让大家用自己的方式与围墙告别，承载着自我期待、社区愿景、过去与当下、现在与未来之间的反思与重构。多元群体在互动中彼此联结，与场所、与他人建立了深层次的情感联结。2019年10月，创智农园东侧围墙安装了"睦邻窗"，居民将做好的菜肴通过这扇窗传送至创智农园，举行了社区美食节，空间的连通促进了社区组团之间的沟通交流。2019年11月，围墙成功降解，实现透绿。2019年12月，为满足"睦邻门"出入需求，对其进行全面升级，社区居民之间的"心墙"在此刻也终于瓦解。

（3）可持续的自治管理

目前，政立路580弄社区已形成较为稳定的自治团队。在后续的运维与管理阶段，计划初期先由四叶草堂团队将政立路580弄社区与创智农园联合进行管控，并连接外部资源，以社区活动、培训、工作坊等形式参与服务建设。另外，通过五角场街道陪伴计划、创智坊睦邻社区系列活动等，对社区进行持续性陪伴。随着政立路580弄社区自治力量的成熟稳定，居民作为后期运维的主体力量，社区管理委员会负责社区日常事务的管理，包括制定社区公约、对社区自组织的管理等工作，核心自治团队负责"自治花园实践区"的维护管理、"围墙透绿段"文化展示墙的定期展览等工作。楼栋自治小组一般以楼栋为单元，内部推选楼组长，负责传达社区的公共信息，并动员大家维护管理楼道卫生环境、楼栋周边绿地空间。其他居民作为空间的使用者，需按要求遵守社区空间实际管理运营者的安排，不得进行破坏，也可以自愿加入社区志愿者队伍，参与空间维护管理。

5.启示一：循序渐进推动参与

在政立路580弄社区的微更新进程中，第一阶段重在熟络社区，从居委会入手，了解社区的基本情况，初步明确了居民关注的核心议题，包括围墙开门、公共空间改造等。并通过"社区能人"这一社区信息枢纽，将微更新的理念、内容、意义等延伸至更广的社区范围，进一步扩大居民参与。

第二阶段聚焦社区整体提升，汇聚多元主体，以协力共创的方式引导居民参与。创智农园日常举办的睦邻系列活动，构建了熟人社区环境，利用其完备的规模及社区服务功能开展工作坊，引导居民自信发声，多元主体在交涉中逐步达成社区共识。在自组织方面，居民也由"社区能人"扩展开，基于兴趣爱好成立了国定—旗袍队、合唱团、快板小组等社区团体。

第三阶段重在社区培育与节点改造，通过创智农园连接多元化资源，建立跨界知识交流协作的平台，在共学共做的实践中帮助居民建立起一定的社区微更新知识体系与实践经验，引导社区团体向自组织的发展。通过这一阶段的实践，挖掘出社区微更新带头人孙女士、奚叔叔、社区居委会陈书记，以及9号楼的唐阿姨、毛叔叔等人，成为"580弄自治团队"的核心成员，并鼓励社区兴趣团体参与共建。自下而上共治力量逐步壮大，由"睦邻门"开启的共建成果也标志着社群关系网络的重新连接。

第四阶段的共同营建，创智农园早已作为不可分割的社区场所融入居民的日常生活，在每个人的心中种下协作共享的"种子"。居民通过连接外部资源，以社区活动、志愿服务、工作坊等形式参与社区建设，与社区共同体协同生长。居民在共建中不断倾注时间与情感，以自身独特的方式建立与社区空间的积极情感纽带，逐步形成主人翁意识，产生社区归属感、社区认同感和更深层次的情感依赖，让原本相互隔绝的社群之间重塑联系，随着政立路580弄社区自治力量的成熟稳定而实现内生性的绿色社区自治。

各阶段的公众参与承上启下、环环相扣，各阶段的参与都会影响最终结果，循序渐进地推动政立路580弄社区实现老旧社区绿色自治。另外，落地的共同营建阶段尤其重要，参与程度会随之深入。在自组织方面，由一开始积极活跃的"社区能人"慢慢发展成为社区兴趣团体，在社会组织等引导培育下，形成后期可进行自我管理的社区自组织。

6. 启示二：策源地的触媒作用

创智农园作为社区营造规划的策源地，在政立路580弄社区自组织培育过程中，发挥了重要的触媒作用。它是非营利组织（NPO）长期入驻、扎根社区的实践基地，同时也是承载多元复合功能的社区公共客厅。创智农园以日常活动发掘积累社区自治力量，以专业化培训提升居民社造能力，并以参与式共建共享唤醒社区居民的主人翁意识，凝聚在地社区精神。从重构共享空间到实现社区"自更新、自生长"，以共建共享社区花园促进社区营造的形式，为公众参与老旧社区治理提供了可复制推广的实现途径。

第二节　昆明主城区老旧社区微更新设计实践

一、城市老旧社区概述

（一）城市老旧社区的内涵

　　各类型社区既是城市复杂系统中最基本的组成内容，也是一个城市或社会的缩影，城市老旧社区更是城市内涵式发展进程中最重要的基本单位。作为城市中心区域，老旧社区包含有一般社区的特性，如地域性、社会性等。同时，老旧社区在时间界定上具有一定的相对性。老旧社区在概念上并没有一个准确的时间范畴，任何社区在经过社会和时间的变迁后都会成为老旧社区。本书所探讨的城市老旧社区主要是指由政府主导建设、位于城市建成区内且建成在 2000 年及之前，由于其建筑单体、基础设施及社区环境等多方面的老化，而无法满足居民现代需求的生活聚集场所。

　　"老"与"旧"二词形容时间流逝所带来的结果，两个词往往是相伴而生，都强调了陈旧的含义。对于社区来说，"老"与"旧"则有着不同的内涵体现："老"主要是形容社区在设施方面的老化，包括休憩、环卫、康体、娱乐等配套服务设施、建筑设备、立面风貌等；"旧"主要是指设计理念、社区人性化管理及适老化设计等方面跟不上时代，建成时间在 20 年以上的社区，其规划理念、设计标准等都远不能满足如今的使用需求。比如，缺乏社区活动空间、机动车停车设施等，并且无论是社区的外部环境还是楼栋方面，都缺少对适老化设计的考虑。

　　此外，城市老旧社区的内涵不仅仅体现在建筑、配套设施及外部空间等物质环境上，还包含社区归属感、居民生活方式和人际关系等人文环境，是多方面因素共同作用下人与环境之间不断进行双向活动的复合系统。相较于新建社区，老旧社区大多位于城市的繁华区域，有着较为和谐的人际关系基础，也不乏见证城市历史文化者，对城市的多样性及可持续发展有着重要的意义。

（二）城市老旧社区的发展逆境

　　本书所定义的城市老旧社区的建成年代都在 2000 年及以前，受到当时建设条件及建设标准的限制。发展至今，其配套设施、室外环境、道路交通等已无法完全满足现代生活的需求，人居环境受到极大影响，社区发展也陷入了困境。老旧社区的发展困境主要表现在社区的物质环境和人文环境两个方面。

1. 物质环境

城市老旧社区的物质环境主要包括配套服务设施、室外空间环境、道路交通及楼栋建筑等。在配套服务设施方面，社区的生活配套主要包括便民设施（晾晒架、公告栏等）、环境卫生设施及城市公共设施（学校、医院等）。大多数老旧社区由于建设年代久远，在便民设施及环境卫生设施上都出现了老化，在质与量上均无法满足现代居民的需求；在城市公共设施方面也缺少符合现代需求的营建设计，如在学校出入口没有进行安全性的营建等。在室外空间环境方面，老旧社区的室外空间环境主要包括分布在街角及宅间的"点"式公共空间、以街巷或社区内道路为载体的"线"性公共空间和社区集中的"面"式公共空间。由于老旧社区在建设时缺乏对居住以外功能的考虑，以及机动车的占用等，因此缺乏足够的公共空间以支撑居民之间的交流活动。另外，场所功能单一、景观缺乏观赏性和功能性，以及缺少相应设施等原因也导致现有的室外空间环境使用率低下，居民交流环境较差。在道路交通方面，主要包括动态交通和静态交通。老旧社区的内部道路大部分都较为狭窄，且存在断头路、尽端路等道路问题，满足现有的行驶功能已十分困难，更无法满足居民对人车分流、慢行空间等的需求，动态交通的安全性及通达性较差。同时，停车设施的严重不足也是老旧社区所面临的较为普遍的问题。老旧社区在建设之初，并没有较大的机动车停车需求，在车位的设置上没有考虑到如今的机动车保有量，导致乱象丛生。在楼栋建筑方面，主要包括立面风貌、适老化设计及楼门楼道等。由于建设年代的久远，建筑立面和形态受到饰面自然脱落、人为搭建等影响，建筑风貌更加混乱。同时，建筑设备和结构的老化严重影响社区居民的生活，无障碍设施、电梯等的缺失也降低了居民（特别是老人）的居住舒适度。

2. 人文环境

城市老旧社区的人文环境主要包括社区的人际牵系、社区文化和居民对社区的归属感等。在人际牵系方面，随着城镇化的高速发展，大规模的城市扩张使得老旧社区被重新拆建，社区人员流动频繁，人口结构不断发生变化，社区原本的社交关系也变得越发不稳定。同时，老旧社区公共空间及社区活动的不足也导致新旧邻里的社交失去了稳固的平台，"无缘社会"已成为老旧社区丧失活力的一个重要因素。在社区文化方面，大部分城市老旧社区都见证和承载了社会的变迁，每一种类型的老旧社区都有自身的特色和文化，这也构成了城市的多样性。以前大拆大建、千篇一律的更新方式对社区文化造成了不可逆的损坏，社区的形态、空间布局等越发趋同，失去了自身的独特性，城市肌理也遭到破坏。在居民对社区的归属感方面，如今的社区居民多以个人为生活基本单位，孤岛式的人际牵系、客人化的社区生活都是居民对社区归属感及责任感淡漠的主要因素。

由此可见，城市老旧社区的人文环境是建立在物质环境基础上的。老旧社区缺少能够吸引居民进行交际活动的平台，在空间和设施的处理上仅仅考虑功能性，缺少一定的人文关怀及趣味性，没有一个让居民积极进入其中的交流场所，导致人际关系淡漠。同时，不合理的交通组织和配套设施也导致居民归属感的日渐式微。同时，人文环境也在影响着物质环境的可持续发展，只有居民积极参与营建才能使社区实现自我更新。如今，二者之间形成了恶性循环，导致城市老旧社区的发展陷入困境。

二、微更新对城市老旧社区的意义

微更新对城市老旧社区的意义表现在对物质环境和人文环境两个方面的优化提升上。物质环境的优化提升主要体现在对社区功能的完善及社区原有环境的改善上，人文环境的优化提升则主要体现在对邻里社交的塑造及社区文化的延续上。

（一）完善社区功能，提高人居品质

本书所定义的城市老旧社区的建成时间都在 20 年以上，当时的建设多是以居住功能为主导的，缺乏对其他功能需求的考虑，如适老设施、道路与停车、文体服务、慢行空间及安全等，已经满足不了居民如今的生活需求。微更新注重对居民需求的综合考虑，在现有条件的基础上，对老旧社区的空

间功能进行整合，并通过小尺度的增添和修缮，事无巨细地完善社区功能，补足功能上的"年代短板"，平衡老旧空间与现代需求二者之间的关系，提高居民的生活品质。

（二）改善社区环境，唤醒社区活力

城市老旧社区由于缺乏适当的管理和维护，其环境质量日益低下。同时，停车占用、随意堆放等行为也导致公共空间的使用率低。微更新注重对老旧社区现有资源的挖掘，带动居民自发参与，通过对建筑立面的修复、社区景观环境的整治等来提升社区的整体风貌，给予居民焕然一新的观感，烘托社区优质的环境氛围。与此同时，微更新可以将社区的零散空间进行整合，提高社区公共空间的利用率，为居民提供良好的社交场所。通过对社区潜力的深度挖掘，使其产生"逆生长"的效应。

（三）重塑邻里社交，打破社区孤岛

粗放式的城市发展方式对老旧社区及社区周边环境的破坏，以及大规模的、频繁的人口流动，导致老旧社区原有的邻里关系基础日渐式微。同时，新旧邻里之间也缺少交流平台，逐渐形成以个人为生活单位的孤岛式社区关系。首先，老旧社区微更新是居民、政府等多方协作的一个长期过程，其注重参与平台及机制的构建，以引导居民自发形成社区组织并主动参与到社区微更新的探讨、设计、实施等阶段。通过居民之间的协作活动，促使社区居民进行主动交流，唤醒社区居民的邻里情感。其次，通过微更新对老旧社区的公共活动空间进行填补或修复，为居民提供良好的社交活动平台，兼顾新老居民的交流需求，引导居民从个人空间走出来，进而打破封闭冷清的社区氛围。

（四）延续社区文化，增强归属感

社区的形成、发展与居民对社区的归属感有着不可分割的联系，只有当居民真正认可并愿意共同维护这个生活聚集地时，社区才能做到永续发展。然而，政府主导的自上而下的更新方式，使得社区居民越来越"客人化"，参与意识薄弱、依赖政府管控、对社区活动漠然等问题越发突出。同时，粗放式改造对社区原有文化的破坏，也导致居民对社区越发陌生和漠视。微更新针对这些问题，在改造过程中引导居民发挥其主观能动性，主动对社区发展进行思考，提升居民的主人翁意识。同时，微更新有着以保护为主的内涵特性，尊重老旧社区在社会变迁中所保留的生活方式、功能结构，在更新过程中保留社区的特色及居民的精神依靠，增强居民对社区的认同感。

三、昆明主城区老旧社区的发展现状及类型特征

（一）昆明主城区概况分析

昆明是我国西南地区的中心城市之一，其主城区作为中心城区的重要组成部分，集中了昆明大量的人口及社区，承载着城市的多种核心职能，是集商贸、金融、文化、旅游等于一体的综合性城区，辖区包括五华区、官渡区、西山区、盘龙区、经开区、高新区及滇池旅游度假区等城市连片建设区。

昆明主城区共有 296 个城市社区，承载着昆明近一半的常住人口，共342.68 万人，其中二环内区域尤为集中，在 45 km² 的范围内包含了 136 个社区，并且大多数社区住宅的建设年代在 2000 年之前，因此了解主城区的形成历史及未来发展定位对研究昆明老旧社区的类型特征及更新发展具有重要的意义。

1.昆明主城区的形成与发展

昆明主城区的形成可以追溯到南诏国时期建立的拓东城和善阐城，城区在元朝时期进行了一定程度的向北移动，明清时期在之前的基础上进行拓展，形成了如今昆明城区"三山一水"的基本格局和主城区的形制基础。

到了近代，昆明于 1905 年开始建立商埠，人口增长迅速，主城区在明清城市格局的基础上向东南发展，建设了商住区，交通的畅通及商业的发展使得城区面积进一步扩大。抗战时期，昆明作为国家的后方基地，接收了大量的外来迁入人口和工厂、学校等，城市人口急剧增长，主城区开始向四周快速连片发展。1945 年后，工厂及学校等又陆续迁出，城市的快速发展近乎停滞。

1949—1978 年，昆明主城区以老城为中心均衡地向外扩张，逐渐形成现如今昆明的一环环线。改革开放以来，昆明主城区以同心圆的城市形态在一环老城区的基础上向外扩张，并在城区内开始进行旧城改造和城市空间填补。

20 世纪 90 年代，昆明进入了高速发展时期，重大项目的建设也使得昆明主城区的功能格外突出，主城区以单一中心蔓延扩张，并形成了现如今的二环格局。21 世纪以来，昆明主城区开始大规模地向二环以外"摊大饼"式扩展。

发展至今，昆明主城区的规划用地建设规模已达 330 km²，其中二环内部分发展较早的区域，早在 20 世纪 90 年代便已形成，集中了大量的文化、商业、教育及人口资源，45 km² 的二环城区已然发展成为主城区的核心区域。本书的研究范围正是主城区具有代表性的二环内地区。

2.昆明主城区的发展定位

在过去，昆明主城区一直按照同心圆的城市形态发展。随着城市的扩张，各种弊端也开始显露出来，对主城区未来的发展定位也提出了新的要求。首要的是改变过去单一中心的城市格局，合理地将昆明主城区的城市功能向呈贡区进行有机疏解，以调整和优化主城区的空间格局及功能布局，降低人口密度，改善主城区的人居环境。在此基础上，主城区的发展建设将以改造、完善及保护为主要手段，逐渐放弃大拆大建的粗放式改造，以微创式改造来强化城市设计，对老旧社区进行适应性微更新，以满足城市使用者的生活、生产需求。在对中心城区的规划要求中提出，通过完善其公共配套设施及道路交通系统，提高人居环境品质，并强调对历史城区、历史文化街区及重要历史地段等的保护式发展，以提升城市的整体文化风貌，最终建立一个有着浓厚的文化风貌、能够满足居民使用需求的综合性城区。

二环内地区作为主城的核心区域，更是受到了单一中心、高密度城市形态的影响。例如，人口密度过大，达到每平方千米 20 000 人，有着明显的资源压力，以及建筑老化、公共设施匮乏、交通拥挤、社会问题严重等现象。昆明在城市建设中明确规定了应控制二环内的建设强度和插入式改造强度，并且二环内集中了许多传统文化风貌区域、商业服务设施及建成年代在 20 年以上的老旧社区。因此，在主城区功能有机疏解的基础上，区域更新发展应合理调整各功能布局，注重挖掘自身的潜力资源，以实现在紧凑的城市空间内进行可持续性的自我生长。

（二）昆明主城区（二环内）老旧社区的发展概况

1. 老旧社区的形成

老旧社区形成的主要原因是不同时期建造的社区在经历生活方式及功能需求的变迁后，其建筑及整体环境不能满足现代的生活需求而发生老化的状态。通过上文对昆明主城区发展历程的分析发现，主城区在 2000 年之前主要建设了二环环线以内及其周边区域，因此昆明主城区的二环内区域集中了大部分不同建设年代及形成背景的老旧社区。

昆明最早的社区出现在抗战时期。作为抗战大后方，昆明不仅仅接纳了大量的人口、工厂及学校等，还接纳了新的住区规划理念及建筑形式，在此期间开发了部分以新村命名的小区，并建设了相应的配套服务设施、公共设施，如篆塘新村、靖国新村等，为之后的社区发展奠定了基础。中华人民共和国成立后，最早进行的是安置住宅建设，主要目的是解决最基本的居住需求，工人新村就是一个很好的例子。作为与新中国同龄的社区，其主要目的便是解决周边工人的住房困难，随后经过多次改造，在 20 世纪 90 年代形成了如今的模样，现如今又再次成为老旧社区。同时，在我国社会组织体系发生变化及计划经济体制的时代条件下，单位成了城市的基本功能单元，同时也成了社区建设的依附中心，社区的住房、公共服务需求都由单位统一分配及供给，形成了极具特色的"单位大院"式社区，如云纺社区、四〇三厂社区等。这种社区模式一直延续到 20 世纪 90 年代，之后由于经济改革、企业转型等原因，单位无力对社区进行正常的维护及更新，这些社区逐渐发展为老旧社区。自改革开放开始，住房被赋予商品的性质，社区也不再仅依附于单位建设，单位制受到冲击，居民之间的关系由业缘逐渐向地缘转变。为了满足更大量的住房需求，昆明在"八五"期间便建立了春苑、新迎、丰宁等12 个城市社区。1998 年，昆明逐渐停止单位福利分房，正式开启了昆明的商品房时代，社区发展日新月异，大量 20 世纪 90 年代建设的社区成为如今二环内老旧社区的"主力军"。

2. 老旧社区的变迁

首先是社区居民生活方式的变迁。通过上文的分析可知，建国后一直到改革开放之前，计划经济下的单位制一直是城市社会结构的主要形式，这个时期大多数城市居民的生活是以单位为中心的，社区的基本生活需求也由单位统一配给。受到业缘关系的影响，居民之间几乎没有分异现象，大杂院式的生活下，居民的生活方式是单一且趋同的。但是，随着改革开放和市场经济的迅猛发展，社区居民的生活方式也悄然发生着变化，原本自给自足式的社区已不能满足现代多样的生活方式。同时，随着单位制的解体，对单位的依赖性和归属感也日渐式微，单一的业缘关系被新加入的地缘关系打破，居民之间开始有了分异现象，社区居民的生活方式发生了转变。

其次是居民对社区功能需求的变迁。在社会经济的快速发展下，除了社区居民生活方式的转变，社区的发展目标也从最初的"居者有其屋"转向"住有所居"，再转向住房的品质、配套功能及服务等，居民对居住的功能需求也发生了变化。如今，居民对社区的功能需求不再局限于居住，还包括了良好的交通、教育、商业等配套服务设施，社区景观等物质环境，以及良好的社区文化、邻里关系、安全营建等人文环境，而城市老旧社区已无法满足这些功能需求。因此，随着人们生活方式和社区功能需求的变迁，老旧社区也需要做出相应的更新改造。

3. 老旧社区的分布现状

通过上文对昆明城市发展的分析可知，昆明 2000 年以前的社区建设主要集中在二环区域内，因此本书的研究范围也是以主城区二环内区域为主。根据网上及现场调研数据统计，二环内共有 136 个社区，通过 python 数据爬取得知，986 个住区散布在二环内的各个社区内，其中学校单位住区（小区）有 15 个。除此之外，在这些住区中，建成年代在 2000 年（包括 2000 年）之前的住区共有 539 个，建成年代在 2000 年之后的住区共有 447 个。从图 4-7 可以看出，只有很少一部分社区是由多数建成年代在 2000 年后的住区组成的，如洪园社区、万宏路社区、颐华路社区等，大多数社区是由属于老旧范畴内的住区组成的，因此需要对庞大数量的老旧社区做进一步的分类研究。

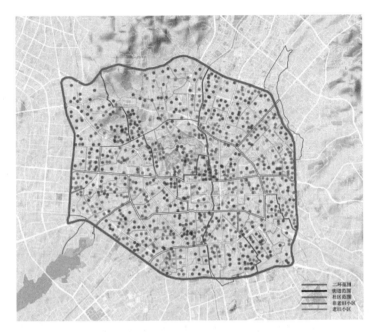

图 4-7　昆明二环内老旧社区分布图

（图片来源：孙嘉金《昆明主城区老旧社区微更新研究》）

4. 老旧社区的改造现状

我国针对城市老旧社区的改造最早源于 2007 年建设部发布的《关于开展旧住宅区整治改造的指导意见》（建住房〔2007〕109 号），其首次明确了对旧住宅区的改造范围、机制等，但改造的重点一直是针对城市的棚户区及危房，而且都是大拆大建，针对社区的改造成效有些不尽如人意。到了2016 年，国家开始提出要有序地推进老旧社区整治，并开始在一些城市进行老旧社区微改造试点行动。2019 年，老旧社区改造推广至大部分城市。

如图 4-8 所示，昆明于 2008 年开始了城市改造之路，针对城中村的大规模改造一直延续至今，其中包括二环内的 66 个城中村。这段时间的改造多是在开发商和政府主导下的大拆大建。在城改的同时，昆明也在 2016 年提出了老旧社区改造，针对老旧社区建筑老化、基础设施不足等问题进行有针对性的改造。2018 年，昆明提出了"三旧"改造，针对旧城镇、旧厂房、旧村进行连片开发建设，将全城作为改造范围，但仍然是大拆大建的方式。直至 2019 年，昆明加快推动老旧小区的微改造，确立了以五华、盘龙、西山、官渡四区的 179 个老旧住区作为改造对象，并在 2020 年增至 215 个住区。

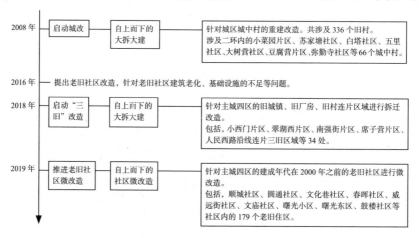

图 4-8　昆明社区改造历程图

（图片来源：孙嘉金《昆明主城区老旧社区微更新研究》）

由此可看出城市在老旧社区改造方面存在的一些问题。首先，城改、"三旧"改造、微改造至今都是同时进行的，三者之间并没有一个具体的统筹规划，更多是以大拆大建的方式进行的。在针对老旧社区的改造中，虽然有了相关的政策及计划，但是仍没有形成一个具体的指导策略。其次，大部分改造是由开发商主导的拆建式改造，即使是针对城市老旧社区的微改造也是由政府主导的自上而下模式，未能尝试自下而上或多元参与等创新模式，这样的改造往往不能满足居民的真正需求，降低了改造的有效性。而且，政府主导下的微改造大多是针对建筑老化、基础设施资源匮乏等问题采取一视同仁的改造，没有根据各老旧社区的特点及其特性问题进行更新改造，甚至对有历史沉淀的社区也采用"一刀切"的改造，不利于后期推动大规模的社区改造。因此，需要根据昆明城市老旧社区的类型特征来进行不同程度及方法的微改造。

（三）昆明主城区老旧社区的分类

1. 单位型老旧社区

单位型老旧社区是指由大多数政府及单位主导建设的单位宿舍或家属院相邻组合而成的老旧社区。从其发展背景上来看，单位型老旧社区脱胎于我国改革开放之前的单位制住区。在计划经济体制下，单位是我国城市生活的基本单元。依托单位，本着生产优于生活的建设原则，形成了以各单位工作人员为居住主体的集生产、生活于一体的聚居地，其特有的自给自足式的集中生活也形成了极具时代特色的单位制住区。单位型社区便脱胎于单位制住区，但又不完全相同。随着 20 世纪 80 年代市场经济取代计划经济作为我国的主要经济制度，单位制开始逐渐消解，但单位制下的住区建设并没有戛然而止。社区替代单位成为社会的基本单元，遗留下来的单位住区继续作为城市日常生活的基本单元存在，仍行使着一定的社会功能，居民也从纯粹的"单位人"成为具有业缘关系的"社会人"，形成了如今我国特有的单位型老旧社区。

2. 商品房型老旧社区

商品房型老旧社区是指以房地产开发方为主导建设的商品房小区相邻组合而成的老旧社区。例如，东华路社区便是由春登里小区、夏荫里小区、秋实里小区、冬青里小区等多个商品房小区组团及少部分的单位宿舍（如云南省人民政府招待所）组成。从其发展背景上来看，商品房型社区出现在我国经济体制由计划经济向市场经济转变的背景下，随着改革开放之后城市的高速发展，原有的福利分房制度已经远远满足不了城市的生活及居住需求，国家开始进行住房改革，将住房商品化，并在 20 世纪 80 年代末进行了试点工作，建设了一批最初的商品房小区，如昆明的东华小区、董家湾小区等。到了 20 世纪 90 年代，市场经济体制基本确立，并在 1994 年给予住房商品化以政策支持，房地产行业受到市场刺激开始逐渐兴盛，商品房小区的建设也如火如荼。时至今日，商品房型社区已经成为昆明主城区社区的主要类型及发展趋势。

3. 街坊型老旧社区

街坊型老旧社区是由多个不同时期、不同规模的独立院坝（多为一两栋建筑组成单元院坝）沿社区主要街巷两侧连片分布，包括以政府开发建设为主的现代居住院坝和保留着传统的街巷肌理及传统风貌的底商上宅式民居建筑，二者共同组成的老旧社区。例如，文化巷社区便是由两条主要传统街巷——文化巷及天君殿巷，在两条街巷的一侧均有保留传统风貌的民居建筑，以及沿街巷的大部分的住栋单元（如天君殿巷小区、文苑商住楼等）。从其发展背景来看，街坊型老旧社区是对传统街坊的空间形态及生活形式的延续，从最早的闾里制到北魏的里坊制度再到唐宋时期演变为街巷式的空间格局。自此，以街巷为载体的生活空间居住模式一直延续到了现代，这些传统街坊式住区主要保留在城市的老城区。建国初期，为了满足老城区的居住需求，政府对传统的街坊住区进行了以拆除重建为主的开发建设，沿社区街巷在不同时期进行成片的增量更新，随着沿街巷的传统民居逐渐更新为以多层住栋单元为主的沿街院坝，最终形成了如今的街坊型老旧社区。

四、昆明主城区不同类型老旧社区微更新策略

（一）单位型老旧社区微更新策略

单位型老旧社区脱胎于计划经济时期的单位制体系住区，社区内住栋单元的建设时间基本都在20世纪80年代，多位于城市中心区域，有着良好的交通条件及服务设施。同时，各社区内的居民多为业缘关系，有着融洽的邻里社会网络，以及较强的社区归属感和认同感。但是，由于建设年代的久远和单位制的建设背景，单位型老旧社区已呈现出多方面的不适应，社区的困境也日益突出，社区空间布局的割裂及单一化、配套服务设施的不足、公共活动空间的匮乏等问题导致社区生活品质日渐低下。因此，针对单位型老旧社区的微更新应立足于居民的基本生活需求，以完善为主，从单位型老旧社区的空间布局、配套服务设施、外部环境、道路交通及住栋建筑等多方面问题出发，进行微更新策略研究，并选取较为典型的单位型老旧社区——石井社区，作为该类型老旧社区微更新策略的实证对象，以验证策略的可操作性。

1. 优化社区空间布局

（1）打破原有的空间阻隔

应对社区内各单位大院的用地界限及建筑质量进行详细的调研了解，在满足居民意愿的基础上，对社区院坝进行整合优化，根据社区内主要道路或各院坝空间的可结合度，打破现有围墙的隔阂，增强用地的完整性，使社区院坝空间具有连通性。一方面可以结合各院坝的实际情况对社区空间进行重新规划，打破物理围墙，释放围墙占用的大量空间，有效地利用社区存量空

间，使社区外部空间由点向面地发展，提高社区公共活动空间的可使用面积；另一方面要打破心理围墙，有效打通邻里关系之间的隔阂，使单位型老旧社区的居民不再局限于各自单位大院进行邻里社交，带动不同单位大院居民的交往。

（2）增加空间围合度

单位型老旧社区以行列式布局为主，无法形成院落形态，整体空间布局单一且缺乏可识别性。在微更新设计中，可以随着社区功能的植入进行小部分的构筑物建造，或以社区宅间场地的休憩设施、绿化遮挡、非机动车停车棚等作为空间的边界，在不改变原有空间肌理的情况下，增加院坝空间的围合度，形成开敞或半开敞空间，营造院落感，丰富社区的空间形式。

（3）完善社区功能布局

单位型老旧社区的楼栋建筑以居住功能为主，在其中穿插有各单位的办公建筑，社区功能较为单一。可以在调研数据的支撑下，了解社区的闲置存量空间，包括社区利用率较低的道路空间、废弃建筑，以及院坝内私搭乱建所占用的空间等，对其进行活化利用，转变为可利用的商业空间、文娱空间等，植入新的社区功能。

2. 完善配套服务设施

（1）增加垃圾收集点，实行分类收集

以《城市居住区规划设计标准》（GB 50180—2018）对垃圾收集点服务半径不超过 70 m 的要求为依据，分析社区环卫设施的覆盖范围，找出未覆盖区域，以此来选择性地增设垃圾收集点，满足社区居民的需求。在广泛征集居民意见的基础上，选择既符合分类收集的要求又符合居民使用尺度的设施形式。同时，垃圾收集点应选择合适的布置形式及位置，结合场地景观，对收集设施进行一定的围避，减少其对空间美观的影响，也应减少其对道路交通的影响，选择方便垃圾转运及院坝居民丢放的位置来设置。比如，可选择在靠近院坝入口的角落空间，完成对其量和质的更新。

（2）补充医疗卫生设施，统筹教育资源

单位型老旧社区的建设时间多在 20 世纪 80 年代，居民老龄化程度较高，对社区就近医疗设施的需求量也较大，因此应增补社区医疗诊所、老年日间照料中心等。针对社区内较为匮乏的教育资源，应打破周边教育设施的局限性，统筹教育资源，打造社区"15分钟教育生活圈"等。

（3）完善社区康体、晾晒设施

单位型老旧社区需结合公共空间来增加康体设施及晾晒设施的数量，在对社区存量空间进行整合优化的同时，利用社区的街角、入口等存量空间增加康体设施，并对社区现有的已老化设施进行更新换代，在公共活动空间中将其与休憩、文娱等功能进行叠加，增加对老年人的关怀，提高场所的吸引力。对于社区晾晒设施，应通过对居民的走访来评估现有使用情况，结合空旷草坪，避免对公共活动空间的占用，提高居民对社区的满意度。此外，单位型老旧社区缺乏集中的公共活动空间，因此晾晒设施多以院坝内设置为主。

（4）增加社区便民商业设施

倡导沿街住栋单元以商住混合的形式来完善社区级便民商业设施，适当对社区具有集聚效应的商业设施（如农贸市场等）进行整合，形成能够服务社区的集中商业设施。同时，可利用院坝内或社区使用率较低的道路，通过引摊入市的方式增加社区的商业活力；也可结合沿街院坝进行构筑物围合改造，将此作为小型的点式商业服务建筑。

3.构建外部环境

（1）公共空间的增补和营造

通过对单位型老旧社区外部环境特征的总结可以得知，其微更新策略主要以增补为主。应对现有的空间资源进行挖掘，对院坝内私搭乱建进行拆除，清理停车占用空间，同时对老旧社区大量的转角、屋后等消极空间进行整理。在有限的公共空间内，通过插入口袋公园、社区公共通道改造等手法，将消极空间转化为小型点式的、具有一定活力的公共空间，形成一个日照充足、功能多元、兼顾遮阴休憩等功能的场所。同时结合围墙的拆除，进一步地扩大活动空间，作为居民日常休憩的小型场所，灵活组合停车、垃圾收集、晾晒等空间。

另外，应对现有少量的公共活动空间进行整理、提升，针对单位型老旧社区外部环境的改造主要以院坝空间为主。第一，提升院坝公共空间的复合型功能，将院坝空地进行功能分割，在尽端侧以非机动车停车棚作为空间的围避物。在空间内部，植入休憩设施、景观绿化、社区菜园、公共晾晒和机动车停车等功能，形成人车共享的多功能复合的院坝公共空间，针对不同的功能区域采用不同的铺装手法。第二，完善公共空间的设施，包括休憩设施、无障碍设施等。院坝宅前空间的休憩设施多为居民自带椅凳，在道路及活动场地之间缺少适老化设计，因此在微更新时应围绕绿植等设置围合式的休憩设施，并考虑无障碍设计，在有高差处设置无障碍坡道。

（2）景观风貌的增补和重塑

根据《城市旧居住区综合改造技术标准》（T/CSUS 04—2019）的要求，老旧社区改造后的绿地率不宜低于25%。单位型老旧社区的绿化率多为15%～20%，景观单一、公共绿地功能性不足、难以形成观赏性景观等都是此类社区的典型问题。针对上述问题，应做出以下微更新策略。

①提高社区的绿化率。首先，对于单位型老旧社区的行列式布局，楼栋间绿化率的提升是最为有效且重要的，对宅间空地进行重新处理，补充绿化，适当保留现有乔木，修整灌木，并结合宅间空地与环境融合设置绿地；其次，在院坝之外，停车场地使用种草砖进行铺装，沿街围墙及住栋建筑山墙面栽种攀缘植物进行垂直绿化，对街角空间、社区道路空间结合公共活动空间植入景观绿化等，在有限的社区空间内做到"见缝插绿"。

②优化景观风貌。单位型老旧社区以院坝景观及道路景观为主。一方面，应丰富植物的种类，进行乔木、灌木、草地等结合的立体多层次景观处理，丰富景观氛围；另一方面，结合公共活动空间的营造，将居民引入景观内部并促进居民参与日常管理和经营，以提高景观绿地的使用率，实现可持续发展。

4. 梳理道路交通

（1）动态交通的重新梳理

针对单位型老旧社区的道路问题，应在现有的道路肌理上进行梳理和调整。首先，对社区的道路进行分级梳理，分为社区外围城市道路、社区内部道路及单位院坝道路，根据道路级别及车流量适当增设机动车停车位，并对社区内部道路进行人车分行设计，打造社区慢行系统；其次，对社区的道路结构进行优化，打通断头路及尽端路，使社区道路局部形成闭合环路，提高整体通达性，并取消部分功能性较差的宅间小路，增加公共活动空间或停车用地；最后，根据道路的破损程度，对社区道路路面进行修复或重新铺设，提高居民通行的舒适度。

（2）静态交通设施的增补

根据《城市旧居住区综合改造技术标准》（T/CSUS 04—2019）的要求，老旧社区改造后，机动车位数量不宜少于住宅套数的50%。单位型老旧社区的机动车停车位的户车比多在1：0.15以下，以单位停车场停车、道路停车、少量的院坝停车等方式为主。首先，通过对空间布局的优化，打通各单位院坝之间的隔阂，将单位停车场进行立体化处理，增加车位数量，将单位饱和后的车位服务于周边院坝；其次，通过对动态交通的梳理，针对一些交通量不大的社区内部道路增设路旁停车位，根据道路现状选取平行、垂直、斜角等方式，在保证交通使用的基础上尽量布置更多的停车位；最后，针对院坝停车，结合宅间公共活动场地及景观的营造，设置无避让立体停车位并分布在院坝及道路一侧。整体而言，应主要依托对单位停车场的改造来增加车位数量。

5.更新住栋建筑

（1）建筑立面风貌更新

①墙面修缮

针对建筑墙面的修缮应以恢复原有风貌为目标。由于受到各单位建设条件及时间的影响，各院坝的立面形式及老化的方式不一，应根据现状的不同确定修缮方式，恢复立面的整洁并保证安全性。同时，针对需要整体翻新的建筑立面，可以对沿道路部分进行艺术化图案处理，或者结合景观风貌进行绿化覆盖，在保证立面风貌的同时打破社区的单调性。

②阳台及外窗护栏改造

改造阳台风貌，对相同形式的住宅采用统一色彩、形式的阳台，并且遵从简洁美观、与周围环境风貌协调的原则。对住户自发搭建的窗户防盗护栏进行更新改造，使其与楼面平齐或者安装隐形护栏，提升建筑立面风貌。

（2）楼门楼道更新

楼门楼道更新主要考虑建筑的安全性及内部美观性。楼门方面，对未安装智能防盗门或已严重破损的楼栋单元进行新装或修理，在更新时应该保证风格的统一；楼道方面，以解决黑、破、旧等问题为目标，增加照明设施，修缮扶手等楼梯构件，清理楼道内堆放的杂物，对楼道墙面进行重新粉刷。

（3）增加适老化设计

①楼栋出入口

单位型老旧社区的老年人口较多，但住栋单元的出入口缺少无障碍坡道，为了老年人出入的方便及安全，应根据入口处空间的大小增设无障碍坡道或电动升降装置。

②垂直交通

单位型老旧社区的建筑层数多在6层及以上，但楼栋建筑垂直交通以步梯为主，需在不影响原有建筑结构安全性及楼栋光照需求的基础上加设电梯。一般单位型老旧社区增设电梯的位置主要有三种，分别是原有梯段休息平台处、阳台凸出窗户的两侧和建筑山墙面，需要根据建筑的形式做出具体选择。

（4）对废弃建筑的改造利用

单位型老旧社区中，有部分单位废弃建筑，如石井社区的省糖烟酒公司宿舍南面的废弃办公楼。可结合社区现状情况进行微改造，通过功能置换，改造为社区的文娱活动场所，进而弥补社区配套设施或建筑功能的不足。

（5）增加或更新楼栋消防设施

对单位型老旧社区的楼栋消防设施进行升级更新，主要按照统一的标准及规范修复消防设施，配齐消火栓、灭火器等消防器材，调整或增设部分室外消火栓，满足基本消防需求。另外，要检修小区消防设施，对其中的老旧设施器材予以更换。

（二）商品房型老旧社区微更新策略

商品房型老旧社区大多建设于20世纪90年代，无论是建设要求，还是对人居环境的重视都优于其他两种类型的老旧社区。首先，商品房型老旧社区在空间布局上较为规整，不同于单位型老旧社区及街坊型老旧社区在整体空间上的割裂状态及院坝的单一性，商品房型老旧社区是由政府及开发商统一建设而成，呈现社区—小区—院坝的空间层次，用地空间完整连片。

另外，商品房型老旧社区在配套设施、外部环境等方面比其他两种类型的老旧社区完善，规划合理性较强，各种设施及公共空间在"量"上都能够满足社区居民的使用需求。并且，商品房型老旧社区的道路分级明确，城市、社区、小区三个级别道路相互联通形成环线，道路系统完善，社区内部的通达性较强。商品房型老旧社区存在的问题主要是空间环境的老化、适老化设计的缺少和邻里之间关系的淡漠等。因此，商品房型老旧社区的微更新策略主要是对现有社区配套设施及道路品质进行更新提升，对社区的公共活动空间进行场所化改造，在物质空间更新的基础上吸引不同年龄的人群进行人际交往。

1. 提升配套服务设施品质

（1）整合垃圾收集设施，提高品质

调研了解垃圾收集点的覆盖情况，对过于饱和的小区院坝垃圾收集点进行整合，缩减多余的垃圾收集点，以避免资源的浪费，也能方便垃圾的集中转运。同时，对现有的垃圾收集点进行更新并满足垃圾分类收集的要求，具体做法与单位型老旧社区的改造相同。

（2）提高教育设施安全性

商品房型老旧社区的医疗设施及教育设施都较为完善，但在微更新过程中仍然需要考虑提高学校的安全性和引导性。商品房型老旧社区的学校多靠近城市道路，在学校的主要出入口应设置放学等候区，避免拥堵及交通安全问题的发生。同时，应配备休憩设施，供等候的家长交流、休憩使用。

（3）更新维护康体设施，增补晾晒设施

商品房型老旧社区在小区及社区级公共活动空间均设有康体设施，但因时间久远而出现老化现象，需进行更新维护。对于晾晒设施，则要在评估现有使用情况的基础上，增设集中晾晒区域，或者结合院坝空间改造，将晾晒功能糅入宅间场地内。

（4）整合社区商业服务设施

结合空间布局大集中、小分散的原则，根据社区商业行为的类别进行重新配置，对具有集聚性的商业行为进行整合，将便民服务商业点分散至各小区，形成社区级商业、小区级商业及沿街商业三种级别形式，并对沿街商业进行环境整治。

2. 室外环境场所化

（1）公共空间场所化

虽然不能直接对邻里关系进行设计，但是能够对有助于居民交往活动的场所进行设计，来吸引并引导邻里交往的进行。通过对商品房型老旧社区特征的总结可知，该类型老旧社区的公共空间形式主要有社区公共活动空间及社区宅间活动空间两种形式。

①社区公共活动空间

对社区公共活动空间的更新应通过对物质环境的重新设计，糅入针对不同时间、不同年龄的功能，在实现功能的基础上，对空间及设施进行艺术化处理，提高对社区居民的人文关怀和整个场地的趣味性，使场地场所化，成为社区文化建设及人际交往的载体，增强邻里互动交流和情感联系，进而解决居民关系淡漠的问题。首先，要注重对空间边界的设计和用地的完整性；其次，在功能上要充分考虑不同年龄人群的使用需求及使用时间，对公共空间的功能进行叠加，形成一种功能多元化的场所，能够满足不同年龄人群在不同时间使用。根据不同年龄人群的活动需求，在空间范围内植入新颖的活动设施，通过艺术化处理及休憩娱乐设施来吸引人群，让人有意愿前来驻足；最后，可以在公共活动空间预留一定的半成品空间，吸引使用者进入并根据自己的想法对场地进行完善，通过这种在地创作的公共艺术行为来提高场地的趣味性，激发使用者的兴趣及认同感。

②社区宅间活动空间

商品房型老旧社区的混合式布局使得宅间形成了形式多变的院落空间，且少有私搭乱建及杂物占用，相较于其他两种类型的老旧社区，其在空间上具有一定的基础优势。因此，在更新时主要通过增加休憩设施、晾晒设施等来提高社区院坝空间的品质，并对院坝内停车进行处理，结合公共活动空间所需要的其他设施进行重新整合。此外，商品房型老旧社区的建筑布局形式为混合式，楼栋建筑有行列式、周边式及散点式等多种布局方式。因此，不同于其他两种类型的老旧社区，商品房型老旧社区在进行宅间活动空间的更新时需考虑多种形态的场地现状。

（2）景观风貌的优化

商品房型老旧社区的绿化率基本能够达到城市居住区设计规划标准，其形式主要以道路绿化、宅前绿地及公共空间绿地为主，因此在更新时仅需考虑增强景观绿地的功能性及观赏性。首先，结合公共空间场所化的营造，重新梳理社区乔木、灌木的布局、比例，形成疏密有致且具有可进入性的绿地景观；其次，丰富景观种类，达到各个时节景观丰富但不混乱的效果，具有良好的观赏性；最后，结合户外座椅、花池等功能性设施，形成功能与形式相统一的景观环境。

3.提升道路品质

（1）改善道路环境

首先对路面现状进行评估，根据路面受损情况进行小面积修补或重新铺设，在人车分行的社区主要道路上，对人行路面进行差别化处理，采用透水花砖或彩色沥青等材质作为铺装，结合道路绿化营造慢行空间；其次对停车占用严重的社区或小区内部道路进行整治，满足消防等应急车辆的通行。

（2）机动车停车位的增补

在调研过程中发现，商品房型老旧社区主要依靠道路停车及院坝内停车来缓解社区静态交通压力。因此，该类型老旧社区在停车位增补设计中，主要依托内部道路及院坝空间，应在满足道路通行的情况下选取合适的停车方式。院坝空间的改造方式则与单位型老旧社区相同，结合宅间活动空间的改造，在公共活动场地设置停车位。

除此之外，商品房型老旧社区有较多且面积较大的公共活动空间，可分时段利用社区集中公共活动场地，结合公共空间的改造，在场地入口处设置升降桩。升降桩在白天升起，禁止车辆进入，晚上允许车辆临时停靠，在不影响人群使用的情况下，缓解社区晚上的停车压力。

（三）街坊型老旧社区微更新策略

街坊型老旧社区不同于其他两种类型的老旧社区，其辖区内建筑的建设年代跨度较大，因此社区风貌及建筑风格参差不齐，保存有少量的传统建筑，与社区街巷式的空间肌理和生活氛围共同承载着城市不同发展时期的记忆。街坊型老旧社区多位于老城区，随着城市建设速度的加快，传统的街坊已逐渐被高楼大厦替代，其空间肌理的完整度也随着周边建筑的变化而日渐式微。因此，在对街坊型老旧社区进行微更新时应注重保护与更新并举。一方面要对社区的配套设施、室外环境、道路交通等进行更新完善；另一方面要保护现有的街巷肌理、传统风貌街巷，以及街坊式的邻里关系。

1. 整合街坊空间布局

首先，街坊型老旧社区较单位型老旧社区的空间割裂更为严重，沿街巷多为两三栋住宅形成一个独立的院坝。因此，可以考虑以社区主要街巷作为空间界限，对分裂的空间进行整理、合并，从更大的空间层面去探讨合并后院坝内的交通组织及空间利用，并且可以释放围墙所占用的空间，对社区内的存量空间资源进一步地挖掘及利用。同时，社区的住栋单元也多为沿街呈一字形或抱团成行列式布局，可在现有的肌理上通过景观或构筑物来创造边界，丰富社区居住空间的形式。

其次，街坊型老旧社区内拥有一定的历史文化建筑及街巷，商业氛围较为浓厚，但是由于有较多的外来游客及车辆出入街巷，也给居民带来一定的不方便及不安全感。因此，需要对社区的开放程度做一些调整，对使用频率较低或距离商业街巷较远的出入口及社区道路做封闭式处理，在满足社区商业发展需求的基础上，降低社区的整体开放度。这样既便于对外来人员及车辆的管理，又能给社区居民提供更多的空间供其进行交流活动。

2. 配套服务设施查漏补缺

（1）增补垃圾收集设施

以 70 m 作为一个垃圾收集点的服务半径，对设施覆盖现状进行分析，针对未覆盖区域，选取合适的位置进行垃圾收集点的增补。对现有的垃圾收集点进行提升，淘汰老化严重或占地位置对公共空间有影响的收集点，并满足垃圾分类收集的需求。

（2）增补康体设施及晾晒设施

街坊型老旧社区的公共空间形式以街巷、院坝入口及宅旁空间为主，其中可在沿街的凹槽式空间内和多个院坝的集中入口处增补康体设施，小而多地散点分布在社区各个位置。公共晾晒设施则伴随着宅旁公共空间功能多元化处理而设置，应避免对活动空间的占用。

（3）商业服务设施

街坊型老旧社区的商业服务设施均为沿街巷分布，包括以历史文化街巷及传统风貌家住为依托的沿街商业行为，以及沿社区外围主要道路分布，以住宅楼底层作为商铺的商业行为，社区整体活力较高。但缺少服务于社区居民的便民商业，如菜市场等。需结合对废弃建筑的改造，建设有集聚效应的便民市场。同时，应对街巷商业的风貌进行整治，兼顾街巷公共活动空间的更新，营造浓厚的传统街巷氛围。

3.重塑街巷环境

（1）公共空间更新改造

首先，对街巷空间的更新。街巷作为街坊型老旧社区公共空间的重要组成部分，也是社区活力较大和街坊居民交流活动的地方，应注重对此类线性空间的改造提升。一方面，对于社区人车分行的较宽街道，可适当缩减人行道的宽度，设置休憩设施及绿化景观，为居民提供能够驻足的场地。同时，对街道的交叉口进行处理，以绿化带作为场地的边界，根据不同的功能需求，在场地内增加休憩设施及文娱设施，在承载社区文化宣传的同时为居民提供人际交往的场所。另一方面，对于社区内较窄的巷道，将巷道限制为单向通行，甚至在较窄且人流量较大的传统街巷禁止车辆进入，打造步行街道，形成建筑—商业行为室外延伸—步行通道—休憩设施及绿化景观的道路空间层次，为使用者提供驻足、休憩、观赏等多元化的功能，吸引人们驻足、游玩，提高社区传统商业街巷的活力。

其次，对街角空间、院坝入口空间及宅间活动空间的更新。对于街角空间，其本身的半围合空间具有很强的院落感，又处于街坊型老旧社区活力较高的街巷空间带上，因此可作为街巷的主要节点，更新为口袋公园，增加可供居民休憩、娱乐的场所。对于院坝入口空间，部分居民在入口处自发聚集并摆放座椅进行交谈活动，所以该类型公共空间是各院坝内居民活跃度较高的地方，因此应考虑设置绿化景观、休憩设施及雨棚等。为居民提供一个能够遮阴避雨、具有人文关怀的活动空间。对于宅间活动空间，应释放饱和的非机动车棚及私搭乱建所占用的空间，重新进行功能增补整合。此外，街坊型老旧社区的部分院坝入口无法通行机动车，应分别考虑有无机动车停放的情况，对宅间活动空间的功能进行整合。

（2）景观提升

街坊型老旧社区在景观提升上应根据公共空间的更新做出同步的改造提升。街坊型老旧社区内部的巷道狭窄，应根据街巷宽度的不同，做出不同的景观增补形式，做到"见缝插绿"，提高社区的绿化率并优化社区的街巷环境。

4.梳理街巷交通

（1）道路环境更新

街坊型老旧社区道路密布交织，分级不明显，主要有社区外部道路、社区内部巷道及社区院坝内道路。整体来看，应在现有街巷肌理的基础上，对社区道路进行分级梳理，明确各街道及巷道的功能，根据车流量及人流量进行适当的功能置换，形成社区外部以车行为主导，社区内部以慢行为主导的街巷体系。

首先是社区外部道路，主要考虑对其进行人车分行，根据街道宽度可适当地增加休憩设施及绿化设施，并保证满足消防政策要求的4 m车道宽度。

其次是社区内部巷道，这里人群密度高且商业氛围浓厚，是街坊型老旧社区的活力所在。但巷道相对较窄，主要考虑人流与车流的关系，设置单行通行，对车辆通行率较低的巷道进行慢行空间营造，通过铺装的不同增强人行道的领域感。同时，社区内部有部分传统街巷，两侧是以传统风貌建筑为依托的商业区域，此处应限制车辆的进入，结合公共活动空间改造，打造以步行为主的传统商业街巷。针对街坊型老旧社区无法满足4 m净宽消防通道的巷道，借鉴广州市老旧小区微改造的经验，结合社区街巷设置消防摩托车通道，在保留社区原有肌理的同时，满足消防安全需求。

最后是社区院坝内道路，对停车占用及杂物占用进行清理，释放活动空间。根据社区院坝空间的整合，对宅间小道进行梳理，并对破损道路进行修缮或重新铺设，增加无障碍设施。此外，对可进入车辆的较宽道路，进行分时段利用，在人行较少的时间段可用来停车。

（2）机动车停车位的增补

街坊型老旧社区机动车停车位的户车比多为1∶0.15～1∶0.20，以集中停车场为主，部分街巷及院坝有少量的停车位。首先，社区的集中停车场多为酒店及公共单位所属，可根据车位的饱和度，适当地向社区居民开放，并对停车场进行立体化处理，增补停车位的数量；其次，对于车流量较少的街巷，应增设停车位或分时段作停车使用；最后，对于数量较少的院坝停车位，则与其他两种类型老旧社区的微更新策略相同。

5. 保护及更新建筑

街坊型老旧社区在住栋建筑微更新上，首先是对立面风貌、楼门楼道、适老化设计及部分废弃建筑的提升及功能填补，通过立面刷新、统一窗户及防盗网形式、增设智能门禁及楼道照明设施、增加无障碍设施及电梯等方式来解决住栋建筑风貌及功能上的老化问题。其次是对传统风貌住宅建筑的修缮维护和对历史文化建筑的保护，根据对街坊型老旧社区特征问题的分析得知，该类型老旧社区多拥有自身的历史文化特色，并有历史文化街巷、历史文化保护建筑及传统风貌建筑点缀其中。因此，在进行微更新时还需注意按照相关政策法规对文化建筑、街巷进行保护，在微更新过程中避免破坏原有建筑风格、景观、视廊、环境的整体性。

第三节　北京市丰台区棚改安置社区微更新设计实践

一、北京市丰台区棚改安置社区建设概况

（一）丰台区棚户区改造历程

丰台区棚户区改造是北京市棚户区改造工作的最早试点窗口，丰台区也是对北京市棚户区改造工作做出很大贡献的一个区。自从 2009 年在北京市棚户区改造工作的总体部署下开展棚改工作以来，丰台区棚户区改造工作经历了以下三个阶段。

1. 2009—2012 年棚户区改造试水期

2009 年 4 月 15 日，北京市委、市政府决定根据辽宁等地棚户区改造的经验、做法，在门头沟小窑采空区、丰台南苑、通州老城启动"三区三片"北京市棚户区改造试点工作，丰台南苑改造项目也成为丰台区棚户区改造工作正式启动的标志。

2011 年，北京市结合"三区三片"试点经验，公布了《北京市加快城市和国有工矿棚户区改造工作实施方案》（京政办发〔2011〕1 号），提出开展国有工矿棚户区改造工作，将京煤集团工矿棚户区等国有工矿棚户区改造项目纳入全市棚户区改造范围，北京市棚户区改造项目增加至"五区八片"。丰台区的长辛店老镇被纳入"五区八片"棚户区改造计划，成为丰台区第二个棚户区改造项目。在这段试水期里，丰台区虽然只有两个棚户区造项目，但它们起到了北京市棚户区改造工作的示范性作用。

2.2013—2014 年棚户区改造全面推进期

2013 年国务院颁布《国务院关于加快棚户区改造工作的意见》（国发〔2013〕25 号），指出"各地区要逐步将其他棚户区、城中村改造，统一纳入城市棚户区改造范围"。25 号文将棚户区改造范围由国有土地扩大到集体土地，将村庄环境整治项目也纳入了棚户区改造范围，对棚户区改造工作起到了全面推动作用。

2013—2014 年，丰台区共有 24 个新增项目纳入北京市棚户区改造和环境整治工作计划，其中启动棚户区改造项目涉及总用地面积约 950 公顷，现状建筑面积约 904 万 m^2，标志着丰台区棚户区改造进入了全面推进的时期。

3.2015 年至今棚户区改造挑战与机遇并存期

2015 年 2 月 10 日，习近平总书记在中央财经领导小组第九次会议上提出了"疏解北京非首都功能，推进京津冀协同发展"的发展战略，这一发展战略对丰田区棚户区改造工作的影响是巨大而充满挑战的。自 2009 年丰台区启动棚户区改造工作以来，棚户区项目的实施原则总体上还能在"居者有其屋"的民生保障工作和促进经济发展二者间保持平衡。"疏解北京非首都功能"首先就是疏解人口、减量发展，这导致丰台区不少已经实施或规划调整完成的项目被叫停，重新对棚户区改造项目做出建设指标调整。一方面，棚户区改造项目再次进入周期较长的规划审批阶段；另一方面，上市土地规模和建设指标削减也影响了实施主体的积极性，棚户区改造工作呈现放缓态势。这一时期丰台区棚户区工作面临着困境和挑战。

这个时期丰台区新增棚户区改造项目 11 个，在安置房建设上通过统贷平台融资，取得了全市第一的成绩，其间还开创性地完成了全市第一个棚户区改造项目土地使用权一次性招标工作。这个阶段体现了丰台区棚户区改造工作面临挑战积极突破的特点，形成了棚户区改造工作挑战与机遇并存的局面。

（二）丰台区棚改安置社区类型

丰台区棚改安置社区根据改造前的土地所有权属、人口结构等分为国有土地型城市居民回迁而来的社区——城市棚户区改造安置社区，以及集体土地村民回迁而来的社区——城中村改造安置社区。

1.城市棚户区改造安置社区

在空间层面上，城市棚户区改造安置社区相比于普通商品房小区，社区环境品质整体较差。在居民层面上，由于城市棚户区居民多以大型工矿国企职工和社会低收入者为主，回迁后社区内老年人、伤残人士的比例较高。另外，相对于城中村改造安置社区，城市棚户区居民的社区意识薄弱。在社区管理层面上，城市棚户区改造安置社区的基层行政管理组织为社区居委会，社区居民处于自上而下的管理体制下，导致居民自治能力相对较弱。

2.城中村改造安置社区

在空间层面上，城中村改造安置社区相比于普通商品房小区，社区环境品质整体较差。在居民层面上，由于城中村居民往往通过房屋出租、集体分红维持基本生活，因此他们的就业能力差，回迁后低技能人群的比例较高。另外，城中村长期以来形成的集体社会网络使居民的集体意识较强。在社区管理层面上，一些城中村改造安置社区的基层行政管理组织还保留着村委会的组织形式，使得居民自治能力相对较强。

二、北京市丰台区棚改安置社区现状

（一）外部空间

1.道路交通组织不畅

棚改安置社区车辆乱停乱放和交通组织紊乱等问题，导致道路交通组织不畅。首先，开发商为追求更高的利益回报，棚改安置社区在满足规范要求的基础上往往追求更高的容积率，以安置更多的回迁居民。但是随之而来的是居民私家车数量的增长，最终导致社区内停车位越发紧张，尤其是一些无地下停车场的社区，机动车乱停乱放、占据道路空间、侵占绿化空间，严重影响了社区环境。其次，回迁后的居民还拥有大量的非机动车，如电动三轮车、摩托车和自行车。为方便出行，居民往往将其停放于住宅楼的入口处，侵占了宅前空间，影响社区环境。最后，棚改安置社区在道路组织上人车不分流，人与车并行于车行道上，降低了居民在行走时的安全感。此外，一些社区道路等级划分不明确，组团路与主干路宽度相同，道路组织紊乱。

2. 公共空间设计与居民行为心理脱节

棚改安置社区的公共空间往往由大面积铺装和零星的活动设施构成，在设计之初未能从各年龄层次的居民行为心理需求出发，造成公共空间设计与居民行为心理脱节。首先，在功能上未根据各年龄层次居民（特别是老年人和儿童）的行为心理需求划分出老年人活动空间和儿童活动空间，不利于形成较有活力的空间；其次，一些公共空间往往由大面积铺装构成，尺度较大且比较空旷，不利于居民之间的交往；最后，在细部设计上，公共空间缺乏老年人活动设施和儿童活动设施，限制了居民的多样性活动，缺乏合理的休憩座椅，而且也未考虑到老年人、残疾人的活动需求，公共空间的无障碍设计缺乏。

3. 景观绿化品质低

景观绿化品质低主要有景观绿化单一和缺乏后期维护管理两个原因。

一方面，由于开发商对景观绿化的投入资金有限，景观绿化往往由大面积草坪和零星乔木构成，景观绿化单一，使得社区居民产生单调乏味感；另一方面，由于社区建成后缺乏后期维护管理，草坪踩踏现象严重，因此降低了景观绿化的品质。

4. 闲置建筑利用不充分

棚改安置社区中往往存在着一些附属建筑，而且这些建筑未被合理地利用，导致建筑空间逐渐破败，影响社区外部空间环境。另外，居民希望这些附属建筑能够被充分利用，作为外部空间的拓展。可见在居民看来，社区内闲置建筑利用不充分。

（二）社区生活

1. 市井文化流失

"市井"作为市井文化的空间载体，承载着居民日常生活、交往、休憩、娱乐的功能。相对而言，棚户区是承载居民日常生活、交往、休憩、娱乐等市井文化的空间载体。随着棚户区的拆除（"市井"消失），居民逐渐搬进安置社区，而他们回迁后仍然延续之前棚户区的生活习惯和文娱方式。例如，在街边下棋，在宅前闲坐聊天……但是棚改安置社的空间设计并未考虑居民在棚户区时形成的生活、交往和娱乐等习惯，限制了居民在空间中的交往方式，进而使得原有的市井文化逐渐流失。

另外，棚户区的形成伴随着历史的发展，如顶秀金颐家园回迁前的丰台区石榴村原为皇家石榴园，自汉朝以来就以石榴种植著称，还是赫赫有名的非遗传承地。可见，原棚户区蕴含着很多历史文化记忆，这些历史文化记忆也是市井文化的一种。而随着棚户区的拆迁，这些具有历史文化记忆的空间或事物也消失了，导致居民在搬入新社区后缺乏社区文化认同感。

2. 邻里关系淡漠

随着棚户区的拆迁和安置社区的建设，居民逐渐搬进楼房，使得居民原有的社会组织关系被打破，新的邻里关系网络尚未建立。回迁后比回迁前的交流频率变少，使得新社区中的邻里关系相对淡漠，从而降低了居民对社区的归属感。

3. 公众参与意识薄弱

居民在公众参与方面仅停留在棚户区拆迁的前中后期，由于棚户区拆迁涉及居民的切身利益，因此居民在此阶段充分发挥参与的权利，为自己争取利益的最大化。但当搬进新社区后，居民参与社区事务的主人翁意识尚未形成，对于不涉及自己切身利益的社区更新等事务缺乏关心，公众参与意识相对薄弱。

（三）社区管理

1. 强势的行政化管理

在棚改安置社区的管理中，政府往往起到主导作用，社区改造主要靠政府、街道出钱出力。如果没有政府、街道的支持，社区更新就是一句空话。

显然，社区建设处于强势的行政化管理之下。

2. 居民自治能力不足

由于社区处于自上而下的管理体制之下，政府、街道、居委会直接进行社区管理，社区人员也未带领居民参与社区建设，加上居民公众参与意识相对薄弱，因此居民不会主动参与社区建设，从而导致居民自治能力不足。

三、北京市丰台区棚改安置社区微更新策略研究

（一）棚改安置社区微更新的适宜性

1. 外部空间层面：提升空间品质

针对外部空间道路交通、公共空间、景观绿化三个层面的问题，微更新是基于"人"需求下的空间更新，注重为人为本，所以微更新的引入有助于把握回迁居民的生活习惯、交往娱乐等行为需求，营造具有棚改安置社区特点的外部空间。另外，微更新是小规模、微投资和易实施的空间更新，操作性较强，所以微更新的引入能更好地实现更新项目的落地。综上所述，微更新在外部空间层面有助于提升空间品质。

2. 社区生活层面：促进邻里交往

针对居民搬入新社区后市井文化流失、邻里关系淡漠和公众参与意识薄弱等问题，微更新强调自下而上的公众参与，所以微更新的引入有助于居民在公众参与中找回原棚户区的和谐气氛，加快居民之间的相互交流融合，进而促进邻里交往，提升居民的社区归属感。

3. 社区管理层面：增强社区自治

公众参与使每个人在参与的过程中既使自身得到发展，又成为对整个社会经济发展负有责任的一分子。可见针对强势的行政化管理和居民自治能力不足等问题，微更新的引入可以培养居民的主人翁意识，使居民对社区产生"家"的感觉，进而增强居民的社区自治能力。

（二）棚改安置社区微更新原则

1. 小而美原则

棚改安置社区微更新在空间上要注重小而美，旨在对社区外部空间存在的问题通过小而美的微更新手段来满足居民的日常生活需求。以微创手术的

方式对空间进行微介入，从而形成触媒反应，激发空间活力。

2. 微投资原则

棚改安置社区微更新强调微投资。微投资并不与空间环境品质呈正相关，而是在控制营建施工和后期管理维护成本的基础上，提升空间品质。所以微更新要在空间微改动的基础上，选用低成本、高耐久性、易管理维护的材料，以追求较高的空间品质。例如，用颜色粉刷的方式划分空间，布置简易的活动设施，栽植成本低、易成活的植物，等等。

3. 人性化原则

人性化设计要从居民年龄、文化程度、职业和收入等方面出发，充分考虑居民在空间中的行为需求和对空间的使用感受，营造安全宜人、充满趣味的活动空间。在棚改安置社区微更新中也应从居民人口结构入手，充分考虑居民在棚户区时的生活习惯、文化风俗，以及居民对空间的使用满意度，营造具有安置居民属性的活力空间。

4. 文化延续原则

针对棚改安置社区市井文化流失的现象，在微更新中要注重文化延续原则。在新社区中延续居民在旧有空间时的生活习惯、文娱方式和历史文化，可增强居民对社区的文化认同感和归属感，进而通过文化的重塑促进邻里交往。

5. 公众参与原则

微更新与以往城市更新大不相同的地方在于其强调自下而上的公众参与。在棚改安置社区微更新中要尽可能确保公众参与贯穿调研—设计—反馈—方案确定—实施—后期管理的全过程，使居民在此过程中产生社区认同感和归属感。

（三）棚改安置社区微更新策略

1. 优化交通系统

部分棚改安置社区道路系统未进行正确的引导与规划，存在单行路双向交通和机动车无序停放现象，致使道路空间越发堵塞。甚至在一些无地下停车场的社区，机动车停放占据绿地空间，严重影响了社区景观。另外，居民回迁到新社区后，电动三轮车、摩托车、自行车等非机动车仍然是其短程出行的交通工具，居民往往随意停放非机动车，导致非机动车停放缺乏控制引导，进而影响道路空间环境。此外，人车并行于车行道路上，忽视了人的通行需求，人车混行降低了居民的通行安全感。因此，优化交通系统应首先优化交通组织，实现车辆畅通；其次优化停车系统，满足居民的停车需求；最后营造步行空间，提升居民的通行安全感。具体策略如下。

（1）优化交通组织

优化交通组织首先要优化道路空间结构，确保车辆在道路中的畅通；其次，采取交通稳静化措施，为道路空间创造安全稳定的环境。

①优化道路空间结构

明确道路等级，构建完善的道路空间结构，形成主干路、组团路和宅间路三级道路系统，进而完成公共空间—半公共空间—私密空间的过渡。一般来讲，主干路为一级道路，作为社区内部的主要交通道路，连接各个组团；组团路为二级道路，作为主干路到宅间路的过渡交通道路，起到分流、引导的作用；宅前路为三级道路，作为居民入户路，起到分流、引导组团交通的作用。

在一些棚改安置社区中，组团路和主干路宽度相同，道路空间结构不明显，在微更新中可通过拓宽道路、区分颜色等方式明确交通空间结构，形成完善的道路交通网络系统。此外，一些无地下停车场的社区，路边停车占据道路空间。对此，在微更新中可在消防安全的基础上，预留路边停车空间并设置右进右出的逆时针单行路。但单行路相对于双行路最大的缺点是绕行，如果道路路网太稀疏，则会导致机动车绕行距离太长，产生新的行车不便。但如果单行路布局合理，那么既会减少交通冲突点，又会减少机动车绕行距离，进而提高道路交通效率。可见，优化单行路空间布局、减少车辆绕行距离是实现单行路交通布局的重要措施。

②采取交通稳静化措施

在调研中发现，棚改安置社区往往是人车并行，降低了居民在道路空间的安全感。因此在微更新中，可采取交通稳静化措施为道路空间构建安全稳定的环境，具体改造措施包括以下三种方法：第一，增设交通流量分隔设施（路障、警戒线），提升社区交通管理能力；第二，增设减速丘使机动车辆慢速行驶，提高道路交通的安全性，可用水泥浇筑或购买现成设施形成普通减速丘，也可通过粉刷路面形成 3D 减速丘，既廉价易实施，又能提升景观效果；第三，增设交通标识，对行人和驾驶者起到警示作用，为文明出行创造条件。在棚改安置社区中落实单行路布局时，需在道路上粉刷明显的右转标识，提升道路空间的引导性。

（2）优化停车系统

对于社区停车系统而言，可从合理安排路边停车、利用闲置空地改造为停车空间、立体停车场布置与改造、非机动车车棚布置与改造四个方面进行优化。

①合理安排路边停车

路边停车是一种不得已的办法，适用于无地下停车场的棚改安置社区，能很大程度地缓解停车位紧张的问题，并且这种方式对于有车一族来说较受欢迎，因为路边停车可实现居民就近停车的目的。但这种方式占用道路面积较大，如果小区内部有充足的集中停车场或者地下停车场，那么尽量不要在路边停车。

②利用闲置空地改造为停车空间

无地下停车场的棚改安置社区往往停车位相对紧张，在微更新中应利用道路旁闲置空地来塑造停车空间，最终使停车空间在社区内实现均衡化布局，方便居民停放和出行。

③立体停车场布置与改造

立体停车场较普通停车场而言，可以节省 43% 的使用面积，能有效解决无地下停车场和社区停车难的问题。从布置位置来看，立体停车场的出入口应靠近社区主要交通道路——车流量较集中的道路，避免车辆进入社区内部空间。从外观设计来看，一些社区的立体停车场以简单构筑物的形式建造，景观效果很差，在微更新中可从以下几个方面切入。第一，立体停车场的外立面要与周围的环境相协调，避免对环境产生视觉冲击。例如，重庆云阳青龙路机械停车场就以一栋大型建筑物的形式，融入社区环境中。第二，可在立体停车场周围种植乔木或在两侧、顶部种植爬藤植物进行垂直绿化，从而达到减少汽车尾气和噪声、提升景观效果的目的。第三，以立体停车场顶部为基础，布置适合居民游憩的活动设施，形成屋顶花园或运动场地。

④非机动车车棚布置与改造

在住宅楼附近布置停车位，可以使居民就近停车。这样停放的好处是便于居民自主管理，并且有效利用闲置空地改造为停车场。例如，北京市丰台区顶秀金颐家园作为石榴村的回迁小区，考虑到未来非机动车的停放问题，设计师在住宅楼入口附近设置一定量的非机动车位，满足居民需求。另外，有些社区也布置了非机动车停车棚，但现状环境破败，无景观效果可言。在微更新中可以"生态、人文"为理念，在非机动车停车棚内部增设光导管、天窗、电动车充电设施，外部进行垂直绿化，外立面增加社区文化长廊功能。

（3）营造步行空间

简·雅各布斯在《美国大城市的死与生》一书中提道："街道及其步行空间作为城市主要的公共区域，是一个城市的最重要的容器。"克里斯托弗·亚历山大（Christopher Alexander）在《建筑模式语言》一书中也提出："步行空间应为驻留所设，而非像今天一样为通过所设。"可见，步行空间不仅要满足人的通行需求，而且要使人在此驻足停留，从而营造有活力的步行空间。

在丰台区棚改安置社区调研中发现，社区道路人车混行现象突出，行人缺乏步行空间，故首先应建立完善的步行系统，设置双侧或单侧的人行道，使得车行道与人行道并行而不混行。当步行流线被进入住区内的车行道隔断时，可在车行道上局部铺设人行道材料，使步行流线保持连贯。另外，从棚改安置社区现状调研中，笔者发现居民回迁后仍保留街边交流、下棋的习惯，可在人行道上布置适量休憩座椅或在人行道一侧增设街边休憩设施，以供居民下棋、闲坐和交流，进而营造活力空间。

此外，还可塑造一种完全以"人"为中心的步行空间，拆除路缘石与人行道，将人行道的铺地材质、图案、色彩延伸到车行道上，将人行道与车行道做一体化改造，从而使驾车人驶入后有进入步行空间的感受，进而弱化车辆在道路上的优越感，营造以"人"为主导的步行街氛围。例如，重庆市燕南大道的改造，设计师通过人车共用铺装的改造手段，在车行道上铺设暖色调的花岗岩，并将这种做法延伸到人行区域，用新的沿街排水渠削弱原有路缘石形成的高差，以此来模糊车行道路与步行空间的界限，营造以"人"为中心的街道空间。

2. 打造多级活力公共空间

这里的公共空间主要指棚改安置社区的较大空间。这种公共空间往往比较空旷，仅有一些供人活动的设施，空间设计未考虑到居民的生活习惯和活动多样性。对此，笔者从空间功能、空间尺度、景观家具三个层面提出微更新策略，旨在打造多级活力公共空间来促进居民交往。

（1）提升空间功能的复合性

功能复合具体来说包括时间和空间两个维度的复合。

①时间维度。简·雅各布斯在《美国大城市的死与生》中提出："一个充满活力的空间，必然要保证一天内大部分时间都有人在空间内活动。"这就表明要在充分考虑居民不同时间段对空间的使用情况的基础上，对空间进行功能再划分。

②空间维度。将单一空间功能转变为复合空间功能，就是说一个场地应尽可能容纳多种功能，以满足居民的多样性活动需求。

对于棚改安置社区的公共空间而言，其往往比较空旷，仅由简单的铺地、零星的健身设施和局部绿化构成，无法满足居民的多样性活动需求。因此，要想通过微更新活化公共空间，就必须充分了解居民不同时间段的活动方式，针对不同年龄段居民的需求对空间功能进行再划分，提升空间功能的复合性，营造具有活力的公共空间。例如：针对儿童活动，设置沙坑、秋千；针对老年人活动，增加广场舞空间、下棋设施；针对青少年活动，增加乒乓球桌、篮球场。

（2）塑造宜人的空间尺度

塑造宜人的空间尺度有助于促进人与人之间的交往，进而营造活力空间。正如爱德华·霍尔（Edward Hall）和芦原义信对人类心理尺度的研究，人们通常与陌生人保持 1 m 左右的距离，而超过 4 m 一般就不会形成集体活动。另外，扬·盖尔（Jan Gehl）更通过大量的研究总结出适于谈话的最大距离是 7 m，大部分人可以在 25 m 之内看清其他人的表情和建筑外观，而距离100 m 之外只能大概认出人影。可见尺度较大的空间往往显得空旷，不利于人与人之间的交流，从而降低人对空间的亲切感；而尺度较小的空间往往封闭感较强，有利于人与人之间的交流，从而产生人对空间的亲切感。由此可以看出，合理的空间尺度对于人的空间感受具有积极作用。

而对于棚改安置社区而言，有些尺度较大的公共空间仅由单一铺装和个别活动设施构成，空间往往较为空旷。对此，在微更新中可对空间进行切割，使其化整为零，塑造宜人的空间尺度，形成一个个有利于居民活动交往的小尺度空间。例如，在北京市五道口宇宙中心广场的微更新中，设计师对一个40 m×40 m的广场空间进行切割，通过台阶高差、乔木限定、改变铺装等空间限定方式将空间分为静态休憩区域和动态活动区域，再通过旋转平台和音乐喷泉对动态活动区域进行二次切割，将空间化整为零，将原本空旷的广场空间划分成多层次空间，塑造宜人的空间尺度。

（3）配置人性化的景观家具

景观家具是指在社区外部空间中满足居民行为活动的细部设施，如花坛、座椅、老年人活动设施和儿童活动设施等。景观家具是城市景观中不可或缺的重要元素，它不仅提供人们社会生活的场所，而且能够以其特有的方式促进社会行为的发生，给城市带来无限魅力。可见，合理地配置景观家具有利于促进居民交往。

针对棚改安置社区公共空间老年人活动设施、儿童活动设施、休憩座椅缺乏等问题，在微更新中要从居民需求出发，配置人性化的景观家具。首先，景观家具的配置要满足各年龄段居民的活动需求，由于空间活动以老年人和儿童为主，可设置无障碍设施确保老年人和残疾人的活动需求。另外，可通过颜色粉刷的方式给儿童活动空间增加色彩，再设置一些具有艺术感、价格低廉的活动设施，吸引儿童在此玩耍。此外，花坛、休憩座椅的更新也要在符合居民行为需求的基础上进行人性化设计。例如，在上海宁和小区中心绿地微更新中，针对各类人群设置了不同的座椅：①儿童活动区域的周围增设各式各样的座椅，既方便家长照看孩子，又方便家长之间相互交流；②老年人活动区域增设室外躺椅，满足老年人晒太阳、休息等需求；③调研发现，健身与聊天往往同时进行，故在健身设施周边增加转角座椅，方便老年人聊天交流。

3.提升景观绿化品质

棚改安置社区室外景观绿化往往由单一的草坪和零散的乔木构成，加上缺乏后期维护管理，导致景观绿化品质较低。因此，在微更新中首先应充分维护现有的景观绿化基础，增植花卉、灌木和低矮乔木，丰富社区景观层次，增加社区景观的观赏性。其次，在植物配置上要考虑棚改安置社区的特殊性。植物配置除体现景观性、生态性、多样性外，还要体现本土化、价格低廉、适老性、易成活易维护的原则。①本土化：利用当地植物，提升居民的社区认同感。②价格低廉：微更新强调微投资原则，价格低廉的植物能使微更新项目顺利实施。③适老性：由于棚改安置社区中老年人和老年人占比较高，因此植物种植要注重适老性，可种植具有药理作用的植物，既有利于老年人身体健康，又能使他们提升药理知识。④易成活易维护：为方便植物的后期维护，可选择种植一些易成活易维护的植物。

4.闲置建筑再利用

棚改安置社区外部空间中往往存在一些配套的附属小型建筑，这些建筑由于废弃或利用不充分，随着时间的推移会逐渐破败。对此，社区微更新可充分挖掘利用闲置建筑，形成独特的社区景观。

（1）置入新功能

闲置建筑是微更新中重要的空间载体，然而闲置建筑的破败影响社区景观环境。在微更新中，应结合建筑本身改造的可能性，在基于居民改造意愿的前提下，赋予闲置建筑新的功能，如微型图书室、茶厅、棋牌室等。

（2）优化建筑空间层次

①空间扩建

在对闲置建筑的改造中，为满足新功能的使用要求，往往需要对建筑进行扩建。建筑扩建是指"在原有建筑结构基础上或在与原有建筑关系密切的空间范围内，对原有建筑功能进行补充或扩展而新建的部分"。其手法包括水平加建、垂直加建和嵌入式加建三种。第一，水平加建：水平方向加建，使新建部分与原有建筑形成一个整体，以满足居民多种活动需求。这种方式对于老龄化严重的棚改安置社区较为适用，因为老年人行动不便，水平空间较受欢迎。第二，垂直加建：在原有建筑基础上，竖向进行加建，通过楼梯进行连通。加建的二层空间可设置适合儿童、青少年学习活动的设施，以满足人性化设计要求。第三，嵌入式加建：若闲置建筑体量较大，则可通过嵌入新的体块，对空间进行分割，以满足居民对闲置建筑的使用要求。

②空间划分

对于闲置建筑内部空间的改造主要包括三种方式。第一，化整为零：根据具体功能需求，在原有承重结构不变的情况下，可对空间进行水平划分，通过墙体分隔的方式将较大空间转变为若干个较小空间，以满足居民的活动需求。第二，化零为整：若空间较小而不能满足功能需求，可在不破坏承重结构的前提下，拆除部分墙体，将若干个较小空间转变为较大空间，以满足居民的活动需求。第三，垂直分隔：若空间层高较高，可通过夹层方式对竖向空间进行分隔，以有效利用闲置空间。

例如，"胡玩"儿童活动中心是 2018 年北京国际设计周白塔寺社区的一个设计项目，设计师根据儿童活动行为方式及居民意愿将一栋闲置建筑改造成儿童活动中心。通过隔墙将建筑一分为二，并通过墙面颜色进一步区分空间。粉色为儿童阅读和等候空间，绿色为儿童娱乐空间，布置成海洋球池。另外，设计师通过嵌入装配式构件的方式在窗户上植入"白盒子"，用滑梯与儿童娱乐空间相连，丰富了空间的趣味性。

（3）丰富建筑立面

优美的建筑立面对居民的空间认知感受产生直接影响。微更新要在原有的基础上尽可能地用微小改动进行立面更新，赋予闲置建筑新的形象，提升景观效果。立面微更新一般包括以下几个方面。①区分主次：通过颜色或材质的变化区分主次，突出建筑的出入口空间。②新材料运用：新的立面材料从形式和材料肌理上应呼应原有建筑，以此达到新老元素的协调统一。在微更新中应尽量采用价格低廉、易实施的材料（如木材、玻璃等），使现在与过去相互融合，产生新旧交织的风格。例如，社区设计师朱明洁在对垃圾房的改造中，用木材强化垃圾投放口的空间，加建玻璃顶棚将周围变成可停留空间，体现出微更新小而美的原则。③文化符号运用：可以充分挖掘棚户区的人文文化，以涂鸦墙绘的方式粉刷墙面，既节省资金，又具有场所意义。例如，在上海市栖霞路与东方路路口的梅园新村微更新中，墙漆公司联合艺术家在老旧小区破败的墙面上进行涂鸦墙绘，使此处成为社区的艺术区。

5. 市井文化延续

棚户区文化的特殊性决定了棚改安置社区的文化也具有特殊性。棚户区居民逐渐住上楼房，但社区生活并未考虑这类人群的文化特殊性，使得代表居民生活习惯和棚户区历史文化的市井文化逐渐流失。在棚改安置社区微更新中，市井文化的延续对提升居民的社区认同感、促进邻里交往至关重要。而市井文化的延续可分为"无形"和"有形"两个方面，具体如下。

"无形"延续是指生活习惯、人群交往、文娱方式的延续。例如，居民有在街边、宅前空间活动，以及在院内种植蔬菜的习惯，社区微更新要注重居民的文化延续。具体可从重塑延续居民习性的宅前空间、共同建造社区花园、定期组织社区文化活动三个方面展开。

"有形"延续是指将棚户区历史文化记忆以某种载体重现的方式植入环境中，可配置具有社区文化的景观小品。

（1）重塑延续居民习性的宅前空间

在棚改安置社区中，中老年人仍延续在路边下棋，在宅前聊天、晒太阳的习惯，他们自发地搬出座椅形成临时空间。宅前空间一度成为具有活力的场所。但新社区中的这些空间却未布设相应的休憩设施。因此，在微更新中应划分出微型空间并进行部分围合，使此空间不被周围的车流、人流干扰，空间内可布设成组的可移动座椅供居民晒太阳、聊天交流。

例如，丹麦哥本哈根的 The Future Sølund 多龄化混居社区，设计师在宅前空间靠近不同属性空间的情况下营造不同的空间场景。①靠近街道的宅前空间：布设适量座椅等休憩设施供居民闲坐聊天。②靠近水边的宅前空间：设置开敞广场空间及布设部分座椅，为居民欣赏优美的水景提供便利。③靠近绿地的宅前空间：布设适量座椅，并用矮墙分隔出部分绿地给宅前空间，形成有私密感、景观感的宅前空间。④靠近庭院的宅前空间：植入大体量门厅空间，在门厅下形成的半公共空间内布设桌椅，形成私密空间到公共空间的过渡空间；在门厅上形成的公共空间内布设桌椅，增加居民之间的视线交流，丰富景观层次。

（2）共同建造社区花园

社区花园是社区居民以共建共享的方式进行园艺活动的场地，其特点是在不改变现有绿地空间属性的前提下，提升社区居民的参与性，进而促进社区建设。社区花园这一概念最早被欧美国家提出，欧美国家认为社区花园是城市绿地的一部分，通常将闲置土地进行划分，租借或分配给个人或家庭，以满足居民种植蔬菜瓜果的需求。现在，社区花园的概念已经由过去满足居民生活习惯的功能转变为公众参与花园营建的空间载体。近年来，这一模式已经引入社区微更新中，并取得了一定成效，如上海的"创智农园"和"百草园"。可见，社区花园的建造既能满足居民种植的食用需求，又能通过公众参与促进邻里关系，使居民成为社区环境的管理者。

对于棚改安置社区而言，棚户区居民有在自家小院种植蔬菜的习惯，搬入新社区中仍然自发圈地种植蔬菜。因其行为破坏社区环境，故遭到居委会的反对。延续居民种植的生活习惯，有助于提升居民对社区的文化认同感。对此，应引入微更新中"社区花园"的理念，根据居民需求来划分种植空间，以共同建造的方式使各年龄段居民参与其中。这样既能使居民享用种植成果，又能通过共同参与社区花园建造来增进居民之间的交流，营造和谐的邻里氛围。例如，美国加利福尼亚州为成年自闭症患者建造的 Sweetwater 全功能住区，建有 5058.57 m^2 的集中菜园为居民提供种植空间，旨在通过参与种植来促进自闭症患者之间的交流。另外，居民在温室大棚参与食物生产，向销售站点供应食品，以此来获得资金报酬。

（3）定期组织社区文化活动

以组织文化活动为事件触媒点促进邻里交往，这也是提升居民社区文化认同感的重要方式。对此，笔者总结了两种文化活动类型。

第一种，根据棚户区特有的文化内涵组织文化活动，如针对回迁前居民下棋、种花种菜的文化特性可举办棋艺大赛、赏花大赛等。例如，合肥市双墩镇和双凤工业区 6 个村的回迁安置小区——丰湖苑小区，由于社区老年人在回迁前酷爱"写对联"这一文化活动，因此社区邀请书法老师并组织居民开展了"迎新春送春联"活动，使居民在参与中增强了社区文化认同感。

第二种，引入微更新，举办以空间更新为载体的文化活动，这样既能提升空间品质，又能促进邻里关系，如举办墙绘活动、搭建艺术装置活动等。例如，刘悦来教授在中成智谷火车菜园的微更新中，将一面破败的水泥墙作为居民举办墙绘活动的空间，使居民在参与中提升了自身的社区归属感。

（4）配置具有社区文化的景观小品

配置具有社区文化的景观小品是唤醒居民棚户区历史记忆的重要手段。在社区微更新中，应充分挖掘棚户区的历史文化，将极具当地文化符号的习俗进行艺术转译，以新景观载体的形式呈现，塑造特色景观小品，从而提升居民对社区的归属感。例如，位于北京天坛公园北门的金鱼池小区，作家老舍以此小区历史为题材创作了《龙须沟》，塑造了很多人物形象。设计师在小区入口处设置老舍雕像以提高入口标识度，在小区绿化节点的设计中，提取剧中小妞子的形象，以雕塑的形式营造独特的文化景观。

另外，也可以引入公共艺术的手段塑造景观小品。在社区微更新中通过设计师介入，利用相对低价且居民能参与其中的材料，带领居民共同塑造体现社区特色文化的景观小品，这样既能在节省资金的情况下提升社区景观的艺术美，又能促进居民参与。例如，用简易材料搭建艺术装置，或利用回收材料制作成具有特色文化艺术雕塑。

6. 以全过程参与促进邻里交往

微更新具体呈现是物质空间的变化，但人在更新过程中的变化才是微更新的核心所在。只有通过微更新促进了邻里关系，才算是一个成功的微更新项目。可见，针对棚改安置社区邻里关系淡漠的问题，如何通过微更新手段促进邻里交往是微更新项目的成功所在。社区微更新强调居民自下而上的公众参与，公众参与需贯穿微更新的前期调研分析—方案确定—反馈—实施—后期管理等全过程，让居民在参与中懂得爱惜自己的家园，并在此过程中促进邻里交往。例如，近年来上海的社区微更新中就使公众参与充分渗透到设计阶段、施工阶段和后期管理阶段，具体如下。①设计阶段：设计开始前首先搭建开放议事平台，充分听取居民的改造意愿，使居民参与制定微更新方案。②施工阶段：举办社区"木"系列营造节、涂鸦艺术等，使居民参与社区建设。③后期管理阶段：从积极参与社区建设的人中选出志愿者，成为更新改造成果的管理者和维护者。

7. 建立微更新运作机制

（1）政府引领及政策保障

首先，无论是居民自行发起、设计师发起还是政府推行，微更新项目都得到了政府有关部门的引领。其次，国外在这一方面已经出台了很多政策文件，以保障各方利益。我国也在一些先行城市编制了城市、街区两个层面的微更新导则，以推动项目进行。另外，北京市城市规划设计研究院城市所所长在"街区微更新的挑战与破解之道"学术研讨会上提出"政府要制定微更新导则，并且加强针对施工队、设计师、居民等各方的宣传工作，确保自上而下的精神贯彻"。

因此，要想推行棚改安置社区这类的微更新项目，首先要尽量得到政府、街道等自上而下的支持和引领；其次，政府部门应制定微更新政策，如棚改安置社区编制相应的设计导则，使设计师、居民、社区组织等各方利益体有据可依。

（2）建立公众参与长效机制

目前，部分社区强势的行政化管理和低下的居民自治能力使得居民与上层管理者之间的关系出现断层，社区改造往往是街道办或物管公司来主导，居民对社区事务几乎一无所知。而建立公众参与长效机制，有助于确定居民在微更新中的公众参与。对此，要搭建多方参与平台，组建由政府、居委会、规划师、居民（安置居民、商住居民和租住居民）构成的社区事务议事平台，建立完善的居民投票机制以商讨微更新的有关事宜。另外，明确政府、居委会、规划师、居民之间的权利和职责，确定居民在社区建设中的主体地位，在沟通中要充分听取居民对于社区建设的具体意见。

（3）引入社区规划师制度

社区规划师往往是在自上而下的管理体制下为社区建设提供规划、建筑、景观、市政等专业技术上的支撑。而微更新中的社区规划师制度则强调规划师介入后不仅仅要提供专业技术层面的支撑，还要充当政府、居委会、居民之间的沟通桥梁，将各利益主体共同组织到社区的规划、建设和管理中来。在棚改安置社区中引入社区规划师制度，具体包括以下几个方面：①针对棚改安置社区居民文化程度低、公众参与意识薄弱等问题，规划师应通过培训再教育的方式为居民科普规划设计知识，并提升居民参与社区事务的意识；②在社区微更新调研—设计—施工—后期管理各个环节中，规划师应充分了解居民的行为习惯和改造需求，并与居委会及时沟通，向政府及时汇报，在各方的博弈中确保居民的主体地位。

（4）政府投资为主，多方融资为辅

调查发现，大部分社区微更新由政府来投资，如我国大规模推广的"行走上海2016——社区空间微更新计划"和"趣城·社区微更新（蛇口）计划"，资金大部分为政府投资，少部分由街道和居民筹措，但是也有一部分社区自筹自发建设。对于棚改安置社区而言，回迁居民收入普遍较低，加上居民自治能力较弱，社区自筹自发建设的条件不太成熟。因此，笔者认为棚改安置社区微更新仍然需要政府出资来推动。另外，棚改安置社区中的商住居民往往文化程度较高，社区意识较强，可鼓励商住居民和有威望的安置居民带领居民融资，因为居民自己出资建设的家园，往往能更好地维护和管理社区环境。

第五章　公共空间微更新设计实践

第一节　长春一汽老生活区公共空间微更新设计实践

一、存量社区微更新理念

2012年2月，住房和城乡建设部原副部长仇保兴在国际城市创新发展大会分论坛——"城市的使命与未来"上提出了"重建微循环"理论。他强调，不要迷恋巨型城市，要树立"小就是美，小就是生态"的观点。仇保兴认为，城市发展已经到了从增量向存量转型的时期，城市管理者应该抛弃初期疾风暴雨式的大规模拆建，倡导城市"有机更新"。城市更新不需要每年"大变脸"，而要以循序渐进的、小规模的形式进行。微更新理念正是继承了有机更新理论，即在老城区的空间更新中，尊重城市内在的规律和秩序，采用适当的规模和尺度，通过自下而上的更新机制对局部空间进行更新，从而创造高品质的城市空间形态，唤醒老城区的城市文化。对城市存量社区公共空间进行微更新，不仅能避免大拆大建所造成的城市文脉割裂，还能激活城市社区空间的潜力，延长老旧建筑的使用寿命，促进建筑材料的循环使用，达到建设集约型社会的目的。

目前，微更新理念还处于初级阶段，仅在国内部分一线城市中试行推广。2015年，上海城市空间艺术季以"城市更新"为主题，针对老城区社区功能衰退、活力丧失等问题展开探索，以此唤起大众对社区环境品质提升的重视。2016年，上海市规划和国土资源管理局开展了"行走上海2016——社区空间微更新计划"，通过水泵房改造、四平街道等试点项目进一步加强存量社区微更新理念的推广。

二、存量社区公共空间微更新的基本原则

存量社区的更新不完全等同于旧城改造，它涵盖了保护修缮和改造整治等多个方面，所采取的手段方式也会针对不同的更新内容而有所不同，因此最终的更新成果也会有所差异。

本节围绕微更新的大原则，结合城市公共空间环境的构成要素和活力影响要素，立足存量社区现下的环境状况，从新的角度提出以下三个原则：小规模，多功能；回归自然，尊重文化；以人为本，符合尺度。

（一）小规模，多功能

微更新不仅是改造城市存量社区原有公共空间环境以适应现代人们的生活方式和日常生活需求，同时也是对城市历史和周边环境的保护。城市历史的保护主要是对社区原有空间结构和造型风格的延续，周边环境的保护则侧重于生态文明的可持续发展。这是城市存量社区公共空间环境能够持续焕发活力、提升潜在价值的关键。

微更新的最终目的是为城市存量社区公共空间环境质量的提升提供一种可行的方案，利用中医针灸的原理，选取社区中关键的穴位进行保护和改造，从而带动整个社区的改造。因此，在存量社区公共空间的微更新中，应该从小处着手，在可控的规模范围内尽可能地丰富空间功能，从而提升空间品质，唤醒整个社区的空间活力，使得存量社区能够在时代的发展中慢慢显现出所处城市的历史底蕴和文化内涵。

（二）回归自然，尊重文化

在大力发展绿色可持续建筑的背景下，存量社区公共空间的微更新同样需要尊重城市环境的指导原则。这里的"城市环境"主要分为两个部分：其一是自然环境，强调在存量社区公共空间环境的更新改造过程中尊重已有自然要素的生长和组成，促进绿色廊道的形成和拓展；其二是人文环境，即尊重城市的历史和文化，溯源城市历史，弘扬传统文化，保护国家非物质文化遗产，使社区空间成为城市文化传承的载体。

党的十八大以来，我国渐渐走上了可持续发展的生态道路。在城市存量社区公共空间的微更新中，回归自然强调的是对自然环境的认识、保护与利用，尤其是对景观绿化、地形、地貌和气候特征等周边环境的保护与利用。

人文环境是城市环境的一部分，在尊重自然环境的同时，还应该充分重视社区的人文特征，传承社区的历史文化。在社区生活中，居民是人文环境的主体，居民的生活方式应该得到尊重，因而社区应该提供足够的公共空间方便居民展示和传递社区传统文化，延续城市的历史记忆。

（三）以人为本，符合尺度

城市存量社区公共空间环境更新属于旧城改造的一项，归根结底，旧城改造的本质目的是创造更适宜人居住的城市空间。因此，在城市存量社区公共空间的更新中，更应该从居民的日常使用需求角度出发，通过微更新手段，创造出功能多样、空间舒适、设施现代的社区公共空间。

社区公共空间不仅仅是某一群体的单一活动空间，它需要同时满足不同群体的不同需求：老年人可以在广场休息聊天、锻炼身体；年轻人可以约上三五好友休闲放松、相聚游戏；小孩子可以嬉戏玩乐、享受童年。这些功能或许不是每个社区必须具备的，但是应该根据社区的人口与需求，按照一定的比例设置，避免功能短缺的情况发生。此外，在物质文化高度发展的今天，单一功能的场所已经不能吸引人们驻足停留。相对于单纯交流的公共空间，人们更喜欢集娱乐、休闲于一体的社区公共空间，这样的空间满足了功能的完整性和复合性，给使用者提供了一种舒适惬意、想要身处其中的感觉。

所谓"以人为本"，就是要将人（使用者）置于首位，以人的心理感受和身体尺度为主，创造人性化的社区公共活动空间。因此，在存量社区公共空间的更新中，需要特别注意空间是否符合人体尺度，色彩、材质和空间形式是否合理恰当，空间是否具有识别性，等等。

随着科技的进步和互联网的普及，人们的生活方式也在不断变化，对社区公共空间环境进行改造，是为了更好地适应新时代的要求，将历史文化的传承与现代社会的发展完美结合。

三、装配式建筑的优越性

在我国新型城镇化快速建设的过程中，建筑行业也由膨胀式堆积转向更为理性的建造方式。传统的建造方式不仅消耗大量的自然资源，也不利于环境的可持续发展。2016年2月，《中共中央国务院关于进一步加强城市规划建设管理工作的若干意见》提出"发展新型建造方式""大力推广装配式建筑"。推动装配式建筑的发展以实现节能减排、改善人居环境，是建筑行业发展的必然趋势。

首先，相较于现浇混凝土建筑，装配式建筑具有提升建筑品质的优点。日本鹿岛科研所曾经对建筑的可靠性进行实验，得出装配式建筑的可靠性高于现浇混凝土的结论。这一结论在1995年的阪神大地震中得到证实，装配式建筑的毁坏率远低于其他建筑。其次，通过预制建筑构件，可以实现机械化、自动化和智能化，大大减少了生产线上的人工劳力，提升了工作效率。最后，装配式建筑还能满足节能减排的环保要求。相关数据表明，预制装配式建筑构件最高可以节省20%的原材料，减少近80%的建筑垃圾。因为预制工厂养护用水可以循环使用，所以预制装配式建筑构件可节水20%～50%。

四、装配式建筑在存量社区微更新中的实践

（一）一汽老生活区公共空间的现状特征及存在问题

1. 一汽老生活区的发展概况及现状特征

一汽老生活区位于长春市西南部，创业大街以南，东风大街以北，日新路以西，越野路以东，以及迎春路两侧。一汽老生活区始建于1953年，1956年底全部竣工。建筑风格采用古典主义的三段式立面，传统悬山式屋檐，并以拱券作为装饰。一汽老生活区建设年代久远，受制于当时的经济水平和理念差异，建筑形象和配套生活设施已经衰落。但由于社区饱含着工厂老职工的生活记忆，一些退休职工不愿搬离，而且良好的地理位置和相对便宜的租金为附近的商业服务性人员提供了居所，因此一汽老生活区的入住率依然很高，当前正面临着社区公共空间活力丧失的问题。

2. 一汽老生活区公共空间发展存在的问题

一汽老生活区的建设未能跟上周围片区的发展速度，导致社区内存在着大量的老旧建筑和年久失修的公共设施。通过吉林建筑大学与吉林省城乡规划设计研究院的合作课题"长春市城市居民居住情况调查研究"可以发现，一汽老生活区内配套服务设施不健全，社区楼旁、路边，甚至绿化带内都停放着车辆，用地十分紧张，加剧了社区公共空间的拥挤程度，不仅影响社区居民的日常生活，还破坏了城市整体的景观风貌。另外，因为缺少相关政策法规的明确规范管理，社区居民和开发商肆意扩建、改建的现象大量滋生，导致一汽老生活区历史文脉断裂，历史建筑风貌破损，城市文化空间逐渐消失。老城区存量社区历史文化和地域特色的缺失直接导致社区文化意识形态消弭，以及社区公共空间活力丧失。

（二）一汽老生活区公共空间微更新设计

2017全国大学生建筑方案设计获奖作品"白丝带"在一汽老生活区的公共空间微更新中采用装配式建筑，充分发挥装配式建筑可移动、便于安装、节能环保等优越性，对社区局部空间环境进行更新改造。

1. 以人的活动需求为本

从3个社区的实地走访过程中得知，很多居民反映：社区内停满汽车，空间拥挤，没有可以锻炼、休息的公共空间；照看儿童时，没有一个足够安全的空间供小孩子玩耍；没有一个有趣的空间进行户外活动等问题。"白丝带"方案将空间属性回归于人，以人的活动需求为整体出发点。根据"长春市城市居民居住情况调查研究"课题成果对3个生活社区人口构成，以及居民对活动空间的使用需求进行整理。通过预制生产6种不同功能属性的装配式建筑构件，满足3个社区居民的不同活动需求。根据社区不同的人口构成和自身特点自由连接，不仅创造出包含多种功能的公共活动空间，还能有效减少施工对社区环境造成的污染。

2. 增加空间视觉享受

随着我国社会经济的快速发展，居民对社区公共空间的要求已经不仅仅局限于满足使用功能，同时还讲求视觉美学。装配式建筑不同于现浇混凝土建筑，它对设计要求更为精细，因而产品的外观也更为精致。同时，工厂作业环境比现场优越，更易于创造出柔美的建筑形态。"白丝带"方案以一条丝带的形式，围合出人在立、坐、卧三种行为模式下的活动空间，或通透，或封闭，以适应长春的四季气候，不仅增强了空间的实用性，还激发了社区的活力。

一方面，城市更新是一个动态的、持续的过程，存量社区公共空间环境的更新应该采用适当的规模和尺度，通过自下而上的更新机制对局部空间进行更新；另一方面，在大力提倡绿色发展的背景下，城市更新不仅要体现人文精神，还要关注城市环境问题，而装配式建筑较传统建筑具有明显优势。在城市存量社区公共空间环境更新改造中，吸收、消化、落实"微更新"和"装配式"理念，是实现社区活力再生和环境保护双重目的的有效途径。

第二节　铜梁老城居住区公共空间微更新设计实践

一、触媒点的分阶段更新

分阶段更新是城市触媒理论和微更新理论最大的共同点，它是指针对不同区域的空间采取阶段性渐进式的分期更新方式，其优点在于可以依据不同区域空间的具体特性来进行针对性设计，具体情况具体分析，规避了一概而论式更新模式的风险，具有一定的灵活性和可控制性。对触媒点进行分阶段的激活更新，是居住区公共空间的微更新随着需求的变化而进行及时准确的调整，实现以最低的投入成本获得最大的发展效益，还可以保证老城居住区公共空间的可持续发展。

（1）可以依据各个触媒点现状条件的优劣实施顺序划分。采取"质劣先行"的原则，对现状条件最差的触媒点先进行激活更新，对其内部的空间元素进行重塑，通过功能置换或功能置入来实现触媒点的激活。吴良镛教授在菊儿胡同改造工程中采取了"质劣先行"的更新原则，依据项目场地内各区域质量条件的优劣，由差到优分为先后四期对菊儿胡同进行了更新改造。

（2）可以依据各个触媒点居民需求的不同和产生影响效应的不同实施

顺序划分。对于场地内居民更新需求意愿强烈、影响效应大的触媒点进行先行更新改造，此种触媒点分阶段更新原则更适用于居住区。例如，重庆市新华一村的更新改造，整个过程共分为三期：首先，对其北部的部分建筑作为触媒点进行改造，临街建筑的底层采取再开发的措施，而且对居住区内的农贸街进行了功能整合，提升居住区的服务功能；其次，对居住区建筑风貌及居住区道路进行整改；最后，对居住区公共空间进行优化提升。

二、典型触媒点微更新设计实践

本节选取了触媒点中面积最大、居民更新意愿最强烈、发展潜力最大的原供销社进行具体的典型触媒点微更新实践设计，作为铜梁老城居住区触媒点公共空间微更新的示范点。原供销社周边居住区由于供销社的特殊时代功能，自身具备较强的场所记忆点，对于微更新激活与触媒效应的发挥都能够起到积极的作用。

（一）场地现状分析

原供销社南接大北街，西接北环路，北邻明欣老年公寓，东靠铜梁电力公司，总占地面积为 5800 m²，其中计划拆除建筑的占地面积为 2800 m²。场地西南侧被居住建筑围合，东北侧背靠老年公寓和电力公司，南侧为车行入口，西侧为人行入口。

1.触媒点周边居住区公共空间现状

原供销社周边居住区多为开放型居住区，一楼多为临街商铺，商业业态主要以五金、餐饮为主。居住区内部有少量公共空间，但大多被车辆占据，基本没有可以展开休憩娱乐的活动空间，老人及儿童只能沿街休憩玩耍，安全隐患大。原供销社周边居住区同时也缺乏庇荫休憩空间，居民只能在阴凉的楼道口打牌聊天，或在区政府家属楼内的廊架下休憩。区政府家属楼内有少量活动空间和健身器械，但器械功能单一且开放时间固定，无法满足大量居民活动的需求。原供销社北侧为老年公寓，因其内部没有活动区域，仅能在街边一隅进行户外休闲活动。周边多数老年居民会去距离场地 500 m 的解放路步行街一带活动，而年轻居民则会驾车带孩子去更远的人民公园进行游乐活动，整体居住区公共空间活动十分不便。

2. 触媒点地形及建筑分析

（1）地形：原供销社触媒点整体是南北向的三层台地，一层与二层相差 1.5 m，二层与三层相差 3 m。

（2）建筑：原供销社触媒点共有 13 栋老建筑，原为供销社仓库，均为 20 世纪六七十年代灰砖坡屋顶形式，独具时代特色。

3. 触媒点场地分析

原供销社触媒点内部仅有部分场地作为静态交通空间来进行车辆停放，其他空间大多闲置，成为无人利用的灰空间，具有极大的可操作性。在对原供销社周边居住区公共空间进行更新设计时，可以充分利用其可操作性，将其功能进行转换，通过精细化设计将其从原本的闲置灰空间转变为具有活力的社区公园。

（二）触媒点微更新设计

1. 设计构思

基于对居住区居民日常停车及活动需求的考虑，并结合居住区现状空间，合理梳理可拆除建筑。拆除场地东西两侧破损较严重的危旧房，梳理空间作为居民未来公共停车及活动场所，并保留场地中部保存较完整的一栋厂房，作为公园未来管理服务、社区活动的配套设施，同时也作为供销时代历史印记的展示主题，塑造场所意象，唤醒铜梁老城居住区居民对于供销时代历史文化的记忆，激发居住区居民的场所认同感。

同时，通过对原供销社周边居住区公共空间的场所记忆进行深度挖掘，提取出"算盘"作为代表供销时代的社会记忆，并从"算盘"中提取"珠算"元素作为场所意象，结合对公共空间的更新设计，把"珠算"作为设计元素融入交往休憩空间、趣味活动设施和儿童攀爬空间中，使"珠算"这一意象得以充分展示。

2. 整体设计

珠算公园，即原供销社周边居住区公共空间，面积共计 5800 m^2。通过充分挖掘原供销社文化元素，将文化意象元素融入公园景观小品和结构主体中，突出"珠算"的主题，并设置多功能活动广场、舒适的林下桌凳、公园服务中心、儿童游戏乐园等场地设施，供周围居民进行娱乐休闲活动，满足周围居民对居住区公共空间多种多样的需求。

在对珠算公园具体的更新设计中，引入廊架作为建筑的外延，不仅能起到组织交通的作用，还能保证居民在此处进行休息观景、聊天下棋。同时，通过对厂房基址及垂直堡坎的充分利用，结合垂直堡坎将珠算物件与儿童互动设施相结合，形成儿童游戏空间。将厂房进行改建，通过外廊的设计来延伸建筑外部使用空间，将其作为公园管理服务中心，同时结合棋牌室及茶室的功能，满足居民对于棋牌游戏和饮茶交流的需求。

充分利用公共空间内拆除建筑基底形成的空间，通过合理的设施植入使其形成多功能活动场地，为居民提供日常聚会、锻炼、娱乐的集体活动场所，丰富居民生活，满足居民的多重需求。

在多功能活动广场旁将老年居民的日常热身、健身、交流功能相互组合，形成多功能互动空间。同时，梳理场地中因大量废弃建筑拆除而形成的开敞空间，充分利用开敞空间，进行多重功能复合。另外，利用拆迁建筑的砖瓦作为珠算公园的文化景墙和特色铺装材料，既经济节约，又可以体现场所意象。

三、铜梁老城居住区公共空间触媒效应的控制与引导

（一）触媒分级分段更新模式的构建

合理完善的触媒分级分段更新模式，是确保触媒效应得到最广泛发挥的重要保证。笔者依据触媒点居民更新需求和可能产生影响效应的大小，对铜梁老城居住区公共空间12个微更新触媒点进行了分级，确定了以原供销社、明月街片区、丝绸厂宿舍作为第一级触媒点，以原物资局、龙都路片区、启航幼儿园、藕塘湾片区、河湾片区、小南街片区作为第二级触媒点，以半月路片区、老民政局宿舍和居乐巷片区作为第三级触媒点的分级分段更新模式。对第一级到第三级三个不同级别的触媒点分别进行以空间重塑、功能修补和基础处理三种不同的微更新策略。第一阶段触媒点微更新激活结束后，通过第一级触媒点塑造的品牌性空间，催化带动铜梁老城居住区的发展。此外，第一级触媒点的激活效果，也可以对第二、第三级触媒点的后续补充更新做出指导，具有一定的灵活性与可控制性。通过触媒分级分段更新模式的合理

构建，来实现铜梁老城居住区的可持续、渐进式复兴。

（二）非物质形态触媒——文化层面的引导

1. 场所意象的塑造

通过对铜梁老城在地文化的研究分析，提炼出铜梁龙作为串联铜梁老城居住区公共空间的场所意象，将铜梁龙作为图腾样式融入居住区公共空间的照明灯具设计及服务设施设计中，实现各个不同性质居住区公共空间的异质共生，促进居住区居民场所认同感和归属感的产生，从而实现场所精神的重塑和社会凝聚力的产生。当场所精神和社会凝聚力在铜梁老城居住区中重塑，居住区的活力就被成功激活，继而使场所精神产生进一步的延续，形成一种良性循环，促进铜梁老城居住区公共空间的持续发展。

2. 社区文娱活动的开展

在铜梁老城居住区公共空间的微更新过程中，居住区及街道应通过居住区文娱活动的开展和举办来对居住区公共空间微更新进行引导。城市大事件的开展可以对整个城市的发展起到触媒催化的作用，因此文娱活动的开展也可以对居住区公共空间的发展起到触媒催化作用。在居住区公共空间的日常使用和居住区日常生活中，通过宣传社区文化、举办各式各样的社区艺术活动，如歌舞表演、墙绘、作品展览和文娱比赛等，来营造社区文化，打造居住区特色，吸引本居住区乃至周边居住区的居民积极踊跃地参与，从而提升居民对于居住区的场所认同感和归属感，最终促进铜梁老城居住区公共空间的活化与复兴。

（三）管理机制的引导

在铜梁老城居住区公共空间微更新的过程中，管理机制的引导应从多元参与机制、动态反馈机制及政策引导三个方面着手，对触媒式微更新过程进行控制与引导。

1. 多元参与机制

由铜梁区政府或居住区街道发起建立社区更新工作组，工作组成员由铜梁老城内的居民代表（或商家代表）、设计师及发起者构成，采取丰富多样的方式来鼓励居民群众参与到居住区公共空间的微更新中。同时，在铜梁老城居住区内部设置工作组驻点，以方便各个多元参与主体的充分交流。

2. 动态反馈机制

设计团队在完成基本的设计工作内容之后，根据 12 个居住区公共空间微更新触媒点的实际情况进行相应的跟踪调查。在第一级触媒点居住区公共空间微更新的过程中，实时监控实施过程与预期设想及各参与主体的期望是否相符，当发现存在偏差时及时进行分析研究并做出调整，同时将第一级触媒点公共空间实施过程中遇到的问题进行总结；在第二、第三级触媒点居住区公共空间微更新时注意采取相应措施进行合理规避。此外，鼓励居民合理监督实施过程及自主进行居住区公共空间更新，确保铜梁老城居住区公共空间微更新形成合理的发展路径，确保居住区公共空间微更新触媒效应最大限度地发挥。

3. 政策引导

铜梁区政府应根据铜梁老城的实际发展建设状况，制定合理的引导政策，确保铜梁老城居住区公共空间 12 个触媒点的微更新实施过程，同时鼓励居民自主进行更新，实现铜梁老城居住区区域协同发展。

第三节　重庆北碚澄江老街公共空间微更新设计实践

一、澄江老街历史文化街区基本概况

（一）区位概况

北碚区位于重庆市主城西北方向，总面积 755 km^2，下辖 9 个街道、8 个镇，是重庆主城九区之一。北碚区交通发达，有多处 4A 级旅游景区，素有"重庆后花园"的美誉，并成功入选"2020 中国最美县域榜单"和"第一批国家文化和旅游消费试点城市"。澄江镇是北碚区的一个下辖乡镇，是北碚区的北大门，位于温塘峡和沥鼻峡之间，东临嘉陵江，南靠北温泉和缙云山，西连璧山，北接合川，是璧山、北碚、合川三区的接合部和邻近乡镇的经济、文化中心和物资集散地。澄江镇辖区面积约 63.87 km^2，镇内风光秀美，集山、水、泉、寺、峡于一体，人文底蕴浓厚，自然山水与人文风光相得益彰。

澄江镇距离北碚主城区不到 10 km，铁路、高速路、国道、嘉陵江水道等围绕澄江镇形成了较完善的交通体系。截至 2018 年末，澄江镇户籍人口为 29 819 人。截至 2020 年 6 月，澄江镇下辖 2 个社区、11 个行政村。

澄江老街由运河社区和澄江路社区组成：运河社区曾辖重庆市运河煤矿，缙云山园艺场，桐林村居民区，四川仪表五厂、九厂、二十一厂、二十二厂，重庆五金机具厂等单位，共有 6 个居民小组，680 户，0.23 万人；澄江路社区曾辖重庆水文仪器厂居民区、重庆第二十三中学、澄江镇小学、澄江镇幼儿园、澄江镇中心卫生院、澄江自来水厂等单位，共有 6 个居民小组，1225 户，0.34 万人。澄江老街整体由一条长约 2 km 的街道及周边民居构成，是过去澄江镇的中心区域，街区范围为城镇用地，各类机关团体结构齐全，学校、医院、税务、食品公司、银行等原址保留较为完善，具有时代韵味。澄江老街靠近国道 212 线，地处嘉陵江和缙云山之间，位于嘉陵江与璧北河相交处的澄江渡口上方，拥有背山面水、山环水抱的地缘优势，水路交通条件优厚，至今仍有渡船每日往来于江面接送渡江过客，已经成为澄江的独特景观。2019 年，重庆市规划和自然资源局公布其为市级历史文化街区。

（二）历史沿革

1. 近现代以前

澄江历史悠久，建制于北宋元丰年间，距今将近千年。宋代以前，澄江镇已是一个大镇，宋置时名为"依来镇"或"依来乡"。《璧山县志》载："元丰九域志云，巴县石英、峰玉、蓝溪、新兴四镇，又璧山下云双溪、多昆、含谷、王来、依来五镇，按含谷场今在县境，西里依来乡旧在县境，后改归璧山。据元丰志则宋代含谷、依来皆璧山地也。"

清乾隆二十四年（1759 年），巴县缙云山西祥里依来乡由璧山县管辖，更名"依来里"；清同治九年（1870 年），因嘉陵江爆发特大洪水，城镇全部淹没在一片汪洋之中，故改名为澄江镇（沉江镇），沿用至今。现今，当地人相传因嘉陵江在澄江镇段江水清澈澄净而得名"澄江"。

2. 近现代

1936 年 3 月以前，澄江镇隶属于璧山县（现重庆市璧山区）管辖。同年，因国民政府施行《中华民国兵役法》，将全国划分为若干师管区与团管区，同时设置兵役机关，办理兵员的征募与训练事宜，澄江镇划归四川省第三督察区嘉陵江乡村建设实验区，隶属于渝西师管区下辖的巴县团管区。1942年3月划归四川省北碚管理局。1949年12月7日，北碚军管会接管澄江镇，成立澄江镇公所，隶属于重庆市北碚行政管理处管辖。1951—1992年，澄江老街所在区域的隶属关系多次发生变化，澄江镇所辖范围和建制名称也数次变更。1986年3月，撤销澄江乡和澄江街道办事处，设立澄江镇。近代以来，澄江镇的归属建制屡屡变更，与当时的社会背景有着十分重要的关系，每一次变更都意味着澄江镇在过去那个年代的建设和发展，也逐步形成了澄江老街现在的空间格局。

（三）人文环境

1. 民俗文化

（1）北泉板凳龙

北泉板凳龙是流传于澄江的地方传统舞蹈艺术，至今已有上百年的历史。舞蹈最开始以农村四脚长条板凳为板凳龙，伴着鼓点，由多人协作完成，以"套翻身"和"两边侧"两个经典动作翻腾起舞，因其自娱性、随意性、简单可参与性而在周边传演。北泉板凳龙现已经收入《中国民族民间舞蹈集成·四川省卷》，曾在中央电视台向全国展播。由于当前活动阵地的缩小和传承链的断裂，北泉板凳龙面临着传承的危机。

（2）赶场

澄江的赶场天，逢每月一、四、七。比较特别的是人们来澄江赶场的方式：不少周边村镇的居民通过渡船，从澄江渡口拾级而上，往来络绎不绝，形成热闹非凡的江边景观；还有不少生意人从璧山、合川等地前来行商售卖，常常会出现外地土产品，吸引人们争相购买，趣味横生。那时，听评书、看杂耍、喝酒、吃茶、下馆子等，更成为人们来澄江老街赶场的一大趣事。"北碚豆花土沱酒，好要不过澄江口。"过去，澄江老街公共空间活动丰富、人流不绝，如今却很难看到这样繁忙的景象。

（3）祭拜祈福

澄江老街临江而建，水路发达，过去人们外出、行商、务工等都离不开水路。为祈福求平安，人们常常在通往江边渡船的路口进行祭拜。外出远航，祈福平安，已成为老一辈澄江人的精神信仰，但是这种信仰的空间现在却几乎消失无踪。

2. 人文景观

（1）夏溪口码头

20 世纪三四十年代，经历卢作孚领导的乡村建设实验后，澄江的工业比较发达，当时蓝文彬在澄江建立了宝源煤矿。为了运煤，他在嘉陵江边筑坝拦水，修筑人工运河，把夏溪口发展成了煤港码头。那时数千名煤炭挑夫居住在澄江边，带动着澄江的发展，随之兴起的茶楼、酒肆、商铺等鳞次栉比，成为澄江老街特殊的文化记忆。

（2）历史建筑

抗日战争时期，很多从上海、南京一带来到澄江的"下江"人，他们在澄江修建了很多豪华庭院、公馆和小洋楼，有些建筑至今还可以在澄江老街看到。一楼一底的砖筑夹壁建筑和传统川东民居东西结合的风格，十分少见。澄江老街从那时起，形成了至今还保存较为完好的典型的民国风情老街区。

澄江老街现存的古迹文物较少，仅一处历史建筑位于澄江路 155 号，修建于 20 世纪 40 年代，二层砖木结构，坡屋顶，建筑空间灵活丰富，是研究当地文化、经济很好的实物资料，具有重要的历史价值。该建筑采用木结构人字形屋架，砖砌照壁墙体，洗石装饰正面墙面，室内楼板和窗户均为木结构，整体造型简洁而精致。木门窗等细部装饰雕刻精致，承重结构精美独特，具有一定的科学价值和艺术价值。

3. 澄江精神

在澄江老街的一些隐秘角落，至今还能感受到过去那个年代遗留的精神风貌。分布在街道的制作厂、加工厂，体现了澄江人的务实和干劲；20 世纪的歌舞厅、电影院等娱乐场所体现了澄江人积极乐观的精神品质；住户门前的环境卫生负责牌、要事公示栏等体现了澄江人的集体主义精神。从这些残存的历史碎片中不难看出，澄江老街在过去"乡村建设"和"三线建设"的过程中凝聚出了一种积极向上的精神风貌，正是这种优秀的精神品质，带领着澄江在战争年代和后续的改革发展中做出了巨大贡献。这种务实的干劲，乐观的坚守，团结一致、奋发向上的精神，是融于澄江老街当中的一种特殊文化精神，需要加以宣扬和传承。

（四）澄江老街公共空间的形成及现状

澄江老街位于山麓与江畔之间的狭长地段，街区整体沿山顺水，主要空间呈线状分布，特色鲜明。20世纪三四十年代，澄江进行"乡村建设"，兴办荣军试验区；20世纪六七十年代"三线建设"时期，澄江镇充分抓住机遇，谋求发展，吸引了大量的人口。往来客商基于贸易、运输、工作、休闲、娱乐等多方面原因，带动了澄江老街的发展，也逐步形成了澄江老街巷道空间交错的格局。后来随着行政中心迁移及陆路交通发展，尤其是老车站搬迁，原澄江大桥禁止车辆通行后，澄江老街也随之逐渐衰败。特别是夏溪口一带，早没了往日渡口的繁荣景象。如今澄江老街公共空间残破、各种设施匮乏的现象也越来越严重，亟须采取措施加以保护。

二、澄江老街历史文化街区公共服务设施现状

公共服务设施主要为保障民生，它的完善与否直接影响着一个地方的居住性体验，其对于研究澄江老街的公共空间而言也是必不可少的。根据重庆市发布的《重庆市城乡公共服务设施规划标准》（DB 50/T 543—2014），公共服务设施是指为社会服务的基础教育设施、医疗卫生设施、公共文化与体育设施、社会福利设施、其他基本公共服务设施（居住区级的街道服务中心、派出所、菜市场，居住小区级的社区服务站、警务室、菜店，村级管理设施和商业服务设施）。

（一）基础教育设施现状

澄江老街范围内现有基础教育设施为三所投入使用的公办教育学校，分别是位于运河路106号的澄江镇小学、位于澄江路15号的澄江镇幼儿园和位于澄江路3巷5号的重庆第二十三中学（含高中部）。1942年，重庆第二十三中学正式创办，原名私立三峡中学，后来发展成为一所既有初中学段又有高中学段的学校。重庆成为直辖市后，该校改名为重庆第二十三中学，

是澄江老街的重要教育设施。此外，还有位于澄江路 187 号的星星幼儿园和占地为澄江路 114 号、116 号、118 号的金马教育培训学校，也正在为澄江老街的教育事业服务。整体而言，澄江老街基础教育设施较为完善，能够基本满足镇上及周边村镇学生求学受教育的问题。以教育为抓点辐射周边，带动经济和社会活力，是澄江镇借以持续发展的一个重要依托，同时也是澄江老街社会结构保存相对完善的重要因素。但由于缺乏足够的公共空间，位于澄江路和澄兴路交叉口附近的重庆第二十三中学和运河路与夏溪路交叉口附近的澄江镇小学，在上学和放学高峰期，校门口会出现严重的交通堵塞和人流堵塞情况，存在较大的安全隐患，也对公共空间的改善提出了现实而迫切的要求。

（二）医疗卫生设施现状

澄江老街范围内的医疗卫生设施主要有北碚区红十字医院、澄江镇中心卫生院。由于澄江老街现住人口多为老年人，整体人口老龄化严重，为方便服务，沿街分布着便民药房，如益德堂药房、明声大药房、同济大药房二店、众康药房、昌野药房、和平药房、万鑫药房、华博健康药房、润江药房、桐君阁大药房、平价药房等，另有广药白云山精油澄江体验馆、椎正堂膏药铺、复康中医诊所和重庆红瑞健康产业（北碚澄江试用中心）。

澄江老街整体医疗卫生设施相对完善，便民卫生服务站点能够满足居民需求。但由于地理条件和资源限制，澄江镇中心卫生院外紧邻狭窄道路，缺少足够的应急公共空间和车辆停放空间，卫生院门外时常会出现交通道堵塞和车辆停靠不便的情况。

（三）公共文化与体育设施现状

澄江老街范围内的公共文化体育设施较为欠缺，仅有北碚区澄江镇文化服务中心、澄江镇综合文化站和一处简陋的市民活动广场，缺少文化馆、图书馆、报刊亭等文化类服务设施，没有对澄江老街历史文化街区进行记录和宣传展示的平台。另外，可供健身运动和休闲娱乐活动的公共空间数量少、设施单一匮乏，在一定程度上导致了街区公共空间活动种类单一、整体活力不足的现状。

（四）社会福利设施现状

按照标准分类，社会福利设施主要包括老年人设施、救助管理设施和殡葬设施三类。澄江镇政府大楼附近，原本有一处敬老院，但由于修建新式小区和广场、停车场等，敬老院被迫搬离。目前，澄江老街仅有殡葬服务点两处、重庆市北碚区澄江镇老年学校旧址一处，已废弃无人使用。整体社会福利设施数量很少，这对澄江老街历史文化街区的居住性保障不高。

（五）其他基本公共服务设施现状

澄江镇作为水路码头，曾经繁荣一时，最基本的服务配套设施相较完善，现有重庆市北碚区澄江镇澄江村综合服务社、澄江综合市场、澄江镇公共服务中心，各类副食、杂货、超市、商店等众多。但在笔者现场调研中发现，这些沿街商铺的业态现状普遍较低、店面杂乱，整体装修效果与街区氛围不合，而且经营时间随意、分布不均、普遍缺少规范性，诸多问题亟须改善，以提升澄江老街空间视觉环境品质和街区居民生活质量。

这些公共服务设施在澄江老街历史文化街区中沿街分布，很大程度地满足了住户的日常生活需求，为居民的生活提供了便利，进一步提升了居住的舒适性，也激发了居民开展必要性和自主性活动的潜在动力，为在公共空间中进行更频繁的交流和互动提高了可能性。但空间环境品质问题突出，街区的整体功能供给与居民现代化的生活水平需求脱节较为严重，也与其作为历史文化街区的内涵要求相差甚远，各方面要求都迫使其亟须优化改善。

三、澄江老街历史文化街区公共空间分类

（一）点状空间

点状空间具体涵盖院落、门前、休憩设施空间等，是分布最为广泛、随机的，存在因物质环境影响呈现出不规则的外形状态，或因地势出现高差错落的情况。在澄江老街历史文化街区当中主要包括澄江路段、运河路段、夏溪路段主要交通要道与生活性巷道交叉处形成的点状空间、建筑庭院空间和沿街分布的门前空间等。

这类不规则、尺度较小的碎片化公共空间大部分是由于街区内民居院落建筑无规划建设而形成的，形态具有很强的随意性。从形成原因和分布位置

来看，其特点是使用频率相对较高，一些使用功能不受限制，对于居民的日常生活而言十分便利，加上其数量多、空间分布随机，因此具有很强的适应性。一般而言，居民邻里之间的休闲娱乐与日常活动交流都可能发生在这些空间当中，俗话说"远亲不如近邻"，强调的就是这种基于位置和空间方面的沟通而形成的情感羁绊。

人们的生活方式随着社会发展而发生了极大的改变。例如：日用品类增多，原本院落和门前的空间被各类生活用品占领；为了提升现代化生活的舒适性，自主加盖、扩建，导致一些藏于巷弄的小微空间被蚕食，进而消失；原本的交流空间被砖瓦和其他用品填埋，导致邻里之间日常沟通的纽带被斩断，以致传统历史文化街区逐渐衰落。如何采取较为正确的措施对其进行挖掘、改造和利用，点亮这些正在衰弱的小微点状空间，提高其"透气性""曝光度""到访度"，进而触发其周围的社会活力，也是本书的一个重要探索点。

（二）线状空间

线状空间一般依托道路、河流等线性分布的通道形成。澄江老街历史文化街区中的线状空间依托道路形成，主要线状空间脉络简明清晰，由一条贯穿澄江镇街区的上街、中街和下街的主要街道形成，分为澄江路段、运河路段、夏溪路段三段。除了这条主要的街道公共空间，还有分布在街道一侧，通向居民住户的众多具有连接作用的巷道，如澄江路一巷、夏溪路二巷、运河路一巷等。它们作为线状空间的组成部分，形成了澄江老街较为完整的街区脉络。按照澄江老街历史文化街区道路的空间尺度和通行及承载功能，可以将线状空间大致分为街道公共空间和巷道公共空间两类。

街道公共空间包括车辆通行空间和人流通行空间：车辆通行空间的主要功能是供车辆通行；人流通行空间一般分布在车辆通行空间两侧，作为行人主要的通行和玩赏空间。街道公共空间在整个澄江老街街区中呈现出相对连续且开敞的线性布局，其服务对象多元，既满足本地居民，又包容外来游客，兼具通行、游玩、文化体验和观赏等功能。街道公共空间两侧建筑连片分布，较为紧密。其中，澄江路段、运河路段沿街建筑多为底层商业、高层居住。商住结合一体的建筑形式一方面满足了街区居民的日常消费需要，另一方面也为居民的休闲娱乐、餐饮茶歇和社会交往等活动提供了便利。但是澄江老街历史文化街区原本道路狭窄，再加上过去建筑规划不当，建筑侵占人流通行空间的现象较为严重，导致车流和人流通行空间二者之间出现空间共用或界限模糊不清的现状，行人常常步行于车流通行空间，存在较大的安全隐患。

巷道公共空间多为功能单一的通行空间，主要服务对象为通行其间的居民和少量外来游客。这类空间一般而言较为狭窄，多属于生活性巷道，具有一定的私密性。其作为连接不同居民之间的重要纽带，具有十分重要的作用，也是体现地域特色和社会邻里关系的重要场所。

（三）面状空间

澄江老街历史文化街区的面状空间主要分布在政府大楼前活动广场、重庆第二十三中学门口、澄江路与运河路交会处、运河路一巷附近、夏溪路澄江渡口附近和老澄江大桥桥头。其中，澄江路与运河路交会处曾是老街的肉类、米面买卖交易中心；运河路一巷附近作为曾经的菜市场至今仍保留着过去盛放菜品的台面和构筑物；如今禁止客运通行的老澄江大桥作为曾经交通繁忙的主要通道，是过去繁荣的澄江渡口的见证者。对于还生活在澄江老街的居民而言，他们对这些面状空间具有十分特别而深厚的情感，这些面状空间也具有较高的历史纪念意义。但在现场调研中发现，这些面状空间如今存在诸多问题，除了市民广场能够提供开展集会和活动的场所，其他面状空间内基础设施严重缺乏、环境品质差、使用功能和活动条件受限、使用率极低，仅仅作为路过或消极留候空间。街区中十分缺乏能够满足居民集会交流、节庆活动和休闲娱乐的大型空间，因此需要进一步挖掘这些公共空间的历史价值，通过设计赋予它们现代功能，打造出能够满足居民需求的便利活动空间。

四、澄江老街历史文化街区公共空间存在的问题

（一）公共空间环境品质方面

1. 街区道路拥堵

街区道路拥堵主要体现在两个方面：一方面，由于缺乏停车空间，加上管理滞后，街面车辆停放无序，私家车占领通行空间，附近过道大型车辆驶

入老街道路，严重挤压通行空间，造成路面拥挤狭窄；另一方面，当地政府在对澄江老街历史文化街区开展维护工作的过程中，大量路障设施和维护拦网也在侵占道路两侧公共空间。因相关维护工作进程缓慢，这种现象虽然是暂时的，但也不可避免地持续较长时间。

2. 视觉环境残破，风貌侵蚀严重

澄江老街历史文化街区现存大量危房和老旧建筑，不少修筑于 20 世纪 50 年代前后的建筑被贴上封条，禁止使用。据当地居民讲述，这些无法居住的房屋已空置了很多年，多数产权不明确，在归属问题上存在诸多矛盾，导致无人修缮和管理，以致道路两侧界面视觉环境残破。而其他尚能居住的建筑，加盖加建、拼凑重建的情况十分严重，导致如今残存建筑风格杂乱，各种材料造型混搭，历史风貌被侵蚀严重。

3. 公共空间及设施不足

首先是澄江老街的公共空间数量和体量均不能满足街区居民的使用需求，其中突出的一个方面是在一些场所缺乏集散场地，如在澄江镇中心卫生院、重庆第二十三中学、澄江镇幼儿园和澄江镇小学门口均缺少足够的公共空间。在不同时段，车流和人流拥堵情况严重。其次是现存公共空间中休憩娱乐设施匮乏，调查中除了少数居民楼门前空间中有私人提供的简易坐凳，以及政府大楼前的活动广场中有数个花坛式休闲座椅和附近商店提供的可移动塑胶椅，再无其他服务类设施。而且绿化形式单一，无景可观，公共空间缺乏吸引力，使用舒适体验感较差。

（二）公共空间生活方面

澄江老街基础设施较为陈旧，缺乏休息、娱乐的设施，公共空间的数量和面积偏少，缺少足够开阔的空间供人们使用。公共空间活动主要为沿街巷空间展开的散步、聊天、打牌等相对静态的活动，公共空间活动类型较为单一。活动开展人群普遍为当地居民，而且活动人群呈现出老龄化的现象，空间活力不高。此外，作为历史文化街区，澄江老街缺少具有特色的地方性文化活动和应有的宣传力度，公共空间缺乏更大范围的吸引力，对外来游客的吸引力不够。

（三）其他方面

1.历史文化氛围不浓厚

（1）街区居民保护意识方面

据了解，大多数居民不知道什么是历史文化街区，仅有少数人比较了解历史文化街区的保护政策，但是对于保护工作具体应该如何开展却不得而知。可见街区居民文物古迹保护意识的薄弱，没有意识到历史文化街区保护的重要性。在访问过程中，甚至不少居民认为政府应把澄江老街上的破旧房屋全部推倒重建，修盖现代化居民楼，体现了当地居民对历史文化缺乏前瞻性的保护意识，这也从另一个层面上说明他们对历史文化街区的认同感不高，以致整体历史文化氛围不浓厚。出现这种情况的一个重要原因是相关保护单位没有把保护思想下达至民众，保护宣传工作不到位，这对于历史文化街区公共空间的后期保护工作十分不利。

（2）街区管理规划层面

澄江老街作为历史文化街区，缺少宣传和足够的保护措施。目前，街区内没有历史文化街区的引路指示牌，其保护范围划分尚不明确，保护工作开展滞后，导致老街文化保护工作进程近乎"凝固"，整体历史文化氛围不强。主要表现为街区建筑视觉感官残破、局部历史风貌缺失，没有培育足够的地方特色，民间风俗人文也不够浓厚。

2.历史文化街区保护工作进展缓慢

澄江老街历史文化街区整体老化严重且后期保护维修工作推进缓慢或长期处于停滞状态。调研中发现，部分建筑早在2017年就被贴上"危房禁止靠近"的封条，然而至今也没有实施任何保护措施。不难发现，随着相关保护政策持续出台，对历史文化街区的保护重视也越来越高，前期保护动作也有所增加。仅2018年一年时间，就加封了38处老旧建筑成为后续更新整改的首要对象。然而，由于缺少资金和具体保护规划，街区保护更新工作一直无法深入落实，这种有心无力的沉默式保护工作仅以一纸封条而草草结束，在一栋栋建筑上留下刺眼的"伤疤"，也加速了建筑的破损和整个澄江老街历史文化街区的衰败。

五、澄江老街历史文化街区公共空间微更新策略

（一）更新原则

1.整体性原则

整体性原则包含两个方面：一是将澄江老街历史文化街区看作一个整体进行优化更新工作；二是将其所在地域看作一个整体，在规划层面让其与周边协调发展。从街区内部来看，对历史文化街区进行保护和更新时，要对片区内部的建筑、设施、景观等要素进行整体性的设计，各个部分都应该有统一的风格和价值取向，要体现街区的风貌整体性、社会关系整体性、物质文化整体性；从街区外部来看，需要确定历史文化街区的发展定位，明确其主要功能，体现区域功能整体性、旅游资源整体性、文化发展整体性，将其作为城市规划发展的一部分进行考虑，体现其与城市周边的协调性。

2.原真性原则

原真性原则是指通过科学保护、合理规划、持续更新，给予历史和人文最大限度地尊重，不破坏和过度修饰传统文化，真实再现历史文化街区固有的风貌意象，主要体现在物质和社会关系两个层面上。

（1）物质层面

需要通过具体的规划设计和保护更新工作，全面考究历史文化街区的品质特征，挖掘地方历史和自然资源，融入特色文化元素。充分利用原材料和原工艺，从空间营造、设施小品、建筑风格、立面表现等多个方面体现历史文化街区的传统风貌特点，做到在视觉和体验感上有"修旧如旧"的历史韵味。

（2）社会关系层面

需要最大限度地保留原住民，维护街区社会结构。在满足快速发展下居民更高的生活需求时，尊重他们的生活习惯和生活方式。通过构建公共空间，恢复在快速城市化过程中消失的公众交往平台，积极开展历史文化活动，让街区居民的交往脉络活跃起来，从而唤醒独具地域特色的历史场景和记忆，让思想和情感产生共鸣，回归生活的原真性。

3.延续性原则

延续性原则体现在物质文化和精神品质在传承角度上的延续性和在保护

发展中的可持续性。通过梳理和重整街区公共空间，把握街区尺度，延续街区肌理；通过增设公共空间和基础服务设施，延续街区功能；通过引导公众开展特色历史文化活动，激发街区活力，维持社会交往关系，延续优秀的地方文化和精神品质。

4.公众参与原则

在历史文化街区保护更新工作当中，公众的参与愿望、保护意识和态度支持是相关部门推动保护更新工作的基础。然而在具体实践当中，公众的参与是重点也是难点。在历史文化街区保护和更新的过程中，要积极倡导公众参与到历史文化保护当中，充分调动三方力量，积极做好规范政府引导、准允市场投入、协调公众参与的保护模式。

5.审美性原则

历史文化街区除了其承载的文化价值，其在视觉审美和空间环境感受方面也十分重要。这就需要在对历史文化街区的更新改善过程中，注重空间环境的美学营造，遵循一定的设计美学，满足变化与统一、对比与调和、尺度与比例、节奏与韵律、对称与均衡的美学原则，在色彩、肌理、线条、材料、质感等细节处理方面体现审美性原则，构建历史氛围浓厚的街区环境。

6.微更新原则

居住性历史文化街区的保护更新工作牵涉的利益方众多，大规模的整体建筑拆迁、原住民搬离、以一方掌握街区更新工作的绝对话语权等情况不可能再现。在当下的保护更新中，倡导微更新原则，即在整体保护更新工作过程当中，结合采取微小投入、动态更新、长期监管的方式，在更新过程中对建筑不伤筋动骨，更加突出针对性、局部性、低消耗、易操作和持续性等特点。

（二）更新目标

1.留存街区特色风貌

特色风貌包括物质风貌和文化风貌。①物质风貌的留存：一方面需要对街巷空间进行梳理，如拆除私搭违建建筑物，规范管理街面堆放物资，疏通澄江老街街巷空间，着重对夏溪路段的空间布局进行梳理；另一方面需要对空间界面进行修复，如修复现状立面残破、混杂的视觉环境，形成风格基本统一和谐的底层观赏立面，注重对当前沿街建筑商户外观风貌进行更新，让其具有澄江特色。②文化风貌的留存：主要是营造文化氛围，如打造特色文化活动场所和风俗体验展示节点，复兴喝茶、听戏、讲评书、歌舞演出等文艺活动。通过设施标牌设置和文化基因植入空间设计，营造澄江老街的整体文化氛围。

2. 提升空间品质功能

调研结果表明，澄江老街公共空间环境品质和功能问题突出，亟待更新。需规整空间，调整公共空间的分布，增加公共空间的数量和面积；结合相关管理部门优化街区现状市政基础设施，并在公共空间中投入便民服务设施，完善公共空间的功能；加强绿化景观设计，提升街区整体景观环境和居住舒适性；合理化管理街区商业业态，优化街区生活需求供给，以提供居住性便利为主。

3. 修复公共空间活力

修复公共空间活力的首要前提是提高其吸引力，主要工作是引进人的参与。人是产生活力的主体，包括澄江老街本地和周边居民，以及外来游客。针对本地和周边居民，需在公共空间设施条件完备的情况下，开展更多具有特色和吸引力的娱乐活动，吸引人群，使其对公共空间具有黏性，保持街区活力的持久性。外来游客到访产生的街区活力具有一定的时间规律性，通常在节假日和周末时较平常高，可以通过线上线下旅游宣传和进一步的文化街区特色打造，吸引更多外来活力主体。

（三）规划管理策略

1. 实施整体规划

（1）严格将澄江老街历史文化街区的保护更新工作纳入重庆历史文化资源保护体系"三层七类"（见表 5-1）中进行整体规划，再现其开埠建市的风貌特色。

表 5-1　"三层七类"保护体系内容

三层	七类
历史文化名城名镇名村 历史地段 历史文化资源点	历史文化村镇 历史文化街区和传统风貌区 风景名胜 文物保护单位 历史建筑 非物质文化遗产 世界文化（自然）遗产和主题遗产

（2）延续重庆"两江四岸"治理提升的整体规划，将澄江老街历史文化街区的保护更新工作融入其中。"两江四岸"治理是重庆市城市有机更新的重要工作，主要为优化滨江建筑布局、建筑天际线、"第五立面"和滨江交通系统。治理范围为长江段和嘉陵江段两侧岸线，总长约 394 km，其中嘉陵江段起于北碚城区。澄江老街位于嘉陵江畔，距离北碚城区不超过 10 km。在对其进行保护更新过程中，可延续相关治理方法，既能够保护和传承历史文化，又能优化改善空间布局和功能，系统地促进重庆城市有机更新，全面增强发展活力。

（3）结合北碚区"五区四带"的空间布局进行规划。依托北碚区优厚的历史文化和生态资源，融入"文化力"，助推"澄江生态休闲旅游区"建设。对澄江老街历史文化街区进行保护更新，将其打造成为一个特色节点景观，将进一步为"澄江生态旅游休闲区"注入历史文化精神，丰富其旅游价值内涵，对彼此而言都能起到相互促进的作用。

（4）结合澄江老街周边资源开发，如张飞古道、金刚碑历史文化街区、北温泉公园等，串联各景点，形成北碚区嘉陵江段沿江文化廊道和峡江游览线，与云雾山、缙云山等景区构成特色的山水组合景观格局。

2. 完善保护体系

历史文化街区保护更新工作的重点之一是构建完善的保护体系。在《重庆市历史文化名城名镇名村保护条例》的基础上，依据街区现状基础条件，针对性地制定相关的保护守则。上到政府相关部门，下到社区基层组织，都要带头遵守，并成立相关保护小组，对居民加强宣传教育，深化保护理念。

或者组织志愿服务团队，以公益的方式参与到街区保护和宣传工作当中，必要时制定惩奖机制，建立有效监督网络，多方面激发街区原住民和社会大众对历史文化保护工作的热情。

此外，在保护更新工作过程中，需要加强与地区各部门之间的协作。可以通过制定相关协调机制，各部门积极配合。例如：协调交警部门对街区车流和人流高峰时的道路交通进行梳理，避免街面拥堵；或者与市政部门配合，加强街区绿化景观和基础设施的建设。

3.激活投入主体

相较于商业性历史文化街区，居住性和文化性历史文化街区的保护更新现象是"旺丁不旺财"，即投入大量资金修复历史风貌、改善空间环境，在很大程度上凸显了文化性，也留住了一部分原住居民，但其并不能明显促进地区经济的发展，或者其收益远低于投资。在当前对于历史文化街区保护的盛况下，如何取得效益最大化和历史价值之间的平衡，如何让更多的投资主体参与到这一份长期的、效益缓慢的保护工作中，而不仅仅依赖于相关部门的主导投入，是一个十分值得思考的问题。针对这个问题，首先需要引导大众转变观念，强调文化保护的长远价值，它是一个"此时投入，彼时产出；此地投入，彼地产出"的工作，产出的不仅仅是经济效益，更是文化效益。而文化效益的后发力量十分庞大，会带来更多价值。基于此，可以积极引导重视文化产值的企业参与居住性历史文化街区保护更新工作。其次，应当将历史文化街区的保护上升到更高层面，由政府主导，通过相关政策指引和资金扶持，让更多企业或个体经营者参与到街区保护工作中，激活投入主体，完善保护工作资金链，以保证相关工作的顺期开展。同时，在保护过程中应鼓励社会各阶层，尤其是原住民的积极参与。

（四）设计更新策略

1.修复空间结构肌理

针对街区建筑实体，可通过"留存""修缮""织补"三大手段对其更新。"留存"是指保留现状完好的建筑整体，这些建筑是形成街区统一风貌的基础，也是街区肌理产生的实体要素；"修缮"是指对局部破损的建筑及空间加以修缮，使其保持原本的特色，恢复原真性；"织补"是指对空间环境的缺失部分进行物质环境或功能空间的替换和织补。

在澄江老街空间结构肌理的修复过程中，需延续其原有整体空间结构肌理，突出传统风貌特征，注重空间尺度的把握，梳理街区违建加建的建筑物和侵占街区空间的杂物，采取"织补"方式增加公共空间，提升街区的"透气性"和"规整性"。

2. 完善空间界面环境

调研结果表明，澄江老街空间侧界面视觉观感差，不具有吸引力和互动性，针对这一现象，可以采取以下更新策略。首先，对沿街建筑底层立面进行统一整改，着重对各类业态建筑的门牌样式、色彩、风格进行统一调整，融入街区文化元素，使其既具有整体性又能展现历史文化氛围；其次，适当增加建筑立面的橱窗数量，提高透明度，使建筑内部和外部街巷有着良好的视觉交流，同时可扩大立面出入口面积，增加片区街巷公共空间与游客之间富有生趣的交互体验。针对街区临江一侧建筑立面的更新，应结合街区空间格局的特点，更多地考虑其观景功能。主要方法为梳理沿江建筑空间、提高临江一侧建筑的通透性，让视线外延，可以观赏嘉陵江沿岸的山水风光，同时也能让街巷空间环境在视觉感官上拓宽，让空间更具有趣味性和观赏性，从而提高人们在空间中的停留时间和互动意愿。建筑界面更新过程中除保证其样式、材料、尺度等与整体街巷空间符合之外，还应当对其具有修饰和美化作用的绿化景观环境加以改善。

对澄江老街空间底界面的更新主要从功能方面加以改善，包括提升街面环境卫生设施和基础设施，积极开发公共空间，合理规划停车位和杂物存储空间，提高街面整洁度和舒适度。在顶界面的更新中，应严格控制建筑的高度范围，同时延续建筑风格，并结合澄江老街所在位置的山水进行优化，营造街区特色天际线。

3. 营造历史文化语境

历史文化语境即历史氛围感，强调一种身临其境的感受，影响因素可以为空间尺度、色彩、材质、小品、设施、标识标牌、特色景点、活动策划等多个方面。将文化元素融入具体设计中，将有助于历史文化语境的营造。

澄江老街整体色彩印象偏暗，暗橙色偏多，具有较为深邃的历史感受和古朴气质。根据照片提取街区整体建筑环境色谱,可以为后续保护更新工作在街区整体色彩把控上提供参考依据。澄江老街建筑界面材质感受为细腻夹杂粗糙,体现为整体感受的细腻和立面材质的粗糙,街区建筑中有许多具有特色的元素可供参考设计,如窗户、窗棂、石墙、建筑样式等,都能够体现街区深沉、淡雅、宁静的意向。

营造历史文化语境的一个具有直观感受的方法是标识标牌和小品设施的设计。为澄江老街设计具有辨识度的标志,将其运用于整个街区的其他设施当中,不仅具有较强的宣传和指导作用,同时由于其是历史文化的高度凝练,对于历史氛围的营造具有重要的烘托作用。在基础设施设计方面,如休闲设施、环卫设施等,其色彩、造型、材质、风格等都应符合街区整体文化氛围;在照明工程方面,可以运用灯光的强弱、冷暖、色彩、层次点缀空间环境,将"人文""街景"融为一体,体现历史文化街区的意境与韵律。除了从具体物质层面上营造历史文化氛围,还应当注重街区精神层面的营造,保护更新工作的开展应与当地文化部门结合,共同打造文化展示节点,设计具有澄江特色的活动,融入地方文化,从物质层面和精神层面营造历史文化氛围,传承历史文化。

4.多元提升空间功能

澄江老街背山面水,有良好的外部景观资源,在对其保护更新过程中可以改造沿江街面,增加景观平台,提供观景空间。做到合理改造澄江老街巷弄空间环境和人群聚集点,打造文化展示长廊和沉浸式文化体验空间。

值得考虑的是,街区当中部分经营者由于经营需要,长年累月生活在店铺附近几米之内,他们对公共生活的渴望是非常值得关注的。为此,在更新过程中,可以考虑对这部分人的关怀,针对不同的人群提出公共空间微更新的策略,赋予空间更加细致和实用的功能。例如,在连片集中的商铺附近设置公共空间,规划健身娱乐设施,让附近经营者可以利用较短的闲暇时间开展健身、交流、休息等活动。此外,可以在住户或商铺门前布置植物盆栽,既能颐养身心,又能为街区的绿化增添亮色。或者在商业性建筑外部空间投放休闲座椅,给予附近居民或友邻以休息坐落的条件,增加街区经营者与人们沟通交流的机会,体现人文关怀。

第四节　广州十三行博物馆微更新设计实践

一、广州十三行博物馆概况

广州十三行博物馆位于广州市荔湾区西堤二马路37号广州文化公园内，这里也是清代十三行商馆区，广州十三行博物馆历史区位如图5-1所示。广州十三行博物馆邻近珠江，前有粤海关，西有沙面岛，与海幢寺隔江相望，这些皆是与十三行历史息息相关的清末建筑。广州十三行博物馆位于清代十三行商馆区遗址之上，南侧临街面为人民路高架桥。

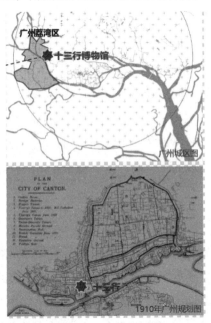

图 5-1　广州十三行博物馆历史区位图

广州十三行博物馆立面现状效果较差，材料为粉色砖面和蓝色玻璃，无法体现博物馆应具有的厚重与历史感，不能突出十三行的文化特色，岭南元素缺失，可优化改动的空间较大。一层、四层统一作博物馆使用，需重新考虑布局；二层、三层原有展厅天花板管线凌乱不美观，原有空调设备老旧需要更新替换，博物馆室内缺少公共休息空间，设备管理用房空间局促，天面漏水渗水问题严重。现有上屋面楼梯为加建的钢梯，没有室内楼梯直通，屋面之前未考虑上人，女儿墙高度不够，屋面设备影响美观，需要重新设计公共景观。广州文化公园内部分树木长势过密，挤占了人的活动空间和建筑观看角度。

二、广州十三行博物馆的展馆设置

广州十三行博物馆常设展览有"清代广州十三行历史展""十三行时期文物陈列展""王恒、冯杰伉俪捐赠的十三行时期文物专室陈列展"。

（一）历史展

"清代广州十三行历史展"包含"开海设关""十三行风貌""十三行行商""十三行贸易""中西汇流""走向近代"等六大部分，丰富的文献史料、文物，展示了十三行从辉煌到终结的历史。展览以大量珍贵的历史文献史料和海内外遗存的文物，系统地展示了十三行从辉煌到终结这段雄霸中国对欧美"唯一通商"贸易口岸近百年历史的景况，同时也反映了中国对外贸易、广州商人群体、东学西传和西学东渐等历史事件，展示了粤商敢为人先、包容务实、锐意进取的精神和岭南人海纳百川的开放理念。

（二）文物陈列展

"十三行时期文物陈列展"展示了中外热心人士从世界各地收集并捐赠给博物馆的十三行历史时期的相关文物，包括瓷器、外销画、象牙器、五常酸枝家具、通草画等，涵盖了清代广州主要的外销工艺品。

最能体现十三行时期工匠精神和高超技艺的是广彩开光花卉人物纹冰壶和广彩洋人远航图大碗。广彩开光花卉人物纹冰壶色彩富丽、绘工精美，外腹壁开光图案绘有庭院人物奏乐图，配有双狮耳，是藏家热捧的洛克菲勒瓷精品。广彩洋人远航图大碗器形精美，为外国商船抵达广州后，专门订制的纪念品。大碗中心有"1757"的标识，以纪念此次船只航行的年份，旁边写有英文"Elizabeth darling"，瓷器上描绘了船员和亲人们相见的情形。

（三）文物专室陈列

"王恒、冯杰伉俪捐赠的十三行时期文物专室陈列展"展出的是广州著名文物收藏家王恒先生与夫人冯杰女士多年来遍及欧美各国收藏的清代十三行时期的珍贵文物。这些文物无偿捐赠给广州十三行博物馆珍藏，包括广州彩瓷、通草画、广绣、象牙器、外销扇、五常酸枝家具、银器、珐琅器、玻璃画、水彩画、油画、漆器等，涵盖了清代广州的主要外销工艺品，展现了广州人民的勤劳和智慧。

其中，上百件五常酸枝家具是国内少有的专项收藏；六百多件从清康熙年间到现代的广彩瓷器种类齐全，为研究广彩瓷器提供了较为全面的实物资料；通草画收藏题材丰富、包罗万象，见证了清代广州的繁荣和活力，以及市井百姓的生活风貌，为深入研究十三行历史文化提供了素材和依据。

三、广州十三行博物馆的历史文化

十三行不仅是广州千年商都的一面"西洋镜"，体现着岭南的商业文化、人文精神，更是融合了本土与西方建筑风格的"万国建筑群"。其中体现的特色与精神，皆是构思建筑的出发点。广州十三行博物馆立足于十三行千年商都的历史文化、开放包容的精神内涵，以及中西结合的建筑风貌等特点进行策划研究，从唤醒历史记忆、展现岭南风貌、彰显十三行精神进行切入设计。

四、广州十三行博物馆的改造思路——实现"十三行"历史与现实互为"镜像"

在建筑史上，样式与现实是"对位"的。复古的任务分为两个：一个是寻找古代的经典建筑样式，另一个是为古代经典找到符合社会现实的用途。因此，只有当广州十三行博物馆建筑样式尊重历史原真性，结合当下城镇化发展与广州建设世界历史文化名城的要求，才能打造世界文化名城的新名片，才能实现历史与现实互为"镜像"，才能与现实交相辉映。

（一）复兴样式原址复建——原真性重构

历史性是最重要的，十三行记载了历史。广州十三行博物馆的复建，坚持立足夷馆遗址。广州十三行博物馆景观建筑样式从原真性出发，保护历史建筑的价值，在注入历史文化内涵的同时，尽量按历史建筑的规格、材料、营造法式及景观环境等重建，还原历史古迹。

（二）建筑样式中国民族化——摆脱中西建筑文化冲突与困扰

在全球化的今天，建筑民族化可能不再"时髦"了。在建筑风格上，常常是西方古典建筑样式与现代建筑样式困扰着当下，这是建筑领域上的文化冲突。夷馆建筑原真性风貌的复建，在尊重历史、复原"遗产"记忆上，要充分理解当下广州城市发展主要的社会、历史、空间，在建筑环境表达意义上运用建筑语言的模型（符号学），依赖象征研究，运用建立在非语言交流上的模型，注入民族化、历史文脉这些中国元素，体现"时代精神与民族传统"，避免视觉思维的惯性，避免"城市空间裂变"的人造建筑，重塑具有岭南文化特色的建筑样式。

（三）关注城市与建筑审美需求——现代建筑地域特色与"趋同建筑"

在全球化趋同的大舞台上，地域性大放异彩。放眼全球，城市已不是孤立的城市而是全球化的城市。在这一大环境下，各城市有着趋同的动势。因此，如何保持地域性在此时此刻显得尤为重要。不难发现，一座城市在与其他城市趋于同质的同时，又不断巩固着自身的特色、自身的独特传统。在处理国家性和民族性这些"地方特色"时，不同的国家和地区却选择了不同的模式。城市要想追求独特性，就要通过独特的地标性建筑来满足人们的审美需求。

五、广州十三行博物馆的改造效果

为彰显建筑的历史厚重感，广州十三行博物馆立面改造采用色彩稳重的红砖石材，配合叙事性浮雕外墙彰显十三行精神。平面改造优化入口流线，观演流线和后勤流线互不干扰。首层开放部分场地进行对外出租，提升展览内容和物业办公设置，增设电梯以改善原有建筑的流线不便性。

广州文化公园及周边片区分布众多历史文化资源，是人文湾区、岭南文化中心区、"海上丝绸之路"和"世界设计之都"等极富国际影响力的文化名片，本项目塑造了一个结合岭南地域与十三行历史文化的雕塑性作品。广州十三行博物馆改造效果见图5-2。

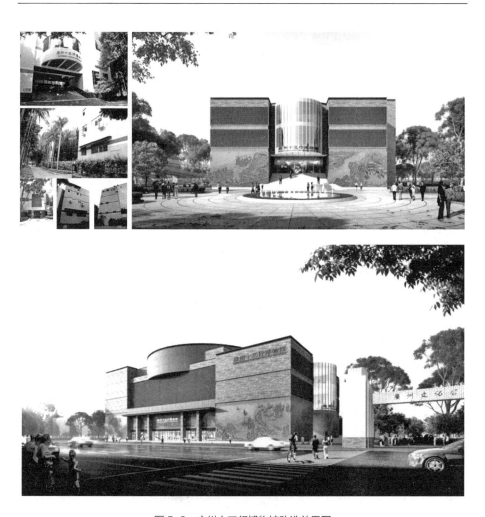

图 5-2　广州十三行博物馆改造效果图

第六章　商业区微更新设计实践

第一节　地铁站域商业设施微更新设计实践

一、地铁站域范围

随着地铁线路及车站不断植入建成区，城市中出现了一系列新的现象和新的矛盾，并创造了一系列以站点为中心，受到影响的城市空间。地铁站周边地区已成为城市建设和行为活动的聚集区域，对城市空间的运营起到了支撑作用。基于此，这部分特定的城市空间被称为"地铁站域"。地铁站域是指地铁站点周边范围，对城市空间及人们活动具有一定影响的城市空间。

在传统研究中，通常以适宜步行的距离，即人们行走 10 分钟所到达的区域作为地铁站域范围，是一个约为 500 m 左右的圆形区域。该方法在分析区域功能布置、开发强度等宏观方向时比较直观、简便，但当讨论空间形式、活动行为等微观方面时又有不足之处。

近年来，重庆大学建筑城规学院褚冬竹教授等人根据重庆市轨道交通特点，结合重庆山地地形对道路的影响，根据时间要素进行了较为准确的定义，对地铁站域范围界定为三个等级，分别以行走 5 分钟、10 分钟和 15 分钟能够到达的节点，将其进行连线，形成三个等时线范围。

二、地铁站域商业设施微更新策略

随着城市规模的不断扩大和土地资源的紧张，城市商业服务设施基本上处于一个粗放无序的状态。土地的使用是粗放无序的，当然更不用说城市空间。然而，当城市边界难以扩展、城市土地资源日益匮乏时，城市内土地的粗放无序将成为城市功能完善和持续更新的主要障碍。当城市的所有服务设施开始在地上和地下都有空间时，这些商业设施的更新也应适应这种趋势并做出自己的反应，合理地安排在最小空间中使用，同时减少对周围的不利影响，尽量为居民日常生活需要用品的购买提供方便，并满足地铁站域城市设计，融入城市。

对于北京这种高密度开发地区的地铁站域商业设施微更新，其更多体现在地铁站域存量空间的再利用，将不可避免地对现有的地铁站域空间进行新的安排，增加设施的可用性，提高设施的利用率，并满足地铁站域居民活动特征的需求。然而，现有商业设施的配置和整合，仅仅实现了土地资源的合理利用，但远未得到有效利用。只有将地铁站域范围内的废弃空间和可置换空间挖掘出来，并进行立体全面的综合利用，商业设施才可以发挥最大潜力。根据地铁站域微更新的改造方式，可将存量空间分为四类：商业空间、建筑空间、废弃空间、立体空间。

（一）延续商业空间，保证商业品质

延续并升级原有城市机能，是现代城市发展过程中必不可少的一个重要环节，这不仅适用于普通的城市功能空间，更适用于地铁站域的商业设施。同时，这是城市对存量空间等进行微更新区别于其他类型城市更新的最大差异所在。

居住型地铁站域微更新首先应重新规划设计粗放无序的商业设施。重新整合地铁站域商业设施布置现状是基于前面对居民活动特征耦合分析梳理的基础之上，结合新的城市规划理念及相关软件的应用等因素，对原有的各种业态在满足居民方便使用的前提下进行集约化的高效布置，确定每一类业态的位置，以便在单位面积的土地上产生更大的产能和价值。

（二）置换建筑空间，复合商业功能

原有的城市建筑设施建设均建立在城市规划要求之上，在当时的城市发展条件下发挥的社会效益是合理的。但是随着时间的变化、时代的变迁、城市的发展，如果以现在的城市需求进行分析，那么很多建筑设施都存在巨大

的功能提升空间。

对于利用效率较低、社会效益较小的建筑，应寻找合适的商业业态发挥价值。要综合考虑周边城市设施及景观资源，结合上位规划打破原有建筑功能限制，并引入相应商业业态进行合理位置布置，尽可能减少贡献较小的城市基础设施对城市资源的占用，把最适宜商业设施的开发用地留给相应的业态设施，最终达到和周边的城市空间进行融合。

地铁站域适宜与商业设施进行功能置换的建筑主要位于站点附近，包括大院厂区和配合市政工程等建设的临时建筑。可以通过政府协商，以统一回购、统一安排、统一规划的方式进行更新。

（三）利用废弃空间，增补商业设施

在城市不断发展的过程中，随着建筑性质和形式的改变，不可避免地会遗留部分街角空间。而这些区域往往缺乏规划的考虑，被暂时作为绿化空间，土地利用效率较低，布局比较零散，对景观环境和城市空间造成了较大的负面影响。

如何将其融入城市的任务也就变得异常急切，但仅仅把原来这些封闭内向的城市空间进行改造设计在城市存量发展背景下往往是不够的，更重要的一步是引入合适的功能，尽可能地变废为宝，把原来的"城市毒瘤"变成新的"城市之光"，为区域带来更大的社会效益。

（四）开发立体空间，提升商业服务

在进行城市空间等存量资源城市更新的背景下，仅仅进行平面上的整合是不够的，还需要向上和向下开发利用空间及资源。

所谓"向上"就是向空中发展，进行立体的空间开发。对于北京市而言，中心区的建筑已经完全饱和，甚至在超负荷状态下开发，地铁站域商业设施向上发展的可能性几乎不存在。

所谓"向下"就是进行地下空间的开发和利用，在居住型地铁站域范围内，主要针对城市公共绿地或居民健身场地等绿地广场地下空间的综合利用。在保证地面空间提供服务功能不变的前提下，增加地下商业设施的空间利用，最大限度地减少其对地面城市公共空间的影响。

立体空间开发的最终目的是最大限度地对城市用地进行合理利用，最大限度地增加城市公共空间，提升城市公共空间的品质，方便居民日常生活所需，减少这些地铁站域商业设施在保障城市运行的前提下对城市的干扰和影响。

三、地铁站域商业设施微更新设计

（一）地铁站域存量空间梳理

地铁站域商业设施的微更新，主要表现为存量空间的再利用。笔者对呼家楼地铁站域存量空间进行了梳理，为微更新提供改造制约空间，从商业设施空间、社会效益较低建筑、废弃街角空间及广场绿地四个方面进行阐述。

（1）商业设施空间。设计以延续并升级原有城市机能为原则，首先对地铁站域各类商业设施进行位置标注及梳理。

（2）社会效益较低建筑。呼家楼地铁站域主要包含站点周边居住功能建筑的底层和位于朝阳北路的简易工人宿舍，将其进行商业功能置换，使其发挥更大的社会效益。

（3）废弃街角空间。对地铁站域废弃的街角空间进行适当的商业业态注入，使其"变废为宝"。通过对呼家楼地铁站域现状的走访调研，废弃空间主要分布在关东店社区和呼南社区的废弃绿植空间，以及位于朝阳路的停车空间。

（4）广场绿地。通过对地铁站域商业设施耦合度评价发现，多数业态存在服务盲区及分布缺乏地区。在地铁站域高密度开发的背景下，广场绿地的地下空间综合开发，恰好可以弥补设施选址的问题。呼家楼地铁站域的可开发广场绿地主要包括东三环中路的街旁绿地，以及关东店北街和金台西路的小型休闲广场。

（二）耦合分析指导微更新设计

合理的地铁站域商业设施配置，需在面积最小的情况下为居民提供便捷的生活购物。在已建成的地铁站域环境背景下，要求根据地铁站域商业设施现状分布，结合耦合度评价发现的耦合障碍及耦合障碍解析结果，在呼家楼地铁站域存量空间的制约下，其逻辑过程包括以下四个部分。

第一，首先通过地理信息系统（GIS）软件的辅助，进行各业态设施位置的确定，分析过程见图6-1。

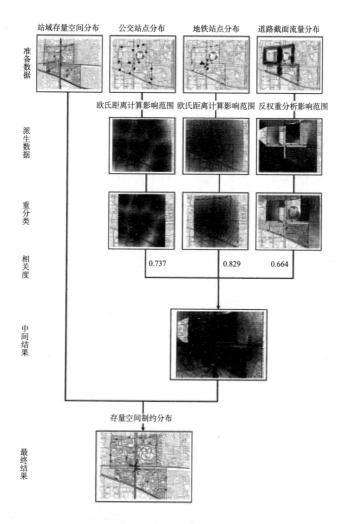

图6-1　商业设施配置研究框架

（图片来源：韩彪《基于耦合分析的居住型地铁站域商业设施微更新研究》）

（1）准备数据：根据前文选取的与设施位置相关的耦合要素，包括距公交站点距离、距地铁站点距离和道路截面流量三要素。从城市发展角度来讲，地铁站域的存量空间也是最根本的制约因素。

（2）派生数据集：根据上一步选取的耦合要素的分布现状，借助 GIS

相关工具计算出各要素业态布置的影响缓冲区,生成原始成本数据。

(3)重分类各种数据:消除各成本数据的自身参数大小的干扰,将成本数据按等间距分类原则分为 1 ~ 10 级,级数越高则适宜性越好。

(4)给各数据赋予权重:根据耦合度评价结果,将上一节获得的耦合度值转换为影响权重进行叠加分析,然后通过 GIS 计算出比较适宜的位置。

(5)存量空间制约:在存量空间制约的更新范围条件下,将计算得到的各业态适宜位置进行实践布置,初步获得该业态在地铁站域中的分布。

第二,根据各业态设施的服务半径要求,对其进行查漏补缺,适当增加商业设施。

第三,根据商业设施规模等级耦合度评价获得的各业态商业设施的最优面积,结合地铁站域存量空间实际尺寸进行排布,得到最终的居住型地铁站域商业设施布置。

第四,按照居民对界面环境的心理需求,对商业设施界面环境进行设计。

(三)业态排布

借助 GIS 软件的"欧氏距离""反权重分析法"和"栅格计算器"等工具,在"与公交站点距离耦合度""与地铁站点距离耦合度""与截面流量耦合度"三者权重的制约下,对各业态设施进行位置适宜性计算。

(四)购物环境

1. 侧界面微更新设计

将南三里屯路商业聚集区作为典型,根据居民心理行为需求,主要从以下几个方面实施。

第一,对商业设施的牌匾进行统一设计,提高街道的整洁度。

第二,增大商业设施的开窗面积,增加内部采光量,有利于路过居民与商业设施的交流。

第三,根据商业业态特色,适当改变立面材质,丰富原有的枯燥空间。

第四,加入曲线元素设计,活跃街道氛围。

第五,增加建筑立面细节设计,创造丰富的变化空间,提高街道的趣味性。

2.底界面微更新设计

分别从各街道横截面入手，进行更新设计。

（1）关东店北街及团结湖路道路截面微更新。两条道路都为双向两车道，宽度约22 m。街道采用非对称对断面，利用道路两侧绿化设施提供机动车临时停车位，或设置公共座椅和沿街休憩空间。设置1 m宽的开放式建筑前区，使行人可以接近商业展示橱窗。

（2）南三里屯路道路截面微更新。提供连续的设施带，综合布局行道树、自行车停放、外摆区域、休憩座椅、绿化带和临时沿路停车位。临时沿路停车位建议设置在非机动车道外侧，并留出安全距离。

（3）白家庄路和姚家园路道路截面微更新。非机动车道两侧种植两排相同的行道树，提升骑行的景观体验。两侧景观活动带提供休憩与外摆空间，人行道结合建筑退界进行一体化设计。路段中优先保障侧分带宽度，种植行道树将机动车与非机动车进行分隔，并为骑行者遮阴。

第二节　商业街区空间微更新设计实践

一、商业与商业街区的特征

（一）商业与商业空间的演化历程

1.商业的演化历程

据史料记载，我国最早的商业活动出现于夏商时期，当时由于剩余劳动产品的出现，部落之间会通过以物易物的方式进行商品交换。春秋时期形成了里坊制，商业和手工业有专门的运营场所，称为"市"。到了宋朝，社会经济十分发达，坊市之间的界限被打破，商业深入坊区，到处是店铺，并且出现了夜市。随着近代城市规划的兴起和建筑技术的进步，出现了大量的建筑综合体，这使得有限的商业用地变得高度集约，成为新的市中心。随之而来的是消费理念和形式的多样化，购物不仅仅为了满足生存的需要，更多的是为了改善生活，甚至是满足消费本身的需要。因此，商业模式随着社会经济和建筑技术的发展经历了三个阶段，即满足生存的需要—改善生活—体验消费。

2.商业空间的演化历程

商业街区作为商业活动的空间场所，其空间形态随着商业模式的变化经历了四个阶段的演变。

第一阶段：商业起步阶段。购物者只能到指定位置的市场（广场或者集市）购买日常生活必需品。此阶段的商业作为副业并不受社会的重视，因此发展很受限制。虽然点状和线性的商业点和商业街是城市中最具活力的地段，但是由于缺乏明确的增长策略，商业街区依附广场和里坊存在的格局在几千年的城市发展中并没有得到改变。此时的商业街区规模小，边界模糊，功能混杂。

第二阶段：百货大楼阶段。由于建筑技术的突飞猛进，追求功能布局的城市规划思想成为主导，大量的商业被置于百货大楼中。高档的物品和低档的生活必需品分布在百货大楼各层，通过交通路线的设施能合理地引导购物者购买各种类型的商品，满足各类购物需要。

第三阶段：购物中心阶段。20世纪80年代以来，以人为本的规划理念逐渐兴起，并运用到商业街区规划的实践中。此时规划的商业街区不仅注重室内空间的丰富性和层次性，也注重室外商业步行街的趣味性，满足购物者多样化的体验需要。此阶段正值精明增长、集约发展等城市增长理念盛行的时期，为了提升土地的价值和效率，商业街区还具有办公和居住的功能。高大的办公楼成为商业街区的地标，数量众多的公寓成为年轻人的求职之所。

第四阶段：网络商业阶段。进入21世纪，随着互联网技术的快速发展，网上购物平台迅速抢占了购物市场，传统的商业街区面临着极大的挑战。因此，商业街区更加明确消费群体和商品档次，更加注重空间环境的品质。此时的商业空间形态更加多样化，不仅注重主体建筑的造型形象，还注重室内室外空间的体验性。线性的步行街被树池、水池、雕塑等景观设施分割成许多趣味空间，商家希望通过高质量的购物体验弥补传统购物模式竞争力下降的劣势。

（二）商业街区的特征

1.场所特征

诺伯舒兹（Norberg-Schulz）在《场所精神：迈向建筑现象学》一书中提道：

"场所是一个人记忆的一种物体化和空间化，或可解释为对一个地方的认同感和归属感。"因此，在建筑和城市规划的实际案例中，常常把场所的营造作为项目成败的关键。商业空间的场所精神依赖于两个要素，即意象塑造和体验空间的设计。

意象塑造可以理解为商业街区的主题营造。纷繁的商业街区从交通组织的角度可以分为商业步行街、商业街、地下商业街等，从建筑风貌的角度可以分为仿古步行街、现代步行街，从经营运营的角度可以分为时尚购物商业街、生活体验商业街等。这些分类方式其实也是一种主题的营造策略，通过塑造不同的意向来增强商业街区的独特性。

体验空间的设计是场所体验感形成的重要引导方式。人对场所形成的认知需要在空间中完成。例如，狭窄的线性空间能引起人内心的静思，曲折的并联空间能引起人的探索欲望并延长滞留空间。商业街区认同感的形成离不开对体验空间的细心设计。

2. 功能特征

勒·柯布西耶（Le Corbusier）在《雅典宪章》中提出："城市规划的目的是解决居住、工作、游憩与交通功能活动的正常进行。"从此，建筑师和规划师开始关注城市区域的功能组成。空间作为城市功能的载体而存在，离开了空间，城市功能便不复存在。但是，如果没有城市功能，空间本身就没有任何意义，功能配置的不合理就会造成空间设计的极大浪费。

商业街区的主要功能是满足购物、交通和活动三大功能的需要。从组成要素上来说分成三类：业态配置、交通流线、公共空间。

商业街区的业态配置是体现商业价值的主要方式，根据不同的商业街区的主题营造，其业态配置也不尽相同。总的来说，商业街区的业态配置主要依据两点：一是满足商业街区居民和经营者的需要，主要是基本生活服务设施类业态，如银行、洗衣房、移动业务网点、药房、杂货店等；二是满足外来购物者的需要，如餐饮、服装、特色小吃、纪念品、手工艺品、珠宝、化妆品等，其是商业街区的主要业态构成。

商业街区是城市重要的公共活动地区，人流车流密集，良好的交通流线组织不仅是商业街区空间秩序运转的保障，也是城市交通网络畅通的保障。

从组成要素上来说，商业街区的交通组织包括动态交通和静态交通：动态交通包括车行道和人行道，静态交通包括地下停车和地上停车。为了保障行人的安全，人流集中的主要地区最好要做到人车分行，主要车行道要和城市路网密切衔接，并且最好不要在人流大的城市性道路上开口。由于土地资源的紧张，静态交通以地下停车方式为主，地上停车场需要集中布置，以方便外来大型车辆的停靠，对于市中心的商业街区可以考虑机械式停车或者设计楼层停车。

商业街区的公共空间由广场、步行空间、建筑周围的灰空间组成。不同类型的公共空间承载着不同的公共活动，满足人们交往、休憩、观赏、停留的需要。公共空间设计是商业街区的点睛之笔，是聚人气、著形象、明特色的关键要素。公共空间根据所处的空间位置和作用可以分为入口公共空间、节点公共空间、核心公共空间。公共空间的设计要注意场所的塑造，在不影响空间畅通的前提下，适当地围合部分界面会增强公共空间的吸引力。

3. 形态特征

空间形态要素为"核—轴—骨—架—皮"。商业街区的空间形态是由规划结构、建筑形式、场地景观三个要素构成的。

规划结构相当于空间形态的"核"与"轴"，实质就是空间的组成要素（建筑、道路等）的组合方式和内在联系方式的呈现，决定着空间的布局与延伸。商业空间的规划结构受用地布局和功能分布的影响而呈现不同的形态，如线性规划结构、网状规划结构等。在线性规划结构中，空间组成要素的组合方式简单（以串联为主），以一条主要的干道和若干支路网作为空间的骨架，商业店面沿着干道布置，形成"前店后住"的布局方式。网状规划结构的商业街是由若干条线性商业街交织在一起形成的面状商业区域，这种组合方式比较复杂，相同的组成要素和组合方式反复出现，占地面积很大，生活气息也很浓厚，一般存在于老城区的核心地段。

建筑形式相当于空间形态的"骨"和"架"，是商业街区实际功能的主要载体。一般根据功能来划分，包括办公建筑、商业建筑、居住建筑和附属建筑等。建筑的形式从高度上分为超高层建筑、高层建筑、多层建筑和低层建筑，从建筑风貌上分为徽派建筑、新中式建筑、欧式建筑、苏式建筑、仿古建筑等。不同的建筑形式不仅带来视觉上的不同体验，也会对商业的经营形式进行不同的筛选。例如，低层建筑适合零售业，多层建筑（裙房）适合商场运营，高层和超高层建筑适合商务办公和酒店入驻。

场地景观相当于空间形态的"皮"，是影响商业街区空间形象的重要因素。场地景观由广告牌、灯饰、绿化、景观小品、桌椅、凉亭等景观要素构成。统一协调的场地景观是烘托场所氛围、塑造场地形象的必要手段。场地景观要素之间的协调，以及场地景观要素和建筑形式、建筑风貌的协调需要在建设前统一规划，在建成后进行调整。

二、商业街区微更新的目标

（一）整合业态，提升商业价值

商业街区在整个城市格局中承担两个方面的作用：一是维持街区居民的基本生活需求；二是为其他片区的居民提供商业服务。因此，商业街区是商业功能、居住功能、休闲服务功能集聚的地区。但是商业街区的主要作用是产生商业价值，即通过提供商品的交易来集聚人流，提升地块的价值。影响商业价值的因素主要包括商业的配置情况、商业的环境品质，以及业态的组成。由于商业也存在着集聚效应，相似或者位于同一商业价值链中的不同业态的整合会产生良好的乘数效应。例如，位于文化价值链中的书店、美术品店、工艺品店的结合布置不仅能提升商业影响等级，也能扩大服务范围。

从对商业街区运营秩序影响最小的角度，商业街区的微更新可以从整合业态的角度切入，通过改变业态的布置位置，相似的业态成组团布置，形成一定的规模效应和集聚效应，同时通过对合适业态的培育和价值低效的业态的筛选，使得商业经营与土地价值形成最佳匹配，逐步提升街区的商业价值。

（二）空间营造，改善生活品质

在西方国家（如美国），街区是人口普查的最小统计单元。在我国，与街区对应的街道是城市最基本的行政单元，街道管委会是基层的行政管理部门。随着精明增长、集约发展等理论在城市规划实践中的广泛运用，以及土地功能的混合开发，位于城市中心的商业街区越来越注重居住功能的改善。2013年12月，习近平总书记在主持中央城镇化工作会议时发出号召："要依托现有山水脉络等独特风光，让城市融入大自然，让居民望得见山、看得见水、记得住乡愁。"党的十九大明确提出，现阶段我国的主要矛盾为人民日益增长的美好生活需要和不平衡不充分的发展之间的矛盾。从现行的管理体制、规划理论和政策中都可以发现与市民生活密切相关的空间环境，尤其是居住环境的质量越发受到关注，居住空间的改造也成为城市更新改造的着力点。

商业街区的生活空间包括两个部分：一是商业业主、市民居住的小区或者公寓楼；二是商业街内部的休憩空间，以及为购物者提供购物活动之外的活动空间，如观演空间、交流空间等。商业街区生活空间的微更新就是要通过对空间本体和环境氛围的营造，提升业主的归属感和购物者的认同感。

（三）保护内核，传承历史文化

内核是事物发展的内在驱动力来源。成功的商业街区都是依靠自身独特的资源禀赋，以及合理的规划和经营策略来培育良好的商业价值，这种资源禀赋就是商业街区的组成部分。例如：扬州的东关街依托其深厚的历史文化内涵，如大运河、百年商铺和宋代扬州古城墙遗址等要素，成为颇具文化价值与商业价值的商业步行街；成都的宽窄巷子依托独特的空间肌理和历史文化遗存，成为全国有名的特色文化商业街。

微更新本身就有保护的内涵，协调保护要素和更新对象贯穿微更新改造的始末。就商业街区微更新保护要素的选取而言，首要的是保护商业街区不可复制的稀缺要素。例如，历史文化古迹、独特的建筑单体或者构筑物、具有记忆性的场所、承载非物质文化遗产的空间等。通过对核心要素的保护，既能使商业街区实现可持续更新与运营，也能彰显特色，形成强劲的竞争力。

三、商业街区微更新的原则

微更新是本质是更新改造，微更新之后的结果势必与之前存在着较为明显的变化。但是在"微"理念的要求下，更新改造的对象必然会对核心要素进行选择性的保护。本节通过对商业街区微更新原则的研究，通过"三种变化"和"三种不变"的辨析，界定微更新改造过程中保护与改造的关系。

（一）微更新结果的"三种变化"

1. 形象与风貌的变化

形式美的法则指出，协调和统一是美的形式。进行微更新改造的地区由于建筑使用时间长、年久失修等原因造成了物质性衰败，与周边环境的现代风貌不协调，破坏了整体的美感。商业街区的微更新改造，即通过对建筑与环境的梳理，使其回归片区中心的地位。

具体而言，空间形象的构成元素包括广告牌、夜景灯光、天际线、景观设施等；空间风貌的构成元素包括建筑立面、底层界面、道路设施和开放空间等。值得指出的是，插入式和拼贴式的改造并不能达到协调、统一的效果，从全局风貌的视角选择微更新对象和把控整体效果才是正确的方式。

2. 空间利用方式的变化

新古典经济学认为，城市更新的动力来自土地价值与空间利用方式之间的差距，如果土地承载的空间在使用中产生的价值低于土地自身的价值，那么市场机制会推动城市更新行为的发生。由此可见，空间的利用方式是随着市民需求的变化和土地价值的变化而变化的。空间利用方式的变化分为两种形式：一种是建筑和开放空间的实体变化，如建筑拆迁还原成开放空间或者新建建筑等都属于这种形式；另一种是建筑和开放空间利用方式的变化，如商业建筑变为公共服务建筑、集会广场变为停车场地等。前一种形式由于存在很大程度的拆迁，对存量空间的现状秩序影响较大，故不属于微更新的范畴。

微更新理念下商业街区空间利用方式的变化主要是指空间的商业用途与非商业用途之间的转化。商业配套，如银行、警卫、休闲设施的配置能提升商业街区的吸引力，但有限的商业建筑面积势必会减少。达到商业配套与商业建筑之间合适的比例，产生商业价值和社会服务价值总和的最大化是微更新的原则之一。

3. 商业运营模式的变化

商业运营模式是指商铺获取商业价值的方式。广义的商业运营模式还包括商业街区更新之后的维护机制和管理机制。在很多街区衰败的案例中，缺乏合适的和必要的维护与管理是加速空间品质退化的原因。通过对交通秩序、经营秩序和生活服务设施的维护，可以解决人的行为导致商业街区空间品质低下的问题。

微更新理念的商业运营模式的变化主要体现在两个方面：一是商铺的变化，包括内部装饰和外部门脸的变化；二是对商业设施及服务设施的管理体制的变化。就像仅仅通过改变工具，而不增强使用者的技能，依旧无法达到生产力提升的道理一样。如果仅有物质空间的变化而缺乏使用方式的变化和管理体制的变化，就无法达到商业街区人气增加的预期。

（二）微更新结果的"三种不变"

1.空间肌理的不变

空间肌理是由反映城市生态和自然环境条件的自然系统与体现在城市历史传统、经济文化和科学技术方面的人工系统相互融合、长期形成的空间特质，是城市、自然与人共同构筑的整体，这一整体直接反映了一座城市的结构形式和类型特点。空间肌理的表征是建筑与环境的空间脉络，背后所反映的是长时间积淀产生的生活方式与文化认同。因此，对存量地区的空间肌理的保护实际就是对传统习俗和文化的尊重和"以人为本"精神的回归。

商业街区的空间肌理包括建筑的材料、建筑的造型、建筑群体的组合方式、建筑与场地之间的关系、街巷的格局、街道高宽比、开放空间的布局与形态等，这些物质空间承载着人对空间的情感。例如，青灰的石板路是儿童放学玩耍的场地，狭窄的小巷里有很多可以探寻的秘境，高耸的马头墙是合影的背景……

在商业街区的微更新过程中，应始终保持对空间肌理的尊重。在尽量不改变空间肌理的情况下，考虑通过微小空间的介入，对院落空间、廊檐空间、临街凹凸节点、屋顶平面、道路的路权划分等要素进行改造，在保护空间肌理的前提下，增强空间的活力。

2.主体功能的不变

控制性详细规划是对地块开发性质和强度的控制，使得城市层面的功能均衡、空间形态秩序井然。微更新是对存量地区空间的改造，也是对控制性详细规划内容的修正。由于城市发展的不确定，控制性详细规划未必能长时间适应街区空间发展的要求。但是为了保持城市整体层面上的功能均衡，存量地区的主体功能必须保持不变。例如，居住社区的更新改造如果削弱了居住功能，过度地进行"居改非"，就会导致城市层面的居住功能的失衡。

为了保持整体的功能均衡，商业街区的微更新需要在保持控制性详细规划的强制性指标的约束下，通过适当的功能增减或者置换，使整体实现"零和效应"。这就要求商业街区在微更新方案制定之前就要充分分析控制性详细规划的指标要求，方案制定之后要进行开发强度和功能配置的指标检验。

3. 生态底线的不变

在设计标准中，常常对街区开发的最低绿地率做出了明确的限制，目的是保障最低的生态标准，维护城市的生态环境。在城乡用地分类中，绿地分为公园绿地、防护绿地和广场用地。绿地不仅具有生态功能、美化环境功能，还具有防灾、游憩、隔离、卫生等功能，因此生态底线不变是商业街区微更新的重要原则之一。

商业街区的生态绿地构成包括成片的绿地和林地、沿街道路的绿化、商业街内部的植被等。由于存量地区商业用地的紧张，很多更新改造的案例中都清退绿地空间，从而布置更多的建筑空间，但是这样的改造方式突破了街区的生态底线。商业街区的微更新重点在于提质而不是扩量，保护生态底线和生态空间本身就是提高街区质量的重要原则之一。

四、商业街区的微更新路径

梳理整合现有的微更新实践案例，可以发现微更新存在两种路径：一是由面及点、自上而下的微更新模式，这种模式适用于政府部门组织的、位于城市核心地段大面积的街区微更新；二是由点及面，从各节点的微更新切入，通过局部的更新产生触媒效应，从而带动整个地区的微更新模式，这种模式适用于自下而上的、由公众发起的、与市民生活密切相关的社区或者街区的微更新。

（一）整体安排，由面及点

苏州平江历史文化街区的微更新改造案例是典型的由面及点式的微更新。苏州平江历史文化街区位于苏州古城东北角，具有 2500 年的深厚历史积淀。但是街区产业发展单一化趋势明显，导致商业的发展与历史文化底蕴和居住氛围之间缺乏有机的联系，进而产生了功能与空间系统破碎化、公共空间联系割裂的现象。

为了激活平江历史文化街区的商业活力，实现空间品质环境的提升，姑苏区政府发起"苏州平江历史文化街区城市设计"项目，项目组专家借助微更新理念，实现平江历史文化街区的激活。首先，规划师从文化网络梳理、功能网络整合、生活网络缝补、生态网络修复、慢性系统优化等层面梳理平江历史文化街区的资源、功能、交通、文化和空间等要素，实现产业、文化与生活的有机融合；其次，基于脉络系统和现状问题开展项目策划型的节点更新，规划师通过对游客服务中心、下沉式广场、精品商业区等要素的规划，串点成线，形成多样化的触媒设计。

整体安排、由面及点的微更新，其周期较短，并且由政府推动。好处是可以实现城市发展的重大目标，但是对与市民生活息息相关的空间品质的关注度不够，因此其实质是融入微更新理念的城市设计，以及对传统城市设计技术方法的改良。

（二）局部切入，由点及面

街区微更新的另一种路径是通过对"切入点"的精细化更新改造，引起居民和规划师对街区空间环境的关注，从而深度挖掘街区空间现状问题，引发多个微更新实践，从而由点及面地实现整个街区空间品质的提升。

上海市石泉路街道的微更新就是由点及面的实践案例。石泉路街道位于上海市普陀区，区域内居住建筑数量众多，大多都是 20 世纪末建造完成的，空间环境物质性衰败严重。规划师选取了位于小区入口处的水泵房进行改造，试图在改变小区入口空间形象的同时，吸引社区居民对微更新的关注。规划师保留水泵房原有体量关系和部分结构，新增钢结构的露台和入口雨檐，这样不仅丰富了外部形态与空间层次，还增强了水泵房与过往居民的视觉对话。水泵房的微更新改造得到了社区居民的一致好评。在规划师的引导下，居民开始加入微更新计划，并讨论社区其他公共空间的改造方式。目前为止，石泉路街道已经完成了 8 处微更新改造，从入口空间到中心绿地，从公共服务建筑的建筑立面到屋顶平面都进行了物质性的更新改造，其结果是增强了居民对社区环境的认同，迁出的住户减少，社会网络得到维护。

局部切入、由点及面的微更新是面向市民生活空间的微更新模式，其实质是居民发起、规划师引导、政府支持的自下而上的更新方式。随着城市人口的素质不断提升，市民对生活空间的品质日益关切，自下而上发起的微更新在未来也许会成为主要的微更新路径。

五、商业街区微更新的配套机制

行动规划理论强调城市规划并不是静态蓝图，而是一整套的行动规划。城市规划的编制要与规划管理、建设行动相结合，让"规划行动起来"，从目标到策略，从方案到实施，为政府提供整套的空间建设和改造的解决方案。目前，我国政府也积极提倡行动规划的理念。2015 年 12 月，习近平总书记在中央城市工作会议中强调，统筹规划、建设、管理三大环节，提高城市工作的系统性。存量地区的微更新是为了提升城市的形象，改善市民的生活品质，方案的落地和后期对空间设施的维护是微更新改造是否成功的重要影响因素。商业街区的微更新配套机制包括组织机制、实施机制、融资机制与触媒机制，目的是保障微更新计划的实施和存量地区的可持续发展。

（一）组织机制：微更新中各方角色分析

城市微更新是与市民生活息息相关的改造活动，其主要目的不是凸显政府的政绩，而是切实地改善城市居民的生活环境，优化公共空间，进而提升社区和街区的活力。因此，城市微更新应在社会治理的理念下，采用自上而下与自下而上相结合的组织模式。在这种模式下，各方角色清晰而明确。政府从主导者变为引导者，主要进行宏观把控和宣传活动。同时，政府的权威性和公信力可以很好地协调各方利益，作为各方沟通的桥梁和纽带。规划师负责技术支持、专业培训和实施指导。同时，规划师的专业背景和能力可以很好地上传下达，向居民解释政府的政策，并把居民的利益诉求和建议报告给政府部门。居民是城市微更新的主体，是自己所在社区和街区微更新活动的发起者。在政府的引导下，居民与规划师共同完成方案设计。同时，居民也是组织者和监督者，由于与自身的利益密切相关，居民参与社区和街区微更新活动的积极性必然能发挥主观能动作用。

（二）实施机制：微更新方案如何落实

城市微更新的实施是分过程、分阶段进行的，对切入点和结构性改造的设计需要优先实施。对于实施难度较大的、非结构性改造的设计和远景计划可以顺延。对于商业街区的微更新，首要的目的是解决商业凋敝、街区失活等问题。因此，首要考虑环境的整治和公共空间的改造，解决物质性空间失活的问题。通过对商业的激活带来人气和资金，使更多的人关注微更新改造并获得更多的经费支持是商业街区微更新滚动实施的关键。

健全实施—监督—评估—实施的循环反馈机制，即对每个阶段的实施过程进行监督，对每个阶段的实施结果进行评估，并把评估结果进行总结。例如，为什么与编制方案存在偏差？怎样解决出现的问题？并把评估结果反馈至下一轮规划实施的环节中，不断完善规划的实施效果。为保证实施的监督效果，除了政府部门和施工单位，与此利益相关的公众也应参与到实施监督中来，健全举报机制，对于不合理、不合法的实施方式应立即阻止。

（三）融资机制：如何获得充足的资金保障

从城市层面的角度而言，城市由若干个街区和社区组成。如果每个街区和社区的微更新改造都由政府负责出资，那么势必会因财政的短缺而使微更新改造不能全面展开。因此，应多渠道地获取社会资金，通过合作共享的方式，弥补资金短缺的问题。

1.PPP 模式

政府和社会资本合作（pubilc-private-partnership, PPP）模式是指政府与私人组织之间通过共同投资公共设施的建设，形成一种合作伙伴的关系，而获取的收益由政府和私人组织共享。对于商业街区的微更新改造中，公私合作可以体现在以下几个方面：私人组织负责对商业建筑的改造，从而获得使用权和经营权；私人组织负责对商业街区建筑和环境的形象改造，从而获得企业免费宣传的权利；私人组织负责对公共服务设施的改造和维护，从而获得商业街区管理费用的分成。

2.NPO 合作

非营利组织（non-profit organization, NPO）是一个基于市场经济、政府与企业部门严格分工、独立企业等背景下出现的概念，它由众多非营利的基金机构组成。NPO 的关注领域包括城市基建设施、公共服务设施、教育医疗设施的开发等。商业街区的微更新可以向 NPO 报告详细的更新改造计划，提出资助申请，获取必要的经费支持。

（四）触媒机制：如何激发对微更新的持续关注

韦恩·奥图在《美国都市建筑——城市设计的触媒》一书中提道："触媒是通过改变邻近的城市构成要素的外在条件或者内在属性，并带动其后续发展。"随着触媒活力被激发，区域范围内的元素一起共振，引起城市不同区域的联动发展。在实际的城市开发建设中，触媒包含两种形式，即设计触媒和事件触媒。

1. 商业街区微更新的设计触媒

设计触媒是指通过一栋建筑、一个节点的精细化设计，改善市民对存量地区的空间印象，并对微更新计划产生关注，进而引发其他节点的更新改造，达到地区层面的品质提升。以苏州平江历史文化街区的微更新改造为例，项目组选取钮家巷的书香文化廊、大儒巷、废弃井台、张家巷河道、沿河巷的沿河码头，针对其存在的问题，分别采取文脉缝合、产业激活、社区整治、生态修复、交通优化等微更新策略。通过对环境的梳理和对潜在资源的挖掘，从而达到整体空间品质的提升。

2. 商业街区微更新的事件触媒

商业街区的事件触媒是指通过一系列的事件获取社会对微更新计划的关注，并通过触媒事件吸取优良可行的建议。例如，上海发起的"行走上海2016——社区空间微更新计划"，通过组织设计竞赛、辩论会、宣讲会、设计方案展出等活动，向规划师和市民介绍上海的社区微更新计划，结果引发很多市民和设计师的热情参与。同时，设立社区规划师制度也是帮助市民表达自己对空间微更新改造诉求和意见的良好方式。通过一系列的事件触媒能够使微更新计划深入人心，引发自下而上的微更新计划。

第三节　下沉式广场景观微更新设计实践

一、城市下沉式广场概述

（一）城市广场的概念界定

　　最早的广场只是城市中不同建筑群自然围合成的空地或街道。根据记载，城市广场最早出现在公元前 8 世纪的古希腊，当时因各个学派在雅典出现，许多思想家需要在公共开放空间向学生们授课，加上当时商业和宗教政治的兴起，导致集会的公共场地逐渐演化成供人们进行集会和商品交易、讲学交流的公共空间场所。《城市规划原理》一书阐述了广场的定义："广场是由于城市功能上的要求而设置的，是供人们活动的空间，城市广场通常是城市居民社会活动的中心。"在城市广场中，城市居民可以组织集会、休憩、商业贸易等行为活动，强调了广场的城市功能。以此为依据，我们可以将城市广场理解成一个从人性角度出发，以人的空间体验为设计前提，并且以城市公共空间为主要根据，以人流集散及满足人的功能需求为主要目标的开放性空间。

（二）城市下沉式广场的概念界定

　　下沉式广场在城市中一般作为地上与地下空间的衔接场所，属于城市广场衍生出的子广场。广场空间内部的标高低于广场周围环境的围合空间被定义为下沉式广场。下沉式广场在城市中被用于交通引导、休闲娱乐和入口导向等，同时也为城市中的人们提供一个舒适宜人的活动空间。下沉式广场也属于城市的开放空间，开放空间最早是在 19 世纪英国制定的《大都市开放空间法》中首次提出，并于 20 世纪初修编的《开放空间法》中，明确定义了什么是开放空间："任何围合或是不围合的用地其中没有建筑物或者少于1/20 的用地有建筑物，其余用地作为公园和娱乐场所或堆放废弃物或是不被利用。"下沉式广场的开发与利用，象征着一个城市空间构成正逐渐走向成熟，这是符合城市发展的必然性的，这也是一个城市进步与完善其空间功能的合理的结果。美国学者克莱尔·库珀·马库斯（Clare Cooper Marcus）、卡罗琳·弗朗西斯（Carolyn Francis）在《人性场所——城市开放空间设计导则》

一书中提到究竟什么是"城市广场",作者认为城市广场就是在城市建筑群中的街道或空地,有自己的围合和有区别于道路面积的铺装,是一个可以供城市居民进行运动、休憩和餐饮的户外公共空间。虽然属于城市空间的一部分,但是它却有着区别于其他公共空间的领域感,以及专属于此类场所的设计原则和设计方法。《中国土木建筑百科辞典》以众多学者对城市广场的研究作为理论依据,归纳出了下沉式广场的定义:"把广场内的地坪标高低于广场外的地面标高,具有一定围合感的一类广场统称为下沉式广场。"

(三)城市下沉式广场的形成与发展

城市下沉式广场虽然是一个城市公共空间,但它却不是独立存在的。作为城市地面广场的子广场,其作用主要是使地上空间顺利过渡到地下空间。随着城市的不断发展,下沉式广场的出现开始被赋予了新的功能和作用,并且随着人们使用需求的不断增加,下沉式广场也开始整合成为一个多功能复合型的空间场所。城市广场向城市下沉式广场的过渡原因,以及下沉式广场的起源和发展概况与一个城市的发展是密不可分的,我们只有深入研究了解下沉式广场的本质,熟悉其功能类型,掌握其设计理念,才能够更好地顺应城市的发展及人们的需求,对下沉式广场进行小修复、小更新。

(四)城市下沉式广场发展概况

根据大数据预测,到 21 世纪末,地球上近 1/2 的人口都将居住在城市。城市人口数量的激增导致很多发展中国家的城市规模不断扩大,出现城市空间紧张、资源稀缺、车辆剧增、交通拥堵、空气污染等一系列问题。社会发展至今,如仍沿用之前不成熟的、缺乏科学性的方法,那么不仅不能解决城市问题,还会破坏城市遗产,中断历史文脉,摧毁城市面貌,这种做法必然会影响城市的活力和吸引力。简·雅各布斯在《美国大城市的死与生》一书中以美国的一线城市为例,深入剖析了城市结构的构成要素,打破了传统的规划城市理论,为评估一个城市是否具有活力提供了一套完整的理论框架,阐述了城市规划对于城市的重要性,它可以让城市具备足够的丰富性与多样化。城市下沉式广场是过渡地上空间与地下空间的具有一定围合感的城市开敞空间,是城市公共空间的重要组成部分,是城市通往地下空间的"灰空间"。

同时，它还承载着交通引导功能，增强人们出入地下空间的可达性，可以为人们提供日常活动集会的场所空间，还可以丰富城市立面空间层次。以往的城市下沉式广场只是为了满足具体功能问题而产生的场所，如今如何使下沉式广场成为推进城市发展的活力空间才是城市研究的重中之重。

国内下沉式广场的发展比国外晚了半个多世纪，其主要原因是我国地下空间起步较晚，待地下空间发展较成熟时，人们才开始考虑这类延伸至地下的过渡空间。例如，上海静安寺下沉式广场虽然是以休憩娱乐为主要功能的下沉式广场，但是却逐渐实现功能复合化，与交通导向、商业购物等功能相互融合。从城市发展的角度来看，城市下沉式广场是城市未来发展的必然趋势。

（五）城市下沉式广场的空间属性

城市下沉式广场与地下空间的立面空间属性一般有水平空间和垂直空间两种。

当下沉式广场内部空间都为一层开发，或只存在于小范围的高差，整体仍然属于广场内部地坪高度时，可以使用水平衔接模式。下沉式广场与地下空间有一定的距离时，可以利用地下通道作为衔接通道。通常在规划下沉式广场的水平空间时，一般会将广场的内部空间按照功能划分为购物、餐饮、交通、娱乐等不同类型，其中各个功能类型又相互影响、相互渗透，每个功能区域存在着联系，使广场内部空间成为一个整体，所有功能区域能够达到利用最大化。另外，将一些景观元素，如人造水景、植物景观、地坪和雕塑等融入水平空间中，可以增加广场的绿化面积和生态性。这样不仅可以提升下沉式广场的商业价值，为周围片区和社会带来经济效益，还可以将地面商业建筑的影响向下沉式广场辐射，在一定程度上提高场地的存在感。

除对下沉式广场一层水平空间的利用之外，根据地下空间目前的发展趋势，使用者已经不满足于仅对地下一层的使用，更多是在广场内部进行多层次立体化的开发，所以垂直空间属于下沉式广场的空间属性之一，需要利用下沉式广场与多层地下空间进行有效的衔接。

目前，随着地下空间的多层分布，其对下沉式广场的规模大小也有一定的需求。首先，根据地势高差及下沉式广场所处的城市位置，很多下沉式广场采用了多层下沉的方式，如上海静安寺下沉式广场采用两层下沉的分层方式，与地铁站水平衔接。其次，保持下沉式广场一层的原有深度，在一层中利用竖向交通体直接与地下二层或更深层空间相衔接。例如，上海国金中心下沉式广场，利用下沉式广场中心的玻璃材质竖向交通体可以直接通往地下二层和更深层空间，为下沉式广场的一层交通减轻了负担。这种竖向衔接模式对下沉式广场的规模没有任何要求，但是会在一定程度上削弱下沉式广场与地下空间的衔接强度。城市下沉式广场的垂直空间除了商业、娱乐、休闲、餐饮等功能服务，还包括景观设施要素。无论是在下沉式广场的水平空间还是垂直空间，都能够设置绿化景观进行空间过渡。可以利用最直接的景观绿植进行划分功能分区，也可以利用部分景观小品、雕塑等环境装饰。例如，上海静安寺下沉式广场的退台绿化不仅可以消除广场生硬的高差问题，同时还可以柔化空间立面，丰富广场空间，形成周边环境与下沉式广场的空间过渡。

（六）城市下沉式广场景观环境组成因素

1. 植物因素

无论是地面广场还是下沉式广场，植物景观在所有类型的广场中都是不可缺少的，有了植被的广场才算是严格意义上的"有生命的广场"。下沉式广场受到坡地高差限制、周边环境限制或最基本的面积限制，因此很难像地面广场那样广泛选择植被。主要是下沉式广场的功能性决定了其需要为人们提供大量的停留空间以供休憩、集会或自由活动，所以树木高度及宽度不能过大。另外，受到周边环境和建筑物的影响，植物不能直接地获取阳光和空气等生长养分。地上空间的公园绿地为城市增加了大量的绿化面积，减少了热岛效应，在一定程度上优化城市环境，为城市居民提供了便利。

下沉式广场作为城市地面广场的衍生空间，除了是地上地下空间的衔接场所，也承担着城市广场的功能与责任，如完善城市的景观功能、增加城市地下蓄水、改善生态环境。但是与地面广场不同的是，受到地势高差和气候土壤的限制，下沉式广场的植物景观受限较大，植物配置的选择也较为单一。

因为下沉式广场景观多用于地下商业街的出入口、地铁站出入口和人行道路，所以除满足人们的休闲性外，更重要的是满足当地的气候类型，营造广场与周边片区的微气候并阻隔噪声、阻挡灰尘。

首先，下沉式广场绿化景观的选择需要具备以下条件，如生命力较强、蓄水力强、对灌溉要求低、色彩鲜明、可移动性强等。可选广玉兰、白玉兰、梧桐、洒金桃叶珊瑚和八角金盘等植物，也可以选择具有高差、大小不同的植物来增强空间的层次感，丰富空间立面。其次，下沉式广场绿化景观的尺度感也对人们有着较大的心理影响。只有调整下沉式广场绿化景观的空间尺度，才会让人们感到舒适与安全。应通过绿化景观的色彩、高差、纹理、绿叶疏密程度来提供丰富的视觉效果，色彩分明的植物不仅可以吸引人们进入下沉式广场，同时也可以过渡下沉式广场与地上空间的边界。利用不同植物的气味能够吸引行人，改善广场内的微气候，营造类似"天然氧吧"的生态感。下沉式广场内的植物选择应与地面广场植物区分开来，应选择叶片形状为羽状，叶片疏密有致的、半开敞的植物。这样可以在造景手法上营造障景、漏景、夹景等手法，让人们在空间中可以看到不一样的景致。下沉式广场内除运用固定的水池景观之外，还通常使用垂直立面景观和水体景观。垂直立面景观可以减弱广场立面的生硬感，柔化边界，增加环境的生态性；水体景观往往可以增加环境的灵动性和空间的生命力。

2. 山石水体

中国古人在造园上一直追求"天人合一"的道家精神，崇尚自然化。我国第一部园林艺术理论专著《园冶》里便提出"虽由人作，宛自天开"的理念。城市发展到今天，随着城市建筑面积逐渐侵占绿地面积，生活在城市中的人们更加崇尚自然、质朴的生态美学。草木山石都是具有自然形态的中国古代园林元素，其中草木属于植物景观，山石属于人造景观。要想融入自然，就必须让自然成为下沉式广场景观的一部分。扬州的个园除了满园的竹子，最出名的便是将太湖石进行"叠石"的景观营造处理。在城市下沉式广场中，人们也可以运用堆叠、架空、悬垂等空间营造方法。仁者乐山，智者乐水，将山石水体等元素运用到下沉式广场的景观设计中，减少人工的痕迹，保留自然生态的特色，这才是自然的原始美。

3. 公共服务设施

下沉式广场的设施要素除了自然景观要素，还有公共服务设施要素。下沉式广场的公共服务设施主要包括交通设施（如导向标识）、服务性设施（如休憩座椅、无障碍扶栏、应急消防设备）、装饰性设施（如路灯、景观灯）等。这些设施要素进行合理的设计规划，安插在下沉式广场之中，不仅可以提高广场的使用功能，还能提升广场的舒适性和观赏性，提升空间的景观特色，使设施因素可以完美融入下沉式广场的景观配置中，提升空间的整体性，营造统一和谐的景观氛围。由于下沉式广场与周边环境的地势高差较大，对于残疾人和老年人来说可能会有所不便，因此应当在交通设施中考虑设置缓坡步道，加强灯光照明，增强视觉反差。

4. 界面铺装

界面铺装是指城市下沉式广场的底界面和垂直界面的铺装。底界面与垂直界面是人们从入口处进入下沉式广场时首先映入眼帘的空间界面，它的材质与色调影响人们进入空间之后对空间界面最直观的感受。人们在广场外部经过时，广场的外部界面铺装也会影响人们对下沉式广场的整体感知与印象。英国著名的景观设计师奈吉尔·科尔伯恩（Nigel Colborne）在《集装箱花园》一书中阐述了界面铺装决定了整个景观设计的成败，其在景观设计中是非常重要的设计因素。界面铺装是下沉式广场的景观配置中与人接触最直接的界面空间，利用铺装可以划分不同的功能分区，营造不同的视觉效果，呼应空间中的其他景观。

下沉式广场衔接着地下空间的出入口，因此在底界面的界面铺装时除划分功能空间之外，利用不同的材质和图案色调要尽可能地体现其导向性，在水平层面引导进入空间的人们，制造出不同的功能分区。而垂直界面的铺装主要分为实墙型、退台型、渗透型，主要利用藤蔓植物、花岗岩、瓷砖等元素进行装饰，不仅可以增加广场内的绿化面积，还可以柔化广场边界的生硬感，在一定程度上阻隔噪声。而界面铺装的选择材料则首先从安全性能的角度出发，选用防滑、具有良好透水性、经济适用性的材质，其次应考虑铺装的颜色和图案，选择具有设计美感和区分性强的铺装，既可以有效划分功能分区，又可以美化空间，烘托广场主题。

5.自然采光与照明

下沉式广场作为地上空间与地下空间的过渡性场所，对于自然光线的需求更甚于地面广场，自然光线的引入标志着人们对于生态化和朴素美学观的追求。在下沉式广场中引入自然光，不仅可以节约人工照明的成本，避免资源浪费，更重要的是可以让进入空间中的人们感受到与地面一样的生理感受，同时也可以缓和人们进入地下空间的不适感，营造一个安全舒适的场所空间。为了更好地引入自然光，下沉式广场的出入口位置应该选择自然光较充足的方位，为广场争取到更多的阳光，增加人们进入广场时的可视度。另外，在下沉式广场中尽量不要进行遮挡，要让顶部处于空旷的状态，使人们可以感受到更多的阳光。

由于城市的发展，即使在晚上，城市公共空间的使用频率也越来越多，因此下沉式广场内的灯光照明是不可避免的。灯光照明首先要满足一般照明的需求，使人们能够在广场中清楚地观察到周围环境，进行正常的活动。在此基础上，可以通过部分节点的灯光照明来满足美化广场、制造光影效果的需要。利用不同颜色的光线可以烘托下沉式广场的夜间氛围，增加广场的景观魅力，以此来吸引人们进入下沉式广场。

6.景观软装营造——公共艺术

下沉式广场中的公共艺术是指部分景观小品，这是广场内最具特色的景观标志。公共艺术一般包括常规的景观小品（如雕塑、壁画等）、艺术长廊或各种展览。它们不仅需要与当地的历史文化相结合，同时在尺度上也要格外讲究，做到与广场其他的景观配置相协调，使整个空间变得统一。

二、城市微更新视角下的下沉式广场的景观设计对策

（一）整合下沉式广场的空间

从城市视角来看，整合地上地下空间主要是指通过景观设计将其中各要素进行空间的调整与组合，以此来达到地上地下空间一体化的目的。整合是在效果上追求城市结构的衔接性，在方法上寻找多种空间功能形态的最佳结合，在策略上注重与城市不同空间层次上的衔接。整合不仅是元素的融合与调整，还是一种修复与优化，让整个空间看起来富有活力，这也是整合下沉

式广场空间的目的。没有人员活动的空间就不能称作场所。目前，很多城市中的空间场所也应该遵循"场所精神"，尊重人的体验感受，影响人们的心理，吸引和激发人们的行为活动。

下沉式广场与地面广场作为城市的公共空间，承载着人们的行为活动，正是这些行为活动才使广场具有独特的场所性格。功能完善、景观设计优良的下沉式广场是人们社会生活的一部分。随着人们对社会生活要求的逐渐提高和城市的不断发展，下沉式广场的各个方面也在不断地完善，并逐渐融入人们的生活中。

下沉式广场的景观整合包括普适性设计对策和分类设计对策，不同功能类型的下沉式广场由于形成原因不同，也具有不同的空间形态，因此在景观整合上也需要有相互区别的策略。

1. 衔接地上空间

下沉式广场要想较好地衔接地上空间，就必须正确判断人流进入下沉式广场的正确流向，将地下商场、公交车站点、地铁出入口、地下街等功能空间合理地组合在一起，使不同方向的人流汇入同一场所之后可以有效分流，去往不同的目的地。

下沉式广场与地上空间的衔接，必须处理好地面道路进入下沉式广场的模式，梳理好下沉式广场与城市道路的关系。目前使用四种衔接模式，即间接式衔接模式、引导式衔接模式、过渡式衔接模式、紧邻式衔接模式。

间接式衔接模式是指由于地上路网交通的阻隔，行人无法直接从地上空间进入地下空间，因此需要地下通道进行中转。上海江湾-五角场下沉式广场就是间接式衔接模式，因为处于五条车流道路汇集的中心位置，行人无法从地上空间直接进入下沉式广场，所以需要通过地下通道才能进入。地上道路枢纽处没有直接供行人进入下沉式广场的通道，才需要此类衔接模式。

引导式衔接模式是指在下沉式广场与地面道路有一定距离时，通过自设路径将人流引入下沉式广场。徐州科技园下沉式广场就采用了这种衔接模式，下沉式广场南入口与西入口离人行道路较远，皆采用了引导式衔接模式，利用自设路径引入的处理方式，将人流引入下沉式广场。

过渡式衔接模式是指当下沉式广场与地面道路相距较远时，将下沉式广场与地上人行道之间的活动空间当作过渡空间，进行缓冲转换。悉尼市政府办公楼下沉式广场就是将休息平台当作过渡空间，人们可以在这里休憩聊天，穿过平台才能进入下沉式广场与地下空间。

紧邻式衔接模式是指下沉式广场与地面人行步道相邻或距离较近，从人行步道可以直接进入下沉式广场。例如，上海人民广场下沉式广场，可以直接从西藏中路进入下沉式广场。

2. 衔接地下空间

城市下沉式广场与地下空间的衔接方式应从水平与垂直两个维度考虑。目前，随着设计手段的成熟，当地下空间属于平层空间时，下沉式广场可采用水平衔接模式，以下沉式广场与地下空间的距离位置为依据，一般采用链接式衔接模式和贴临式衔接模式。

链接式衔接模式是指下沉式广场与地下空间无法直接出入，二者之间有一定距离时，可以利用地下通道作为二者的衔接场所和缓冲空间。

贴临式衔接模式是指下沉式广场与地下空间相邻时，可以与地下空间在平层关系上共同使用部分接触空间。

随着城市的快速发展，城市功能日趋成熟，地下空间已经不再局限于单一的一层利用，而是不断地向深处进行多层立体化开发。利用空间不同形态和不同层面的垂直变化，如传统下沉式、坡地、断层、架空式等，形成多层次复合式立体空间格局的下沉式广场。在这种情况下，可以使用分层衔接模式与竖向链接衔接模式建立下沉式广场与地下空间的垂直关系。

分层衔接模式是指下沉式广场根据下沉深度的增加而采用分多层下沉的方式，这种衔接模式对下沉式广场的占地面积、规模大小和地理位置均有较高的要求。例如，上海静安寺下沉式广场位于市中心，由于地理位置特殊且功能需求多样，因此下沉式广场深度增加，在场所中划分出很多功能分区，两层下沉，与地铁站出入口平层衔接。

竖向链接衔接模式是指在下沉式广场内的竖向交通体与地下一层以下的空间衔接，这种衔接模式对下沉式广场的规模大小、下沉深度并没有太大要求，但是地上空间与地下空间的衔接强度却有所减弱。例如，上海国金中心下沉式广场，便是利用中心的玻璃材质竖向交通体与地下二层的商店直接贯通。

　　根据情况的不同，下沉式广场可以采用适宜自己条件规模的衔接模式，即使是在同一空间里，水平与垂直的衔接模式也是不冲突的。只有功能复合化和空间整合，才能适应人们各种行为活动的需求，充分体现对人的关怀，解决社会问题，使城市具有较强的吸引力。

　　城市下沉式广场往往先于地下空间存在于城市空间中，地下空间相较于下沉式广场的开发利用也相对滞后，但其空间功能设施却在不断完善，所以下沉式广场应该提前设计好与地下空间的衔接出入口，以便于以后对地下空间规划的完整性，使下沉式广场与地下空间的融合度更高，更好地衔接地上地下空间，增强统一性，发挥功能作用。

　　各类下沉式广场由于选址不同，以及空间形态与功能复合类型的不同，因此在景观整合上也存在一些差异。除上述一些普适性设计对策之外，还应针对各功能类型的下沉式广场提出分类设计对策。

（二）完善下沉式广场景观功能

　　城市下沉式广场的绿化，一方面为城市增加了绿化面积，改善了周边环境，在一定程度上减轻了城市的热岛效应，提高空气质量，增加空气湿度，降低二氧化碳的排放，改善土壤，完善了城市绿地蓄水、净水、给水的雨水收集功能；另一方面也为居民创造了进行休憩活动和大型集会的景观空间，为居民的日常生活提供了场地保障和健康保障。因此，下沉式广场的景观设计是城市可持续发展必不可少的组成部分。

　　城市下沉式广场是城市开发地下公共空间的主要形式之一，衔接城市交通与不同空间的转换。同时，广场内的绿地景观也是一种新的空间模式，不仅可以为下沉式广场划分出不同的功能分区，增加空间层次，丰富空间场所，同时还可以为城市居民提供日常休闲的活动空间。要利用这种新的空间模式，以城市的空间角度为切入点，利用自然要素与人工要素共同丰富下沉式广场的绿化景观功能，加强广场与城市周边环境的融合度，改善城市生态环境，提高居民日常行为活动的质量，吸引人流进入下沉式广场进行休闲娱乐、购物用餐，为社会发展带来经济效益。

　　在任何空间中，景观设计都必须遵循以人为本且尊重自然规律的设计原则。尤其是目前生态性的呼声越来越高，一切环境设计都应该建立在生态性原则的基础上，在不能破坏原有生态环境，对现状景观功能进行小范围的修复的基础上，利用自然界的自我修复能力来加强城市大环境的自我调整能力。以城市的视角来丰富下沉式广场的景观功能，更要尊重广场空间内原有的植物绿化资源，减少后天破坏，保持原有生态性，充分利用原有元素，促进人与自然和谐共生。

1. 气候因素

我国地域面积广阔，地势不同导致太阳照射强度也有所不同。内陆城市与沿海城市无论日照时间、雨雪强度还是空气质量均有较大差异，因此导致在下沉式广场的景观设计上差异较大，要根据当地的地理位置和气候特征综合考虑，气候因素对于景观设计和人们的日常行为活动均有较大影响。就目前的趋势而言，人们不断地强调室内居住空间的舒适性，却忽视了室外活动空间。研究证明，城市居民较少去户外活动，会导致免疫力下降等生理问题，甚至增加心理疾病的可能性，而城市也会丧失活力。其实，城市居民更渴望在家门以外的城市公共空间有一隅天地，让自己可以放松身心、休闲运动，而并不是单一性地提供交通集散的功能性空间。城市下沉式广场作为城市居民日常活动频率最高的公共空间，更应营造舒适的气候环境，满足人们的日常行为活动需求。

我国南北横跨高低纬度，所以在北方城市下沉式广场的景观设计中，更要注意在四季分明的前提下人们在空间中活动的不同需求。在我国淮河以北的城市，气候特征普遍是夏季高温少雨，冬天干燥寒冷。研究证明，人体的舒适温度最低为 11℃，在遮阴处最低温度则是 20℃，这意味着充足的日照可以延长人们在下沉式广场里的活动时间。北方城市四季分明，充足的光照强度使植物景观丰富，色彩层次鲜明，植物在四季中变化分明，增添了广场的观赏性和活力。但是北方城市普遍干燥少雨，直接影响了植物的生长，导致适宜当地生长的植物类型减少，在品种上要慎重选择。北方城市还应考虑冬季外部气温较低时，需要提供挡风或加温的暖亭等设施，或考虑在下沉式广场内部设置可以供人休憩的室内场所，如餐厅、咖啡厅等，让人们既可以避寒又可以休憩聊天。

2. 植物因素

植物是构成城市景观的重要景观要素，主要分为地坪、树丛、树池（树木）和花卉等表现形式。无论是在室内空间还是在室外空间，植物都是丰富景观层次、增强空间生态、增大绿化面积和柔和边界的重要景观要素。对植物进行合理化、系统化、有层次的搭配设计不仅可以改善下沉式广场的微气候，调节下沉式广场的生态性，丰富空间层次，还能为城市增加绿化面积，有效隔绝噪声。同时，植物景观具有吸附性，可以在一定程度上缓解环境污染。

植物可以为下沉式广场增添层次甚至地域特色，使整个场所充满活力。在设计中可以利用植物来划分多个功能分区供人们使用，以此来实现功能复合化。同时，也可以营造一种更加人性化、生态化的空间关系，增加人们的心理舒适度，吸引人们进入下沉式广场。

（1）利用植物营造广场的空间关系

植物经过合理化的设计整合，以及障景、叠景、移景等手法，可以起到划分空间、遮挡视线、连接空间和人流导向的作用。目前在下沉式广场中，植物不仅具有美化生态的功能，它对于丰富空间层级及营造空间形态也起着至关重要的作用。

在设计中，可以利用植物自身的高度、体量，将下沉式广场划分出很多功能不同的小空间。根据不同体量的植物可以营造出不同功能类型的空间。例如：整改过的或天然的地坪或低矮的灌木丛配合花卉，可以营造外向型的开敞空间，整个空间也是完全暴露在日照之下的；较高的灌木丛与景观小品搭配，可以营造半私密半开放的空间，利用植物形成障景手法，视线会因此受到一定的阻碍；四周都种植规律排列的树池可以营造私密的空间，不仅可以遮挡视线，还可以阻隔噪声。同时，树池下的座椅可以供人们在此休憩娱乐。

因为天然地势和后天设计时与地面的高差，很多下沉式广场就像一个"城市盆地"，高楼大厦与下沉式广场的空间层次感强烈。作为城市景观的一部分，下沉式广场植物景观的层次也十分丰富。利用内部高差做立体化绿化不仅可以缓解人们转换空间时的不适感，以及因光线、周边环境突然改变造成的不安全感，同时也可以将自然与生态引入地面以下，提高下沉式广场景观的层次感及丰富性，让人们在进入地下空间前有一个过渡。

可以将下沉式广场内部的台阶与植物景观联系起来，台阶上可以规律摆放灌木丛或绿篱作为底层的保护，强化道路主线。广场中有明显垂直高差的时候，可以直接利用垂吊植物或攀缘植物来遮挡墙壁。例如，上海静安寺下沉式广场就在竖向绿化上做了很充分的设计，利用不同颜色、不同形态的植物作为不同竖向高差的配置，做到空间中色彩虽然丰富但协调统一。绿篱放置在高差明显的地方，做成退台绿化与栏杆旁的绿化植物，不仅可以打破因高差带来的差异感，柔和生硬的边界线条，还可以增加广场空间内的生态性，使人们即使是在下沉式广场中也可以亲近自然，与生态环境有所互动。

（2）利用植物配置改善广场环境的微气候

植物的合理配置能够有效改善下沉式广场的微气候，创造一个舒适的公共活动空间。只是单纯种植地坪的话，很难实现改善广场环境，所以下沉式广场应选用叶片较大的、半开敞的乔木，这样不仅可以有效地阻隔地面车行道路带来的噪声，还可以遮挡强风。乔木的叶面积总量要大于灌木，所以在光合作用和蒸腾作用的时能吸收更多的热量，这也说明乔木改善广场微气候的能力较强。

（3）利用植物配置提升广场的吸引力

在下沉式广场的景观设计中，科学合理地选择植物品种进行配置不仅顺应地域气候特性，适宜植物生长生存，还可以提升城市空间品质。不同树种围合而成的空间对人们的心理也会造成不同的影响，通过植物配置，在环境、色彩、气味、立面层次等方面营造自然和谐的、具有吸引力的活动场所，可以将人们引入下沉式广场，提升其使用价值，为城市片区带来活力。

在下沉式广场这种开敞空间中种植绿化景观，应该选择一种适合当地气候类型的基础树种，形成大面积的植物空间基调，再用不同色彩的树种作为点缀搭配。不仅可以通过植物来划分功能空间，暗示空间边界，更重要的是能够丰富整个广场内部的景观层次，提高了观赏性。

较低的灌木与大小不一的乔木普遍运用于下沉式广场的植物配置中，利用其自身高度，在垂直立面中可以区分边界，遮挡广场以外的视线。在选择乔木的时候，通常选择半开敞的大型乔木，如栾树、法国梧桐、白玉兰等，其体量感可以使整个下沉式广场更具空间层次。它们可以遮挡强风、净化空气，人们可以在此休憩，为下沉式广场注入活力，使有限空间内的景观层次感可以变得更丰富。

藤蔓植物一般作为广场内的垂直绿化，不仅可以拉近人与自然的关系，还可以用来防风固沙。可以选用最常见的爬山虎作为基础植物，搭配颜色鲜艳的凌霄花或紫藤花，这两种植物不仅适应能力强，耐寒且耐旱，还可丰富下沉式广场的色彩。

地被植物一般作为地坪种植，形成大面积的开敞空间，形成良好的视觉感受，宏观上可以为城市增加大幅绿化面积。

3. 水体因素

水不仅是生命之源，也是构成自然的要素之一，水体在景观设计中就如同人的血液一般，为景观空间带来灵魂与活力。无论是古典园林设计还是现代城市广场设计，水体都起着重要作用。目前最常见的水景形式除了自然形成的湖泊，还有人工技术打造而成的人造喷泉、叠水景观、跌水景观等。在设计中加入喷泉或跌水等较为常见的元素，既划分了空间，改善了微气候，还提升了整个广场的活力与吸引力。在下沉式广场中，微气候是由日照、植物和水体决定的，同时干湿度也是影响人生理感受的因素之一。水景在影响下沉式广场微气候的同时也给人们带来了生态的体验，为广场吸引人流。

下沉式广场的水景设计要注意以下四点。

（1）功能性设计

水体景观最基础的景观功能便是其本身的观赏性，除了给空间中的人们带来美的享受和增加空间整体美感，水体景观与植物景观同样可以调节广场内部的微气候，改善广场的热湿环境。而且，水体本身可以吸附空气中的灰尘，起到净化空间环境的作用。下沉式广场内水体景观的适当应用可以有效调节微气候，改善小环境的温度及湿度，提高下沉式广场的空间体验感受。例如：上海静安寺下沉式广场为了迎接世博会的到来，在改造中添置的小型水景，不仅丰富了广场边围的立面景观效果，也为过往的人们带来丝丝清凉；深圳某下沉式广场内设置的小型涌泉，结合植物穿插设置在人行路径一侧，使穿行的人们有清凉的舒适之感和愉悦的空间体验。下沉式广场内水景的设计还可以借助下沉式广场边围的落差来形成瀑布或水幕，对整个广场的微气候都有着很大的影响。例如，深圳华润万象城下沉式广场内的小瀑布在入口处沿台阶逐层跌落，不仅使进入下沉空间的人们感到了舒适和清凉，更是起到了吸引人流、引导人们进入下沉式广场的重要作用。

（2）整体性设计

水景设计在下沉式广场中首要考虑的是与周边建筑群和环境氛围的融合，达到整体设计风格的协调统一。水景作为景观要素之一，不能只追求本身的造型，应根据城市风貌、社会环境、历史底蕴来设计，服从整体环境的一致性。水体景观的空间形态变化、造景手法、立面的表现形式，以及与当地城市文化的融合都应贯彻与周边环境及城市大环境协调统一。如果水景设计是脱离于整体性的，那么其在城市空间中的真正价值也就不复存在了。例如，上海迪士尼乐园下沉式广场的人造水体景观，无论是造型元素的选取，还是材质铺装的选择，都与大环境相契合，达到空间设计的统一性。

（3）安全性设计

下沉式广场作为公共开敞空间，广场内的任何景观要素都必须具有安全性，尤其是水景设计。很多下沉式广场除喷泉外还会采用跌水景观或叠水景观，所以需要着重考虑两方面的安全性。①水边空间的安全性。现在很多小区居民，尤其是老年人和儿童都会选择就近的下沉式广场进行日常活动。针对此类特殊人群，除了要考虑水边的防滑性，还要注意水体景观的深度，根据深度适当选择是否增加防护措施。②水中空间的安全性。很多水体景观会使用汀步、水中栈道等景观小品。水中空间一般凌驾于水体之上，人们的心理需求更是设计重点。因此在设计此类水体景观时，应尽量保证水池较浅，面积不宜过大，汀步等水景中的景观构筑步道应拓宽踏步宽度和缩短中间间隔，降低空间高度，以满足人们的心理需求。

（4）空间多元化设计

从人们对于活动空间的生理需求和心理需求可以看出，人与广场之间的互动形式是多种多样的。因此，设计师必须本着"以人为本"的设计原则，满足人们在空间中的各种行为需求，无论任何类型的景观设计，人本主义思想都应该成为设计的重要原则之一。

设计师应尽可能地在景观完备的前提下提升观赏度，提供可以在水体景观中停留或玩耍的空间，让人们可以近距离地观赏水景，进行亲水活动，增加互动性与参与度。同时也应该满足近水休憩的需要，利用水体景观划分空间，保证人们对于下沉式广场的功能需求。

4. 地形因素

我国地势自西向东逐渐减缓，即使相同省市之间也存在不同的地势差异。我国东部地区主要以平原为主，至沿海出现丘陵；西部地区主要以高原、盆地、山地为主，地势起伏较大。依势而建是无论在哪里进行景观设计都要首先考虑到的问题，不同自然高差可以设计出不同景观形态的下沉式广场。下沉式广场在进行交通路网布置、植物景观配置、修建构筑物时，首先要考虑的就是地形的影响。设计师在进行地形设计时，如遇缓坡，可以利用自然高差作为出入口开敞空间处理；如遇 3 m 以上的地势高差，可以利用退台绿化，有效缓解高差带来的突兀感，同时也可以增加城市的生态性。

（三）延续城市历史文脉

延续城市历史文脉是指下沉式广场的景观设计与城市的历史文化融合在一起，研究如何利用下沉式广场的景观设计将这座城市的历史底蕴、文化内涵展示给每一个人，延续这座城市的历史文化风采。

文脉不单指一座城市的追根溯源，人们的行为方式、生活习惯也是一种文脉。城市历史文脉的延续并不是一味地对历史遗迹进行修复，也不是一味地硬性宣传城市历史文化，而是将历史文脉与居民的日常生活及城市的发展联系起来，更新改造过去固有的刻板印象，满足现代市民的需求。对城市微更新的过程也是对城市历史文脉进行修复与融合的过程。

1. 历史元素的提取

要想将城市历史文脉完美融入下沉式广场的景观设计，前提就是要对这座城市的历史文脉有较为深刻的了解，这样才能够精准地提取具有城市特色的历史元素。例如，提起徐州，大家就会很自然地联想到汉文化，这完全归功于一座城市对于自己特色文化的精心经营与宣传。深入了解一个地方的历史文脉，才可以精准地定位这座城市的历史特色，把握文化精髓，准确提炼出这座城市的历史元素并且将它们融入下沉式广场的景观设计中。

要想了解一座城市的历史文脉，就必须去了解一座城市的历史，除了要了解当地的自然地貌、气候特征，还要了解当地居民世代聚居于此累积下来的生活习惯与生活习俗，甚至是节日的庆祝方式。如果希望通过景观优化设计使城市的历史文脉能够得以延续，那么在前期就必须做好城市历史文化的调研工作，深入了解当地文化、经济发展和地理条件。

在设计中还应注重与当地地域文化的融合，这种具有本地烙印的空间设计应该是区别于任何一座城市的。

我国有很多成功且成熟的下沉式广场的案例，如上海静安寺下沉式广场。上海静安寺下沉式广场是一个以休憩娱乐为主的下沉式广场，其设计风格以现代欧式风格为主，与不远处的静安寺形成鲜明对比。在细节上运用了很多现代欧式的细节元素，但是在入口处却又设立了"静安涌泉"的水景设计，以此来烘托古老的历史文化。中西合璧的设计手段，点明了海派文化的城市历史风格。

2. 历史元素的运用

城市历史文脉主要包含了外在构成与内在构成。外在构成包含日常生活中显而易见的元素，如城市的空间形态、交通路网和建筑风格；内在构成包含城市居民日常的生活生产方式和文化价值观念、生活习俗和心理情感等精神文化的内涵。

提取历史元素并不是指一味地继承原有的文化体系，而是辩证地继承，创造性地继承。结合社会的发展，将历史元素整合成新的、适应当今社会的元素与下沉式广场的景观设计相融合，这才是对历史文脉最好的继承。设计师需要将提取的历史元素（包括文字、图像、符号）进行创新，将原有的整合方式"打乱"，使它们能够有意识地以一种新的方式进行有机组合，彼此碰撞出不一样的火花。

（1）文字元素

历史元素的提取可以是任何形式的，有时简单的一个成语、一句话、一首诗便可以让我们联想到一个地区、一座城市或一段历史故事。文字作为特殊的历史文化载体，负责记录城市的文化底蕴和这座城市特有的精神内涵。例如：提起海派文化，人们就会想到上海；提起码头文化，人们就会想到重庆；提起"欲把西湖比西子"，人们就会想到美丽的杭州。往往只有最精简的文字才能概括一座城市最精髓的历史文脉。设计师往往可以使用文字元素，利用纪念碑或纪念雕塑的形式将一座城市或一个地区的建设历程呈现出来，加深人们对城市的认识。

（2）图像元素

在没有文字之前，我们的祖先都是采用画图的形式将心中所想表达出来。利用图像来展示城市的历史文化将会比文字更加直观，让人容易接受。图像可以根据空间的需要以任何形式表现在大众的面前，与周边环境形成整体的视觉效果，向大众传递特殊的信息和意义，引发大众的情感共鸣。设计师可以在设计中加入地面硬质铺装、立体垂面的壁画等图像元素来修饰下沉式广场的内部环境和传达城市文化特色。例如：上海人民广场下沉式广场的墙上刻着南京路上好八连的浮雕，反映了一段革命历史；上海江湾 - 五角场下沉式广场的硬质铺装是五角场的底图，展示了五角场的城市格局。

（3）符号元素

符号元素一般是图像元素提炼精简之后的产物，它本身就是一种成熟的文化符号，一经出现便已赋予了某种特殊含义。文化符号是一种概括性很强且十分抽象的表现形式，它可以是当地建筑符号的抽象表现形式，也可以是一种可以概括当地地域特色的颜色符号，文化符号往往都是提取某个具象的历史元素，然后将其线条简化，成为一个抽象的符号语言。例如，上海静安寺下沉式广场将现代欧式装饰中的山花、拱券这些元素进行抽象简化之后运用到广场内部的装饰中，展现将中西元素合璧的海派文化。每座城市都有自己特有的历史底蕴和风土人情，应当仔细发现与挖掘。

第四节　荔湾区泮溪酒家微更新设计实践

一、荔湾区泮溪酒家介绍

泮溪酒家位于广州市荔湾区龙津西路 151 号，相连风光旖旎的荔湾湖公园。其北部为以泮塘五约、泮塘三约为主体的传统水乡村落，周边有仁威庙、梁家祠、文塔等水乡村落历史环境要素，南部为逢源大街西关大屋、龙津西路骑楼街，河涌边有蒋光鼐、陈廉伯、陈廉仲的私人公馆园林（见图6-2）。

图6-2　荔湾区泮溪酒家

泮溪酒家于1996年被国内贸易部授予"中华老字号"称号；1997年被国家国内贸易局评定为国家级特级酒家。

泮溪美食，继承祖国烹饪文化，荟萃南北菜系精华，参加全国第二、第三届烹饪大赛均获数枚金牌，选派厨师参加卢森堡国际烹饪比赛、国际奥林匹克烹饪比赛，也获金、银牌奖项。过去，有金龙化皮乳猪、八宝冬瓜盅、牡丹鲜虾仁、瓦罐水鱼等八大名菜和绿茵白兔饺、像生雪梨果等八大名点出类拔萃；今天，更有"八仙宴""花仙宴""西关风情宴""象形点心宴"

等特色宴席脍炙人口。三十多位特级厨、面点师、宴会设计师和一百多位一、二、三级名厨组成了泮溪酒家雄厚的技术队伍，每日制作近千款特色美食接待各国宾客和普通大众。

泮溪酒家立足广州，面向世界。在店内，有专营特色小菜、平价菜点的榕苑大排档，也有豪华高档、典雅堂皇的贵宾接待区。1982年，泮溪酒家开创国内异地联营先例，率先开办深圳泮溪酒家。1989年，泮溪酒家更始创饮食行业的速冻点心出口。近年来，速冻点心、速冻菜肴先后出口日本、澳大利亚、英国等国家，并取得了日本厚生劳动省、农林水产省的认证。目前，泮溪酒家的出口品种达数百款，速冻点心、中秋月饼也年年销售全国各地，企业品牌在国内及海外均享有盛誉，经济效益也连年居于国内同类型饮食企业前列。1996年，泮溪酒家被授予"中华老字号"；1997年，泮溪酒家被评定为国家级特级酒家；1998年，泮溪酒家被誉为广州市著名商标。

二、泮溪酒家建筑现状

泮溪酒家有着悠久的历史脉络。1947年，广东人李文伦在这片"古之花坞"上创办了一家充满乡野风情的小酒家。当时，附近有五条小溪，其中一条叫"泮溪"，小酒家也以"泮溪"命名。作为广州最大的园林酒家，继1956年公私合营，1958年转为国营之后，在人民政府的筹划下，泮溪酒家于1959年开始了大规模的改建。

项目现存建筑皆为建国之后建造，其中金碧厅、贵宾楼、榕树区、中国会、泮岛区部分建筑为1950—1978年建造，其他部分建筑为改革开放之后扩建。贵宾楼部分为市级文物保护单位，金碧厅部分为市级登记文物保护单位。整体建筑除泮岛区、中国会部分为钢筋混凝土框架结构，其他部分多为砖混结构。泮溪酒家以1～2层建筑为主，局部设置3～4层（见图6-3、图6-4）。

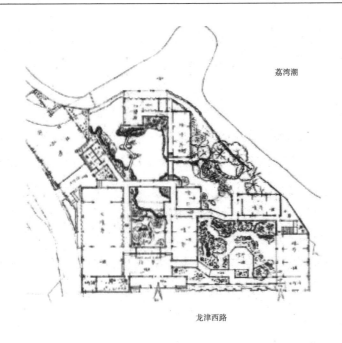

荔湾潮

龙津西路

图6-3 泮溪酒家建筑平面图

图6-4 泮溪酒家正面图及剖面图

现有建筑布局是在20世纪60年代莫伯治院士设计的泮溪酒家的基础上改造而来。但由于60年来,泮溪酒家经过了多次加建,其整体建筑形式及体量已经与原始风貌产生较大了的改变。现有建筑除贵宾楼外，整组建筑的外立面及内部装修较为粗糙，各种建筑元素的运用未经考究，整体建筑风格较为杂乱。

三、荔湾区泮溪酒家改造手法

本项目从依据历史脉络、摹写历史信息和与岭南工艺大师合作三方面着手设计，力求再现西关明清经典园林历史情境，重塑西关往昔园林风貌，延续岭南传统艳雅的装饰格调。泮溪酒家周围可用改造元素如表6-1所示。

表6-1　泮溪酒家周围可用改造元素

触媒载体	实例
路街巷弄	泮溪酒家位于龙津西路，与恩宁路、泮塘路相连，能够将沿街的触媒元素连接起来
历史建筑	骑楼建筑、荔湾博物馆、梁家祠、小画舫斋、可西关古老大屋、海山仙馆、蕙慰亭、仁威祖庙、李小龙故居、广东八和会馆等
园林景观	海山仙馆、荔湾湖公园、荔湾景区等
新建筑	改造后泮塘五约文化区、粤剧艺术博物馆、永庆坊等
构筑物	文塔、月影等
老字号店铺	广州酒家、向群饭店、御品名点、西关世家、凌记、省城濑粉
活动广场	荔湾公园内广场、荔湾儿童活动中心

本项目东南方向为泮溪酒家游客的主要人流方向，因此泮溪酒家东南角的风貌就是游客对泮溪酒家的第一印象（见图6-5）。设计师对现有的建筑立面进行改造升级。除此之外，设计师在现有电梯间顶部设置望亭，既可以作为视觉焦点统领整体风貌，又可以与荔枝湾对面的文塔遥相呼应。沿街建筑立面用岭南传统的建筑手法进行整体风貌的提升，恢复往日西关水街"绿水红湾"热闹、精致的历史风貌。现有泮岛区建筑老旧破败，未做经营使用。本次设计依据外销画《海山仙馆图》中的贮韵楼对泮岛区建筑进行梳理和改造。建筑立面摹写海山仙馆的建筑细节，使其再现海山仙馆历史情境。延续原海山仙馆的接待功能，使其重新作为广州市的一个重要接待场所。针对泮

溪酒家后期加建建筑，设计师采用时空拼贴的方式，引入现代元素和西方元素进行改造，使其具有连房广厦的岭南建筑意境。除此之外，设计师运用垂直绿化，将园林气息渗透其中，打造岭南的高台园林，营造岭南园林的异域感。

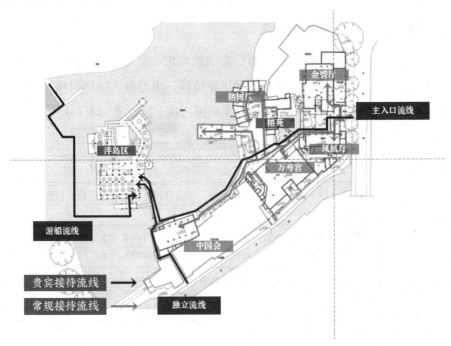

图 6-5　泮溪酒家接待流线

泮溪酒家入口等处采用方格拼色大理石，与传统满洲窗神韵相合；内庭院小桥栏杆采用汉白玉石栏杆，尽显精巧华贵的特征；在船舫前增设石山延展山水气息，以小见大，扩大庭园景色；万寿宫与中国会中间走廊处增设活动平台，内嵌玻璃，营造趣味景观。

整个泮溪酒家的窗户、灰塑等装饰体系具有故事性及逻辑性，不同地方有不同主题，使游园过程更具趣味及历史韵味。为延续泮溪酒家精品装饰格调梳理装饰系统，设计师一方面收集岭南家具的历史精品，另一方面联合岭南传统工艺大师，做出最具岭南韵味的建筑构件，使泮溪酒家的室内装饰重现往昔行商园林的奢华与典雅，使其成为岭南建筑工艺博物馆。

总的来说，泮溪酒家更新手法主要有几种：第一，摹写历史信息，重塑西关往昔建筑细节（见图6-6）；第二，依据历史脉络，重现有据可依的历史情境（见图6-7）；第三，转译文人画卷，组合绘制当代海山仙馆长卷（见图6-8）。

图6-6 建筑细节重现

海山仙馆风貌重现

图6-7 历史情境重现

图6-8 组合绘制当代海山仙馆长卷

　　本项目力求以粤剧艺术博物馆为旧城改造发动机，推动大荔湾精细改造及泮溪酒家的微更新工作，达到推动老城区历史线索连点成片的效果，实现老城复兴。

四、改造成果展示

　　荔湾区泮溪酒家改造更新工程为广州历史城区改造更新示范性工程，依据上文所述的手法进行改造更新，现已建成。项目介绍见图6-9。

图6-9　泮溪酒家项目展示

第五节 粤剧红船码头微更新设计实践

一、粤剧红船码头概况

项目选址为临江大道南侧，金融城二期范围内规划滨水休闲区的原南方面粉厂码头用地。粤剧红船码头北接临江大道，南面珠江，东侧为华南快速，西侧为科韵路，西北临珠江公园、跑马场，东北临天河公园、广州国际金融城。项目场地直面珠江一线江景（见图6-10）。场地保留原南方面粉厂筒仓建筑，极富工业文化气息，交通仅有附近公交车站，且线路较少，无法满足未来大量人流集散。项目基于弘扬粤剧文化的背景，且位于广州第三城市轴线——金融城—琶洲—大学城附近，基础设施配套有着充分的依托。

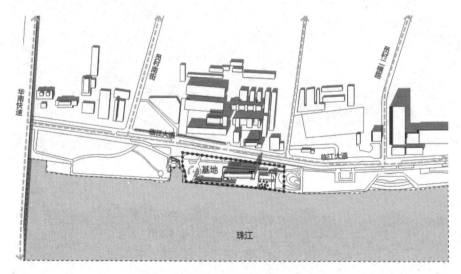

图6-10 粤剧红船码头位置图

在此背景下，项目设计面临着原有工业遗产的工业文化与传统粤剧文化之间的碰撞，红船乘客、内部人员、参观人员之间流线的合理组织，以及新建建筑控高15 m等设计挑战。

二、粤剧红船码头改造

本项目以红船唱晚、岭南庭院为设计理念，运用工程技术和艺术手段，是通过改造地形（进一步筑山、叠石、理水）、种植树木花草、营造建筑和布置园路等途径创作而成的优美自然环境和游憩境域（见图6-11、图6-12）。

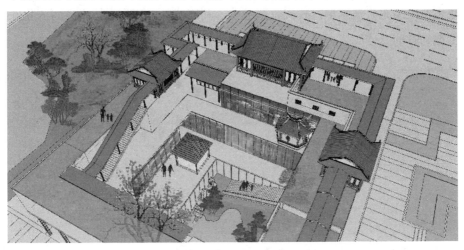

图6-11　改造整体示意图

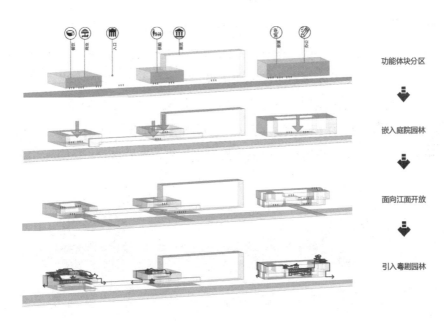

图6-12　建筑形体生成

（1）岭南园林与工业遗产的融合

传统园林式院落，以立体园林弱化现代建筑，整体呈现出岭南传统的高台园林风格，能够很好地体现岭南传统文化的特点。近代工业遗产，利用首层架空的扩建部分，将园林引入室内，不仅弱化了体量上的强烈对比，同时也可有效组织人流集散。现代院落部分，利用园林手法将大体量空间弱化并形成独特的、适应岭南气候特征的架空园林空间（见图6-13）。

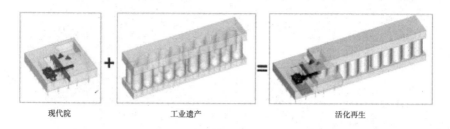

现代院　　　　　　　　　工业遗产　　　　　　　　　活化再生

图6-13　岭南园林与工业遗产的融合

（2）粤剧、园林与城市开放滨水空间的结合

底层开放的城市公共广场将底层建筑架空，不仅形成大面积的檐下空间，营造了适应岭南地区气候特色的、宜于市民活动交流的城市客厅，同时也是对岭南骑楼、通廊、亭阁等半开放空间理念的传承与发展。码头工程结合连廊空间，粤剧红船及水上巴士停靠码头设置于粤剧红船广场之前，上船及下船都由连廊空间统一组织，既形成整体沿江形象，又便于各种活动开展。尤其是在粤剧红船广场上进行粤剧表演，连廊体系既可以起到空间限定的作用，也可以形成多层次的演出空间，方便游客于红船上直接观看（见图6-14）。

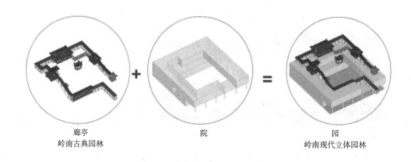

廊亭　　　　　　　　　　院　　　　　　　　　　园
岭南古典园林　　　　　　　　　　　　　　　岭南现代立体园林

图6-14　粤剧、园林与城市开放滨水空间的结合

（3）立体园林与城市CBD环境的交融

该方案从城市空间出发，在城市中央商务区（CBD）中创造出多种多样

的立体岭南园林空间。用规则形状的院落来回应传统岭南园林的尺度和特征，继而将首层架空，将珠江的气息引入院落中，让游客不自觉地进入。立体园林布置在不同标高，形成充满趣味的沿江动线，同时也形成水院交织的特色景观，打造自然的天际线层次和亲切宜人的景观尺度。每个院落都有不同的主题与功能，还原珠江两岸亭台楼阁交错的景致，引发市民的集体回忆（见图 6-15）。

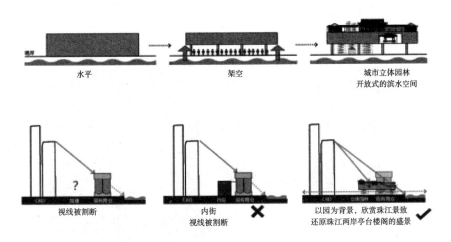

图 6-15　立体园林与城市 CBD 环境的交融

粤剧于 2009 年被联合国教科文组织批准列入人类非物质文化遗产代表作名录，属于世界级的非物质文化遗产。粤剧不仅是岭南文化的奇葩，更是世界文化舞台上一颗明珠。粤剧红船码头项目是广州市为弘扬粤剧文化的十大重点项目之一，是以粤剧红船码头为平台，以粤剧红船为突破口，用时尚元素恢复古老传统文化，打造粤剧文化新名片的新舞台，是集美食、旅游、观赏、粤剧和唱于一体的娱乐园，可为广州的文化创意产业升级带来新风向。

三、改造成果展示

改造项目粤剧红船码头原址为南方面粉厂，位于广州市东郊员村，曾是广东省最大的面粉厂，其前身是福新第五面粉公司广州分厂，厂址原在海珠区金沙路。解放后，工厂接受国家委托加工。1954 年 12 月公私合营，1960年转为国营企业，改名为南方面粉厂。为了适应生产发展的需要，1962 年国家投资在广州市东郊员村建成新厂，一直使用到 21 世纪初。2013 年由于临江大道的修建。南方面粉厂完成搬迁。

现状建筑多数是大体量、大跨度、大空间的粮食仓库，其中最有特色的是珠江边的筒仓建筑，厂内大部分建筑为大型的生产车间和储存仓库，用于面粉生产和粮食储存。厂区间分布着工业架构运输管道，用于输送粮食及连通工人生产与生活区间。这些厂区遗址反映了当时粮食生产、运输、储存的流程，是一道独特的历史风景（见图 6-16）。

图 6-16　现状建筑

粤剧红船码头改造项目是"一江两岸三带"的城市客厅，岭南文化传承与展示的窗口，工业遗产保护与再生利用的典范。整体改造思路为以保护为核心，以"改"替"拆"，以品质提升为重点，打造环山抱水整体格局，园中有园，院内有院，景致多变有序（见图 6-17）。

图 6-17 改造成果展示

第七章　工业区微更新设计实践

第一节　原沈阳铸造厂微更新设计实践

一、工业遗产微更新的可行性分析

（一）符合需求

1.保护与发展并行，推动可持续性更新

工业遗产是历史文化遗产的重要组成部分，是城市风貌特色形成过程中不可缺少的一环，它的重要性在于丰富了城市空间特色，记载了城市成长历程等。在工业建筑原本的生产价值逐渐被取代之后，其保护和发展就成了必须要面临的复杂问题。从对工业遗产旅游选择偏好的影响因素的分析结果可知，游客不仅对工业遗产自身所蕴含的历史文化信息有浓厚的兴趣，还对现代生活体验提出了很高的要求。因此，以旅游为发展目的工业遗产更新要同时满足游客对于历史与现代融合发展的需求。基于微更新理念的工业遗产更新强调保护历史文化信息，充分发挥工业遗产的特色优势，对其所记录的历史文化信息进行深入、充分的挖掘。同时，在保护基本格局的前提下，兼顾生活品质的提升，充分考虑历史环境、社会环境、自然环境的融合，以使用群体的具体需求为目的，通过渐进式更新逐步实现资源的合理配置，在保护和发展之间找到平衡点，在更新再利用过程中实现延续和复兴，促进动态更新和可持续更新。

2.保留风貌的真实性，延续空间肌理

工业遗产记录着社会发展不同阶段的历史信息，保存着各具特色的工业

建筑和场所空间，是城市时代精神的重要组成部分。工业遗产地段的再生与复兴需要充分利用这些特色资源，在改造过程中对地段历史文化特征的忽略是造成城市空间单调、历史肌理断裂的重要原因。游客对历史地段的真实性有较高的要求。基于微更新理念的更新不仅要求保护城市空间格局的完整性，而且提倡"小尺度"更新，根据实际需要对小地块、建筑单体等提出针对性的改造意见，通过"织补"和"植入"两种微处理手法，缝合割裂的空间，补全欠缺的功能，最大限度地维持历史风貌的原真性，延续城市发展的历史空间肌理。

（二）方法契合

1. 小尺度，渐进式

工业遗产及其周围地段现状用地权属复杂，利益主体多元化，给更新工作的推进带来了阻碍。同时，其存在较高的文化、艺术价值，以往大拆大建的更新手段在历史文化遗产保护日益受到重视的今天显然已不适用。在保护工业遗产的历史文化价值的同时实现地段的复兴，需要我们探索出一条避免"一刀切"式的更新模式来实现工业遗产地段持续而稳定的发展。微更新视角下的城市更新模式具有小尺度、渐进式的特点。其中，"小尺度"强调在区域整体更新框架范围内，首先对产权清晰、亟须保护、可控的局部地块进行示范式的更新，通过示范点的带动作用逐步完善推广，这样可以把对整个区域历史环境的破坏降到最低，在实践中具备很强的可操作性。"渐进式"强调更新过程要循序渐进，不能急于求成，防止泥沙俱下。在充分尊重使用群体的意愿、契合更新发展需求的前提下，按步骤分期进行更新改造，从而实现保护与发展的良性结合。

2. 多功能，微循环

工业遗产地段由于以生产为主的历史功能原因，生产功能退化之后往往导致其地段范围内功能单一，难以形成有效的内生动力来支撑地段的经济社会发展。而街区的活力取决于功能的多样性，工业遗产地段的活化和复兴离不开多功能的融合发展。但是，功能更新需要持续而渐进，不是一步就能到位的，需要区域范围内各项功能的相互配合与支持。微更新理念强调多功能、微循环式的功能更新模式。其认为通过改善街区残破的现状，植入商业、办公、文化、居住、休闲等新型社会功能，形成多功能融合空间，可以有效提高地段的活力，进而改善投资环境和激发发展潜力，为微更新提供更多可能性。但是，微更新并不仅仅追求改造的最终蓝图，而是通过动态更新的手段，利用触媒效应先对局部重点地段进行必要的功能植入，构建区域有机发展的网络，进而刺激和引导后续的更新，形成微循环的更新发展效应，促进可持续发展。

二、工业遗产微更新设计思路

新时代人们对美好生活的向往更加强烈，城市发展由"量"到"质"的转变成为必然趋势。工业遗产作为城市历史记忆的重要符号，是城市文化底蕴和城市空间特色的重要组成部分，工业遗产旅游也由此成为近年来备受追捧的旅游项目之一。因此，工业遗产更新的思路也在悄然发生变化。所以，笔者决定从行为学的角度出发，以期更精准地满足使用群体的需求，尝试构建"小尺度、渐进式、人性化"的工业遗产更新改造模式。

对于工业遗产微更新设计的重要步骤有三个：一是如何在系统层面使工业遗产的更新发展能融入城市的生长过程当中；二是如何挖掘工业遗产所包含的"微元素"，更好地体现其自身特色和满足游客的旅游需求；三是如何在更新后维持后续发展动力，保障更新的可持续性。

三、工业遗产微更新设计目标

设计目标是指根据调研结果，由实施主体制定的工业遗产更新工作所要取得的预期成果。首先，应确定更新的目标愿景，从战略的高度把控更新改造的方向和质量，并根据其自身的鲜明特色，从不同角度进一步明确更新地块的功能定位，从而为具体的微更新规划设计提供方向和指导。其次，基于游客旅游选择偏好影响因素的分析和微更新的原则，从宏观层面到微观尺度，对更新地块范围内存在的问题进行有针对性的设计，提升文化、空间、交通、功能等环境品质，改善现状落后的面貌，形成工业遗产旅游产品塑造的基本框架。最后，实现从设计到管理的转变，推动构建自主更新的保障机制，加强内生动力的塑造，为不同的建设主体、使用群体提供发展空间引导，促进更新的可持续性发展。总之，工业遗产的微更新设计希望通过自上而下的控制引导和自下而上提升改进这种上下联动的模式，来实现工业遗产旅游开发的高质量、高品质、高效率，最终实现最初的目标愿景。

四、原沈阳铸造厂及其周围地段微更新设计

（一）场地概况及现状

原沈阳铸造厂及其周围地段位于沈阳市铁西区老工业基地，百年工业发展历程赋予了其在全国举足轻重的工业地位，同时也为该区域积淀了丰厚的工业文化遗存。研究地块位于铁西区东北角，北邻城市主干道北一路，周围有卫工北街、北启工街、肇工北街11巷四条城市道路，总占地面积约36.5万 m^2。

该地段包含有原沈阳铸造厂、原沈阳电机厂、原东北耐火材料厂等在内的三个地块。其中原沈阳铸造厂由于其厚重的工业历史文化氛围和较高的保存完整度和保存质量，被改造为中国工业博物馆，并于2019年成功入选第二批中国工业遗产保护名录，被沈阳市划入铁西工业遗存保护区范围内，是沈阳市重点文物保护单位。因此，原沈阳铸造厂在该地段中占据主要位置。另外，场地周围工业遗存丰富，与1905文化创意园、铁西工人村、奉天记忆、铁西工业文化长廊等改造较为成功的工业遗产空间相呼应，还有沈阳热电厂、东北制药厂、大成火车站、铁路专用线等大量保存完好、有待开发的工业遗存环绕在其周围。优越的地理位置和社会给予的高度关注，使该地段具备工业遗产旅游开发的前提条件。

作为该区域内重要的工业文化脉络节点，包括其周围地段的更新改造对于延续铁西区工业文化脉络、挖掘区域发展潜力、提升社区生活水平有着重要的价值及意义。但是目前该地段内除原沈阳铸造厂被改造为中国工业博物馆外，其他区域尚未协同更新保护，导致旅游产品单一，旅游服务质量落后于游客需求，游客的重游率处在很低的水平。同时，地段空间环境品质也在逐渐降低，多种现实发展困境亟须解决。

1. 发展现状分析

（1）现状功能分析

地段内大部分建筑处于闲置状态，除中国工业博物馆外，还有二手车交易中心、彤天检车线等零散功能分布。由于缺乏统一有序的功能更新，因此地段内功能混乱、建筑闲置、环境品质低劣，对工业遗存造成了巨大损坏。

（2）现状建筑分析

地段内现存建筑物保存完整且质量较好，建筑形式基本都是20世纪中期的传统工业建筑形式，有办公楼、生活综合楼、生产厂房和特殊的建（构）筑物，如天吊、储油罐、铁路专用线等工业设施设备。前者空间规整、坚固，后者特征独特、标识性强，都具有较大的空间再利用价值。

（3）交通现状分析

地段所处位置交通便利，位于北一西路和卫工北街的交会处，西与西北二环快速路和重工北街相邻，南与建设西路和地铁1号线启工街站相距约2.2 km，对外交通十分便利。另外，地段内有公交首末站一处，周围还有175路、303路、176路、277路等多处公交站点，公共交通便捷。但是，由于三个地块相对独立，地块间支路的联系被阻断。

2. 面临的现实困境

（1）现状空间系统破碎化

在对研究地块进行实地走访调研中发现：工业厂房布局紧密且边界封闭，导致地段内部及其周围的空间相对独立，且没有开放的公共空间；部分绿地由于出入口的限制，人们不能接近和使用，甚至有些绿地无法进入人们的视线内；一些工厂拆除后新建的小区采用封闭社区的形式，小区内部的景观空间与街道也处于隔绝状态。因此，在沿地段周围街道行走的过程中，工业厂区的封闭性使得供行人驻足休息的空间缺失，导致地段内步行环境枯燥无味，在旅游空间对步行环境要求极高的情况下，地段现状空间系统的封闭性现状亟须得到改善。

另外，地段与铁西区域内其他地段的更新缺乏协同性。随着铁西老工业区更新进程的不断深入，逐渐成功打造了铁西工业文化走廊、1905文化创意园、铁西工人村、奉天记忆等工业文化主题空间，也涌现了万达广场、红星美凯龙、星摩尔购物中心、龙之梦大都汇、铁西区森林公园、铁西体育场等现代化商业和文化集聚中心。这些更新改造为铁西老城区提供了新的体验与活力空间，在很大程度上促进了铁西老城区的转型。但是，类似的更新更像是点式更新，彼此之间缺少线性联系和空间呼应，整体空间布局的匮乏导致现状空间系统破碎化，这给铁西区整体工业主题旅游、创意产业的发展造成了严重阻碍。

（2）工业遗产资源保护和利用单一化

以由原沈阳铸造厂改造的中国工业博物馆为例，虽然博物馆本身具有很强的文化象征意义，其规模和藏品方面也在全国都占据一定的优势地位。但是，单一的文化展览功能对游客的吸引力明显不足，而且游客重游率很低。调查发现，高达91%的游客都是第一次来此旅游参观，而在另外两个项目——深圳华侨城创意文化园和沈阳1905文化创意园的调研中，这项数据分别是46%和49%，游客重游率很高，这得益于混合功能业态的布局能满足游客的多元生活需求。由此可见，单一功能无法起到由点及面的带动作用，地段更新亟须注入新的业态来激发区域活力。

3. 发展需求

（1）城市转型升级需求

铁西区自2002年实施"东搬西建"战略以来，原工业用地被重新规划为住宅、商业等用地，大量工业遗产在经济快速发展的背景下遭受了严重破坏。"老工业基地"作为铁西区的最佳名片，工业遗产的保护和再利用在其实现转型升级发展过程中占有重要地位。研究地段是铁西区现存为数不多的保存较为完整的工业遗产，并且处在铁西工业文化空间布局的重要节点上，因此地段的更新改造对于铁西区实现转型升级有着重要意义。

（2）社区居民的生活需求

随着大量工业遗产被拆除，诸多新建居住区拔地而起，地段周围2 km内就聚集了万科朗润园、万象府、美好愿景、方大胜景等大型楼盘，但相关配套设施跟不上，如公共绿地、教育设施等明显不足，社区居民的生活品质亟待提高。

（3）游客的旅游需求

以中国工业博物馆为核心的，沿卫工明渠分布的工业遗产是铁西区最具代表性的工业文化空间，但是除中国工业博物馆、铁西工人村、劳动公园等几处被更新改造以外，其他工业遗产存量用地仍处于搁置状态。对于致力于发展文化创意旅游产业的铁西区来说，旅游产品亟须丰富、多元化。

（二）设计目标和保护策略

1.设计目标

地段内工业遗存从工业文化历史特色出发，确立"追忆老工业基地历史，引领沈阳城市文化新地标"的设计理念，进而从追忆历史、文化引领、产品多元的角度，进一步明确地段的功能定位为旅游综合服务区、工业主题休闲园、城市文化新地标。规划基于游客的旅游选择偏好特征，充分考虑"设计艺术""怀旧情怀""文化体验""休闲交往""节点标识""新旧共生""空间布局"这七个关键影响因子对规划结构、业态布局、空间构建、景观塑造等规划设计过程的影响。首先，从整体性、系统性的角度对地段所在区域进行统一的梳理和规划，包括对历史文化、功能业态、空间结构等区域特色进行挖掘、梳理和保护，形成地段更新改造的本底框架；其次，结合地段内现存问题及面临的困境，在系统性规划的基础上，对微观层面的微更新要素进行挖掘和设计，形成系统层面和微观层面相互呼应的机制和效果；最后，通过可持续性更新保障机制的构建，引导不同更新主体形成合力，共同推动地段内工业遗存的更新改造，从而实现文化延续、动力激活、品质提升的有机结合，最终达到循序渐进的有机更新效果。

2.保护策略

在前文对研究地块范围分析总结的基础上，还需从城市整体发展的角度出发，将周边区域纳入统一的规划体系，形成上下统一、合理有序的规划设计方案，以确保地段内工业遗产的更新保护工作与城市发展建设协调一致，使方案更具可实施性和可持续性。

首先，明确其在历史、空间、人文等方面的价值和保护意义。铁西老工业区是沈阳乃至全国近现代工业发展历程的缩影，地块及其周围的工业遗存则是反映铁西工业特色文化的重要载体，是这段历史的印记代表。地块内的工业遗存保存较为完好，是铁西老工业区珍贵的历史遗存，合理的更新保护不仅可以增加沈阳的城市空间特色，还可以促进周边环境的改善和基础服务设施的配套。老工厂带来新业态、新形象，在改善城市空间形象的同时创造经济效益，有效促进盘活铁西的存量土地。铁西老工业区是无数工人的精神寄托，他们在那里奉献了青春、汗水和智慧，长久的生产和生活形成了独特的工业社区意象和氛围。地块内包含了生产、生活、办公、休闲等空间，保留了较为完整的场所信息，适合打造工人感情维系的纪念地。

其次，确定地块的保护结构。三个小地块虽然属于不同的工厂，也有城市道路阻隔，但是在地块西北部保留有一条工业区铁路专用线，依次经过位于北部的两个地块。因此，规划保留铁路专用线作为主要联系空间，通过保留沿线重要的生产设备和建（构）筑物，塑造工业文化景观轴，这样不仅使原本相对独立的地块形成了统一整体，还延续了区域工业文化脉络，保护了生产空间和生产流程艺术的完整性、真实性。另外，辅以两条空间轴线共同形成地块"一轴、五区"的总体空间布局。"一轴"指工业文化景观轴，"五区"指旅游综合服务区、博览展示区、创意文化区、公共休闲区和综合配套区。

（三）系统层面的控制和保护

由于历史原因，铁西老工业基地整体面貌已遭到严重破坏，大量工业遗产被现代化小区取代。研究地段是铁西现存的为数不多的保存较为完整的工业遗存区，地段内现有中国工业博物馆，是在原沈阳铸造厂一座生产车间的基础上扩建而成，其内部设置的铸造馆、铁西馆等内容不仅展示了铁西老厂区的空间结构、生产流程、铁西发展历史等内容，还延续了属于那个时代的精神寄托和历史记忆。地段外部有大成火车站、沈阳热电厂、卫工明渠等工业遗存与之紧邻，但是由于缺乏统一的规划和保护，现状遗产资源分布不成体系，历史脉络不明显。

针对地段及其周围现状问题，首先规划梳理现存工业遗产的文脉空间，在加强遗产保护的同时确定地段更新保护的骨架，为后续遗产更新预留延续空间；其次针对文化空间和重点发展的旅游空间进行有机织补，使文旅功能相互融合；最后梳理出地段内的空间特色，为微观层面的更新设计提供改造建议。

1. 地段文脉的现状与延续

研究地段的文脉现状可以从宏观、中观、微观三个层次进行解读。①宏观层面。地段处于沈阳铁西老工业区，东侧紧邻卫工明渠，南侧与建设大路以南的工人生活区相呼应，北侧与大成火车站相邻，四周环绕着充满工业区气息的街道——卫工北街、北启工街、重工北街、肇工北街等，再加上周围现存的工业遗存，共同赋予了地段厚重的工业历史文化氛围。②中观层面。地段位于沈阳市卫工历史风貌区内，紧邻沈阳热电厂、红梅味精厂建筑群、沈阳电力机械厂、大成火车站等工业遗存，工业遗产资源丰富。③微观层面。地段内工业遗存集中连片，保存质量较好，并且现有大型博物馆一座，使该地段具备优良的更新改造条件。

基于研究地段的文脉结构分析，深入挖掘其物质和非物质性遗存，重点从三个方面着手来延续其核心文脉空间：一是充分利用卫工明渠沿线重要工业文化节点的地理优势，以卫工明渠为联系纽带，与卫工明渠沿线的重要工业遗产空间紧密联系，并且可以渗透到建设大路以南的工人生活区，对后续打造卫工明渠工业文化长廊起到触媒带动作用；二是以地段内的铁路专用线遗存为主线，规划为地段内主要的联系空间，并且向外衔接，可以与其北侧的大成火车站和东侧的沈阳热电厂形成空间上的延续；三是地段内有成熟的更新案例可供借鉴，中国工业博物馆作为全国首个以国家命名的工业博物馆，足以作为触媒节点来组织地段内甚至区域内的功能、文化、空间布局，更好地延续地段的历史文脉。

2. 文旅融合的功能网络梳理

在地段文脉分析与设计的基础上，依据研究区域内现状条件及工业遗存的特点，结合前文关于游客工业遗产旅游偏好特征的分析结果，引导地块形成"一带连四廊"的文旅融合功能网络，以此融合文旅功能。其中，"一带"指工业文化景观带，重点打造工业文化产品和绿化休闲服务功能；"四廊"指四条特色功能廊道空间，根据地块内工业遗存的空间特征和保留的历史信息，分别规划创意产业工坊、旅游综合服务园、综合配套园、博览展示园四大主要功能区。然后，利用中国工业博物馆的触媒作用，植入与旅游相关的特色功能和产业，提升旅游服务品质。一方面，改善目前仅有一座博物馆支撑的单薄的旅游产品，通过文化和旅游功能的融合，织成一张成熟的旅游功能网络，给游客带来多元化的功能体验；另一方面，激活带动新产业、新动能的发展，进而吸引青年人才回流，改善区域内的人口结构。

另外，规划方案着重考虑了旅游标识系统的建立。沿着"一带连四廊"的文旅融合功能网络，挖掘出天吊、吊车、冲天炉等生产设备遗存，以及厂房、办公楼等特色建筑遗存。一方面，挑选位于重要网络节点的特色工业遗存，通过改造使其成为重要的节点标志物；另一方面，设置工业文化雕塑小品、娱乐设施来增强场所的历史感、文化感。重要节点标志系统的建立不仅为游客提供了更直观的旅游导向，增强了场所的可识别性，还提升了场所空间的独特性和欣赏性。

3. 空间特色的提取和保护

根据实地调研结果，依据保护对象本身具备的历史、文化、艺术、经济等价值的高低进行筛选，分为强制保护、重点改造、建议保留三个保护级别。

（1）强制保护

筛选原则是现状遗存保存质量好，具有较为突出的历史文化价值，或者是设计艺术上很有特色，能够反映工业遗产的时代特征，同时又不会对地块后续的更新改造工作造成较大阻碍的建（构）筑物遗存。这类建（构）筑物的保护具有强制性，要求必须保护建（构）筑物的原状，包括建筑形式、空间结构、周围环境等，一些重要的生产设备应原址保留。在不改变保护对象原貌的情况下，也可以进行适当的修缮和功能置换，使老建筑焕发新生。这类建（构）筑物包括中国工业博物馆、生活综合楼、天吊、铁路专用线等。

（2）重点改造

筛选原则是现状遗存保存质量较好，具备一定的风貌特色和保护价值，改造后可以对地块空间特色塑造产生积极影响的建（构）筑物遗存。这类建（构）筑物在研究地块内占大多数，方案设计中对这类建（构）筑物进行了重点改造，在不改变原空间架构的基础上，通过植入现代元素来改善空间面貌，并形成历史与未来、传统与现在交融的场所空间。另外，规划方案还把废弃的场地利用起来，或改造成公园，或改造成广场，或改造成庭院，在建筑密度较高的厂区里增加公共空间的覆盖范围。

（3）建议保留

筛选原则是具有一定保护价值，但是保存质量较差，现状损毁严重，而且对周边工业遗存的更新保护工作会造成较大影响的建（构）筑物。方案设计中遵守修旧如旧的原则，尽量不予拆除，而是通过立面改造、结构加固等措施，在保留工业遗产特色风貌的基础上使之适应现代生活所需的功能。确需进行拆除处理的，规划方案应结合周围条件，赋予其工业主题公园的新功能，同时又不完全脱离工业文化主题，帮助其完成"旧址新生"的蜕变。

（四）微观层面微更新要素的挖掘与设计

基于系统层面的整体梳理，从场所修复、功能完善、空间重构等视角进行设计方案的深化和完善。根据场地特征、建（构）筑物的风貌特色和空间现实需求等因素分别赋予其具体的功能特质，用设计手段来安排特色项目合理落位，希望借此由点及面地激活地段发展动力，更好地传承地段文脉特色，以完成对地块"修复、完善、提升"的更新目标。

1. 工业艺术与场所文化的修复

场所文化的表达需要以工业艺术等实体为载体。规划方案也综合了物质性要素和非物质性要素遗存，通过设置核心文化主题对重要场所进行针对性修复，以此来充分发掘地段内工业遗存所蕴含的历史信息。规划重点对工业文化景观带、创意文化区、旅游综合服务区、博览展示区等四个重点区域开展修复提升工作，恢复地段的工业文化场所形态。

（1）工业文化景观带

规划依托铁路专用线及其沿线的建（构）筑物遗存，致力于打造工业文化主题景观带。从东北角的冶金公园开始到中国工业博物馆的入口广场，利用场地内遗存的铁轨、天吊、生产设备等，沿线分别设置主题雕塑和广场，在铁路线两侧以壁雕、实景雕塑配合废旧的工业设备为艺术手段，形成具有主题性的连续景观，并附带铁西工业发展历史简介，再现老铁西的故事，以增强其工业文化特征。

（2）创意文化区

规划充分利用地块内的特色建筑和大面积空地，将建筑改造为艺术家工作室、创意产品展厅，将空地改造为工业艺术展示广场、绿地等空间。另外，在地块中间新增一座建筑，建筑形式延续周围建筑特色，并且具有现代感，在历史场所中增添了现代文化气息。

（3）旅游综合服务区

以旅游服务中心为核心，结合周边铁轨、绿地、广场、博物馆、展览馆等游客聚集度较高的区域，形成铁西工业文化旅游综合区，打造铁西工业遗产旅游新名片。

（4）博览展示区

依托中国工业博物馆所形成的文化展示场所氛围，规划设置铁西工业产品展览馆一座，整合周围废弃场地，将其改造为工业主题广场，形成集铁西工业历史文化和现代产品展示于一体的工业博览展示场所，塑造铁西工业遗产旅游的门户形象。

2. 文化体验与休闲交往功能的完善

为了更好地提升游客的旅游服务体验，规划将能提升工业文化体验和满足游客休闲交往需求的功能作为特色旅游产品植入更新地块。根据地块主题功能分区，规划将功能业态分为文化业态、商业业态、休闲业态三大类，采用工业艺术文化与现代生活相结合的功能置换策略，将不同功能混合植入各功能区，以达到延续工业文化和增添时尚气息的双目标。

（1）文化业态

规划设置有中国工业博物馆、铁西工业产品展览馆、工业文化创意工作室、工业主题公园等工业文化业态，还有东北地方特色手工艺品制作和售卖室、民俗文化体验室等地方特色文化业态。多样化的文化业态设置可以给游客带来更为丰富的旅游体验。

（2）商业业态

规划引入文创精品店、特色民宿、茶馆、酒吧、会议报告厅、特色小吃店、特色餐馆等业态，这类中小规模的商业业态能适应各类主题功能，因此将其混合分配在各个主题功能区，能满足游客在不同主题区域游览时的多重消费需求。

（3）休闲业态

休闲业态是为了满足市民的日常休闲需求，是提高游客重游率的关键所在。规划设置主题公园、主题广场、工人活动中心等业态，给游客提供室内和室外的休闲交往空间。同时，利用室外休闲空间打造游览路线，在广场和景观带沿线设置旅游标识系统，为游客创造更为舒适的游览条件和环境。

3. 空间面貌的重构与提升

规划从建筑单体改造、生态景观修复、节点标识提升三个方面来改善地段的现状空间面貌，全方位提升游客的工业特色空间体验。

（1）建筑单体改造

建筑单体的改造采取"修旧如旧"的原则，对建筑内外部空间进行翻修，外立面材质尽量利用之前周围工业遗存拆除后保留下来的同类材料，材料不足的地方采用当地类似材料代替。在对建筑局部进行微更新时，适当融入现代材质元素，增添地段内的时尚感。对于新建建筑，一方面要延续历史文脉，空间尺度、立面样式、材质等要汲取周围建筑元素；另一方面要凸显现代气息，塑造历史与现代、对立与统一的载体，打造丰富的视觉效果。

（2）生态景观修复

在绿化设计方面，规划了铁西冶金公园来弥补地段绿化缺失的现状；对铁路专用线一带进行了绿化改造设计，以提升地段绿化覆盖范围；组团建筑经改造后形成的院落空间也进行了绿化设计，形成从园林到院落的绿化组织层次。在空间景观设计方面，主要是对局部建筑外立面和空中连廊进行绿化设计，在钢铁、砖块和水泥组成的生硬空间里，植入绿化可以消除空间的单调性。

（3）节点标识提升

规划结合游览路线，对入口空间、联系空间、停留空间等节点位置进行精心设计，通过设置牌坊、雕塑小品、喷泉、指示牌等加强空间的可意象性，同时也塑造了节点处的场所感。

第二节 保定化工二厂微更新设计实践

一、保定化工二厂项目概况

（一）区位环境分析

保定化工二厂位于保定市莲池区三丰中路与长城南大街交叉口附近，建于 20 世纪 60 年代，主要生产糖醇及化工原料。随着城市的发展，传统工业退出市场，保定化工二厂于 20 世纪末关闭后闲置至今。工厂附近建有大量的居住社区、学校（中学、小学、幼儿园）、商业广场等，人口较为密集，组成较为复杂；北侧及西侧紧邻城市道路，其四周均有公交站点分布，交通可达性较好；临近府河、府河公园及拓园等，共同构成区域绿化格局。此外，该场地位于历史古城风貌区，西北侧有古莲花池、直隶总督署、钟楼等历史保护建筑。场地内部则分布多栋建筑、大量公共空间及水体、交通轨道、生产机器等构筑物，在植物及化学物质的长期影响下，老化损坏程度不一。

（二）项目背景

保定市位于河北省中心区域，也是京津冀地区的中心位置，是中国典型的中型城市，其发展潜力及新型城镇化质量均位于中小城市前列，城市发展速度较快。保定之名取自"保卫大都，安定天下"，自古便是京畿重地，到近现代成为"首都南大门"，素有"北控三关，南达九省，畿辅重地，都南屏翰"之称。截至 2019 年末，保定市常住人口 939.91 万人，其中城镇人口514.04 万人，城镇化率达 54.69%。

在工业发展方面，2019 年保定市全部工业增加值比上年增长 3.1%，规模以上工业增加值增长 2.6%。其中高新技术产业增加值增长 2.8%，占规模以上工业增加值的比重为 49.4%；汽车、新能源、纺织、食品和建材等五大主导产业增加值增长 0.6%，占规模以上工业增加值的比重为 59.4%。可以看出，保定市传统化工工业及重工业发展步调减缓，高新尖工业发展速度较快，汽车相关产业成保定发展支柱。

在自然资源方面，保定市位于海河流域大清河水系的中上游，水系较为丰沛。在气候方面，保定市是暖温带大陆性季风气候，其主要特点是四季有明显区分，冬季寒冷干燥，夏季高温多雨，雨热同期，降水季节分配不均匀，季风性显著。

在植物品种方面，丘陵和平原主要种植用材林和经济林，市内林木多为槐树、杨树、梨树等落叶乔木和雪松、侧柏等常绿乔木，灌木主要有小叶黄杨、紫丁香、连翘、紫叶小檗球，周边山区则种有枣、柿等经济林木。

（三）历史沿革

先秦时期，此地河流交汇，水草丰美。燕昭王选在今保定市中心东五里处，建造最早的城池。从此以后，保定便成为兵家必争的军事重镇。

从信都国的保定县、北宋时期的保塞县、宋金时期的保州、元朝的保定路到明朝的保定镇，经过历代管辖变革，保定的范围也逐步确立。清康熙八年（1669年），直隶巡抚由正定迁移至保定，保定成为直隶省会；清雍正二年（1724年）改直隶巡抚为直隶总督；清雍正十一年（1733年）建莲池书院；清同治九年（1870年），李鸿章任直隶总督，于城内西南角建淮军公所。中华人民共和国成立后，保定市延续省会身份，河北省人民政府在此成立，1968年迁出。

1994年12月，经过建制和区划的调整，保定市和周边区域合并，组建全新的保定市，在后续发展中承接北京部分行政事业单位、高等院校、科研院所和医疗养老等功能。

（四）文化特色

1. 名胜古迹

保定拥有三千年的建城历史，其历史建筑遗产十分丰富，历史文化源远流长。例如，有"不到大慈阁，何曾到保定"之说的大慈阁、全国十大名园之一的古莲花池、我国保存最完好的清代省级衙署——直隶总督署，以及驰名中外的清西陵等。

保定有"红色之城"之称，中国北方最早的红色政权——中华苏维埃阜平县政府就在保定成立。此外，保定还有冉庄地道战遗址、狼牙山五勇士纪念塔等革命纪念地。

2. 民间文艺

保定民间艺术具有深厚的积淀，其中保定老调从元代时尚小令"河西调"

变化而来，是河北省古老的地方剧种之一，也是保定特有的地方戏曲声腔剧种。此外，还有流传于涿州、定兴等地的涿州皮影，由宫廷舞演变而来的寸跷等。

3.手工艺品

保定手工艺品的种类较多，包括雄县黑陶、白沟泥人、曲阳石雕、易水砚、保定铁球等。最负盛名的白沟泥人产于白沟镇，起源于清代，在乾隆时期最为兴盛。此外，保定铁球是保定传统的汉族工艺品，主要功能是舒筋活络、强身健体。

二、保定化工二厂的现状

（一）自然条件及环境污染问题

1.土壤及水体环境存在不同程度的污染

厂区内蓄水池等生活水池常年经过雨水冲刷布满青苔，而冷却池等工业水池中废水主要包含糖类、醇类等有机物。此外，微生物滋生有害藻类侵占水体，会散发刺鼻性气味。由于长期的生产，土地板化严重，化学物质含量超标，通过大气沉降及雨水作用，地下水也可能受到影响。某些化学物质在微生物作用下转化为毒性更强的化合物，危害人们的健康。

2.植物缺乏养护管理，绿化配置不合理

常年未修剪的植物生长杂乱，侵占广场铺装及路面，场地内无法顺畅通行。由于风媒作用，植物种子进入建筑内肆意生长，为建筑结构埋下安全隐患。化工二厂植物组合缺乏多样性，现有植被多为适应场地环境的乡土抗性植物，同一化的现象导致视觉景观观赏性较差，不能满足多重感官需求。此外，植物群落单一，生态系统不稳定，导致环境效益及生态效益不佳。

（二）构建物及基础设施问题

第一，建筑质量差。化工二厂长久荒废，建筑及构筑物等缺乏维护，呈现不同程度的老化破损，建筑外立面、楼梯、门窗及横梁破损情况严重，可能引发安全问题。

第二，厂区原有的配套设施较为单一，现有的照明、标识设施破损严重，无法正常使用。此外，缺乏服务类设施、教育类设施，不能满足使用者的需求。

第三，建筑间距不合理，原宿舍及食堂区域存在一定的消防隐患。

第四，现有的建筑、基础设施等缺乏关联性，使用空间破碎化严重。

（三）公共空间问题

首先，活动场地局促受限。化工二厂内未能发现成体系的活动空间，现存的小型游园被植物侵占，几乎没有可活动的绿地空间；活动广场空间没有空间关系组织，完全开敞的场地缺少活动区分；可供休息的场地较少，仅有少量的石质座椅位于道路两侧。

其次，大量场地和主要道路被侵占，成为堆砌废弃原材料的仓储用地，缺乏展开多样化活动，如运动、集会、科普的空间，不能满足各类使用者的需求，空间吸引力不足。

（四）交通系统及功能结构问题

闲置多年的厂区出现了功能和结构上的衰败，具体表现如下。

1.道路不成体系

化工二厂外周边的公共交通系统的可达性一般，多为市区长线线路，较少为市区短线线路；场地内部出入口闭塞通行不畅，原有道路以运输车辆为主且未设置专用停车场，多数运输车辆停放在路旁和空地，导致内部步行空间被挤压、人行系统不连贯、日常活动空间被占据；机动车道与建筑间缺少绿化环境的过渡，人车混行，出行安全无法得到保证。

2.功能组织单一

原有厂区场地主导功能以工业生产为主，其他功能空间压缩严重。现有的功能业态单一不足以吸引人，发展动力丧失，导致历史遗产很难得到深入的保护和利用，工业风貌特色难以得到充分展示，衰败迹象非常明显。

（五）场所精神及文化内核问题

化工二厂是保定工业发展的重要遗迹，承载了重要的地方记忆，而工人长期使用后的痕迹及发生的相关文化事件是场所精神的具体载体。因年代久远，物质载体如宿舍及实验楼长期荒废，被列入轻微危房；基础设施的外立面遭到破坏，生产过程的特色构筑物由于雨水侵蚀作用也锈迹斑斑；其他厂房也被人占用或荒废，整体历史风貌丧失，工业建筑遭到破坏。使用者作为精神文化的传承者，能源源不断地迸发新活力，但工厂自遣散员工后长期无人使用，缺乏管理而陷入恶性循环。实质环境丧失吸引力，人流量骤减、空间活力降低导致文化内涵丧尽，场所精神消散，只有稳定的场所空间才可以聚集文化精神。

三、保定化工二厂的微更新设计策略

（一）自然环境污染治理

1. 水体系统净化

场地位于一亩泉河—府河生态水系上，政府对水排放的管控严格。厂区内废弃的蓄水池等蓄水装置，以及冷却池及净水池等生产装置对园区内水体景观的营造起着至关重要的作用。应遵循现状自然肌理，利用现有水资源营造尺度丰富的水景，增强水体间的系统关联，构筑一脉相承的水景体系，具体改造策略如下。

在景观形态上，保留场地水体的人工硬质驳岸形态，部分老化严重的驳岸可改造为毛石、石笼驳岸，延续风格的整体性。

在功能性上，无污染的场地池塘适宜打造为戏水池或镜面池，满足观赏性和亲水性；净水池及冷却池等生产装置为遏制面源污染并维持水体环境的良好状态，利用植物、微生物及其他基质串联小型缓冲带，从上至下的结构分为种植土层、砂层、砾石层，其中均匀布置导流板，使水形成上下回流的形式，打造连贯的湿地体系，起到净化雨水径流和改善水环境的作用；在较深的蓄水池装置中可以构建生态塘复合系统，引入多种动物形成稳定的生物链，食物链的物质迁移、转化和能量的逐级传递、转化，对水体水质进行进一步净化，该模式具有较强的抗冲击能力，可以稳定地维持水体环境。

2. 土壤环境整治

明确划分化工二厂土地等级，进行分类整理。在公众参与的过程中，严格限制较高风险区的进入，以隔离手段为主，防止公众对污染物的接触。在生产厂房等中度污染区域需要采用活性炭、赤泥陶粒吸附剂等物理方式结合植物吸附等生物方式，同时展开修复，还可循环利用吸附后的赤泥陶粒，作为景墙、雕塑的建筑材料。在低污染及无污染区域，首先将苜蓿和杂草捣碎同肥料和砂石材料进行搅拌，覆盖于场地需要植被种植的角落，一方面能增加土壤的厚度，另一方面也可为植栽提供必要的养分。后续可安排苗圃种植等互动体验项目，作为公众介入再生过程的方式。

3. 植物配置，推动自然环境演替

在自然环境修复的过程中，植物占据很重要的地位，它包含植物萃取、植物转化、根滤作用等不同机制。应密植抗性较强的乔灌木，加强场地安全防护；适当保留厂区原生植物，选择观赏性和耐性兼具的植物合理栽培，如大叶黄杨、月季、杜鹃、悬铃木、槐树等。充分利用植物的生态作用推动生态环境的自然演变更替，通过建立纵向乔灌草花的复合结构，结合丰富的地形差营造舒适的小气候环境，既能满足美化需求又可以全面提升环境效益。项目场地主要采用三种植物种植模式，即局部点状营造、线状空间重塑、片状多层混交。

（1）局部点状营造

在局部重要的景观节点，整合植被情况，清除现状节点的杂草并保留生长势头较好的悬铃木等乔木，延续场地的自然美；利用花果叶的不同色彩，以及四季不同植物的特性，合理增植特色树种；注意植物群体与单体树的相互关系，可选取侧柏作为单体树，在秩序美中突出单体树的焦点作用；建筑节点可保留既能遮阴又有美化作用的爬山虎，并补充丁香、紫薇等灌木，丰富竖向空间。

（2）线状空间重塑

通过植物明确场地边界，密植乡土树种打造带状空间，点缀彩叶树，凸显植物整体基调。原有道路两侧绿化分布泡桐和国槐等乔木，但植物群落层次较为单一，灌木种类极少，草本植物则多为长势杂乱的狗尾草。在保留绿化带现有乔木基础上，清理狗尾草等杂草，增植树形挺拔的乔木毛白杨、观花植物紫叶李、花色丰富的大花萱草等灌木和易生长的蒲公英等草本植物。

（3）片状多层混交

片状空间多分布在建筑间隙、游园绿地、湿地花园及停车场空间等区域，应保留原有乔木，最大限度地减少投资；选取耐性较强、观赏性较佳的黄栌、刺槐、五角枫等树种穿插种植；为增加物种丰富度，形成层次丰富、四季均有景可赏的景观，种植千屈菜、美人蕉及紫穗槐等植物。此外，在湿地区域考虑植物净水效果的同时，种植观赏效果佳的细叶萼距花、剑兰和养护成本较低的芦苇、香蒲等水生植物，兼顾生态及景观效益。

在场地主要的观赏路线上也需要利用不同植被的特性构建多层次的观赏景观，营造良好的生态环境并体现不同类型的自然意境，以此引导游客的游览路线。科普教育观赏路线是重点植物地段，在植物的选择上着重突出乡土特色并附上展示说明，这样游览者不仅可以了解工业文化的历史，还可以学习植物相关知识。另外，在靠近主路的北侧及西侧出入口附近种植有滞尘作用的树种，如元宝枫、栾树等。

组织园艺种植活动并鼓励周边民众参与。一方面，要确保植物能在特殊土壤中存活，需要在场地搭建小范围实验苗圃，由专业人士定期维护和管理，最终选取适合的植物种进行批量种植；另一方面，在污染程度较低的区域可以开放种植区，附近居民可以领取种子进行播种，负责浇水、施肥等活动，参与植物成长全过程。除人为播种外，还可以采用草花自播及混播模式。此外，专业人士还需负责观测天气数据明确需水量，通过滴灌、喷灌等方式，尽量提高植被的灌溉效率。

（三）疏通线性系统，重塑功能结构

1. 贯通交通系统

场地北侧紧邻城市主干道——三丰路，南侧紧邻住宅，东西两侧进出通道堵塞成为断头路。出于对场地流线和流量方面的考量，将北侧设置为主出入口，东侧改为车行出入口，西侧为人行次出入口，改善原有边界的封闭性，提升与区域环境的连通性。通过规划引导人车分流的路网系统来划分场地内的活动流线，在场地内部增设适当的慢行步道、骑道行及游园小径，丰富游览方式，为使用者创造独特的游览体验的同时，增强游客与自然环境的联系。

此外，在东侧设置机动车停车场，亦是消防通道的入口，以满足停车及消防安全需求；在北侧边缘空间设置自行车停车场、无障碍轮椅租借中心，以满足弱势群体和骑行族群的游览需求。

2. 协调厂区功能，丰富厂区业态

通过对化工二厂结构化设计所形成的"双横双纵三区"的整体结构意象

进行分析，提出以下三个策略：①塑造城市文明展示及工业文化展出功能相结合的文化输出产业；②引入各类与工业元素结合的创意产业，如化工生产体验馆、甜品店、咖啡吧等；③打造以植物为纽带的极具传统文化气息的文化生态景观区域。

将厂区分为三个主要功能区——展览科普展览片区、文创商业片区和休闲游览片区，可以承载不同的功能特色及活动形式，衍生出更有朝气、更有生命力的业态经济，提升化工二厂的空间质量。

（1）科普展览片区

工业文化是化工二厂的基础和脉络，如何强化吸引力维系脉络延续，是化工二厂持续发展的关键问题。在不影响公众的前提下，保留传统肌理和工业生产线机器，利用周边优质的景观资源、历史资源，组织多元的展览活动，优化原有的单一功能，既可以吸引原职工又可以吸引学生等其他人群；改造片区内工业建筑的内部结构，维护、修缮建筑立面，还原传统建筑风貌并优化建筑外部景观环境；结合工业构筑物及水环境，安排设计丰富的游览体验，从而使人们更真切地了解工业文化。

（2）文创商业片区

基于保定市的历史文化和工业文化，依托厂区建筑及室外空间，开展更丰富的旅游活动。引入制作体验、文化体验、书画绘制等创意产业形式和城市文化展示活动，在谋求更多类型产业入驻的同时，对化工二厂的工业文化加以传承。修复现有办公楼后进行招商引资，在引入小型文创店铺的同时，也要引入适合大众休闲交往活动的餐饮、茶馆、咖啡馆等商铺和满足日常需求的小型便利店，最终实现化工二厂文创商业功能区域的新生。

（3）休闲游览片区

休闲浏览片区的打造主要以开敞空间及绿地空间作为重要载体，旨在重新构建化工二厂的娱乐体系、景观体系和活动体系，将化工二场打造成保定市极具特色的地标式文化名片。在开敞空间置入特色的电子互动设施、集市摊位，并组织公众参与彩绘、拼装、公益交换等活动，打造具有互联网时代特色的观赏空间。结合植栽丰富、配置形式多样的自然环境，使该区域成为公众进行日常休闲娱乐、集体活动的空间。

第三节　长春拖拉机厂微更新设计实践

一、长春拖拉机厂工业遗产保护现状分析

（一）调研对象的选取

1. 对象概述

中华人民共和国成立后，长春西郊建立了中国第一个汽车制造厂。1953年，长春被列为国家第二大类重点建设城市，工业分布大致分为四个区域：东部主要包括吉林柴油机厂、长春拖拉机厂，以及建筑医药行业；北部以长春客车厂、食品厂为主；西部以汽车制造业和纺织工业为主；南部主要包括教育单位、科研单位。至此，形成了工业包围城市的格局。

2. 调研方法及内容

满足居民需要是创造理想城市的基础。笔者对长春拖拉机厂周边群众和荣光路以南社区进行实地走访调查，调研共制作50份调查问卷，采取随机发放的形式，回收有效问卷50份，有效回收率100%。通过调查问卷反馈，77%的受访者认为长春拖拉机厂可以代表长春当时的工业文化，80%的受访者对厂区内保存完好的厂房等实体项目的保护表现出相对较高的重视度。对相关领域专家发放了13份问卷，回收有效问卷9份，有效回收率69%。通过调查问卷可以了解专家对长春拖拉机厂的客观评估，对拖拉机厂的保护与再利用工作提出宝贵意见。调查问卷的数据总结情况表明，长春拖拉机厂在该区域内有着很高的关注度，群众对该地段的工业遗产表示强烈认同。

（二）长春拖拉机厂现状调研

过去，长春拖拉机厂实行封闭式管理，工厂内部的交通运输系统并不合理。厂区紧邻吉林柴油机厂，导致主要道路过于狭窄，没有与城市道路形成有效的交通联系网络。厂区只有南北两个出入口，周边路网密度较小，从而形成城市孤岛。厂区内部道路除了中央景观大道保存完好，其他街道都缺乏有效管理和维护。工厂周围公共交通线路较少，交通运载能力较差。

从静态交通的角度来看，厂区周边的人行道已经被破坏多年，被违建侵占。目前，人行道多被汽车维修车间侵占，路面随处可见的机油、废弃的汽

车配件等给附件居民带来环境品质差的感官。周边停车设备不足、道路宽度不够，道路混用现象十分严重。

工厂周围和内部的物质环境恶化非常严重，缺乏必要的公共开放空间和商业配套服务设施。目前，该地段人流量稀少，拖拉机厂厂区完全独立于当前环境，与周边的相邻社区缺乏有效的交通网络，相关配套设施也因年代久远而陈旧不堪。

（三）长春拖拉机厂主要问题分析

拖拉机厂周边企业众多，缺乏统一规划与管理，尤其是已经荒废的旧厂房因缺乏保护与维护而与周边环境格格不入。周边地区环境品质参差不齐，地段周边配套设施不完善。厂区内部老化严重，厂区周边公共活动空间较少，交通网络不完善，不能满足居民的基本需要。

在社会发展过程中，企业被淘汰本是无可厚非的，但其遗留下的物质载体如何加以保护再利用，则需要慎重考虑。长春拖拉机厂的工业遗产资源是不可再生的，结合前期调研的反馈结果来看，其并不适合简单的商业开发。作为重要的工业产业，长春拖拉机厂是过去辉煌历史的物质见证，其工业遗产资源有待保护与更新，为长春的城市发展注入新活力。

二、基于微更新的长春拖拉机厂保护再利用设计实践

（一）保护的目标

长春是一座拥有 200 多年历史的城市，然而国内学者对长春初期的现代工业遗产保护与更新工作的研究相对较少。在工业遗产保护再利用的过程中，尝试践行城市可持续发展的新模式，可以为今后的保护与更新工作提供一定的理论支撑。本节从工业遗产的保护与再利用的更新角度出发，深层次挖掘长春拖拉机厂的工业遗产价值，从多层次、多方位的发展角度思考，形成相对完善的保护体系。同时，依据我国工业遗产保护与更新的现状，基于工业遗产保护与更新的原则，结合厂区实践调研结果分析，为长春拖拉机厂保护与再利用的更新工作制定渐进式微更新改造方案。

（二）保护与再利用思路的形成

1.深度挖掘东北老工业基地旅游资源

长春作为东北老工业基地之一，具有鲜明的大都市逆工业化的特点，虽经历国有工业企业的破产，但其过去的辉煌深深印在了那一代人的心里。利用好长春工业遗产众多的优势，充分利用现有资源挖掘东北老工业基地开展旅游事业的潜力，在一定程度上可以扩大就业、改善人民生活，并恢复城市历史文化记忆。长春拖拉机厂可以结合自身区位优势深度挖掘旅游资源，进而发展工业旅游。可从旅游景点和旅游线路两方面开发创新，提升文化品位，提高自身形象，促进城市从传统重工产业向现代服务业的转型。

旅游型老工业区更新改造的例子不胜枚举。例如，德国鲁尔区的更新改造，其工业遗产旅游的成功改造经验值得借鉴。19世纪中叶，鲁尔区开始发展采矿、钢铁、化工、机械工程等重工业，鲁尔区的重工业生产总值占了该区的一半以上，成为德国最重要的工业基地。1950年以来，石油危机给煤炭行业带来巨大挑战，导致长期的钢铁危机。采矿、钢铁、化工、机械工程作为重工业独特经济结构的重要组成部分，其单一性等缺点也暴露出来。地区的经济受到打击，经济衰退、失业率上升、人力资源迁移、环境污染等问题接踵而至。20世纪90年代，鲁尔区开始更新改造工作，出于对传统工业文化的尊重，基本在保留工业区原貌的基础上进行微观更新，从治理污染、改善城市环境和全面调节产业结构等多方面入手，依托新兴产业转型的成功使鲁尔区成为一个环境宜人、功能丰富且充满活力的城市。

2.整合城市开放公共空间网络

长春市工业资源丰厚，在原有体制下，各企业独立发展，缺乏统一管理。长春拖拉机厂内部实行封闭管理，间接导致公共空间的缺失。厂区周边公共活动空间较少，地段周边小区也都是封闭化管理小区，它们的内部公共开敞空间不能与拖拉机厂有效联系起来，不能满足周边居民的基本需要。在拖拉机厂工业遗产保护再利用的过程中，为满足路段周边社区公共空间需求和周边居民需求，拖拉机厂内的空地可以改造为公共空间。厂区内部现有两个开敞空间：一个为存放原料用地，规模为 160 m × 160 m；另一个靠近荣光路尽头，规模为 130 m × 160 m。旧工业厂区转变为公共空间的例子有很多，下文详细介绍长春水文化生态园（以下简称"水文化园"），希望能为城市更新过程中公共空间的开发带来一些思路与启发。

水文化园占地约 30 万 m^2，前身是为长春市提供生活饮用水的南岭净水厂，一直使用到 2015 年才因搬迁而关闭。2016 年，南岭净水厂更新改造工作被政府提上日程。为适应城市发展的新要求，在更新过程中，设计师对原净水厂工业遗产的历史信息进行充分挖掘，对原生产设备，如生产水塔、龙门吊起重机和其他机械设备进行提炼与保留，最大限度地传承过去工业文明的历史记忆。厂区的植物群是在原地域自然条件和自然边界条件下自然生长植物与少量移植植物相结合构成的。对建筑的更新保护是在保留建筑原始结构基础上，通过添加和移除手段进行改造的，体现了原工业遗产新旧元素的对比与共生，使人们不仅在身心上得到放松，同时在精神上可以感受过去工业时代的气息。水文化园改造的成功主要有两个原因：一是政府的支持与引导，为长春水文化园成功转型提供强大的舆论支持；二是设计师对工业遗产保护理论和长春工业历史文化的深刻理解，为长春水文化园工业遗产的保护与再利用改造提供了较高的设计思维支持。水文化园的成功转型为人们提供了一个成功的范例。

3. 构建工业遗产主题博物馆

长春拖拉机厂地处长春市东北部，该地段紧邻吉林大路，吉林大路自西向东横贯长春，并连接环城高速。吉林大路是长春市的主要道路之一，因交通便利逐渐成了长春市重要的交通节点地段。但长春拖拉机厂因荒废无人管理，场地出租给附近的企业当作库房使用。良好的区位资源被浪费而无法得到有效利用，不能为该区域经济发展带来积极影响，长春拖拉机厂独特的工业历史文化气息也无法得到保留。因此，可以考虑建立工业遗产主题博物馆和相关服务设施，向外界展示一个有文化、有内涵的魅力长春。

4. 创意产业导入

长春市有着"汽车城"和"电影城"这两个独特的文化资源城市名片，更应该发展创意产业。长春拖拉机厂现有六座保存完好的建筑物，建筑内部空间跨度大，通过微小改动就可以投入使用，厂区内部景观与建筑的整合与重构性较强。

例如，798 艺术区的前身是北京第三无线电器材厂，倒闭后在 2002 年开始被关注，新兴设计行业、艺术工作室等产业租用其废弃厂房作为工作室。这些废弃的工厂被改造成新的建筑艺术作品，完成了历史更替与功能的完美转换。798 艺术区这一自下而上的发展模式，通过产业结构"进三退二"的调整，完成了对旧厂区工业建筑遗产的保护与再利用，既扩大了就业也振兴了经济，改造过程中既保留了工业遗产原貌，也适当融入现代艺术的新功能、新元素，在原有工业遗产的基础上，形成新旧对比。

（三）微更新视角下长春拖拉机厂改造实践

1. 城市公共空间

对长春拖拉机厂内的老、旧、受损建（构）筑物进行修缮维护与改造，利用场地周围的绿化，进行成本低、易实现、覆盖均衡等特点的微更新改造。在厂区内部建设公共空间，并对原有的荣光街、乐群街路段墙体进行修缮维护，对沿路建筑物的立面进行改造，特别是紧邻荣光街和乐群街的建筑立面，打造长春拖拉机厂对外形象展示面。

2. 展示博览区

厂区东南的厂房保存完好，设备齐全，内部空间大，进行改造的适应性强，可在空间原有功能基础上，对旧厂房进行合理改造。具体的改造方法是充分利用中央大道东侧的冲压车间，建设工业遗产博物馆，利用拖拉机厂中保留完好的冲床和生产线提炼出设计主元素。将那些能反映真实历史的拖拉机产品及其配件在博物馆内展示，并按生产工艺步骤陈列。将展区划分为铸造、锻造、机械加工、总装等多个展区，来展示过去拖拉机厂的生产流程。相关设备也可以做成装置艺术置于室外公共区域，使室内外展区具有良性的空间互动，形成内外空间的延续，为游客提供视觉丰富和互动性强的文化展示区。

3. 创意产业区

创意产业一般是知识密集型产业，创意产业的办公空间设计应满足内部沟通和思想碰撞的需求。创意产业的办公空间往往不同于传统办公空间，需要比传统办公空间更多的公共区域，因为它是信息媒介交流沟通的场所。同时，旧厂房其历史和人文内涵则能够为创意空间内的工作者提供更多的灵感。工业建筑通常符合这一特性，具有内部空间跨度大、高挑空、易改造等优点，为创意空间与老工业建筑的传承结合创造了有利条件。

长春拖拉机厂的创意产业区可以分为两部分：第一部分可从事原创艺术工作室、文创产业、影视行业等传统商业创意产业；第二部分是大学生创业孵化区,该区域厂房保存良好,易于内部设计和改造。因厂房内部空间跨度大,经过微小改造即可适合作为文创公司工作室或者大学教学交流中心,能够激发周边的创业氛围,为学生提供良好的物质条件,解决大学生创业就业问题。可以利用位于工厂西侧和邻近东新路的两处地块的废弃厂房作为创意产业区和大学生创业中心,对厂房内部进行重新划分。改造后的创意产业区与大学生创业中心和开放的公共空间相互穿插布置,提高了公共开放空间与创意产业区的良性互动。

4.辅助服务设施

辅助服务设施的完备,决定了一个城市的魅力与活力。道路越通达顺畅,区域经济越繁盛,区城周边的商业构成也就多样化,也会吸引更多的流量,形成良性循环。微更新指导下的辅助服务设施更新应以满足周边居民需求为目标,要求设施布局合理、使用便利,可以满足不同人群需求。在长春拖拉机厂的更新中,辅助服务设施要符合新时代人们的要求,这是吸引游客聚集振兴拖拉机厂周边经济的重要途径之一。因此,将拖拉机厂东北侧的厂房作为该地段的辅助服务设施区,设置拖拉机厂主题公园游客服务中心、纪念品商店、文创产品中心等。室外部分设置公共立体停车场,以解决周边停车难的问题。

5.交通及人流控制

解决园区内外动态交通与静态交通、园区周边游客流量等问题是拖拉机厂更新改造的重点。明确内部运行规则,合理解决人员和车辆的交通问题,对厂区地段保护更新的实施和后续管理具有重要意义。根据长春拖拉机厂的设计功能,可以通过以下方式解决其交通问题。

（1）行人分流

厂区原主入口美观大方、历史价值高、交通便利、地标性强,可作为荣光路步行主入口继续使用。在广场设置立体停车场,便于游客使用。厂区内部禁止机动车进入,实现拖拉机厂内部的人车分流。

（2）区域分流

展览区的东侧面临乐群街方向设置一个单独的入口，根据不同游客的需求来分流人群、控制流量。

道路交通系统的微更新旨在设计拖拉机厂地块周边居民熟悉的交通路径，营造易于识别的空间感受，保证居民及游客出行安全，突出交通空间的安全舒适性；建立联系拖拉机厂地块周边配套服务设施的步行系统，提升人群进行户外活动获取物质、信息及服务的便捷性；加强空间道路设计，并以此促进周边居民及游客的交往和互助。微更新指导下的道路系统及设施更新，首先要评估厂区内部及地块周边道路现状结构，明确人行、车行主次道路，整合停车空间；其次要梳理现有步行路径，明确主要步行道路系统，并依据人对环境的需求进行小规模的更新调整；最后要为人们提供便捷辅助设备，使其出行更加方便。

第四节　顺德糖厂微更新设计实践

一、顺德糖厂概况

顺德糖厂靠近佛山市顺德区新城核心，与顺德区政府行政中心相距 2.3 km。这里自然环境极佳，背山面水，坐北朝南，两江汇流。顺德糖厂背靠顺峰山，顺峰山公园是顺德"新十景"之一，更是"顺德之肺"；南面容桂水道，且处于两江交汇之处；周边地铁、道路交通和城际轨道交通均十分方便，区域周边配套齐全。

糖厂厂区建筑风貌完整，建筑空间独特，保留了完整的制糖全工艺流程。顺德糖厂是中国第一家机械化糖厂，见证了从民国时期到改革开放民族制造业与制糖业的起步与发展，保留了完整的制糖工业建筑空间全貌，体现工业遗产空间之美。顺德糖厂主推广东工业发展，技术与产量领先全国，见证了广东近代工业起步、从计划经济到市场经济转型的全过程，凝聚了广东乃至全国制糖工业的辉煌历史记忆和行业发展史。顺德糖厂具有极高的历史价值、艺术价值、科学价值、社会价值和文化价值（见图 7-1、图 7-2）。

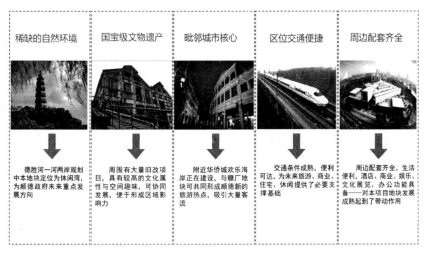

图 7-1　顺德糖厂区位条件

图 7-2　顺德糖厂现状建筑

二、顺德糖厂改造

（一）改造原则

项目秉着保留工业遗产工艺流程的完整性、历史信息及风格留存的完整性，以及活化利用的空间完整性的原则进行改造。

1. 保留工业遗产工艺流程的完整性

顺德糖厂最重要的历史价值在于制糖工艺所依托的建筑空间及机械设备均保留完整。所以在设计时不局限于仅保留历史保护区内的建筑，还要保留与制糖工艺密切相关的其他建筑，并且梳理制糖工艺所需的机械设备。保留主要机械设备，拆除次要设备，保证制糖工艺整个流程的真实再现。

2. 历史信息及风格留存的完整性

除了历史保护区内的建筑，其他如滨江钢架磅房等具有特色风貌的建筑及构筑物也应保留，机电房等其他旧建筑可保留局部信息，真实展现沿江立面各时期风格，保留视觉连续性，使糖厂保留发展历史信息的原真性。

3. 活化利用的空间完整性

在保证工艺流程完整及历史信息完整的基础上，还要使活化利用的空间能够完整、不破碎。通过拆除、加建等手法，在增加使用面积的同时，使空间方便使用。

（二）概念规划

以开放性城市滨水空间与工业遗产结合、岭南传统园林与工业遗产结合、多维度工业遗产的活化再生为出发点进行规划设计。尽可能架空滨水面的新建建筑底层空间，让临江空间更加开放、通透、灵动。将传统岭南园林的亭、台、楼、阁、廊道叠合在现在建筑形成的叠合院落之中，形成全新的岭南现在立体园林。在新建商业区的垂直体量中加入岭南园林体系，在增加建筑本体丰富性的同时也为周边高层建筑创造景观界面。

首先，开放性城市滨水空间与建筑遗产相结合。①水脉渗透：场地内部设计开放水面，形成与河道贯通的水道，沿岸开放绿地与河道、场地开放水脉相连，形成景观上、视线上、气息上相互交融的开放滨水空间（见图7-3）。②沿江开放节点与人行动线的结合：滨江保留并改造的原工业建筑、开放城市滨水绿地与屋顶绿化园林通过贯穿东西商业广场和文保区的人行动线串联起来，形成在三维上结合了工业遗产特色的城市滨水开放空间系统（见图7-4）。③滨水工业建筑、设备改造与城市滨江空间结合：保留场地沿江工业建筑和设备，对其进行改造更新，赋予其新的建筑功能，丰富滨江景观，增强场地活跃性。力求最大限度地保留原厂区历史风貌，将沿江带打造成为拥有完整工业遗址风貌、独一无二的开放性滨水空间（见图7-5）。

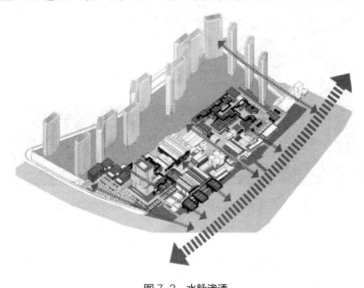

图7-3 水脉渗透

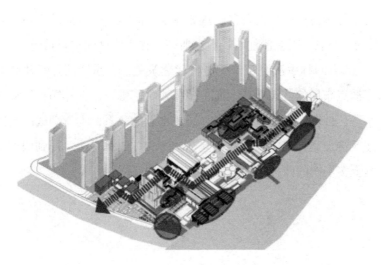

图7-4 沿江开放节点与人行动线的结合

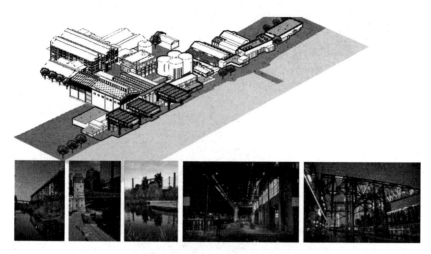

图 7-5　滨水工业建筑、设备改造与城市滨江空间结合

　　其次，岭南传统园林与工业遗产结合。①传统、近代、现代建筑元素交融：文保区与沿江旅游风貌区由近现代工业建筑改造形成，东西两片新建商业区采用由岭南传统古典园林与现代院落式建筑空间相互融合的岭南现代立体式园林。传统与现代、工业遗址与岭南古典园林在多维度间进行重组、交织（见图 7-6）。②以园林手法组织传统与现代建筑关系：东西两片新建商业区域采用低层散点布局的建筑形式，通过园林式院落围合、立体园林、局部架空等建筑手段，强调岭南建筑的特色；通过水脉的联系，人行动线的组织，近代工业建筑群与立体式园林之间相互交融；立体园林手法运用到西侧高层，形成高度上多层次的园林景观（见图 7-7）。

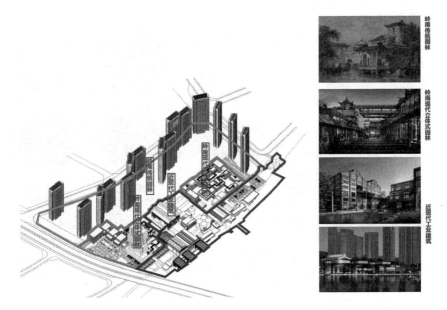

图 7-6 传统、近代、现代建筑元素交融

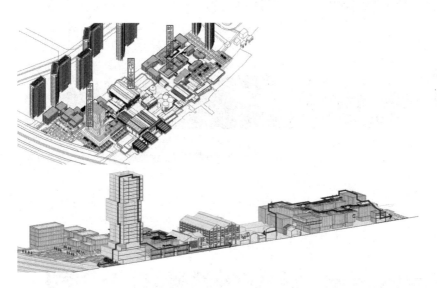

图 7-7 以园林手法组织传统与现代建筑关系

最后，多维度工业遗产的活化再生。①内部空间活化利用，如图 7-8 所示。②立面活化更新，如图 7-9 所示。③建筑合理扩展，如图 7-10 所示。

内部空间活化利用
场地内部大量的工业建筑遗址完整保留了其独特的工业建筑空间。为这些空间重新定义当代的建筑功能，将工业元素与现代文化、生活元素进行融合与创新。由内而外实现糖厂工业遗产的活化再生。

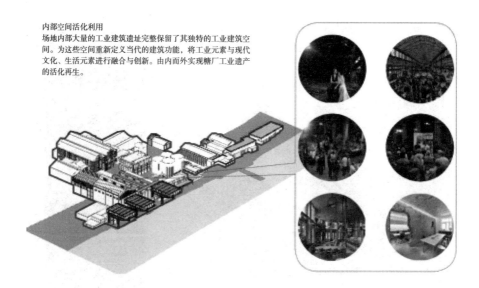

图 7-8　内部空间活化利用

立面活化更新

原场地建筑　　　　保留原建筑肌理　　　　虚实、新旧结合，丰富造型，
　　　　　　　　　进行立面改造　　　　　增强建筑补单体验

图 7-9　立面活化更新

建筑合理扩建

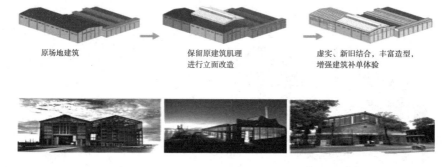

原建筑　　　　保留原建筑肌理　　　　新旧结合，适化造型，
　　　　　　　进行加建改造　　　　　强化肌理，丰富建筑功能

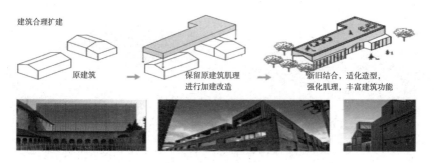

图 7-10　建筑合理扩展

顺德区是佛山市五个行政辖区之一，是佛山市与广州市联系的重要核心区域之一。顺德糖厂的规划设计，力求将糖厂打造成一张顺德的城市形象新名片，一个标志性的工艺文化遗产体验基地，一个休闲的目的地。顺德糖厂改造更新项目将活化利用国保文物建筑空间，为城市提供高品质、有特色、多元化的文化体验空间。顺德糖厂改造更新项目概念规划如图 7-11 所示。

图 7-11　顺德糖厂改造更新项目概念规划图

第八章　住宅区微更新设计实践

第一节　广州市旧居住区微更新设计实践

一、旧居住区更新改造的概念

旧居住区是一个涵盖历史与现实双重意义的概念。旧居住区的更新改造是在更新发展的前提下，对旧居住区的结构形态进行基于原有社会、物质框架上的整合。保持和完善其不断形成的合理成分，同时引进新的机制和功能，是改造有价值的传统居住区以适应现代生活需要的一种城市更新活动。旧居住区的更新改造不仅是物质形态环境的延续，也是社会形态环境的延续；不仅是形态表面的延续，也是形态内构的延续。

本节所探讨的实际地段为文德路万木草堂周边居住区（B地段）、文德路天主教堂周边的骑楼式居住区（C地段）和文德路文德楼周边居住区（D地段）。

二、旧居住区的组成

旧居住区的结构形态包括物质结构形态和社会结构形态两方面。

文德路居住区的物质结构形态包括住宅群落、道路、公共设施等，缺乏停车用地、绿地与户外活动场地。管理缺失、住宅年久失修、僭建物增多，造成空间形态凌乱，景观受到影响。

在社会结构形态方面，文德路居住区的实际情况如下。

（1）居民职业与社会等级：居民多从事手工业，属于社会中下阶层。

（2）居民年龄构成与活动：居民年龄结构偏高，活动范围小，每天的活动时间比较平均。

（3）居民生活组织：居民生活主要以地缘关系联系，有居委会。

（4）治安管理活动：治安管理较差，居住区的管理比较混乱。

（5）社会生活保障系统：社会生活保障系统较弱，许多居民的生活条件很差。

（6）社区育才就业系统：社区育才就业系统处于初级阶段，只有一所职业中学。

（7）社区交流与参与系统：社区交流与参与系统不完善，许多居民没有交流和参与的意识。

（8）社区运营系统：社区运营系统过时残缺，已经跟不上时代步伐。

三、旧居住区的分类与评价

根据形成机制的不同，可将旧居住区分为有机构成型旧居住区、自然衍生型旧居住区和混合生长型旧居住区。

（一）有机构成型旧居住区

有机构成型旧居住区是以"目标取向"作为结构形态而形成的，其目标取向的依据主要为形制、礼俗、观念、规范和规划等，体现出一些共同的结构形态特征，表现出系统稳定性、目标性和自我协调性等特征。

1. 物质结构形态特征

在建筑和设施上，有机构成型旧居住区严格遵守等级制度，住宅的形式、材料、规模、尺度和装饰都有统一标准，使居住区颇具整体性。居住区内一般有一定的基础设施和公共服务设施，但在数量和内容上已不符合时代要求。

2. 社会结构形态特征

有机构成型旧居住区形成之初，居民通常是同类而聚，或是依据职业、血缘、祖籍、宗教等。无论分区的依据如何，人们在选择居住环境时，总有"求同质"的心理要求。因此，虽然历经社会经济的发展和政治文化的变迁，居住人群的同质性却大体保留下来。居民之间的熟识程度较高，居民的归属感较强，比较容易形成共同的社会生活。

文德路天主教堂周边的骑楼式居住区（C地段）属于这种类型。

（二）自然衍生型旧居住区

自然衍生型旧居住区是通过城市内蕴的自然生长力和自发协调力不断调节整合的"过程取向"而形成的，具有自然、随机的特点。这些旧居住区虽然在形成初期没有主观选择居住人群，但在强大的社会文化、经济和心理的影响下，"求同质"的趋向非常明显，使其在某些方面呈现相对的稳定和一致。

1. 物质结构形态特征

由于居住区内部的不断加建和扩建，原来松散的住宅布局逐渐被填充，成为建筑和人口密度均较大的危房集中区。自然衍生型旧居住区在空间组织上有一定的序列性和层次性，但其环境质量差，建筑破损现象十分严重，甚至没有基本的基础设施和公共服务设施，用地功能性质混杂也是此类型旧居住区的一大问题。

2. 社会结构形态特征

自然衍生型旧居住区最初的居民通常是自发地选择在同一块土地上居住。居民有共同的生活背景、相关的利益和相同的观念、意识，因此有内在的凝聚力。但此类型旧居住区生活环境拥挤、居住条件差，促使人们彼此挤占公共空间。这两方面的因素使居民非常自愿地进行日常交往，也产生矛盾和摩擦，表现出人际关系复杂矛盾的一面。

文德路万木草堂周边居住区（B地段）属于这种类型。

（三）混合生长型旧居住区

混合生长型旧居住区是旧居住区中比较复杂的一种类型，其结构形态是由目标取向和过程取向共同作用形成的。根据两种机制对此类型旧居住区结构形态影响作用的时间先后和范围不同，可将它们分为时段性混合区和地域性混合区两种。

1. 物质结构形态特征

混合生长型旧居住区的建筑从质量、形式、风格、体量到材料、结构乃至单体布局，都呈现出较大的差异。在设施方面，时段性混合区的设施常停留在早期水平，远不能适应现代生活的需要。由于该类型居住区结构形态形成的特殊机制和独特的历史发展背景，其用地状况常常鱼龙混杂，使居民生活受到严重侵扰。

2. 社会结构形态特征

在不同机制的作用下，由于居民来源不一，聚居心态和聚居方式均不相同，而且各自的职业、文化水准、心理素质、生活目标和价值观念也不尽相同，因此不同层次的居民很难打破实际和心理的界限进行交往，或者以次级关系为基础进行人际交往。

文德路文德楼周边居住区（D 地段）属于这种类型。

四、旧居住区的更新改造模式

对旧居住区的更新改造应从物质结构形态和社会结构形态两方面对旧居住区做出全面的分析和评价。在此基础上，去除和整治旧居住区结构形态中不合理的、与现代城市生活不相适应的部分，对旧居住区结构形态中合理的成分则可采取保留、恢复和完善等方式。

（一）有机构成型旧居住区的更新改造

有机构成型旧居住区通常位于城市中心区域。由于保存较为完好，而且在整体上具有有机统一的特点，因此往往成为当地历史、文化、民俗等的现实体现。此类型旧居住区通过适当的改造，完全可以与现代城市生活的要求相符，并可作为富有特色的城市形态和功能继续发挥作用。因此，对此类型旧居住区的改造，应有选择、有重点地进行保护，对整个居住区应普遍采取加强维护和进行维修的办法，以阻止早期衰败现象进一步恶化。对于一些没有任何价值的危房区，则应彻底清除、重建。

有机构成型旧居住区内较少混杂其他性质的城市功能，居住环境比较单纯，在更新改造过程中应从城市整体角度出发予以保护。此外，此类型旧居住区中和谐的人际关系和富有凝聚力的社会网络，既源于其稳定、有机的物质结构形态所营造的空间氛围，也源于居民整体的同质性。保存原有的空间氛围和居民的同质性，对于维护良好的社会网络是必不可少的。

文德路天主教堂周边的骑楼式居住区（C 地段）的更新改造以保护修缮为主，并保留原居民构成。对其道路交通系统、空间形态与景观等要进行改造设计，绿地与户外场地系统、公共设施、防灾设施等要按照需要重新建设。

总体设计尊重该地段的物质结构形态与社会结构形态，在以保护为主的基础上适当修缮，保持原有的社会凝聚力。

（二）自然衍生型旧居住区的更新改造

对自然衍生型旧居住区的更新改造，不能只以居住品质来决定，而应考虑其综合价值。对于那些保护区内的旧居住区，应将历史价值、文化价值、建筑美学价值和旅游观赏价值等放在评价的首位，在保留、恢复的前提下进行全面整治。对于大部分没有上述价值的旧平房居住区，则应通过重建方式予以更新改造。

自然衍生型旧居住区中往往混杂一些其他性质的用地，这对于居住区的使用来说是不利因素，但在更新改造过程中却可以将其转化为有利因素，使旧居住区的更新改造在经济效益不利的情况下，也能在其他功能的更新改造下被带动起来。

自然衍生型旧居住区的社会结构形态特征表现为社会组织是有一定内聚力的矛盾整体。这种复杂、矛盾的现象，一方面是由于居民的文化素质较低，另一方面是由于恶劣的居住条件。前者应通过拆迁回迁，或重新分配等方式改善；后者则可以通过改善居住条件得到根本性改变。

文德路万木草堂周边居住区（B地段）的更新改造以拆除重建为主，原居民构成重新调整，通过回迁、迁出、迁入等手段形成新的社区。该居住区北部的骑楼建筑与少量有价值的建筑保留，东部整片无序的建筑群拆除重建。其道路交通系统、绿地与户外场地系统、公共设施、防灾设施、空间形态与景观等需要重新建设。

（三）混合生长型旧居住区的更新改造

混合生长型旧居住区在城市中分布最广，简单地重建、整建或维护不能从根本上解决其结构形态存在的问题。时段性混合区的结构形态与自然衍生型旧居住区较为类似，原则上可以采取与自然衍生型旧居住区相类似的更新改造方式。地域性混合区的情况则不同，它在同一居住区域里混杂着两种形成机制或目标完全不同的居住类型，对它的更新改造应根据其不同的老化程度和面临的主要问题，分别采取不同的方式：对于区内建筑和各项设施还基本完好的地段，只需要加强维护和进行维修，以阻止早期衰败现象进一步恶化；对于存在部分建筑质量低劣、结构破损和设施短缺的地段，则需要通过填空补齐进行局部整治；对于出现大片建筑老化、结构严重破损、设施简陋的地段，只能通过土地清理，进行大面积的拆迁重建。

混合生长型旧居住区存在的最大问题是社会结构形态的复杂和松散，只有通过将居住区推倒重建的方法来建构良性的社会网络和人际关系。在更新改造过程中，可以营造有利于交往和公共活动的空间与环境氛围，注意将文化素质和价值观念接近的人聚集在一起，以提高居住区的凝聚力和集体感。

文德路文德楼周边居住区（D 地段）的更新改造采取分区改造的方法。文德楼区域、六和新街区域和文德东路沿街区域以保护修缮为主，并加以内部改造。东部、南部与西部区域以拆迁重建为主，道路交通系统、空间形态与景观等需要调整、改造，绿地与户外场地系统、公共设施、防灾设施等需要重新建设。

第二节　贵州省安顺老城旧居住区微更新设计实践

一、高速城镇化下安顺老城更新面临危机与机遇

据国家统计局发布数据显示，1949 年末我国城镇化率为 10.64%，2019 年末我国城镇化率达到 60.60%。高速城镇化带动了中国经济强劲发展。在城市增量扩张的背景下，我国城市的土地利用效应较低，没有充分发挥集聚效应。随着城镇人口的增加和城市经济结构的优化，紧张的土地资源促使各个城市从存量中寻找空间，我国城市发展步入城市更新时代。虽然城市更新极大地提升了城市的功能结构、空间容量和基础设施水平，但是多数传统城市，特别是大城市中的传统城市环境几乎损伤殆尽。并且，老城中往往产权结构复杂，由经济效益主导的大拆大建的更新模式会产生较高的安置和建设成本，导致房价上升，激化社会矛盾；对地方特色风貌和传统文化的忽视导致城市风貌趋同、城市空间单一、城市记忆消退；城市空间肌理的彻底改变，导致社会网络结构破坏，城市面临社会关系重组、产业重构等挑战。

贵州省安顺老城的更新在面临上述危机的同时也迎来了机遇。2014年12月29日，国家发改委等11部委批复安顺市开展新型城镇化综合试点工作，这是贵州省唯一的国家新型城镇化地级市试点；2017年3月，安顺市被住建部列为全国"城市双修"第二批试点城市，也是西南地区的首个试点城市。因此，安顺老城在更新的进程中，有机会避免陷入以往大城市更新产生的困境之中，走出一条具有安顺特色的新型城镇化道路。

二、老城旧居住街区的发展背景

安顺市位于贵州省中西部，距贵州省省会贵阳西南方向90 km，东邻黔南布依族苗族自治州，西靠六盘水市，南连兴义市，北接毕节市，素有"黔之腹、滇之喉、蜀粤之唇齿"之称，在政治、经济、军事上有举足轻重的地位。沪昆高速公路、贵昆铁路自西向东横贯安顺市，安顺老城南侧距沪昆高速约2 km，距安顺火车站约1.3 km。连接上海市与昆明市的沪昆高铁同样从安顺老城南侧经过，从老城驾车到安顺西站约25分钟。安顺是黔中经济区重要增长极、黔中城市群重要中心城市，现辖8个县区，东西宽133 km，南北长142 km，市域总面积约9267 km^2。截至2018年末，安顺市常住人口约235.31万人，户籍人口3 044 439人，其中少数民族人口约占39%。

安顺市总体地势北高南低，整个老城处在喀斯特地貌围合成的相对平坦的地方。喀斯特地貌区约占市域面积的71.5%，平坦区域约占市域面积的15.0%。安顺市平均海拔约为1200 m，最高点海拔约1850 m，位于关岭县永宁镇旧屋基大坡，最低点海拔约359 m，位于镇宁县良田乡。安顺市的主要河流有乌江和北盘江。

安顺市雨量充沛，是典型的高原型亚热带季风气候，年平均降雨量约1360 mm，降水大多集中于5—8月，太阳辐射较少，全年舒适期长达8个月，年平均气温14.2 ℃，夏季月平均气温20.1 ~ 20.9 ℃，冬季月平均气温4 ℃，年平均相对湿度80%，年平均风速2.4 m/s，空气质量优良率常年保持在99.8%。安顺市冬无严寒，夏无酷暑，气候温和宜人，空气清新，四季适宜旅游，是避寒避暑的胜地。

（一）历史沿革

安顺在春秋时属牂牁国，战国时属夜郎国，秦时属象郡之夜郎县和且兰县。汉武帝元鼎六年（前 111 年），汉王朝灭南越、且兰诸国，在夜郎国置牂牁郡，形成郡国并治局面，今安顺市便是牂牁郡中心。

经历代管辖变革，关于安顺城的建立，清道光《大定府志》记载："安陆侯吴复洪武十四年十二月二十日，钦依于普定府选择到地名阿达卜建筑城池，洪武十五年闰二月十七日完备。"成书稍晚一些的《安顺府志》所记与之大体相同，即吴复依朝廷钦旨，择地阿达卜寨筑普定卫城，即今安顺城。明洪武十五年（1382 年）新置普定卫指挥使司，属四川都司，顾成任卫指挥使，该城即为其治所，时称普定卫城。明成化年间，安顺州治所从今西秀区旧州镇迁入普定卫城，州卫同城而治，这种状况一直延续到明万历三十年（1602 年）九月，朝廷升安顺州为安顺军民府，仍与普定卫同城。至此，普定卫城才改称"安顺府城"。也就是说到明代晚期，自创建经过了 220 年后，今天的安顺城才用上"安顺"这个名称。

清代从康熙年间开始改普定卫为普定县，后经过清初一系列建制和区划的调整，安顺府所辖区域扩大。民国时将与安顺府同城的普定县移至定南（今普定县城）。中华人民共和国成立后，1949 年 11 月 18 日安顺解放，11 月 26 日安顺行政督察专员公署成立，驻安顺。经过建制和区划的调整，2000 年 6 月 23 日，设立地级安顺市。

（二）文化特色

安顺是贵州省历史文化名城，是贵州省最早设立县治的古城之一，建城至今 630 余年。安顺文化底蕴深厚，人文景观丰富，拥有穿洞文化、夜郎文化、屯堡文化等较高历史地位的文化遗存。例如：被称为"亚洲文明之灯"的普定穿洞古人类文化遗址；被称为"中国戏剧活化石"安顺地戏；保留着明代汉族民俗特征的屯堡聚落；"千古之谜"——关岭"红崖天书"；质量好、艺术性强的"东方第一染"——安顺蜡染。安顺多民族聚居，有特色鲜明、浓郁淳朴的民族风情。这里还有革命教育红色文化，是"100 位为新中国成立作出突出贡献的英雄模范人物"——王若飞的故乡。

1. 穿洞文化

穿洞，因洞南北对穿而得名。普定穿洞古人类文化遗址位于安顺市区以北 32 km 处的一座孤峰的山腰上，有南北对穿的一个洞穴，当地人称之为穿洞。1.6 万年前就有古人类在此择洞而居，洞内随处可见文化遗物，创造了黔中地域辉煌的史前文化，是全国重点文物保护单位。旧石器时代晚期，技术进步的一大标志就是出现了骨器和角器。穿洞遗址出土了大量石器、骨器和角器。其中最富有特色的是骨器和角器，在这里出土了古人类用来刺鱼的骨叉，用来织补衣物的骨针等大量骨铲、骨锥、骨棒。其数量、类型和工艺超过了我国以往发现的任何一个遗址，达到 1000 余件。普定穿洞文化对研究旧石器时代向新石器时代过渡、石器时代的石器打制技术演变、贵州古人类使用的石器的区域性特征都具有重要意义，被考古界誉为"亚洲文明之灯"。

2. 屯堡文化

屯堡，即明朝军队的屯戍地。因朱元璋多次招谕盘踞云南的元代梁王孛儿只斤·把匝刺瓦尔密归顺无果，于是明朝大军"调北征南"。明洪武十五年（1382 年）三月，云南战事初平，必须留兵戍守普定（今安顺）、普安等要害之地，为了避免战线拉长、粮饷不济，颍川侯傅友德提出以戍兵屯田为主解决粮饷不足的措施，自此开始了规模浩大的军屯行动。在独特的喀斯特地理环境和不断变革的社会环境中，这些军屯经过发展演化，最终在安顺一带形成了独具地域特色的屯堡聚落。据《安顺地区志》的统计，它们分布在以安顺市为中心，方圆 1340 km² 的区域内。由于相对封闭的地理环境，屯堡人保存着 600 年前明代汉族的生活习俗，他们的语言、服饰、民居建筑及民俗活动都传袭着明代的文化习俗。

3. 安顺地戏

安顺地戏是安顺市地方传统戏剧，国家非物质文化遗产之一。地戏又称"跳神"，其最大特征是演员头戴木刻假面，俗称"脸子"。安顺地戏源于安顺屯堡，屯堡人的身份亦民亦兵，战争时期拿起武器就是士兵，和平年代忙于耕种就是普通的农民。随着大明江山的日益稳固，屯堡人已习惯安逸的生活。为阻止"武事渐废"的趋势，有识者想出了跳神戏的办法，在跳神中演习武事，这就是地戏"只演武戏，不演文戏"的原因。安顺地戏是屯堡文化的重要组成部分，是安顺人文景观旅游开发的亮点。

4. 安顺蜡染

安顺蜡染被誉为"东方第一染"，安顺也被誉为"蜡染之乡"。2015 年 4 月 7 日，国家质检总局批准对安顺蜡染实施地理标志产品保护。蜡染古称蜡缬，源于春秋战国时代，流行于汉唐，兴盛于宋元，与绞缬（扎染）、夹缬（镂空印花）并称为我国古代三大印花技艺。《贵州通志》记载："用蜡绘花于布而染之，既去蜡，则花纹如绘。"即用蜡把花纹点绘在麻、丝、棉、毛等天然纤维织物上，然后放入适宜在低温条件下染色的靛蓝染料缸中浸染，有蜡的地方染不上颜色，除去蜡后即出现因蜡的保护而产生的美丽的白色花纹。蜡染的灵魂是"冰纹"，这是一种因"蜡封"折叠而损裂导致染料不均匀渗透所造成的带有抽象色彩的自然图案纹理。安顺蜡染以几何纹样为主，图案结构松散、造型生动。如今，蜡染多采用机器印染，安顺传统蜡染工艺逐渐走向消失的边缘，亟须得到保护传承和合理开发。

三、安顺老城旧居住街区微更新设计策略

（一）设计策略构建基础

1. 设计策略总体要求

以《安顺市城市总体规划修编（2016—2030）》为引领，结合"新型城镇化""城市双修"等多方要求，参考《安顺古城历史文化街区保护规划》，协调统筹，从单个旧居住街区更新向老城旧居住街区连片更新转变。

因为安顺老城旧居住街区经过几百年时间形成，一个街区往往有各个时代的建筑，既有明清遗留的传统院落、中华人民共和国成立后见缝插针建造的砖木结构民房和单位宿舍楼、20 世纪 80 年代居民自建的砖混底层居民楼，也有 2000 年左右建成的商品房小区，这些居住建筑建造时间较早，建筑的质量和街区公共服务设施的配置已不能满足当前居民基本居住要求。因此，在旧居住街区的改造设计中，应首先排查甄别街区最为紧迫的基础民生内容，通过改造设计满足街区基本民生方面的要求，然后再适当拓展解决提升类的改造项目；应成片连片统筹更新，打造多街区核心路径，以开敞空间与文化场所（点）、街巷（线）、街区（面）为重点，串联老城重要开敞空间与场所，

塑造宜人街巷，整体统筹实施更新。

同时，在旧居住街区微更新目标和原则的要求下应注意以下具体内容。

第一，从安顺老城所有旧居住街区的宏观视角出发，整体提升街区居住环境。

第二，整体统筹提升安顺老城旧居住街区的给水设施系统、排水设施系统、供电设施系统、道路设施等。

第三，形成安顺老城旧居住街区统一连贯的公共设施服务轴、发展带，形成多样性、富有活力的街巷空间。

第四，推进形成多样协调的景观风貌。

2. 设计策略构建逻辑

设计策略构建以安顺老城旧居住街区的现状问题为基础，对街区肌理与活力消退的问题进行重点分析，从街区形态、街巷形态、建筑类型的演变与特征三个方面分析安顺老城旧居住街区肌理与活力的关系及影响活力的因素。在此基础上，结合旧居住街区微更新原则提出与问题相对应的设计策略：修复街区肌理，延承街区文脉；整合功能结构，激发街区活力；优化物质空间，改善街区环境，以达成旧居住街区微更新的目标。

（二）维护街巷生活，延承街区文脉

1. 维护街区市井生活

旧居住街区空间的特殊性决定了街区生活的特殊性。随着传统空间的不断改变，很多居民搬入新的空间当中，很多原始居民开始迁出传统空间，这就使得与传统空间相关的一些生活习惯和文化慢慢地消失。在这个过程当中，如何更好地进行传统文化的传承、提升街区居民的认同感、实现邻里的和睦发展是非常重要的。文化构建包含了居民的生活习惯和娱乐方式，居民可以利用街巷中的空间来延续自己的习惯，如构建街区花园、定期组织文化活动等。

（1）研究街区居民的公共生活

参考扬·盖尔提出的"公共空间 - 公共生活调研法"，主要考量整个公共空间的生活质量和市民的生活状态，对其进行适当的评价。通过这个方法能够更好地了解人们在公共空间中的生活情况，通过定性和定量相结合的分

析方法来对已有的空间进行改造，从而提升整体的质量，更好地满足居民的日常生活需要，实现整体的良好发展。其中又包含了多种多样的方法，如实际抽查法和访谈法等，这些方法都有各自的特点，彼此之间互相补充，进而更好地进行公共空间的研究。

国内外有很多学者注重对人和人行为的关注，并以此为基础来思考建筑应该如何设计。比如，设计师何志森创立的 Mapping 工作坊，就是将近距离观察法和跟踪法二者进行结合，找出空间发展过程中存在的问题。他认为城市更新不仅仅要针对空间，更要考量到人和人之间的关系，以及人和空间之间的关系。

（2）定期组织街区文化活动

定期进行一些文化活动的举办，邀请所有居民参与到其中，这样能够给居民提供更多交流的机会，也能够提升居民对文化的认同感。一方面，可以根据旧居住街区居民业余生活的特点来进行相关民间文化活动，如花鸟评比、棋艺大赛等；另一方面，引入微更新的方法，通过举办一些以公共空间更新为载体的文化活动，这样既能提升整体的品质，又能够吸引更多人参与到其中，如举办一些墙绘活动或艺术装置搭建活动。这样能够让居民在其中收获更多的快乐，也能够增强他们对社区的归属感，凸显老城的文化基因。为了更好地进行文化的传承，可以采用多种方法来让人们学习相关的文化，比如当地的一些民俗文化，可以通过活动的形式让人们参与其中，以街巷空间为载体，更好地进行文化传承。

（3）筛选公共生活触媒空间

如果将安顺老城旧居住街区看作一个生命体，那么通过微更新能够推动旧居住街区的发展，针对发展过程当中的问题，提出相应的完善措施，结合城市触媒理论来实现对旧居住街区环境的不断更新，引发连锁反应，进而激发街区甚至老城的整体活力。在这个过程当中，选择合适的触媒节点是非常重要的，需要更好地对这些节点进行甄别。首先应该明确触媒节点的特征，触媒节点往往是街区中可达性和可识别性较好的公共空间，而整片街区中往往不止一个具有这种特点的触媒节点。应尽可能多地识别出各个节点，其连锁反应通常大于单个节点的叠加。

（4）发展街区夜间活动

"夜态城市"这个概念是基于城市规划研究提出的。在夜晚，人们对行走路径、活动方式和空间归属感等方面都会形成一种新的状态，不仅能够实现经济的良好发展，也能调整街区文化、街区生活和街区社会网络结构。而夜间室外活动空间需要具备几个方面的特点，比如能提供足够的活动和停留空间。街区中会自发产生各种各样的活动，产生这些活动的前提是需要有适宜的空间，需要构建一个良好的街区光环境。当夜幕降临时，街区居民能够活动的范围是比较有限的，通常会在街区主巷和次巷中进行一些闲聊、小范围运动、接打电话等夜间活动，某些个体活动经过聚集之后会形成群体活动。此外，还可以在一些不会有车辆通过的街巷里面，将公共节点根据空间和活动特性划分成不同类型和时段的空间。例如，划分成夜间棋牌节点、群聊节点、影视放映节点等，这些都是街区居民活动的主要类型。而不同的节点能够互相关联，从而能够更好地进行各个区域的活力激发。夜间的街区要想吸引人们，首先是活动本身的趣味性，其次是整体的环境比较优良。在旧居住街区街巷空间当中，照明具有很强的指引作用，也能够提高街区整体的视觉质量，给人们一种安全而祥和的感觉。

（5）创造鼓励交往的空间和环境

好的街巷空间能够吸引更多人的关注，鼓励人们进行街巷文化活动，促进人们的交流活动。提供多样的空间使用功能可以让这个空间更能够吸引人们的关注，让人们更好地进行休闲娱乐活动，也能够实现彼此之间的良好交流，让个体更好地融入整个环境中。在安顺老城旧居住街区微更新过程中，可以将街区周边的文化因素进行聚合，从而更好地进行内部文化的催生，将生活休闲的各方面进行融合，形成一个统一的主体。在街巷设计过程当中，利用不同阶段来进行节点的选择，通过节点来构建不同的聚集空间。此外，还可以根据实际情况进行不同空间的设计，在其中加入一些小的元素，打造小型的角落公园、口袋公园等，让人们能够和自然有更多的接触机会，也能够实现不同人之间的交流活动。而好的街巷不仅仅提供方便的交通，更重要的是提供一个交流渠道，让人们能够分享彼此的生活。通过对安顺老城旧居住街区的分析可以发现，要想追寻街区生活的本质，就必须融入街区，在街区中观察人们的生活和日常的情趣，这是感受人们日常生活的一种最直观的表现，也是整个街区的精神所在。

2.传承街区文化脉络

街区居民的集体活动会受到外部环境的影响，因此旧居住街区文化传承会依赖于整个空间形态的结构，也和人们的日常生活息息相关。在安顺老城旧居住街区微更新过程中，要想更好地进行历史文脉的传承，首先要对街区已有的文化进行全面解读，在充分了解其文化的基础上，再结合当下发展的实际特点和人们的生活需求，找到文化和现代生活结合的关键点。通过物质环境和社会文化层面这两个方面来进行文化的传承工作，实现文化的可持续发展，实现整个街区的良性更新。通过对街区物质环境和非物质文化场景进行更新设计，人们能够身临其境，可以实现整体文化的更好传承。

（1）修复历史文化建筑

安顺老城旧居街区中的一些传统建筑是极具当地特色的，并且也是融入历史的，是塑造安顺老城旧居住街区特点的重要资源。它们的存在既和历史有着密切的关联，也是人们生活当中不可或缺的一部分。通过传统建筑能够了解历史文化，也能够给人们提供一个特殊的场所，从而赋予街区群体更多的意义。而微更新能够强化这种印象，对人们产生正面的吸引力，实现整个街区的良好发展。安顺老城的文化资源比较丰富，至少有75处历史文化建筑遗存和遗址，并且有很多传统民居。但是随着社会的不断发展，很多都已经慢慢不见了，如火药局、崇真寺、五显庙等，这使得整个体系受到了破坏，文化出现了断层。街区内部的小地块尺度逐渐增大，在安顺老城旧居住街区微更新过程中，应该避免进行大规模的建设活动，保留和修复历史文化建筑，更好地进行文化的传承。值得庆幸的是，当地政府已经注意到这一问题，开始注重对历史遗迹的修复，如近年修复的安顺武庙、谷氏旧居等。

（2）利用历史文化元素

安顺老城拥有丰富的历史文化元素，也拥有一些个性化的符号，这些符号能够更好地构建新建筑，使得新建筑也具有意象特征。在安顺老城旧居住街区微更新过程中，也可以使用这些元素，从而更好地进行文化传承，实现各个层面的有效结合。例如，在进行街巷地面铺装的时候，可以结合一些文化元素，注重整体环境的构建，引导参观者更好地进行文化的体验，营造一个良好的文化空间氛围。还可以在安顺老城具有历史意义的场所，如城门旧址、钟鼓楼旧址处加入历史元素（地雕、栏杆等），以增强历史意象，唤起人们的集体记忆。

在街区发展过程当中，非物质文化遗产是不可或缺的因素，它是能够体现不同时代文化特征的一种物质。对非物质文化遗产的研究能够更好进行人文景观的打造，从而实现当地历史文化的更好发展，也能够提供后期发展的源泉。民间文化具有比较深厚的群众基础，能够反映出当地居民的生活观念和文化修养，其包括各种各样的历史事件和民族活动，能够更好地丰富人们的业余生活，也能够让人们融入这些活动当中。在历史文化当中融入现代工艺，能够实现历史文化的更好发展，将其和人们的日常生活进行关联，实现现代和古代的对话，激活安顺老城旧居住街区的集体记忆，更好地对文化遗产进行保护。

（三）修复街区肌理，激发街区活力

在安顺老城发展过程当中，会有多种因素影响城市的发展，其中城市肌理是非常重要的一个影响因素。在城市建设过程当中，城市肌理主要是进行基础的搭建，如同城市的基因序列一样，如果城市肌理发生改变，就会改变整个城市的状态。而在当下安顺老城城市肌理构造的过程当中，现代交通的发展对其产生了破坏，导致安顺老城的城市肌理呈现向人造城市肌理转型的趋势，这在一定程度上也降低了城市的活力。这个过程当中需要对已有的问题进行干预，对已有的问题进行完善和修复，这样才能激发城市环境当中的行为活力，更好地进行空间的构建。而在对城市功能进行理解的时候，也会借助城市肌理这一工具，考量街区功能的多样性及复合性、空间尺度的小型化与密集化、城市要素的多元化与拼贴化等一些常用的操作方法，并提出应对策略。

安顺老城旧居住街区的更新主要由政府着力倡导，这种建设活动通常只针对建筑实体进行保护或者更新。如果街区内部没有更深一层的结构联系，那么这种建设活动只能是短期行为。所以，还需要加强整合街区的功能结构，在微更新理论的指导之下，结合现代化功能，规划出符合街区发展目标的各

项功能定位，充分考虑日常生活的需要，增加多样化的功能设计，并且合理置换街区功能，使得街区功能更加丰富完善。

1. 优化街区交通系统

传统城市的街巷尺度不能满足现代交通的需求，安顺老城也不例外。自1928年竣工的贵阳至安顺的公路开始，安顺老城内的主要街巷一直在扩大尺度，以满足日益增长的交通容量需求。如今，安顺市已形成了"一纵一横一环"的交通格局。但是，毕竟这些街区是在古代城市肌理上形成的，不容易满足现代交通的需求，加之经历了见缝插针式的自发性建造，街区内的街巷系统不够畅通，缺少微循环，在静态交通方面也有欠缺。此外，整个街区没有进行全面的规划，也没有进行合适的引导，导致整体的建设活动处于无序发展的状态，也对已有的肌理结构造成了进一步的破坏。在后期发展过程当中，要明确交通系统的重要性和其扮演的媒介角色，将各个功能进行关联，保持整体的发展活力。通过对已有交通体系的完善，能够提高物质交换的速率，也能够提升内部发展的速度。在进行整体设计时，要将交通系统作为设计的第一步，这样便于后期更好地进行其他更新活动。对交通体系进行完善时，可以考虑从下面几个方面着手。

（1）落实上位交通规划

上位交通规划是根据整个区域的交通现状而制订的，是为了解决整个区域的交通问题，因此街区应该融入整个城市的交通循环当中。例如，在安顺老城民主路片区，为了缓解东西大街交通的压力，分散车流，将车流引入周边街区，就需要基于街巷原始的脉络对街区内的主巷进行拓宽。

（2）联系内外交通

作为各方面连接的媒介，既要保持街区和城市交通的关联性，又要保证自身不会受到城市交通的影响。可以将城市生活型街道引入其中，用交通路网来限定整个街区的设计尺度。而较大的街区，就要对其街巷统进行分析，打开内部街巷。

一方面，可以将整个旧居住街区看作一个整体来进行内部交通设计，组织步行交通或者限制机动车的进入，实现街区内部整体交通系统的完整，而周围的道路将街区包围；另一方面，可以将旧居住街区内主要的街巷对老城开放，进行整个老城道路体系的构建，将其与老城更好地进行关联。通过这种方法，能够缓解老城的交通压力。在此基础上可以对街巷进行细致化的处理，增加绿化缓冲，并且减少交通对已有建筑物的影响，更好地保护建筑物。

在以步行为主的街巷和老城主街连接的地方，可以增加交通流量分隔设施，提升整体的交通管理能力。通过设置障碍来放缓车辆的行驶速度，保证安全性。此外，还可以通过水泥浇筑或者是购买现成设施来进行减速丘的设置，既能够达到让车辆缓行的目的，又能够提升景观效果。设置安全标识可以起到警示的作用，让人们能够更好地进行出行活动，应完善道路标识系统，提升街区道路的引导性。

（3）梳理内部交通

首先应对街巷的等级进行明确，然后进行内部交通的梳理。在人们的日常生活当中，不同等级的街巷是日常生活和活动的载体。可以对内部主要交通街巷进行明确，然后再进行分流，引入次级街巷当中，进行有层次的设计，实现良好的过渡。还可以强化不同街巷之间的关联性，在一些老的街巷当中，原有的公共区域会被一些外部障碍分隔而形成"孤岛"，彼此之间缺少联系，显得支离破碎，无法形成一个顺畅的交通体系，影响街区的整体性发展。在对这类街巷进行更新的时候，应该结合建筑物的等级，对一些违规建筑物进行拆除，加强公共空间的关联，进而恢复原有的公共空间形态，更好地进行交通微循环。

（4）建设"共享街道"

新城市主义理论强调，在对城市尤其是其中的居住区进行设计规划的过程中，应该注重"步行"的相关设计。以车代步的趋势使得安顺老城的规划忽视了步行的设计，侧重于车行交通。在旧居住街区的更新中，空间本身较为狭小，坚持区分出步行区和车行区，其实阻碍了旧居住街区交通体系的建立和完善。近年来，国家提倡"以人为本"，同时也在大力倡导"步行友好"，道路的作用越来越广泛，不仅仅是承担通行的责任，更多的是彰显出社会功能。很多西方国家早在20世纪就转变了街道的设计，并且取得了诸多成果。举例来说，迈克尔·索斯沃斯（Michael Southworth）借助于其作品，阐述了"共享街道"这个新型设计的含义，即在同一个空间范围之内，将居住活动和交通进行统一设计。该理念的提出，并不代表拒绝机动车的通行，而是强调设计重点应该立足于居民的日常生活，机动车应当减速慢行并且为人们的步行让步，构建出一个适合步行、适合居住的外在环境。看似冲突的行为也可以达到和谐统一的结果。安顺老城旧居住街区的街巷宽度较窄，不宜人车硬性分流，适宜建设共享街道，利用铺装和景观软隔断进行人车分流。

（5）合理规划静态交通

随着社会的发展与进步，旧居住街区的停车问题亟待解决。旧居住街区场地本身较小，居民希望能够拥有更多的适宜活动的空间。现阶段，旧居住街区内混乱不堪的停车方式直接影响居住区环境，见缝插针式的停车在很大程度上给居民的步行带来不便，也打破了街巷空间的连续性。所以，需要有序停车，合理规划静态交通。

①重新规划地面停车位

在笔者此次研究的旧居住街区内，居民通常以非机动车出行或者步行为主，所以很少考虑汽车停放问题。老城中大多数旧居住街区没有相应的物业机构来进行管理，街区内居民通常自发性地组织停车，因此需要重新规划地面停车位。可以加强控制停靠街区的机动车数量，还可以在街区内合理规划出更多的停车位，最大限度地挖掘空间内的使用可能性。在重新对区域空间进行整理之后，需要合理规划街区的剩余空间、边角地带或者公共建筑院落的内部，可以应用地面生态技术，如渗水砖或植草砖，将街巷活动场地和停车场地区分出来。在保证消防车可以顺利通过的情况下，可以在道路的一侧水平式停车。

②优化停车系统

充分考虑空间资源，并且在保证居民出行便利的条件之下引进机械式停车库。相比于其他车库，机械式停车库可以有效节省出大约43%的面积，可以在很大程度上解决旧居住街区停车困难的问题。在具体的设置过程中，机械式停车库应该紧邻街区通道的入口，这样可以尽量使机动车不进入街区内部。机械式停车库的设计通常以简单的钢结构作为基本框架，不甚美观。可以在机械式停车库的周边种植爬藤植物，形成垂直绿化带。这样不仅可以提升视觉效果，还可以减少机动车带来的环境污染。机械式停车库的外立面需要与周边环境相匹配，以避免视觉冲突。

2. 保护街区形态特征

在进行街区建设过程当中，要保证街区整体形态的完整性和原真性。从物质形态上面来看，安顺老城旧居住街区能够体现出不同时代的特征，是不同时代文化的累积叠加。尽管随着后期的不断发展，街区的建筑也随之而产生变化，但是它整体的形态是比较稳定的。在历史变化过程当中形成稳定的街区形态，能够推动城市更好地发展，这是其生命力所在。

（1）多层尺度的分形叠合

安顺老城旧居住街区在形成之初是人工构建的，在经历漫长的岁月后，随着不同时代人们生活的叠加，形成了现在的形态。因此，对安顺老城旧居住街区的更新不能随意抹去历史累积叠加后形成的安顺老城的有机结构，也不能忽视现代城市对空间秩序的要求，二者对于安顺老城旧居住街区的发展同样重要。

在社会的不断发展中，对街区空间上的需求又有了进一步的提升，要将需求和保护进行整合，在各个空间层级尽量保持与整体形态的相似性。通过对城市肌理的相关操作，可以依照已有的建筑来进行不同居住空间的整合，从而形成一个大的尺度秩序，更好地进行整个层次的构建。而一个大尺度的复合区中，又包含了一个个小尺度空间，通过它们彼此的关联之后，形成了一个紧密的结构，小尺度空间具备的要素及特征会决定整个大尺度复合区的情况。分形特征是安顺老城矛盾运动的结果，而这也为解决老城演化的各种矛盾提供了思路。安顺老城从形态上来说由 12 个不同尺度的街区组成，它们具有分形特征，许多街区内小尺度空间的要素和功能又是安顺老城空间紧凑性的必要条件，它们都以直接或间接的方式相互连接和影响。例如，老城中最大尺度的东、西、南、北四条大街，在明代形成后就没有较大改变，因为它包含很多次级结构，如街道两边的建筑界面、广场、公园等。次级结构功能、形态、尺度的变化并没有改变这四条结构网络的整体形态。

（2）塑造街区边缘空间

心理学家认为，人们一般都会选择各个空间环境的边缘地带，在这些地方聚集。而在安顺老城旧居住街区中也能发现这种现象，一般比较受欢迎的公共空间都是沿着一个建筑存在的边缘地区或者是两个不同空间的过渡区域。人们在开展活动的时候，通常是从公共空间的边缘开始的，如果不存在边缘空间，就会减弱人们的正常活动，那么整个空间也不具备活力。

在安顺老城发展过程当中，很多旧居住街区都被现代建筑包围，从而无法轻松实现和其他地区之间的关联，使得它们都成了一个相对独立封闭的空间，导致失落空间的形成。为了避免在边缘区域形成连续大体量实体分割的不同街区，可以从边缘的特性切入，采取相应手法塑造街区边缘空间。

①塑造标志性边缘空间

边缘具备双向展示的特征，存在边缘空间之后，能够让两个不同空间进行良好交流，也可以进行边界的限定。在安顺老城的发展过程当中，存在这样的标志性边缘空间，如横跨在道路上面的牌坊。通过粗略的统计可知，在明清两代，当地的牌坊就有88座，每座牌坊造型工艺精美，上面还记录了一些文字。但是从民国开始，很多牌坊被拆除，渐渐地淡出人们的视野。随着社会的不断发展，本土文化开始焕发新生，人们对于牌坊的认知也逐渐提高。为了能够探究历史的本源，很多人开始关注牌坊及一些地标性的建筑。人们希望通过牌坊的修复工作来找回老城的记忆，带动旅游经济发展。笔者认为，应该借助已有的文献资料进行牌坊的修复工作，这样既能够凸显街区的标志性，也能够更好地构建文化脉络。

②创造柔性边界

柔性边界是一个过渡区域，既不是完全私密的，也不是完全公开的。它通常是两个不同区域的连接点，在这个区域当中人们的身心是非常放松的，在老城区当中经常会看到这种边界。在这个区域当中，一般包含了次级街巷的出入口、开场的庭院和广场等。通过这些空间，既能够强化不同区域的边缘，还能够让相邻街区之间更好地进行关联。在具体操作过程当中，可以构建整体的通透性或者营造多样性的景观，从而增强边缘空间的层次。

3. 修补建筑院落形态

在对原有的街巷形态进行保护的同时，也要注重街区建筑和院落整体的修复工作，逐渐完善整个街区。要在已有街区当中加入一些新的建筑来完善院落的肌理，从而更好地进行街区整体结构构建。在文化传承过程当中，建筑能够反映出当前的状况，在一个街区当中往往会有不同时代的建筑，要根据每个时代建筑的实际情况来采用相对应的更新方法，通过深入调研等各种形式针对性地进行修补。

（1）延续建筑及院落的形态

在具体的修补过程当中，要考量建筑和院落所处的年代，根据年代来选择合适的修补方法，并且融入当下的一些文化特征，从而在创新基础之上做到建筑和院落形态的延续，使得现代文化和古代建筑之间能够和谐统一，构建一个良好的环境。

（2）延续建筑及院落的体量关系

建筑和院落的体量关系是比较重要的，会对街区整体的协调产生非常重大的影响。只有体量恰当，才能更好地进行整个空间的营造，使得整体具有很强的关联性，协调整体环境发展。通过对建筑物院落的长宽比和相对位置等各方面进行明确，可以做到对它们的保护，也能够更好地进行历史文化传承。

（3）延续建筑及院落的材质与色彩

建筑和院落在色彩选取的时候应该具有很明显的地域特征，每个时期的不同发展状况反映出来的印记是不一样的，建筑是对当时文化的一种留存。因此，在对被破坏的建筑和院落进行改造过程当中，需要注重对历史文化的传承，根据实际情况来选择合适的材质和色彩，要对整体的色彩进行统一，实现对历史文化的传承。

（4）延续建筑及院落的细部构造

在对建筑的细部构造进行更新时，应注意山墙、檐口、屋脊、门窗、栏杆等具有安顺老城地域特色的构造，通过细微之处的构造能够反映出建筑所处时代的特征和整体的地域情况。在更新过程当中需要注重建筑的细部情况，这样可以更好地实现对历史文化的传承。

（5）延续院落景观环境

在院落景观环境更新过程中，需要考虑街区的整体环境。院落景观的文化内涵会贯穿整个居住街区，既具备了实用价值也具备了象征意义，既能够满足人们的日常生活需求，也能够进行文化传承活动，是能够反映出街区历史文化特征的。所以在安顺老城旧居住街区微更新过程中，对一些小的院落景观进行组合，能够打造出一个良好的人文环境，也能够吸引更多人的关注，从而实现对历史文化的传承。

4. 保持街巷形态尺度

（1）保持街巷形态

在街区构建过程当中，街巷作为整个街区的骨架，它整体的形态包含物质形态的各方面内容，也会对整体的发展模式产生影响。在安顺老城的建设当中，街巷会影响居民的日常生活。从空间上来看，底界面和侧界面共同构成了一个向上开敞的空间，而它的材质和尺度也会随着时代的变化而不断优化。街巷也可以看作建筑之间挤压围合而成的外部空间，其侧界面是街区建筑的立面。街巷空间的性质和特征与其围合界面相关，街巷空间的封闭与开敞、繁华与安静取决于街巷围合界面的封闭与开敞。建筑的间隔距离与建筑高度之间的空间比例，形成了不同街巷的尺度感。街巷空间不同特质的体现是综合作用的结果，而不同空间所具备的不同特质是受到多方面因素影响的，从而能够形成层次感，更好地进行整体的发展。随着安顺老城的不断发展，旧居住街区街巷的整体形态也在发生变化，慢慢形成当下的状态，但始终与老城的地形环境相契合。街巷承载着社会生活，在微更新过程中，应该充分考虑和分析它整体的形态特征，从而进行整体形态的保留和优化。

（2）保持街巷尺度

扬·盖尔在《交往与空间》中说，在尺度适合的城市和建筑群中，窄窄的街道、小巧的空间，人群都可以在咫尺之间深切地体会到。在街区更新过程当中，设计师要根据建筑物的实际情况来进行合理的街巷空间构建。在这个空间当中，人们既可以进行良好的交流，也能够享受这个空间。这样的街巷才是适合人居住的，并且会让人产生归属感。而安顺老城具有先天的优势，大多数街区中都有尺度宜人的街巷，街区内部居民彼此之间比较熟悉，交往也比较方便。随着大拆大建的更新，大批建筑物被拆除，街巷空间和尺度被破坏，空间的舒适度降低，进而使得居民的交往行为减少。为了实现安顺老城旧居住街区的发展，应该注重对街巷宜人尺度的保护。

在安顺老城旧居住街区发展过程当中，街巷大多呈曲线形，随着地形和建筑物的不断完善，出现了局部的节点空间。因此，这些街巷都是由点空间和线空间构成的，从而能够形成一个整体。不同的宽高比给人的感受是不一样的，安顺老城旧居住街区街巷为网格型和自由型的叠加，宽高比一般是1～1.5，根据功能和尺度又可以将它划分成不同的等级，每个等级带给人的感受也是不一样的，从而能够形成不同的层次感。在社会不断发展的过程当中，原有的尺度又进一步扩大，从而能够满足机动车的通行要求，而街区次巷的宽度变化则比较小，但是也有了一定的变化。在微更新过程中，设计师要对现有的街巷尺度做到充分的尊重。例如，成都的宽窄巷子对原始街巷尺度的充分尊重和延续成为其最大的特点。

5. 确定街区功能定位

街区作为一个功能网络体系，其本身集合了多种功能且规模庞大。城市的更新活动不可能因为成功解决了某一区域的问题，而从根本上解决城市发展过程中的历史遗留问题，而某一个街区的功能也不能不符合城市的基础框架。所以在对老旧居住街区进行微更新的过程中，需要站在城市的综合层面上考虑该街区和周围区域之间的关系。安顺老城定位为综合服务区，必须具有多样的功能。作为安顺老城中的重要组成部分，旧居住街区更需要满足总规划对老城的定位，充分考虑老城未来的发展方向，为旧居住街区的发展规划出路线，最终确定不同街区的功能定位，使其能够和周边空间相互协调，在街区自身能够得到发展的同时，也能带动整个老城的进步。针对街区中的具体部分进行更新，理应充分地考虑街区的定位，使之和定位内容相符合。

6. 置换融合多样功能

受到多种因素的影响，安顺老城旧居住街区发生了一定程度的衰退，重点表现在街区功能的衰退，所以需要对其功能结构进行升级调整，赋予适应时代发展的多元功能。安顺老城旧居住街区以承担居民居住为主，在部分街区成片拆除的影响之下，其物质环境产生了一定的退化，导致居民的生活环境品质直线下降。街区结构在一定程度上不再完善，所以需要针对现有的功能进行调整，合理置换融合多样功能。笔者通过实地调研发现，安顺老城旧居住街区可以借鉴许多既有城市的更新实践，通过引入创意文化项目，增加商业功能，开发旧居住街区的旅游观光功能，充分利用当地的风俗习惯、历史文化和历史资源，建立观光场所来吸引游客参与，以此带来消费人群。这样不仅能够帮助街区增加活力，而且还切实地获得了经济收益。如果只是强调对街区进行保护，而不遵从市场发展的规律，那么街区就会被束缚，最终失去它应有的活力。但是高强度的商业化，也会影响街区的正常生活，最终使街区丧失原有的特质。所以，在街区的历史文化风貌、生活形态、传统肌理受到保护的基础之上，可以根据居民的日常生活需要和街区的特色地理资源，合理置换融合多样的街区功能，鼓励多方参与，允许并且鼓励居民对其住宅进行修缮。设计师和规划师可以通过具体的指导提出修改意见、设计方案等，既能保留原有的居住模式，又能合理地融入商业和文化的元素，使得街区变得更加多样化，发展功能也能多方融合，从而提升街区价值。在具体的置换流程中需要掌握好"度"，避免出现过度置换的情况。比如，永庆坊的过度商业化及街区风貌原真性的丧失，影响了街区原住民的生活，进而导致原住民的离开。

此外，安顺老城旧居住街区基本上承担着居住的主要功能。随着人们生活水平的提高，街巷无法满足人们的需要，而且街区老龄化现象日益凸显，街区中基础设施和功能并不适用于老年群体。因此，需要着力完善街区的公共服务设施建设，优化街区的功能组成，需要侧重于街区土地功能的兼容性和综合化治理。可以在街区内兴建部分公寓和办公区，这样有利于将工作、生活和娱乐融合在一起，形成以居住功能为主、其他功能为辅的综合性街区。

7. 合理布局公共服务设施

目前，安顺老城旧居住街区的公共服务设施存在一定的不足，需要重新进行合理配置，主要从以下两个方面入手。

（1）确定公共服务设施的类型

根据街区内居住群体的日常需求来确定公共服务设施的类型，这里的居住群体指的是以街区中心服务半径为筛选距离以内的所有居民。通过调查他们对于公共服务设施的总体需求来筛选设施类型。在综合考虑的过程中，需要关注不同人群的需要，各类人群都存在着一定程度的共性和个体的差异化。举例来说，青少年和老年人在公共服务设施的需求和具体的活动时间上都有着较大的差异。整个街区内居民的需求众多，需要的公共服务设施也有较大的差异化。参考马斯洛（Maslow）的需求层次理论，可以将居民对于公共服务设施类型的需要分为三个层次，即基本层次需求、高层次需求和介于二者中间的中等层次需求。每一类型都对应着不同的公共设施类别。再将这些公共设施分为三类，即基础保障类、品质提升类、精神文化类。这三类公共设施又涵盖了休闲娱乐服务、文体活动服务、教育培训服务、家政帮扶服务、日常采购服务、商业金融服务、医疗保健服务、社区文化活动服务和养老托育服务等多种服务。

（2）确定公共服务设施的分布

安顺老城旧居住街区本身就在持续进行着自我更新，在主要街巷设置商业型配套建筑，能给居民带来日常生活上的便捷。杜豫川和王宁着重研究了街区内居民的最佳步行距离。他们提出，在街区内，居民的极限步行时间大约是 15 分钟，极限步行距离大约是 950 m。所以，应当将 15 分钟作为设置公共服务设施的参考因素。在旧居住街区内，活动人群主要集中于老年人，所以需要优先考虑针对老年群体的公共服务设施建设，需要充分考虑到老年人的行动能力。在老年人相对集中的旧居住街区，以 5 分钟作为最佳步行时间，通常将基础设施半径集中在 200 ~ 300 m。综上所述，立足于不同的需求，可以将这些设施分为三种圈层，即 5 分钟、10 分钟和 15 分钟。该圈层具体指的就是借助街巷可以到达公共设施的距离，也就是居民的实际步行距离。对于高层次需求，可以将 800 m 左右、大约 15 分钟作为范围，而介于二者之间的中等层次需求，可以将 500 m 左右、大约 10 分钟作为范围。差异化的空间结构负担着多种多样的功能业态需求，最基础的就是基础保障类设施，它可以满足居民最基本的物质需要，在其设置的过程中要参考就近原则。在满足了基本物质需要之后，才可进行生活品质的提升，可以将品质提升类设施集中设置在街区结构层面。要充分考虑到老年群体和儿童群体的特性，针对其特点区别对待，主要是相关的社会事业型公共服务设施的建立。儿童和老年人面对外界的刺激，其反应过程较为缓慢，所以对于安全性的要求也较高，设置公共服务设施的区域也要比较容易到达。在街区进行公共服务设施建设的过程中，可以将其设置在街区内部车流量小、车速慢的道路附近。

（四）整治物质空间，改善街区环境

1.塑造街区景观环境

在安顺市的最新规划中，特别强调了需要落实生态环境保护措施，推进安顺由"安居"向着"宜居"的发展前景迈进。倡导居民坚持低碳、绿色的生活方式；落实城乡自然环境保护举措，形成立体化、多功能、网络式、多层次的自然生态保护体系；加强治理城乡环境；大力推进生态自然环境的资源管理，使得安顺最终能够形成宜居宜商的特色环境。

（1）塑造宜人的绿化景观

在安顺老城旧居住街区中，绿化景观起到了非常重要的作用。优质的绿化景观，既能够调节街区的微气候，还可以带来良好的视觉享受，最终使得街区的活动环境更加优美宜人。所以，针对旧居住街区室外环境进行微更新，需要在生活气息和空间氛围的营造中加入绿化景观，充分考虑居民喜好和日常活动习惯，搭配合适的绿化景观。一旦将绿化景观和居民的生活品质紧密联系起来，绿化景观必然也会受到重视。旧居住街区的绿化景观决定了该区域的环境品质。因此，需要带动居民加强对绿化景观的关注，使得居民能够对街区产生感情。街区中绿化景观涵盖了两部分，其一是街巷绿化景观，其二是院落绿化景观。通过先前的调研可知，受到尺度的制约，宅间小路和街区次巷里很少见到绿树，在街巷尽头的院落中，有的树冠较大可以蔓延到街巷，由此也形成了绿化景观。而在街区主巷中，通常可见以绿树为主的自发性绿化景观。由此可见，居民还是较为重视绿化景观的。

在对安顺老城旧居住街区进行微更新的过程中，第一步就是需要梳理现有的景观要素，对于绿化景观相对集中的区域提高其品质，强化保护街巷绿化景观节点或者是院落内的古树。这些树木不仅年代久远，而且已经适合了区域内的气候，既能够体现历史的韵味，还可以成为优质的绿化景观。而边角区域内的绿化景观不仅彰显了人与自然之间良好的关系，还体现了街道的小情趣。如果街区缺少绿化景观，则需要根据街巷特质加以分析，然后进行有针对性的规划设计。

街区次巷的绿化景观设计，可以根据界面需要而变得更加灵活，如果街巷空间较为狭小，那么可以采用垂直绿化，边角区域小范围绿化，在住宅区

域入口或者院落内部设计绿化，甚至可以允许并且鼓励居民将自己家的盆景放置在户外，从而使得景观环境变得舒适宜人。与此同时，可以随时调整绿化景观设计，使其不会影响本身就空间狭小的街巷。

（2）规整街巷界面

街巷的第二次轮廓线通常是由空调机位、电缆、店铺招牌、电线、防盗门窗网或者雨棚组成的，其样式和尺度都影响了原有建筑的形态。因此，需要规整街巷界面，尤其是对于那些文化底蕴深厚的区域，应删减和建筑风貌不匹配的元素，或者对这些元素进行协调规划，使之能够和原界面相互融合。

影响人类感官印象的除了绿化景观环境，还有街巷界面的品质。街巷界面的品质直接影响人们对区域空间的认可程度。安顺老城旧居住街区的街巷底界面通常是水泥或石板，侧界面通常以建筑正立面是山墙为主。所以，底界面应当渗水性好且能够防滑，这样可以避免出现雨水的囤积；侧界面要避免严重的破败，其颜色应该与街巷保持协调。在不同的街巷中，设计师应该更加注重人性化的体验。通常情况下，人类步行速度大约为 5 km/h，在减速慢行的过程中很容易发现街巷界面的很多细节之处。因此，在以步行为主的街巷中，不可以使用大范围的重复设计，应对界面进行精细化规划设计。相比于那些冷漠的界面规划，这种凝聚心思和小尺度的界面设计，可以使人们增加对街巷空间的好感。

（3）丰富界面色彩

色彩本身就蕴含着不同的意义或者说可以营造不同的氛围，如冷色调代表了古朴和沉稳，暖色调代表了明朗和热情。这种不同色彩和明度的界面会给予人心理暗示的作用。安顺老城旧居住街区的界面色彩往往选择了灰色底界面，鲜有复杂的色彩设计，底界面的作用主要就是通行。因此，人们面对不同的旧居住街区，产生的感觉却是基本一致的，通常只有侧界面会有些许变化。虽然界面色彩设计并不复杂，但是却可以在很大程度上改变区域环境，多重色彩的界面可以丰富街巷空间。借助于色彩的变化，街巷空间可以鲜活起来，能够使人们乐于行走在这样的街巷中。相比于冷色调，暖色调可以给人们带来欢喜的感觉，尤其是那些阳光充足的小巷。而且还可以借助色彩来区分车行道和人行道，通过色彩的搭配作用，彰显其和城市道路的区别，使得驾驶员能够意识到需要减速慢行。

2.完善街区基础设施

（1）公共休息服务设施

在安顺老城旧居住街区中，公共休息服务设施具体是指公共座椅。由于宅间小路和街区次巷本身空间较为狭窄，因此可以不予兴建公共休息服务设施。应参考街巷的具体尺度，在街区主巷空间比较充足的地方，结合具体景观和界面，考虑兴建独立性公共座椅。在街区中，公共座椅的使用频率较高，其表现形式也较为多样化。设计师可以参考街巷空间的具体形态，利用场地设计划分出座椅区域，或者在街巷空间中灵活地搭配独立式样的座椅。具体可在等候区、节点处设置公共座椅或者和景观相结合设置，通常采用独立式或者将座椅设计和街巷内其他元素相结合的方式。参考街巷内其他元素相结合的方式设置的公共座椅，可采用装饰的形式和街巷界面相互搭配协同，既能够体现较好的装饰性，给人们带来良好的视觉感受，又能减少人行道空间的浪费，实现休憩的功能。

（2）公共卫生设施

在安顺老城旧居住街区中，公共卫生设施具体是指公共垃圾桶。以往设计公共垃圾桶的时候，考虑到垃圾回收间隔时间比较长，所以设计的形式较为单一且体积大。现今，公共垃圾桶也在一定程度上代表了街区形象，需要重新根据街巷尺度和功能需要进行设计，并且充分考虑街巷的文化元素。举例来说，可以将独立垃圾桶放置于交通性强的街巷；在生活氛围比较浓且人和车都可以通行的街巷，可以设计出一个专门的区域用来集中处理垃圾；而在街巷的交叉口就可以摆放公共垃圾桶，给多条街巷都带来方便，而且有利于管理。公共卫生设施的设计形式，需要考虑周边的环境，采用差异化的色彩、材质、形体，以便于和街巷氛围搭配融合。

（3）公共信息传播设施

在安顺老城旧居住街区中，通常将店铺招牌、视觉导向系统作为公共信息传播设施。视觉导向系统可以强化人们的记忆，使得街巷有较高的辨识度，有利于人们清楚自己的所在方位。尤其是身处街巷密度较大的区域内，标志、路牌起到了标志性的导向作用。具体来说，宅间小路和街区次巷的视觉导向设计，应该充分考虑界面因素，不要侵占有限的街巷空间，而在街区主巷内进行视觉导向设计，就要充分地和界面融合。

（4）公共照明设施

在安顺老城旧居住街区中，通常把路灯作为主要的公共照明设施。不过这些老旧街区大部分公共照明设施并不完善，所以需要进行重新设计。可以参考街巷的具体空间，使得公共照明设施和界面有效结合，提高空间的有效使用率。充分地将文化元素融入路灯设计中，或者将路灯设计和建筑界面有机融合。当然，公共照明设施不仅仅包含街灯，还可以在底界面中形成有趣味性的设计，作为一种特色景观在夜晚凸显丰富的视觉效果。

第三节　哈尔滨市老旧住区微更新设计实践

一、哈尔滨市老旧住区分布

（一）哈尔滨市老旧住区更新历程

多年来，哈尔滨市一直进行着老旧住区的更新，以满足居民与时俱进的需求。早在1950年，哈尔滨市就针对危房漏雨、建筑质量差等问题进行了改造活动；1980年，哈尔滨市开始着重拆迁旧房、危房，进行多层住宅的建设，同时加强对住区中水暖电气等基础设施的更新；1990年起，哈尔滨市持续进行棚户区和城中村的改造，在打造新住区的同时改善既有住区面貌。

进入21世纪，哈尔滨市对老旧住区的更新更加重视，并且与时俱进，提倡以人为本的更新原则。2003年，哈尔滨市开始进行住区庭院综合整治，对部分20世纪80年代的住区进行以外环境提升为主的更新治理工作，并组织了庭院管理维护小队，将工作落实到个人；2006年，哈尔滨市开始进行老旧建筑平改坡工程，但因为后续出现的建筑安全问题而被叫停；2007年，哈尔滨市将贫困户的居住条件改善作为重点，改造危房40万 m^2。

之后，哈尔滨市政府出台各类政策以推进老旧住区的更新工作。2010年，哈尔滨市推出《哈尔滨市社区建设管理办法（试行）》（哈发〔2010〕13号），提出设立社区服务站，更好地解决老旧住区中存在的问题；2011年，哈尔滨市政府印发《关于进一步加强物业管理工作的意见》，要求全面提高小区物业服务水平；2015年，哈尔滨市政府出资对老旧小区进行整修，主要解决房屋年久失修及脏乱等问题；2017年，哈尔滨市政府提出对老人较多的老旧住区加装电梯，并于2018年出台《哈尔滨市既有住宅加装电梯工作实施方案》，同时运用创新的管理模式，推进楼体立面粉刷、庭院绿化、规划停车位、安装防盗门、外挂线整治等更新工作；2018年8月，黑龙江省老旧小区改造产业联盟成立，整合包括检测、规划设计、投融资、施工、设施及材料、运营等在内的各类资源，形成老旧小区综合改造产业链。

（二）哈尔滨市老旧住区现状分布

20世纪80年代以后，哈尔滨市着力推进棚户区改造和单位制住房建设，集中建设在哈尔滨市主城区内，即现在的道里区、道外区、香坊区和南岗区。目前，哈尔滨市主城区已经成为老旧住区的聚集地，因此形成了独特的城市肌理和街道网络，具体分布情况如下。

道里区：道里区是哈尔滨最早形成的片区之一，目前以安字片、经纬街附近片区、通达街与建国街片区、乡镇街与埃德蒙顿路片区、抚顺街片区、哈药路片区、河鼓街片区、民安片区等建于20世纪70—90年代的老旧住区为主，形成了极为规则的围合式院落布局形式。

道外区：在沙俄统治时期，道外区曾集聚大量当地人和市场，因此环境较为杂乱，有较多的历史建筑，目前以南新街片区，北新街沿线片区，太古街片区，道外北七道街与长春街片区、靖宇街片区、南勋街片区、景阳街片区等20世纪60—80年代的老旧住区为主，形成了小街区、密路网的布局形式。

南岗区：南岗区相对来说建成较晚，一些住区已经有了相应的规划理念，如花园城市理念，目前以宣化街沿线片区、文昌街与中山路片区、红旗大街片区、长江路与南直路片区、教化街沿线片区、文政街片区、海城街与铁路街片区、桥东街和桥南街沿线、大成街片区等20世纪80—90年代建成的老旧住区为主，形成了放射式的布局形式。

香坊区：香坊区曾作为重要的工业性片区而发展，因此部分住宅作为职工宿舍存在，目前以香坊大街和公滨路片区，珠江路沿线片区，油坊街、公滨路辅路、东直街和红旗大街围合片区，沿线片区，三合路西侧片区，旭升南街沿线片区，菜艺街和六顺街片区等 20 世纪 80—90 年代建设的老旧住区为主，形成了比较松散的、呈片状分布的布局形式。

二、哈尔滨市老旧住区现状分析及问题总结

（一）功能布局

在住区的功能布局方面，本节主要从住区布局和功能结构等方面进行分析。

1. 住区布局

受苏联单位制住区建设模式的影响，哈尔滨市 20 世纪 70—80 年代建设的老旧住区往往带有强烈的俄式风格，本节选取的六个典型老旧住区基本都呈组团式布局，由城市支路或住区道路将住区分割为尺度约 120 m × 120 m 的街坊，街坊内部形成供居民进行小范围交流活动的公共活动空间。

住宅建筑以围合式为主，辅以少量的行列式建筑，大多数住宅楼呈口字形或 L 形。这样的布局形式可以使大部分房屋的窗口都面向街道，保证了街道生活的丰富性和街道沿街立面的完整性，但对居民生活的隐私性缺少保护。而且，由于部分住宅呈东西向布局，无法得到充足的阳光照射，这对寒冷的哈尔滨来说是不利的，围合式建筑转角和入口空间的处理往往出现严重的问题，成为无人打理的消极空间。

2. 功能结构

哈尔滨市典型老旧住区的结构往往将中间作为活动场地或公共活动中心，一般将活动室或居委会设置在此，周围是围合式的住宅建筑，建筑的底层作为餐饮、小商铺等满足日常需求的商业业态。这类功能结构以生活性为主，居民使用方便，但存在着业态小而凌乱、街道界面统一感不强、管理困难等问题，而且同一种业态容易高密度集聚，在住区中出现一条街道中某种业态饱和，而另一种业态稀缺的情况。同时，此类结构往往无法激发城市活力，对老旧住区良好的区位优势和交通条件利用不足，缺少高附加值的功能。

总体来看，哈尔滨市老旧住区的功能布局体现着 20 世纪 70—90 年代的肌理特点，而如今社会快速发展，住区内部和外部居民的需求很难被单一的功能布局形式所满足，从而暴露出以下问题。

第一，大量围合式或行列式的住宅建筑使住区的空间缺少变化，布局形式单一，缺乏空间层次感，以小尺度的空间为主，缺少大、中尺度的空间。

第二，缺少带动住区活力的新功能，无法满足当代居民的功能需求，使住区与城市发展逐渐脱轨。

（二）建筑单体

老旧住区中的住宅建筑和公共服务建筑是人们可以直接感受的物质元素之一，本节主要从建筑质量、建筑风格和住宅户型等方面进行分析。

1. 建筑质量

哈尔滨市老旧住区的建筑质量良莠不齐，大部分新建建筑整体都比较完好，一些老旧建筑经过翻修或重新粉刷墙体之后状态良好，但大多数老旧建筑的外表皮出现斑驳、脱落等现象，甚至有些建筑由于结构的损坏而直接威胁居民的安全。

作为公共空间的楼梯间往往被人忽略，成为居民堆放杂物的空间。久而久之，楼梯间内异味严重，楼梯和扶手堆积了厚重的油污和灰尘，使原本就拥挤狭小的空间更加闭塞，一旦发生意外会导致无法顺利疏散。同时，楼梯间内还缺少照明设施，不便于居民上下楼行走。

由于建成以来的管理缺失，越来越多的违建棚户逐渐占据了住区中央本应用作公共活动的空间，许多棚户、土房、仓库等见缝插针地"挤"在住宅建筑旁边，公共空间被违规占用，居住环境日益恶化。

2. 建筑风格

哈尔滨市老旧住区的建筑秉承着苏联联排式的建筑风格，大多是砖石材质的多层板式楼房，形式简单、造型单一，这种朴实无华的建筑风格也正是哈尔滨市老旧住区的特色所在。但是，许多居民为了满足生活需求自行加建了阳台或室外附属装置，导致老旧住区整体的建筑风格受到影响，略显杂乱。

在建筑色彩方面，哈尔滨市老旧住区多以浅色系为主，或为了突出砖石的材质而使用砖红色涂料进行粉刷，往往以建筑群的形式进行色彩的处理。但有些建筑在立面重新修整时与周围环境大相径庭，破坏了建筑群体的整体性。同时，新建筑与老建筑在色彩风格上如何统一，也是住区更新中应该关注的问题。

3. 住宅户型

在哈尔滨市老旧住区中，20 世纪 80 年代之前的住宅一般为 5 ~ 6 层，多为一梯 4 ~ 5 户；也有许多走廊设在室外的单排式住宅，使用面积大多为 30 ~ 50 m²，布局形式已经无法满足现代生活的要求，甚至一大家子挤在 30 m² 的小房子内；20 世纪 90 年代之后建设的住宅多为 7 ~ 8 层，未安装电梯，一梯 2 ~ 4 户，使用面积 60 ~ 100 m² 不等，这一时期住宅户型的舒适感有所提升，但也存在着起居室阳光不足、卧室隔音差、卫生间无法通风或厨房排烟差等一系列问题。

总体来看，建筑单体的更新与改造是住区更新中最直接的部分，也是人们十分在意的部分，目前存在以下问题亟须改善。

第一，由于建设时间跨度较长，哈尔滨市老旧住区的建筑风格多样，是人们了解城市历史肌理的重要元素，然而这些元素却没有得到应有的保留，建筑风格缺乏统一的保护及规划，新老建筑风格缺少衔接。

第二，住宅老化现象严重，建筑状况较为破败，外立面残破不堪；住宅楼单元入口通常未安装防盗门，楼梯间也未安装照明灯，楼道空间漆黑一片、杂乱无章。

（三）公共服务设施

公共服务设施是满足住区内外需求的重要部分，本节主要从商业服务设施、餐饮娱乐设施、医疗卫生设施、教育文化设施和养老设施等方面进行分析。

1. 商业服务设施

哈尔滨市老旧住区的商业服务设施一般以住宅底层商服作为空间载体，沿街道布置，很大程度上丰富了居民的街道生活，商业服务业态呈现出多样性、实用性、亲民性等特点。但同样是这种十分"接地气"的商业特征，导致其存在着商品质量没有保障、服务人员态度较差、商品特色不够突出等问题，同时也无法满足特定居民如老年群体的购物需求，在中高端商品的供给上也略有不足。

除了沿街布置的底层商服，哈尔滨市老旧住区中还存在着一种更加具有生活气息的商业形式——早夜市。早市一般出摊时间较早，4：30 就已经有摊贩在固定地点摆摊卖货，一般持续到 7：30 左右；夜市时间冬天较早，夏天较晚，一般 17：00—18：00 最为集中。早夜市是深受居民喜爱的一种商业形式，居民往往更愿在这种比较自由的市场中购买自己商品，同时与邻居和摊贩交流，成为日常生活必不可少的一部分，但市场环境普遍较差。

2. 餐饮娱乐设施

哈尔滨市老旧住区周围分布最多的就是小餐馆等餐饮设施，其次是浴池等娱乐设施。随着生活方式的转变，居民选择外出就餐的次数越来越多，而充满市井生活和地道口味的老馆子、"苍蝇馆子"等也越来越受人们的喜爱，有些做出特色的小餐馆甚至能成为老旧住区的招牌，许多非本住区的居民慕名而来，为住区增添了一部分活力。

3. 医疗卫生设施

随着新版《城市居住区规划设计标准》（GB 50180—2018）的发布，各类住区都在打造"5 分钟生活圈"，即在 5 分钟的步行范围内配备完善的公共服务设施，主要包括托幼及中小学等教育设施、社区基本服务设施、医疗设施、养老设施、商业服务设施等。

哈尔滨市六个典型老旧住区周边 300 m 范围内的医疗服务设施比较充足，以社区卫生服务中心和私人医院为主，可以满足居民日常的就医需求。老旧住区周边范围 1 km 之内都有较大的医院，比较严重的病症也可及时得到治疗，居民对住区周边医疗服务设施的满意度较高。

4. 教育文化设施

哈尔滨市六个典型老旧住区周边 300 m 范围内的教育文化设施比较充足，以中小学居多，其服务半径满足老旧住区儿童教育的需求。每个老旧住区中都分布着 3 ~ 5 个幼儿园，数量充足。但由于大部分学校临近主要道路，噪声和空气污染等影响较大，也出现学生上下学时间道路交通极为拥挤的情况。

5. 养老设施

目前，哈尔滨市六个典型老旧住区中老年服务设施严重不足，安字片住区仅有派福居家养老、以马内利海富助老家庭两个养老设施；民安街片区内部没有养老设施，片区外围有一处福寿安康老年公寓；复华小区内部没有老年设施，距片区 500 m 处有一居家养老服务中心；除此之外，清明小区、南七道街片区和三辅街与司徒街片区内部和外围均没有老年设施。可见老旧住区中的老年活动设施也十分有限，服务设施的数量严重不足。即使有，也都是私人开设的、由住宅或底商改建而成，环境简陋，设施陈旧，无法给老年人提供舒适的晚年生活。

总体来看，哈尔滨市老旧住区的公共服务设施业态丰富，基本满足居民的生活需求，但仍存在以下问题。

第一，公共服务设施数量充足、质量不足，中低档设施偏多，业态较为混乱，缺少统一的管理和规划。

第二，教育设施中，幼儿园、小学、中学的数量较充足，但是其他类型的教育和文化设施却十分匮乏，无法满足居民丰富的精神文化需求。

第三，老年服务设施严重缺乏，不符合如今住区居民的年龄结构特征，在老年人的看护、照料、出行、健康等方面造成诸多不便。

（四）基础设施

基础设施是支持居民正常进行日常生活的基本元素，本节主要从市政设施、环卫及照明设施、无障碍设施等方面进行分析。

1. 市政设施

通过实地观察和居民访谈可以了解到，哈尔滨市老旧住区中的市政设施运行状态比较良好，但对于市政设施的更新和维护方面仍存在很多问题。由于老旧小区建成时的工程技术或埋线方式逐渐落后，许多供排水及供热管道需要重新铺设，施工进度缓慢，挖掘土地所导致的土坑沟壑对居民的生活和出行造成了诸多不便。另外，曾经用作锅炉房的建筑被私人占用或闲置，浪费了极大的公共空间，亟须整改。

电力电信线路在老旧住区上空交错盘旋，有些居民和商户甚至私接线路，造成老旧住区中"蜘蛛网"现象严重。许多电线松散垂挂在建筑之间，极易和居民接触。部分电线杆歪斜，给居民生活和出行造成极大的安全隐患。

2. 环卫及照明设施

经过观察，哈尔滨市老旧住区内多数为可移动的大型塑料垃圾桶，居民反映垃圾桶清理比较及时，但没有进行分类回收，给垃圾的处理带来不便。同时，垃圾箱的放置地点和服务半径不合理，有些垃圾箱集中布置，如清明小区附近的汉祥街由于开设夜市，在路口堆放了大量垃圾桶，夏天异味严重，甚至影响周围居民生活；有些垃圾桶放置在单元门口或人行区域，气味和散落的物品严重影响了居民的正常出行；有些街坊内甚至没有垃圾桶，部分居民将垃圾随意倒在树池中或房屋边，对住区环境造成极大影响。另外，住区中垃圾转运站的数量较少，只有安字片安静街附近有一处露天式垃圾转运站。

老旧住区的照明主要来自街道旁和庭院中的路灯，但基本只设置在比较重要的道路旁和人流量较大、面积较大的公共活动空间中，而其他较为狭小、拥挤的宅前空间及道路则没有设置路灯，给居民带来极大的不安全感。此外，有些路灯和庭院灯已经损坏，出现频闪或不亮的情况，应及时进行修理。

3. 无障碍设施

哈尔滨市老旧住区普遍建于 20 世纪 80—90 年代，当时的受众大多是 20 ~ 40 岁的中青年，因此在建设之初并没有考虑无障碍设施的配置。随着时代的发展，住区虽然在进行改造更新，但无障碍设施一直不是改造的重点，导致住区中无障碍设施严重缺乏。

首先，住宅单元和公共服务设施的入口处缺少无障碍坡道或扶手，有些坡道过陡，无法满足轮椅通行的要求；其次，在大型的公共活动空间中缺少扶手和座椅，地面铺装多以硬质铺地为主，地面损坏严重，极易造成磕绊；再次，部分住宅楼道台阶和公共服务设施的台阶高低不平、高度不均，油污和青苔等没有得到及时处理；最后，住区内的标识系统普遍不健全，楼牌楼门标志损坏严重，公共厕所等服务设施没有标注，容易给行人造成困惑。

总体来说，哈尔滨市老旧住区的基础设施基本完善，但设施维护和数量、质量方面的问题仍然存在，主要有以下几点。

第一，应加强市政工程的更新迭代和运营维护，老旧、老化、破损的供排水及供热管道没有及时更换，电力电信线路杂乱，"蜘蛛网"现象严重。

第二，环卫及照明设施数量不足，其分布和服务半径无法满足居民需求，夏天异味严重，影响居民生活。

第三，无障碍设施严重缺乏，坡道及扶手配置不全，软质铺地面积少，标识系统不够健全，给老年人、儿童和特殊群体的出行造成困扰。

（五）绿化及公共活动空间

哈尔滨市老旧小区中的绿化与公共活动空间一般相邻或结合布置，居民活动最密集的地点往往也是绿化植物较多的空间。根据统计，居民使用频率最高的是步行 3 ~ 5 分钟可达的宅前小型公共活动空间，其次是步行 5 ~ 10 分钟可达的小区级中型公共活动空间，再次是步行 15 ~ 20 分钟可达的城市级大型公共活动空间，居民只在闲暇时间游览和散步。因此在老旧住区绿化及公共活动空间的改造中，小型公共活动空间是改造的重点所在。

1. 宅前小型公共活动空间

从院落中零星分布的花池、树坛、藤架和座椅等设施来看，住区建设初期对宅前空间的环境处理是有所考虑的。但由于多年疏于管理，大部分空间或破败闲置或被私占，空间可利用部分更加狭小，有些居民只能去附近环境略好一些的宅前空间进行活动。部分宅前空间虽然有健身设施，但总体使用率较低。特别是在冬天，小型公共活动空间接受不到充足的阳光，居民更加不愿在宅前进行活动。

2. 小区级中型公共活动空间

面积较大的中型公共活动空间往往成为居委会或居民组织的所在地，用来举办一些社区活动。这类中型公共活动空间通常由居委会或物业、街道进行管理，因此环境较宅前空间来说略好，一般都配置有健身设施，但同样面临着设施使用率低、绿化面积不足等问题。由于使用方法不当，部分健身设施和休憩设施使用寿命缩短、老化严重。同时，服务于老年人和儿童的设施种类偏少、数量不足，无法满足各年龄段居民的活动需求。

此外，部分老旧住区周围还特别设置了一些中型的绿化空间，如安字片安道街附近有一带状的绿化广场、地德里小区中哈尔滨市抚顺小学校周围的绿化空间、南七道街片区中位于太古街上的街头绿地和南勋街边的带状绿化空间、复华小区南侧的马家沟沿河公园等。此类空间为居民较大范围内的休息散步活动提供了场所，受到居民的喜爱和好评。

3. 城市级大型公共活动空间

对于老旧住区的居民来说，大型的公园或广场等公共空间的使用频率不高，人们一般在节假日或者双休日前往。目前，哈尔滨市老旧住区周边 1 km 范围之内均有 1 ~ 2 个大型的城市级公园或广场，这些城市级公园或广场由城市统一管理，环境较好、收费合理，基本满足了居民对大型公共活动空间的需求。

总体来看，哈尔滨市老旧住区的公共活动空间呈现出空间单一、缺少特点、绿化不足、设施老旧等特点，主要有以下几方面问题。

第一，由于建设时间跨度长，公共空间常年无人打理，树木绿化数量不足、种类贫乏，空间零散单调，缺少统一的设计和维护。

第二，除中型公共活动空间会偶尔作为集体活动之用，配备了一定设施之外，健身和休憩设施在小型公共活动空间中的配置数量不足，户外活动设施都是见缝插针地布置，导致住区空间混乱、参差不齐。

第三，由于无人看护，宅前的小型绿地十分萧瑟，居民利用率低。同时有部分住户违法将宅前绿地圈为私人所有，无法为其他居民所利用，降低了绿地的公共活力。

（六）道路交通

哈尔滨市老旧住区一般位于老城区内部，老城区的路网结构已经基本定型。

1. 车行交通

哈尔滨市老旧住区为典型的小街区、密路网的形式，城市支路将住区划分为各个小街坊，形成组团式的空间布局。目前，老旧住区周边的车行道路基本由三种等级构成，其中以断面 5 ~ 8 m 的城市支路数量最多，整体呈树枝状、方格网状或环状，连通老旧住区中的各个街坊。

为充分发挥城市支路疏散作用，缓解老旧住区车辆拥堵的问题，哈尔滨市逐步对老旧住区周边的车行道路进行限行管理，将部分路幅较窄的城市支路设置为单行道，车流汇入城市主次干道之后正常通行，很大程度上解决了老旧住区周边车辆拥挤的问题。

目前，哈尔滨市老旧住区周边的车行交通状态比较良好，不易发生堵车等问题。但部分中小学周边道路，学生集中上下学的时间段内仍会有车行缓慢甚至无法通行的情况。

同时，哈尔滨市老旧住区周边道路绿化水平普遍偏低，与新建住区相比，无论是植物配置还是设计的精细程度上都相差甚远，道路基本没有中央绿化带，行道树种类单一、长势欠佳，城市支路两侧的树池及种植土壤破损严重，极大地影响了城市整体道路景观面貌。

2. 人行交通

哈尔滨市老旧住区周边人行道均是以硬质铺地的形式依附在车行道两侧，容易造成人车混行的现象。由于城市支路尺度较小，因此行人在行走过程中感受到的建筑及街道尺度较为宜人，丰富的沿街店铺也充实了居民的街道生活，但老旧住区内部没有完整、系统的人行交通。

此外，步行空间的舒适度也存在很多问题。首先是路面质量，许多居民反映人行道的铺装已经损坏，出现翻浆、断裂等现象，形成凹凸不平的坑洼，下雪下雨之后还会积水，影响行走安全；其次，人行道周边的绿化树种过于单调，街边建筑参差不齐，杂物堆放混乱，占道经营和占道停车现象严重，导致有效的人行空间十分匮乏，缺少夜间照明，严重影响了人行空间的通畅性和安全性；最后，人行节点的空间处理失衡，大空间活力不足，而小空间虽具有人气，但缺少座椅和休憩设施，导致空间秩序混乱。

3. 静态交通

在哈尔滨市老旧住区中，静态交通主要包括公交车辆进站的停车问题和机动车的停车问题。老旧住区周边公交线路网密集，公共交通比较方便，但易出现公交线路混乱、停靠车辆过多的情况。安字片附近的"安升街（新阳路路口）"站台，多达 13 辆公交车在此站设点，经常发生公交车拥挤进站的现象，导致道路交叉口通行不畅。此外，大部分公交站点并未设置港湾式停靠站，虽然部分站台新建了雨棚、休息座椅及电子提示牌等设施，但是仍有一部分站台仅是简单地设立站牌，给居民在恶劣天气下等车造成不便。

老旧住区内的机动车停车问题也是居民最不满意的方面之一。由于最初建设时居民的私家车数量较少，因此并未规划许多停车位。然而随着私家车数量的增加，寥寥无几的停车位已经无法满足居民现阶段的停车需求。尽管政府已经实施了局部路段单向禁停、双向禁停或分时段禁停的管理措施，也在周边道路规划了一定的路边临时停车位来解决需求，但住区中路边违规停车、占用人行道停车和占用公共活动空间停车的现象仍然屡禁不止，在面积较大的公共空间中甚至出现"停了就开不出去"的拥挤现象。

总体来看，哈尔滨市老旧住区的道路交通是连接住区与城市的纽带，需要不停地进行梳理和完善，目前存在以下几方面的问题。

第一，车行道路绿化面貌不佳，道路等级不够明确，城市道路与住区道路之间缺少过渡衔接，在分流汇流处易出现交通不通畅的现象。

第二，住区内没有完整、系统的人行交通，导致住区各级公共空间可达性不强，同时人行道路的路面质量、道路设施和街边风貌等状态较差，影响行人的行进感受。

第三，停车位严重不足，车辆违规停放、乱停乱放的现象极其严重，妨碍了住区居民的行走及活动，同时影响住区的整体景观。

（七）住区文化及精神要素

对于住区来说，如果将舒适的居住环境比作它的"躯壳"，那么住区中人与人之间的交往、邻里活动的发生便是它的"血液"，住区中存在的精神及文化就是它的"灵魂"。一个完整的住区，文化及精神要素也是需要设计的，特别是对于老旧住区而言，历史的积淀使其承载了一定的文化价值，而人口的更替也在一定程度上破坏了它的文化精神。

1.住区文化

老旧住区是城市发展的产物，代表了城市在某个特定历史时期的社会、经济状况，理应拥有浓厚的文化色彩。但随着时间的流逝，住区在更新过程中不断出现新的元素，原有元素渐渐消失，居住群体也不断地更替，住区似乎已经变成了"居住的地方"而不是"生活的地方"。居民认为一些年代久远、拥有历史痕迹的物质元素值得被保留并可以作为住区文化与精神的载体，如壁画、红砖墙、井盖、石碑、老物件等，但是在发展过程中没有注重传统元素的提取和保护，导致这类元素逐渐减少。虽然住区中活动的开展也是住区文化与精神的一部分，但是缺失了物质元素，居民很难对住区文化形成固定印象，导致其难以凝聚。

2.住区归属感

住区归属感即居民对住区的认同感和满足感。对于老旧住区而言，居住时间较长的居民对住区的环境、周围的邻居和居民的生活习惯比较熟悉，因此对住区的归属感较强；而对于新居民和外来租户来说，归属感比较弱，导致其不爱护、不珍惜住区的公共环境和设施，使居住环境质量下降，又引起其他居民的不满和不认同，从而形成恶性循环。

笔者对老旧住区中归属感的影响因素做了调查，分为邻里关系、环境质量、运营管理和文化主题四个因素。根据调查可见，除环境质量等物质要素之外，邻里关系和文化主题也是影响住区归属感的重要因素。

3.活动参与性

老旧住区中活动的开展也是住区文化与精神得到发扬传承的重要环节。目前，老旧住区中开展活动的频率比较高，居民参与性也较强，但是存在着活动单一、目标人群窄等问题。大多数参与住区活动的居民为退休或无业、闲暇时间较多的中老年群体，面向青少年举办的活动类型不足，真正使居民参与到住区建设、更新和管理的活动也不多，居民无法了解到住区最新的建设动态，公众参与仅停留在表面状态。

总体来看，哈尔滨市老旧住区的住区文化与精神方面略显不足。住区中邻里关系和谐，居民对住区活动的参与性也较高，但没有参与的平台和机会，导致居民无法真正融入老旧住区的更新建设之中，目前存在以下问题。

第一，没有刻意对有历史痕迹的物质记忆要素进行保留，使住区文化与精神的载体逐渐消失，不利于居民归属感和认同感的形成。

第二，目前，居民能够参与的社区活动仅仅停留在社会和文艺等层面，对住区的管理、建设、经济和政治方面的参与较少，居民没有真正成为住区的主人，公众参与没有落到实处。

三、哈尔滨市老旧住区微更新方向

（一）整合可利用的闲置资源

老旧住区更新一直是哈尔滨市民生工作的重点之一，但纵观哈尔滨市老旧住区更新的历程可以发现，无论是前期的"棚户区改建""危房改造"，还是后期对住区环境进行改善的居住区更新，都是以拆旧建新为主要手段，大规模地将原有建筑、原有庭院、原有建筑构件和立面形式破坏重建，期望打造出一个更符合"现代"需求的住区。这不仅会造成巨大的人力、财力投入，同时破坏了老旧住区原有的社会结构关系，容易产生难以解决的社会矛盾。这类更新手段忽略了老旧住区中本身就拥有的大量物质资源、人力资源和服务资源。这些资源之所以利用率低下是因为长时间的积累造成了资源闲置，只要重新激活就可以为老旧住区增添活力。在哈尔滨市老旧住区的微更新中，可将闲置资源进行整合，并有针对性地进行激活，使得住区中的空间和资源可以让更多人分享使用，以提高物质资源的使用效率，即以"用旧"替代"建新"。

（二）挖掘可更新的微元素

政府每年都会投入大量的资金进行建筑立面更新、节能环保设计、绿化树木种植、公共设施增添等方面的工作，但却没有真正触及老旧住区活力丧失的本质，存在于管理、投资、经营等方面的问题并没有得到解决。这样治标不治本的更新手段虽然看起来略有成效，但却无法真正满足居民对美好生活的需要。微更新理念下的老旧住区更新并不是像铺地毯一样将住区中所有衰败退化的元素逐一更新，而是在详细分析之后，选取住区中一部分影响力较大、带动力较强、更新之后可以互相协作成为系统的"微元素"来进行更新。这些微元素可以是住区的空间、建筑、小品、植物等物质元素，也可以是住区居民的生活方式、传统习俗、特色活动等非物质元素。选取这类微元素进行更新，工作对象规模变小，体量得到控制，单一项目更新的代价变小，投入的人力、财力等社会资源是可控的，更新周期也会缩短，这就使得更新项目更加具有弹性，更多地处于一种可更改的状态。微更新可以根据时代和城市的发展需求在实施过程中进行修正，在建设过后进行修改，实现可持续发展。

（三）吸引中小投资者投资

在传统的城市老旧住区更新中，"谁来花钱改造住区"往往成为居民关注的重点。之前老旧住区更新资金的主要来源往往是政府，社会资金所占的比例非常少。然而，政府的财力通常有限。目前，房地产市场已经走过黄金时代，投资主体转变，之前开发商的建设模式都是大兴土木、新区建设，而如今土地资源越来越紧张，新区建设的门槛越来越高，开发企业越来越正规，住房政策也越来越严格。部分地区"不允许期房出售"的制度使得能力较弱的中小投资者被剔除开发商的行列，无法踏入新区建设的领域。因此，中小投资者必须选择其他的投资模式，而老旧住区中的微更新模式则为他们提供了渠道。在老旧住区的微更新中，政府可以提供优惠政策和部分资金支持，吸引中小投资者，激活住区后可以得到收益，这种收益虽然是缓慢的，但也是持续的、合理的。此外，还可以将社区资金共筹作为融资的一部分，与政府资金、中小投资有效结合，使"小投"成为可能。

（四）引导公众参与

在建设过程中注重公众参与是弥补市场经济不足的有效手段，然而在传统的老旧住区更新模式中，发起者和实施者一般是政府，开发商的介入、居民的参与都是政府可控的，对不同群体的需求关注较少。特别是低收入者和老年人等弱势群体，他们缺少与政府和开发商平等对话的条件，得到的补偿金往往不足以在别处购置新房，即使是选择原地回迁的居民也要花费大量的财力物力来进行搬迁。同时，离开了熟悉的生活环境，他们的工作、收入及子女的教育等都成为问题，极易导致社会不公平现象加重，这也是近年来老旧住区更新效果不尽如人意的主要原因之一。在微更新中，政府不再替居民做出决定，其角色从主导者变为引导者，引导居民"点单"确定更新对象；设计者不再闭门造车，而是真正从不同群体需求的角度出发进行设计；各方参与者都无法取代彼此的位置，形成多社群、跨学科的合作模式，在这个模式中充分协调各方利益，使每个参与者都能在更新过程中收获利益。这些参与者的相互沟通和协调对城市、经济和社会的稳定是有益的。因此，在社会结构复杂的老旧住区中进行微更新，更应该着重考虑搭建公众参与的开放平台。

（五）搭建信息流通平台

由于建成时间较长，老旧住区在网络技术应用等方面较为落后，信息和资源的分享传递大多靠面对面进行，这必然导致信息传播的滞后。随着"互联网+"时代的到来，大数据的应用已经越来越普及。在大数据技术的支持下，老旧住区可以依靠网络搭建线上平台，对全体居民开放。一方面将闲置资源进行登记和整合，搭建资源与用户的服务平台，使居民能够快速联系到资源或服务的拥有者，直接对闲置资源进行激活；另一方面也可以收集并发布老旧住区各方面的信息，加强住区建设与居民之间的相互联系，真正了解居民需求。同时，对于无法使用线上平台的老年居民或特殊群体，应该搭建完善的线下信息流通平台，及时更新住区的各类信息，利用宣传、展示等手段加强居民的公众参与能力，通过线上平台和线下平台联动，举办丰富的社区活动，加快信息传播速度，同时吸引青少年使用信息共享平台，扩大社区信息传播的影响力。

四、哈尔滨市老旧住区微更新策略

以哈尔滨市老旧住区为代表的城市老旧住区，通常拥有复杂的社会结构，并且由于建成时间较长、建筑形式老旧、人口来源复杂等原因，老旧住区长期处于衰败的状态。但老旧住区通常位于城市中发展较为成熟的核心区内，其拥有的区位优势和良好的交通条件是不可忽视的，因此发展诉求较为强烈。接下来笔者将运用微更新的理念提出哈尔滨市老旧住区的更新改造对策，从宏观层面的强化住区功能、中观层面的提升环境品质、微观层面的设计空间细节、非物质层面的营造精神文化等方向提出具体策略，逐步引导哈尔滨市老旧住区活力的提升，使老旧住区自然生长，完成从"输血"到"造血"的转变。

（一）强化住区功能

首先，以老旧住区内外需求为基础，对各老旧住区进行定位，将住区现有的功能进行整合、筛选，最大限度地利用现有资源。其次，填补老旧住区中缺少的基本功能，满足居民的多样化需求。再次，植入城市发展所需要的活力功能，吸引外部人流，使老旧住区恢复活力。但这些功能并不是无组织地随意分布，而是在分析周边需求的基础上，将各功能有规律地分成几个功能分区，各分区对应不同的主题，如餐饮主题、家庭旅店主题、文化活动主题、养老医疗主题等，真正做到功能共享，既满足内部居民的需求，又对外部人流产生吸引，与城市的发展建设接轨。最后，梳理老旧住区的道路交通，使住区更好地与城市功能衔接。

1. 植入高附加值主题功能

老旧住区拥有诸多可以利用的优势资源却没能得到充分的重视。从城市的角度来说，老旧住区作为承载哈尔滨市独特历史的空间载体，可以作为哈尔滨市时代发展的展示要素来丰富城市功能，重现历史记忆；从住区的角度来说，引入旅游、创意、展览等高附加值的产业，吸引青年人群进入住区，势必会为住区注入新的活力。此外，通过对哈尔滨市老旧住区的现状调研可以看出，老旧住区最需要补充的是养老服务功能和青年服务功能，可以此为基础适当植入养老主题或青年主题，提升住区活力。

2. 嵌入主题式服务设施

在对老旧住区的周边资源和居民内部需求进行分析之后，可以确定不同特色的主题式住区，既顺应城市发展的需要，又满足居民自身需求，还可以吸引住区外人群到老旧住区中进行消费和活动，使住区达到自生长的目的。在这个定位的统领下，需要采用微更新的手段，选择合适的微更新对象进行公共服务设施的添置和更新改造，使其与住区主题相适应，达到必备的硬件要求。

在嵌入主题式服务设施之前，应对每个住区中售卖的房屋和底层商铺进行统计，从中确定更新的对象，针对不同的户型、不同的主题进行设计。例如：青年主题设施，由于青年人更具有灵活性、乐于分享和交流，因此对于青年主题旅店的设计可以更加灵活，提供小户型的房间，为年轻人打造性价比高的住处，吸引青年人群短租入住，满足青年人群既渴望交流，又尊重私密的使用需求；老年主题设施的房间布局不应过于复杂，应满足不同健康状态的老年群体的使用需求，以舒适性、便捷性和安全性为主。

3. 道路交通梳理

老旧住区内拥有丰富的城市支路系统，这些线性交通是沟通住区与城市的重要渠道，扮演着老旧住区与城市相互交流的媒介角色，承担着丰富的物质交换和能量交换。而造成老旧住区现状混乱的一个重要因素就是交通问题无法解决，内外交通衔接不畅，内部流线不清晰，人车混行现象严重，静态停车混乱。因此，在对目前现有交通状态进行整理的基础上，应根据住区的主题功能配置及设施布置，对车行交通、人行交通和静态交通进行进一步的梳理与衔接，使住区与城市功能的过渡更加顺畅。

在车行交通方面，可以对部分城市道路实施单行管控，充分发挥城市支路微循环的效果。同时，重新梳理各街坊内的车行循环流线，做到车辆"开得进，驶得出，停得下"，并对道路两侧的绿化进行整理和修补。在人行交通方面，应整合修补依附于车行道两侧的人行道，设置主要步行路网和次要步行路网，给居民提供多选择的步行条件，形成等级鲜明、覆盖面广的步行道路系统。在静态交通方面，应整顿街边违规停车、占用人行道停车、占用公共活动空间停车的现象，运用微更新手段，高效组织停车方式。

（二）提升环境品质

在对老旧住区进行宏观层面的分析，运用微更新的手法将住区功能有针对性地进行更新之后，老旧住区微更新的进程开始进入中观层面的提升环境品质阶段，主要针对住区的公共活动空间和绿化环境进行完善和整合，使居民享受舒适宜人的户外空间，进行有益于身心健康的行为活动。由于居民对宅前空间的使用频率最高，因此环境品质提升的对象主要为各街坊内部尺度较小的宅前空间，小型公共活动空间的更新更容易进行，更新后使用效率也更高，同时结合公共空间打造住区内完整的步行道路系统，提高配套设施的可达性。

1. 扩大公共活动空间面积

目前，老旧住区内公共活动空间数量少、质量低的问题尤为严重，主要原因是居民的私搭乱建和违规停车侵占了原本应作为公共空间使用的用地。针对这一问题，微更新将采用拆除违章建筑以扩大活动场地的手法，对居民私自建设的仓房、车库、围墙进行强制性拆除；对挪作他用的公共设施用房进行取缔，恢复原有功能，充分利用住区目前的现有资源条件。

2. 提高空间利用率

城市老旧住区的公共活动空间一般都设置在形状较为规整、有一定面积、居民喜欢停留的地方，这类本身就用作活动空间的场地，其更新改造工作相对比较简单。但除了这类规整的空间，还有许多因建筑布局或道路走向而形成的不规则空间，这类空间往往分布在住宅和公共建筑的山墙两侧，形状狭长、四周封闭，居民一般不对其进行使用，导致其环境破败，给居民带来不安的心理感受，成为住区中无人问津的消极空间。在微更新中，要对老旧住区中的消极空间和闲置空间进行设计，提高其使用效率。

（三）设计空间细节

在对各类老旧住区进行了宏观层面的强化住区功能和中观层面的提升环境品质之后，为了更好地为居民提供精致的高品质生活，同时更充分地运用微更新手段，需要对老旧住区中的空间细节进行设计，包括对现有建筑的更新改造和对各项基础设施的完善。这一层面的微更新将更加贴近居民的生活，更新要素会更加细致，主要是对微小的部件和构建进行设计，以完善精致的硬件条件来配合住区的功能和环境品质。

1.住宅建筑的更新设计

住宅建筑是居民居住的载体，是老旧住区中人们能够直接感受的物质元素之一，其质量、风格等直接承载着老旧住区的历史发展轨迹。在微更新中，应对住宅建筑的质量和风格进行调查，及时修整完善质量较差的建筑，保障居民生活安全。对于建筑风格及建筑色彩，应提取该住区内常用的、最具有代表性的建筑色彩搭配样式，并进行色彩分区，以达到街坊、街道界面、主题功能相互配合的目的，使老旧住区的整体面貌更加和谐统一。

2.公共建筑的更新设计

对建筑及空间的细部进行设计更能展现微更新的细节性。对于街坊内有条件进行设计的公共建筑，可以进行布局或外环境的设计，为居民提供更加有品质的服务，增强居民的幸福感。特别是用作青年服务设施和老年服务设施的公共建筑，应按照不同人群的使用需求有针对性地设计空间细节，从细微处提升居民的生活品质。

3.基础设施的更新设计

哈尔滨市老旧住区的水、暖、电、气、环卫等基础设施配置是满足居民生活最基本的条件。针对目前老旧住区中市政设施老化、电力电信线路混乱、环卫及照明设施数量不足且分类不合理、无障碍设施严重缺乏等问题,应采取查漏补缺的方法逐一进行更新修复。先统计住区中各类基础设施的总数及现状服务半径,再根据相关规范要求,对数量不达标的设施进行填补,同时考虑美观性的要求。

(四)营造精神文化

住区的精神文化作为住区的灵魂所在,是增强居民归属感、使居民对住区产生依恋的重要元素。新建住区在设计和建设时往往拥有独特的理念,容易形成住区精神文化,而且一般都会有相应的空间或物质载体作为展示要素。而老旧住区在建设时往往没有独特的主题和理念,其精神文化主要存在于长时间积累的邻里关系和生活方式等。在微更新中,首先应保留住区中具有文化特征的空间场所、物质要素和行为活动等,同时结合公共空间赋予其物质载体,必要时进行文化顶层设计,自上而下确定住区的文化内涵。

1. 保留传统文化元素

在以往住区的发展和更新改造过程中,并没有注重传统文化元素的提取和保护,许多老旧的、过时的部分逐渐被清除,而这些凝聚着老一辈人记忆的物质载体恰恰容易成为老旧住区的精神文化。缺失了物质载体,居民很难对住区的精神文化形成固定印象,从而导致住区文化难以凝聚。在微更新中,需要对选取出传统文化元素进行顶层设计和放大,确定独特的社区文化内涵,通过自上而下的方式发扬社区精神,之后在居民的共同参与下建设富有生活气息和邻里感的文化空间。

2. 引入时代性文化元素

在老旧住区的精神文化营造过程中,除了要尊重和保留老旧住区自身的传统文化,还需要注入一些具有时代性的文化元素来激活住区的文化活力,与传统文化元素互为补充,更好地吸纳和利用新文化和新信息,形成与时俱进的住区精神,同时满足住区中青年人群的精神文化需求。

3. 举办文化主题活动

通过对老旧住区居民进行访谈及问卷调查,笔者得知,目前大部分老旧住区会定期开展一些娱乐类和艺术类的活动,但并没有相应的文化主题,居民的参与度也有所下降。对于老旧住区而言，精神文化的缺失一方面在于物质载体的匮乏，另一方面在于文化主题活动的频率太低、类型太少，居民无法亲身参与住区精神文化的营建。要想凝练住区精神文化，只靠自上而下的顶层设计是远远不够的，还需要居民自下而上地参与和支持。因此，在微更新的过程中开展丰富的文化类活动是很有必要的，需要针对儿童、青少年、中老年等不同的群体需求设计对应的文化主题活动，使住区各年龄段的居民都有机会参与住区文化更新。

第九章　城市更新制度建设研究

第一节　城市更新的制度创新需求

经过自改革开放以来的城市快速发展，中国 2022 年常住人口城镇化率已超过了 60%，中国的城市化发展已经从快速城市化转向深度城市化阶段，城市建设的土地资源约束日益趋紧，发展重点从增量用地转向存量用地，城市更新将成为城市迈向高质量发展的新动能，深刻影响着城市经济社会和空间结构的转型。面对城市发展不断涌现的新需求，城市更新作为一项综合性、系统性的实践，已积累了一定的经验，也产生了诸多问题与矛盾，城市更新实践与制度的不适应逐步凸显。

城市更新制度反映了一座城市的演进历程，是国家治理体系和治理能力现代化建设的重要组成部分，在存量规划和发展阶段，城市更新需要以培育城市内在活力和释放城市内生动力为转型关键，以提升城市公共服务和建成环境品质为目标，不断增强应对愈发复杂多元且不确定的城市问题的综合治理能力。城市更新应首先讨论建成区的维护，其次才是城市再开发的问题。城市更新制度是城市演进的基础，其完善及创新的过程，将引领和规范城市更新的实践，也决定了城市更新的质量和价值取向。

一、对城市更新及其制度的理解

（一）城市更新的内涵反思

自城市形成起，建成环境的"新陈代谢"就伴随着城市的发展，可以说，城市更新是城市发展的永恒话题。现代城市更新的探讨源于西方第二次世界大战后以大拆大建为特征的城市改造（urban renewal），无论是早期政府主导对衰败历史城区或颓废贫民窟的推倒重建，还是 20 世纪 80 年代新自由主义思想主张的市场主导的通过房地产开发推动经济增长，其实质均是对建成区进行大规模的再开发，产生的一系列社会问题引发了对城市改造方式的反思批判和理论探索。大量复杂的城市问题单靠市场或者政府都难以解决，城市更新不仅仅是物质空间的经济再开发，更涉及社会、文化等多元化目标，因此，城市更新逐渐趋向通过公共和私人领域的合作，推动多元主体参与的共同行动。伴随教训与经验的积累，西方城市更新的理论与实践也日益转向面向城市发展积极愿景的反思，出现了城市新生（urban revitalization）、城市复兴（urban renaissance）等概念，并逐步摒弃了狭隘的城市改造（urban renewal），而城市更新（urban regeneration）成为这一领域更为合宜且最为常用的术语。

在快速城市化的背景下，我国城市也经历了从"改造"到"更新"的反思与转向过程。吴良镛先生早在 20 世纪 90 年代就已倡导城市"有机更新"，主张循序渐进、小规模整治的更新方式，但在以经济增长为中心的政策环境中，城市更新路径更趋向于市场主导的"改造"模式，通过征收拆迁获得土地再开发权，大幅提高存量建设用地的建设强度，实现城市土地的二次开发。以广东省"三旧"改造中的城中村改造为典型，普遍出现了相对原本较高密度建成区采用 1：2 以上拆建比的更高容积率的推倒重建模式。近年来，随着对历史保护工作的日益重视，以及"城市双修"试点工作的开展，对城市更新综合性、整体性内涵的共识进一步形成，"小规模、渐进式"的理念回归到旧城更新、社区微改造等领域。其中的"城市修补"就是通过有机更新的方式，解决老城区环境品质下降、空间秩序混乱、历史文化遗产损毁等问题。

当前，我国城市更新实践呈现多种类型、多个层次和多维角度探索的局面，城市更新已成为国家推动城市演进和转型发展的一项重要抓手。城市更新是综合性、整体性的愿景与行动，旨在解决城市建成区内经济、社会和环境等各个方面的可持续发展问题。值得强调的是，城市建成环境的现状与人民群众美好生活需求之间存在的差距是明显的，如何维护和保持建成环境的高品质成为城市更新工作的基本命题。

（二）城市更新的制度演进

城市更新反映了城市的演进能力，可见于城市的日常生活，反映城市的内在发展观、价值观。城市更新制度是这些观念的规则呈现，也是不同主体参与城市更新实践的互动行为准则。相对于物质空间的建设和再开发，西方普遍将城市更新视作一项城市公共政策的设定和实践过程，可以说，每一次的城市迭代和升级都必然与城市建设和更新制度相关。

改革开放后，城市规划和开发制度随着社会主义市场体制的建立而逐步完善，分税制、土地有偿出让与住房商品化等一系列制度变革成为推动中国城市化进程的关键，有效引导了新城开发与城市拓张，也相当显著地延续作用于旧城改造和更新的实践。我国早期的城市更新制度包含在一般性的城市规划建设制度之中，而 2009 年按照原国土资源部和广东省合作共建节约集约用地示范省的部署，广东省在全国率先开展"三旧"改造工作，推进"旧城镇、旧厂房、旧村庄"存量用地的再开发，可以视为我国城市更新作为特殊化、专门化制度构建的开端。随后各地针对自身城市发展特点，陆续出台相应的城市更新办法，明确界定城市更新的实施范围和路径，持续以制度建设的方式规范城市更新的具体实践。

随着当前我国城市发展进入新时期，人们对城市发展理念、发展目标的认识也在持续完善，经济高质量发展、生态文明建设、演进体系现代化、文化保护传承等综合目标被纳入城市更新的要求当中，也推动了城市更新制度的持续创新与完善。"微改造"、"共同缔造"、历史建筑保护再利用、老旧住宅加装电梯等城市更新实践的创新，经历了从探索到推广再到制度性转化的过程，老旧小区改造、历史文化街区改造、历史建筑保护利用等城市更新相关政策相继出台。城市更新制度"约束"与"激励"并行演进，推动着城市更新的持续开展。

二、制度创新与城市发展

城市制度是整合城市诸多要素的核心，是城市有序发展的基础，也是城市的重要本质；能否以制度创新为动力推动社会发展是衡量社会发展自觉程度的重要标准，自觉推动城市制度转换是城市发展进入自觉阶段的根本标志；

反思城市制度，借助系统方法和哲学思维，全面、深刻地把握城市本质，是推动我国城市良性、快速发展的迫切需要与重要前提。

（一）城市制度：城市发展的重要前提

第一，从城市存在的基础看，城市制度是城市存在的规则支撑，是城市发展的深层依据，以及城市的深层本质。城市代表着一种相对独特的生产方式、生存方式和交往方式，城市制度是新型生产、生存和交往方式的存在依据。一定意义上说，城市的发展也就是多级主体多层次交往的不断扩大、深化与合理化，而规则（城市制度）的不断合理化是城市有序发展的根本保障。离开了城市制度，城市就无以存在、无以发展。

第二，从发展资源看，城市制度是城市发展的支撑性资源。城市资源是以制度资源为核心的自然资源、经济基础与文化传统的统一。没有城市制度的"调控"，也就没有自然环境、经济基础、文化传统等城市资源的合理、有序、高效整合。

第三，从城市的发展动力看，城市制度是存在与发展的内在动力。生产力—生产关系、经济基础—上层建筑—意识形态、生产方式—生活方式构成了城市的内在结构与动力系统，城市制度内存于这个系统的每一方面，是其正常运转的调控中心和神经中枢，合理的城市制度是城市可持续发展的根本保障。

第四，从发展自觉程度看，以制度创新为动力推动城市发展是城市发展的高级阶段。能否以制度创新为动力推动发展是区分"自发发展"与"自觉发展"、衡量发展自觉化程度的重要尺度。城市现代化水平最终体现为城市制度的发展水平，认识城市制度的本质，以制度创新为先导推动城市化与城市现代化，是城市发展的自觉化。

（二）制度创新：城市可持续发展的现实需要

"创新"的概念和创新理论是由约瑟夫·熊彼特（Joseph Schumpeter）在 1912 年出版的《经济发展理论》一书中首次提出和阐发的。熊彼特认为，创新包括产品创新、技术创新、组织创新和市场创新等。美国经济学家兰斯·戴维斯（Lance Davids）和道格拉斯·诺斯（Douglass North）于 1971

年出版的《制度变革和美国经济增长》一书中，继承了熊彼特的创新理论，研究了制度变革的原因和过程，并提出了制度创新模型，补充和发展了熊彼特的制度创新学说。关于制度创新，新制度学派有很多论述，他们对制度创新含义的认识上主要有以下几种。

（1）制度创新一般是指制度主体通过建立新的制度以获得追加利润的活动，它包括以下三个方面：第一，反映特定组织行为的变化；第二，这一组织与其环境之间的相互关系的变化；第三，在一种组织的环境中支配行为与相互关系规则的变化。

（2）制度创新是能使创新者获得追加利益而对现行制度进行变革的种种措施与对策。

（3）制度创新是在既定的宪法秩序和规范性行为准则下，制度供给主体解决制度供给不足，从而扩大制度供给的获取潜在收益的行为。

（4）制度创新由产权制度创新、组织制度创新、管理制度创新和约束制度创新四个方面组成。

（5）制度创新既包括根本制度的变革，也包括在基本制度不变前提下具体运行的体制模式的转换。

（6）制度创新是一个演进的过程，包括制度的替代、转化和交易过程。

从目前的管理体制和今后的发展趋势出发，城市制度创新大概可以从以下几个方面进行。

第一，为适应城市经营的需要和实现城市可持续发展的目标，应建立与健全城市规划、建设与管理相关制度，相互衔接与制衡的政府管理组织架构。政府部门组织架构必须适应城市政府职能。

第二，理顺城市各级政府的层次体系，实现各级政府事权财权的统一，实现一级政府、一级事权、一级财权、一级预算和一级监督的规范管理体制。这有利于推动城市化和城市现代化进程。

第三，大力发展非政府组织、非营利部门和社会团体，分流政府的部分职能，尽可能地简化政府审批项目流程。可以发展各种各样的非政府组织，诸如行业协会；各种非营利的社会团体，诸如各种志愿者组织，特别是生态环保组织；各种非政府的中介服务组织，分担一部分政府管理职能，促进政府管理向服务的转化，政府审批项目流程的精简也才能成为必然。这是城市经营多元化的客观要求。

第四，加速实施城市土地储备制度和水务统一管理体制。城市土地是控制在城市政府手中的最大的国有资产，也是城市发展的第一自然资源。水，又是城市可持续发展的命脉。经营城市就必须抓住这两大资源。

第五，城市的公用事业要加速迈向市场化。城市政府必须改变市政公用事业管理观念，增强改革的主动精神，提高这部分公共物品（事实上已转化为准公共物品）的经营效率和效益。要汲取发达国家成熟经验，推行特许经营制度和委托代理制度，实行契约管理和合同管理，实行多元化投资，提供公平竞争的环境。

第六，从产权研究与明晰入手，建立有效的城市市容管理制度。运用产权理论深入研究这些公共物品的产权归属，建立起相适应的管理机制，研究这些公共物品外部性内部化的途径，从深层次上找出城市市容问题之症结，建立起有效的市容管理制度。

第七，加强城市居民委员会和城市郊区的村民管理委员会的社区建设，使其成为广大市民参政议政、自治管理的社会基层组织。城市的居委会在推进精神文明建设、推行市民的社会保障制度和社会治安管理等方面起了很大的作用，具有自己的管理特色，需要从制度上巩固与发展。

第八，建立城市政府管理成本决算制度，实行目标管理和科学审计制度，提高城市经营效率。由于政府公共管理的复杂性，有些部门实行成本管理还有困难，但有条件的部门应立即建立这一制度并逐步推广之，意义极为重大，它将有力地推动我国城市政府管理的改革。

（三）跨越与制度先导：我国城市发展的可实践模式

从我国城市发展现状看，一方面，城市化和城市现代化程度较低已经成为制约我国经济社会发展的重要瓶颈，但消除城乡二元结构和提升城市内涵都不可能一蹴而就。西方发达国家的城市发展历程说明，城市发展是一个逐渐深化的过程，工业化是城市化的产业基础，现代服务业、第三产业、新兴产业是城市现代化的产业基础，产业升级、结构调整是渐进的过程。没有充分城市化也就没有城市现代化，城市发展是一个"自然的"渐进过程，需要时间。另一方面，国际竞争日益激烈，我国已不可能有一百年左右的时间进行"充分城市化"，再步入城市现代化。以城市现代化引领城市化，同步推进城市化与城市现代化，走有自身特色的跨越式发展之路，成为推进我国经济社会发展、提升综合国力、加速城市发展的实践选择。

同时，自觉转换发展模式，是实现我国城市跨越式发展的重要前提。一般而言，发展模式有 2 种：一是"要素自发模式"，即在交往不充分状态下，通过发展要素自发实现整体结构调整，并最终产生新的制度文明；二是"制度先导模式"，即在普遍交往状态下，自觉地学习、创立先进的制度，以新的制度为先导，引导、推进结构与要素的整体跃升。现代全球化的深化、世界普遍交往的发展、西方发达国家城市化的诸多经验与教训、我国经济社会发展的良好态势，这些都为我国采取制度先导模式推动城市发展提供了重要条件与基础。以制度创新为核心推进我国城市发展，可以协调城市化与城市现代化的冲突与矛盾，降低城市转型成本，减少社会震荡。因此，制度先导是我国城市跨越式发展的实践路径。

制度先导模式是尊重客观规律与注重主体创造的统一。它是一种学习的模式，注重对别的发展主体经验的借鉴；它也是一种反思的模式，注重对其他发展主体教训的总结；它还是一种具有强烈主体性的模式，注重对自身文化传统的继承；它更是一种创造性的、实践的模式，注重对实际情况的把握，注重一般性与特殊性的结合，尤其注重对适合自身发展需要的具体发展制度、策略的探索与创新。学习西方发达国家城市发展经验，吸取其教训，以此为重要参照建构合理的、符合我国发展阶段与文化传统的城市制度，是减少、回避类似发达国家的城市病，以及加快我国城市发展的重要途径。

以制度为先导推进城市发展并不意味着建立统一的、没有差别的城市制度。任何制度都是历史的、具体的，国家、民族、文化历史传统不同，城市制度便有差异。世界历史的发展过程、全球化的推进过程，是世界普遍进步趋势与文化多样性的统一。与全球化的进程相呼应，城市制度也是普遍进步趋势与具体民族性、地区性、多样化的统一。从纵向历史进程看，城市制度处在不断转换之中，工业经济背景下的城市制度不同于知识经济背景下的城市制度，计划体制下的城市制度不同于市场体制下的城市制度；从横向现实关系看，美国与日本等不同国家的城市制度不同，北京与上海等城市的城市具体制度也互有差异，不同国家与地区的城市制度具有不同特点；从未来发展趋势看，城市制度是城市本质与形象的集中体现，城市制度的多样性将继续存在与发展。统一与多样并存，在普遍进步中保持自身特色是城市制度转换的重要特征。我国城市发展落后不仅表现在城市化与城市现代化水平低，也表现在各地区城市发展类同，没有形成多样的特色城市。对城市制度统一性与多样性的科学认识则是建构多样特色城市的重要前提。在推进城市制度的转换中，坚持统一性与多样性的结合，在保持全国城市制度原则上统一的基础上，鼓励各地区结合自身文化传统建构多样的具体城市制度，是我国城市发展的重要方向。

城市制度转换是"自然历史过程"与创造过程的统一。一方面，城市制度发展有其自身的"自然性"规律，新城市制度的建构以既有城市制度为基础，不能超越已有城市存在基础，没有城市经济基础与生产方式的转换，也就没有城市制度的转换；另一方面，城市制度的转换是人的自觉"创造物"。城市制度作为城市存在与运转的规则，是城市成员共同意志的体现，形成、存在于城市成员行为实践中。城市成员既可以根据需要制定、形成一种城市规则，也可以用文字或实际行为的方式废除、修改不符合需要的城市规则。

三、城市更新期待制度创新

新制度经济学的视角下，有效的城市更新制度应该能够尽可能减弱更新过程中的不确定性，并降低交易成本；能够使不同主体间复杂的互动交往过程更具可预见性，促进合作；能够为相关利益主体的选择提供激励并约束投机倾向；能够减少城市更新行为的负外部性，并引导正外部性的内在化。按诺斯的"制度变迁理论"，制度安排将决定城市发展效率和速度，制度的效率是实现经济社会增长和发展的关键。

在我国快速城市化进程中，城市发展所面临的问题和主要矛盾不断变化，城市更新的制度创新对不同发展阶段城市更新实践具有决定性、引领性的意义，所有的城市更新实践创新都需要在制度"约束"与"激励"框架之下得以实现；而城市更新实践中成效显著的创新举措，都应该能通过制度创新得以固化并成为社会共同的规则。可以说，制度创新决定了城市更新的模式与质量。

通常情况下，制度实现行为规范的效率很大程度上源于其相对稳定性。因此，城市更新制度的创新需要充分理解和认识城市发展演进和变化过程中的基本规律。一方面，城市建成环境的发展本身具有延续性和继承性，地方性文化积淀和社会使用过程等因素，使城市更新不同于城市新区开发，必然要求渐进连续的实践过程，城市更新的制度创新必须识别并突破既有面向新区开发的制度路径依赖；另一方面，城市建成环境的发展迫切需要活力与品质的提升，需要合适的制度激活并推动社会共同行动，突破日益严峻的物质性衰败困境，实现城市的可持续发展，城市更新的制度创新必须释放并支持城市再发展的创新动能。

四、城市更新的制度创新需求

（一）应对存量优化的高度复杂性

随着城市发展从"增量扩张"向"存量优化"模式的转型，城市更新成为实现"存量优化"的必然选择。城市本是一个高度复杂的、动态的系统，城市更新需要面对历史叠加形成的建成环境，以及相关的权利归属、社会关系、文化内涵等错综复杂的综合现状问题，不仅是物质空间环境改造问题，更是权益重构、社会演进和文化续扬等历时性、同时性并置的问题集合。理想的城市更新目标应该是综合性的，但具体的实践中往往只能关注有限的重点问题，并尝试提出可实施的解决方案。在存量建成环境的复杂性下，任何专业学科、任何行动主体都难以从单一角度破解系统性的更新问题，应将多元的要素整体关联并综合协调。

城市更新中的城市问题往往表现为尖锐的矛盾冲突，如城市中心潜在的区位价值与衰败且拥挤的物质空间环境，历史地段深厚的文化底蕴与落后且老化的公共基础设施，地缘社区积淀的居住传统与离散且老龄的现实社会，以及商业化、绅士化进程引发的文化与社会异化的深切困扰，等等。越是在如此复杂性的矛盾环境中，越需要一种可能、可以应对所有问题的操作指南，其中的价值排序、利益预期等关键性因素，均需要精明、弹性、包容的城市更新制度设计。

（二）维护建成环境的持续高品质

需要开展城市更新的地区往往是城市建成环境中物质空间品质偏低或老化衰败的区域，几乎所有城市更新实践都将提升改善城市环境品质作为重要工作目标和措施内容。新时期人民对美好生活的需求日益提升，高品质城市环境有了更多的内涵和更高的要求，既包括良好的建成质量、便捷的公共服务，也包括愉悦的视觉审美、丰富的社会交往、共同的地缘自豪等，更指向城市可持续文明所包含的健康、共享、韧性、包容等理念。如何持续地维护建成环境，而不是仅仅以摧枯拉朽的推倒重建来进行置换式改造，是城市更新制度需要回答的最基本问题。

我国的城市建成环境品质问题很大程度上是由于过往粗放式、低标准的城市建设积累形成的，有相当程度的历史遗留问题。但是，从深层次的制度视角来看，则是缺失维护、修缮的一系列责任和利益设定。尤其是住房制度改革而形成的物权私有化，使得基于共同所有或社区共有的建成区维护机制更加难以建立，城市环境高品质的保持并持续改善成为更大的挑战。建成环境的品质提升需要精细化的设计与建设管理，全过程、要素化、信息化、精细化的设计管理机制成为探索的趋势。在建设之后，没有持续有效地维护管养，再优质的城市建成环境本底都会加速老化与衰败。构建完善城市建成环境常态化、日常化、精细化的维护制度，是城市更新制度的基本内涵。

（三）保障城市再开发的公共性

目前不易阻挡的推倒重建方式存在深刻的经济动因，即通过更高容量的物质性置换覆盖既有产权利益并产生再开发收益。不可否认，通过推倒重建实现城市建成区土地区位收益的最大化，符合城市发展的经济增长目标，但存量再开发相对于增量新开发的关键区别就在于内部性社会成本和外部性公共效应更加显著。如何在巨大的经济增长诱惑压力下，更加精明地设定推倒重建利益重构过程中的公共性原则，是城市更新制度设计不可回避的议题。

内部性社会成本一般通过对既有产权的置换或权益转换来实现，制度设计的关键是赔偿或补偿标准及方式的设定。在强调公平原则的基础上，必须兼顾城市更新作为再开发项目的外部负效应，即增量开发的环境、交通、公共服务成本必然转嫁给相邻街区乃至城市整体，如果不对增量收益进行公共性还原，将会形成难以弥补的制度缺陷。此外，既有产权业主在更新改造后获得的收益，也是再开发权赋予的，如何构建公平的城市再开发权设定和公正的增量利益还原制度，是城市更新制度保障城市公共性的根本内涵。

（四）提高城市更新的善治性

城市更新致力于应对解决城市建成环境的综合性问题，通过规划、政策和行动，实现城市的维护、改善与发展，其本质上就是一种空间演进的实践活动。在空间演进目标下，需要理顺权利体系，尊重多元价值，建立协商机制，创新内容与实施模式。城市更新应该追求"善治"的目标，"善治"即以合法性、透明性、责任性、法治、回应、有效为标准和规范，缓和政府与公民之间的矛盾。

社会主义公有制基础上的城市更新应该具有更强的公共性内涵，在应对城市复杂问题实现综合目标的过程中，代表公共利益的政府在决策中的思想性、科学性、有效性尤为关键。面向市场化的城市更新，以责任建立、利益公平和多元包容为城市演进能力提升的要旨，强调政府负责、法治保障，倡导社会协同、公众参与，共同建立善治的运行机制。

当下的城市更新过程中，多元利益主体的参与度不足，政策法规不稳定导致利益预期不稳定，协商平台和社会自组织能力也偏弱。一些更新实施阶段的冲突现象反映出多元主体协商的失效，社会矛盾难以调和并在实施过程中激化、显化。因此，城市更新的善治性尤为重要，政府首先要善于保障多元主体的在场及其利益诉求的充分表达，其次要善于引导多元主体进行利益预期的差异性和交换性谈判，最后要善于寻找多元主体的共同交易区并促成共同认可的更新实施方案。在这个多元协调的演进过程中，预期利益与最终利益的偏差是核心，政府还需要叠加有关公共利益的评估，寻求最大公约数的过程本身就是城市更新演进能力的要义。整个过程中，维护公民合法权利，改善社会民生，化解社会矛盾，促进社会公平正义，更是城市更新制度的应有之义。"人民城市"是"以人民为中心"的城市发展观的制度建构，应将其贯穿中国特色城市发展的全过程。

第二节　城市更新实践的制度困境与出路

一、新中国城市扩张与更新的总体脉络

城市的发展是其不断地经历扩张与更新的过程。我国城市的扩张涉及旧城扩建、新区开发、新城建设等多种模式，城市更新则包括"拆除重建、功能改变、综合整治、存量再开发"等不同类型。

新中国城市扩张与更新的进程中，存在不同阶段的差异化特征。基于阳建强、孙施文等学者对新中国城市发展的若干主要方面的考察，本文将其总体脉络划分为三个特征阶段。

（一）计划体制控制下的城市扩建与旧城改造

新中国成立后，我国城市制度建立在"计划、规划"两分的基础上，逐步向苏联模式倾斜；城市发展的目标是在空间上实现国家经济计划所确定的建设任务。改革开放初期，国家在计划体制基础上展开渐进式改革，形成计划主导市场的"双轨制"局面；面对长期城市建设欠账所导致的住房短缺、交通拥挤与设施不足等问题，继续采用"建设规划"的基本范式来翻新老城、扩建新城。

直至20世纪90年代初期，我国城市发展始终受到计划体制的强烈影响，国家对于土地资源的配置处于决定性地位。城市发展以工业化的战略目标为主导，城市规划成为单向落实计划需求的技术工具，国家的"建设意志"取代"公共利益"成为城市发展的实际内涵。

（二）土地财政支撑下的新区开发与集中拆建

1981年，深圳开始征收土地使用费；1987年，深圳成功出让3宗国有土地的使用权。同期，我国先后完成"分税制、分权化、土地有偿使用、住房市场化"等一系列制度改革，全面转向社会主义市场经济体制。随着"央—地"关系的微妙改变，更多增长压力转移至地方，催生出"增长主义"的城市发展环境。基于对一级土地市场的垄断，城市政府通过土地抵押贷款和国有土地使用权出让等形式为发展融资，形成对土地财政的深度依赖。

在"唯GDP"的绩效考核标准下，城市政府大量收储郊区农地和建成区

内的低效土地，城市发展中出现大规模新区开发与集中拆建。单一增长目标导向下的发展，暴露出城市空间蔓延、城乡和区域发展差距加大、生态环境恶化等问题。

（三）政策创新引导下的理性建设与多元更新

2008 年全球金融危机爆发后，中央加强了再集权化的步伐，通过"上收总规审批权、强化规划督察、改革空间规划体系"等手段来遏制地方的扩张冲动。作为回应，东南沿海地区部分城市（如深圳、上海等）积极颁布试验性政策、研究编制非法定规划，拓展城市演进中的上下结合与多主体参与，以发挥存量更新对发展的驱动效应。

十八大以来，在中央政府对我国城市群结构体系的积极谋划下，以雄安为代表的新区建设进入理性时期。此外，以"综合整治、功能改变、存量再开发"为主要类型的多元更新实践快速推进，在集中拆建中难以实现的中小型地块更新得到较快发展。

二、总体脉络中的 3 条制度线索

城市制度包括土地、税收、法律和户籍等多个层面。其中，土地制度是对城市的扩张与更新产生最显著影响的因素之一。在我国城市从"计划体制"到"土地财政"再到"政策创新"的总体发展脉络中，"发展权、信用融资、开发外部性"构成 3 条土地制度线索，可从中一窥城市发展的深层逻辑（见图 2-1）。

图 2-1　城市发展的制度线索示意图

（图片来源：李晋轩，曾鹏. 新中国城市扩张与更新的制度逻辑解析）

（一）土地发展权：从"全面国有"到"绑定出让"再到"灵活配置"

作为构成土地产权束的重要权利之一，土地发展权是在建设中变更土地用途或提升开发强度的权利。土地发展权的有效交易与合理配置，有助于实现城市土地要素的价值最大化利用。

（1）1956年"三大改造"期间，城市土地开始实质性的全面国有化。其后，为快速弥补工业化的差距，土地作为重要的生产资料由国家统一分配。基于城市建设总局扩大而来的城市建设部统一管理全国城市工作，国有土地以行政划拨方式无期、无偿、无条件使用。由于忽略了市场机制在土地资源配置中的作用，城市扩张与更新中常出现违背土地市场规律的情况。

（2）1988年，《中华人民共和国宪法修正案》和《中华人民共和国土地管理法修正案》先后确认"土地使用权可依法转让"。1990年《中华人民共和国城市规划法》施行，确立"一书两证"的规划管理制度，控规的雏形开始出现，用地性质、开发强度等规划技术指标成为土地出让条件的一部分。在城市政府垄断一级土地市场的情况下，在非划拨土地的开发中发展权实质上与使用权严格绑定，规划外自下而上的城市发展需求受到抑制。

2009年以来，随着城市政府对配置"二级土地发展权"诉求的不断提升，部分城市在其试验性政策中尝试为"旧厂区、城中村"等用地设置独立的发展权交易途径。例如，允许现状使用权人以补缴土地出让金的形式变更用地类型，或在为城市提供足量公共服务设施后自行增加容积率。以上探索丰富了发展权作为一种要素通过市场灵活配置的途径。

（二）土地信用融资：从"用无可用"到"过度依赖"再到"合理利用"

信用，是在一定时间内有能力偿还或获取一笔资金的预期。城市发展中的土地信用融资，是基于"土地发展的信用（显示于地价的房产升值预期）"、以一定抵押物（土地或房产）从金融机构处获取资金，再投资于城市并以产生的收益来偿还的过程。由此，城市政府得以花"明天的钱"来建设今日之城市，资本的形成方式摆脱了对过去积累的依赖。

（1）新中国成立初期我国处于孤立状态，外部援助极少、国内资本市场亦十分困顿。城市土地和住房由国家统一分配、不允许自由交易，因而其不具有资产属性，无法作为信用融资的抵押物。为在资金匮乏的条件下推进工业化，城市依赖从乡村社会中汲取积累来实现发展。

（2）20 世纪 80 ~ 90 年代，以 1982 年《宪法修正案》提出的"城市土地归国家所有"为基础，"垄断下的土地使用权出让"和"住宅商品化改革"分别为"城市政府"与"开发商"的土地（房地产）信用融资创造出可能（见图 2-2）。随着土地财政的运转，信用融资逐步摆脱"先整理、后出让"的初始模式，城市政府对银行借款的依赖度降低，而转为直接通过土地出让融资的模式。同期，为维持房地产价格预期，中央政府通过持续超发货币、追加基建预算来参与地方土地市场，推动我国城镇化率从 1992 年的 27.46% 快速增长至 2019 年的 60.60%。

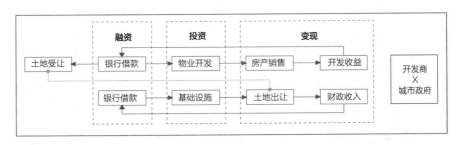

图 2-2　城市政府与开发商的土地（房地产）信用融资逻辑示意图
（图片来源：李晋轩，曾鹏．新中国城市扩张与更新的制度逻辑解析）

（3）面对"城市股票"泡沫破裂的潜在风险，一些城市开始探索利用土地信用融资的理性渠道，并着重在城市更新中推广多样化的辅助融资手段。例如，在赋予确有发展潜力的片区以信用融资的优先地位的同时，拉动多方主体自筹资金或以土地入股城市更新，逐步形成和社会资本共享城市发展的风险与收益的局面。

（三）土地开发外部性：从"主观忽视"到"局部干预"再到"积极协调"

外部性，指某个主体的行动和决策使另一主体受损或受益的情况。土地开发具有明显的外部性，外部性补偿中既应包括因开发的正外部性而获得的额外收入，也应包括因开发的负外部性而支出的额外成本。积极应对土地开发外部性,有助于优化土地要素配置、维护城市发展中的空间正义。

（1）住房公有制时期,城市住房因无法交易而不具有资产属性,间接导致土地开发的正、负外部性在快速工业化的发展目标下被有意忽略。城市社区与公共服务设施按"千人指标"确定,但其空间布局则注重形式化而忽略公平性。同时,城市中心区规划建设了大量"职住一体"的工业区,长期计划式发展导致的生活废物与"三废"污染成为导致城市环境问题的重要原因。

（2）商品化改革后,城市开发的正外部性得以体现于周边房产的升值之中。为回收开发带来的周边土地溢价,地方政府通过对一级土地市场的垄断来推动围绕公共服务提升的成片建设,而中央政府则通过调控建设用地总量和制定税收分账标准来参与土地财政的演进。这一阶段,对于土地开发负外部性的导控手段相对有限,主要依托规划阶段的事前控制,导致人居环境不公平的加剧。

（3）随着房价上涨,城市扩张与更新中征地环节的成本持续攀升,逐渐超出地方政府的信用融资极限。为拉动市场投资、降低交易成本、增进社会公平,城市政府逐步放弃对土地开发正外部性收益的垄断,并试验性地引入"以地入股、原地还迁"等渠道将土地溢价返还给多元参与主体。同期,对土地开发负外部性的精细化演进基本成熟,如正确处理相邻关系的原则被写入《民法典》中。

（四）制度演进与城市发展紧密相关

综上可知,土地制度和我国城市扩张与更新的总体脉络之间存在紧密的联系,二者同步演进、相互促进。一方面,城市发展中时刻存在政府与市场、社会等多主体的密切互动,聚焦于特定目标的微观博弈事件最终累积为新的制度;另一方面,动态调整的制度时刻影响着城市的扩张与更新,在客观上构成城市迭代发展的动力之一。不同发展阶段的城市对于空间资源价值的理解和应用方式不尽相同,制度之间并无绝对的好坏优劣之分。与城市发展需求相符的制度能够减少交易成本、促成多方协同、实现精细化演进,而不适宜的制度则可能降低资源配置的效率,乃至产生实施中的"逆向"效应。

三、城市更新实践的制度困境

尽管计划式开发、土地出让和集中拆建仍将持续存在，但在大城市病凸显、土地资源稀缺的总体背景下，我国城市将逐步进入存量优先的内涵式发展阶段。在相似的发展轨迹中，西方国家先后经历从"理性规划"到"倡导式规划"再到"协作式规划"的范式转变，实现从"工具理性"向"有限理性"再向"交往理性"的认知发展，其进程被认为与持续的制度优化密切相关。

当前，我国中央与地方针对"发展权、信用融资、开发外部性"三方面制度颁布了一系列试验性政策，其中已体现出部分符合我国城市发展特征的有益转变。但总的来说，现行土地制度仍存在一定偏差，需要直面困境、合理应对。

（一）关于"灵活配置土地发展权"的困境：规划刚性阻碍发展权流转

长期以来，我国城市土地的发展权被部分隐藏在调整控规的行政权力之中。对于理性导向、设计导向的城市扩张而言，与土地出让绑定的发展权配置模式已经十分成熟。实际上，30年前借鉴欧美区划法而形成的控规正是为了增量建设的开发审批而创制的。

但是，由于控规体系对规划刚性的过度强调，城市更新过程中的土地发展权配置面临困境。存量再开发本质上是产权交易的过程，规划刚性却导致土地发展权无法作为独立的发展要素来实现市场化配置。相关研究指出，产权交易是我国存量规划的核心、面向存量的规划编制应当围绕"如何清晰地划定产权"这一主题展开。由于忽略了城市更新对发展权重构的内在需求，土地增值的利益协调问题处于模糊地带。近年来，控规法定化的理念进一步锁定了城市建成区的土地发展权，因控规调整带来的额外交易成本削弱了多方主体参与城市更新的动机。

（二）关于"合理利用土地信用融资"的困境：信用融资过度聚焦房地产

当前，我国城市仍面临着持续的扩张与更新需求。土地信用融资作为现代城市发展中的重要资本触媒，依旧具有独特的利用价值，有助于规避发展失速、陷入"中等收入陷阱"等风险。

长期以来，我国城市对土地信用融资的利用过度聚焦于房地产领域的物质空间建设上，产生若干不利因素。例如，随着城市居民将房地产视作一种投资，持续上升的地价推动土地财政进入新的轮回，带来房价泡沫与房贷坏账等潜在的金融风险。同时，信用融资对于快速回笼资金的天然需求导致大规模的拆除重建占据城市更新的主体，催生出开发强度过高、社会公正失位、邻避效应强化与历史文化损失等矛盾。更重要的是，城乡二元户籍制度下的大规模新区开发导致"人的城镇化"与"地的城镇化"之间的割裂，外来劳动力的居住权仍缺乏保障。

（三）关于"积极协调土地开发外部性"的困境：正外部性的内化途径缺位

相比于增量扩张，城市更新会为城市带来更加明显的正、负外部性。传统的城市演进中，习惯于通过"用途管制、污染税征收、碳排放权交易"等方式对负外部性进行导控。而对于城市更新，通过"提升活力、创造就业、完善公共服务"等方式对周边建成区产生的辐射带动作用则被习惯性忽视且缺乏利益再平衡的有效手段。近年来，部分地方政策已在本质上涉及正外部性的内化机制问题，但其初衷更像是为了破解模糊地权等历史遗留问题的"补丁式"改良。截至目前，仅有上海、深圳等试点城市明确提及正外部性的内化机制。

正外部性内化途径的缺位，导致我国城市更新实践缺乏活力。城市政府针对建成区的公共服务设施投资较难取得回报，有时还会招致其他社区居民的反对；社会资本或权利人参与更新时，开发带来的外部性收益无法兑现，降低多元主体的行动意愿。

（四）城市更新模式的"房地产化"路径依赖

目前，城市更新模式仍囿于依靠实体空间增量开发实现经济增长目标的发展思路。尽管城市建设用地进入了"存量时代"，但是当前的城市更新实施普遍建立在大幅度提高土地开发建设强度的前提之上，实质上是存量既有建设用地上的"增量"再开发逻辑，实施形式是通过以城市更新项目为名的房地产开发获取增量空间资产进行出售或运营。基于"增量"的收益预期，"房地产化"的城市更新有着充分的市场动力和较高的可实施性，并能够满足城市的经济发展需求，因此成为当前城市更新的主要模式。

基于土地再开发的政府、既有业主、开发商形成"新增长联盟"，成为推进"房地产化"城市更新进程的主导力量。比如在城中村更新中，政府、村民村集体、开发商三方形成权力、土地与资本共谋的"新增长联盟"。政府受城市经济增长和政绩评价驱动，提供开发赋权和政策平衡；开发商提供资本和实施保障，追求市场收益的最大化；村民提供土地，村集体代表并维护基层组织共同体的产权利益，获取物业的补偿及分享土地再开发的收益。与"增量时代"新区开发中由政府与开发商组成的"旧增长联盟"不同，这种"新增长联盟"增加了既有业主的利益主体，但延续了"房地产化"路径。由于"新增长联盟"有着极强的共同利益驱动，"房地产化"的城市更新模式得以快速推动，甚至倒逼政府放宽城市更新的制度约束，以降低联盟内部的"交易成本"，比如不断提高建设量的上限、降低公共产品的供给要求、承认历史违建的权利等。而超高密度的再开发行为导致环境、交通、公共服务等负外部性问题，并且难以在"新增长联盟"内部进行相应的评估。城市更新模式过度依赖"房地产化"路径，实质上是牺牲了城市的公共利益，造成城市整体的"不经济"。

除了在历史保护等强烈共识下能形成有影响力的"反增长联盟"外，大部分城市更新实践中"反增长联盟"的作用非常有限，很难影响"新增长联盟"主导的城市更新决策进程。"房地产化"更新模式广泛复制并形成路径依赖，其他模式如老旧社区、历史文化街区的"微改造"由于依赖有限的政府投入而难以大规模推广实施，而城中村综合整治则往往遭到村集体的反对抵制并要求全面改造等状况，反映出多元的更新模式处于被"房地产化"的单一模式"挤出"的困境。

（五）城市更新实施的系统性目标缺失

当前城市更新主要是回应城市空间、经济发展"不充分"的问题，如广东省"三旧"改造政策试点的初衷是寻找存量再开发建设用地资源且注重效率导向的"促进节约集约用地"。但在城市发展"不平衡"问题上，"房地产化"城市再开发仅关注局部增量型改造，未能有效地解决空间环境的不平衡、社会利益分配的不平衡等深层问题，甚至导致问题的加剧。城市更新缺失系统性目标，具体表现为更新实施的整体性和公平性都明显不足。

更新实施的整体性不足，根源在于"房地产化"城市更新的"项目逻辑"，即以实现项目收益的经济可行性为根本，以基于成本收益平衡而确定的地块为土地再开发的单元进行推动。"项目逻辑"存在明显的系统性缺陷，即使同一区域范围内各类型更新项目，都无法做到改造目标、规划指标、公共服务设施的系统整合，导致项目与项目、项目与建成环境之间产生负外部性的"合成谬误"。跨项目、跨地块难以进行统筹，比如面对旧村、旧城高密度低品质的城市建设历史欠账的问题，无法通过旧厂等低密度更新区域进行功能、容量的再平衡。项目经济自平衡的前提，也使原本低密度、可新增建设量多的局部地块在市场驱动下优先实施，导致周边高密度的待更新区域积重难返，后续实现密度疏解与整体片区的功能完善更加困难。

更新实施的公平性不足，核心在于为城市更新项目配置的增量开发权未能促进社会利益分配的再平衡，公共利益还原部分也有待评估。由于我国特殊的土地所有制制度，开发权的权利性质、分配机制仍然存有争议。在现行法律法规制度设计上，体现的是土地开发权归属国家所有，但在实践中，特别在城市更新中，充分市场化的再开发权成为利益相关者谈判的关键，所有矛盾的化解往往表现为参与主体利益叠加后的再开发权争取。空间利益分配正当性的实现需要多元机制和连续过程，但是在"新增长联盟"的主导下，联盟外的利益主体难以充分表达权利诉求，参与更新决策的程度偏低。更新区域的划定及再开发权配给，主要实现了既有业主与开发商的利益诉求，既有租户或实际使用者、相邻主体，以及城市中相同性质的其他主体，被排除在增量利益分配之外，造成了正当性与公平性的欠缺。公共利益还原方面，大幅度提高开发强度除了体现"涨价归公"的税收还原之外，还应该评估消除负外部性的公共成本，否则城市更新的利益被少数人攫取，造成分配的严重不公平。

（六）城市更新管理的协同性难以建立

城市更新是在复杂建成环境的基础上进行再开发，需要应对大量不同的现实制约，需要相对新开发管理更高的协同性，包括政策供给与需求的协同、政府相关部门的协同等。

随着经济社会的快速发展变化，新的城市空间更新需求不断出现，城市更新管理也不得不在实践中不断摸索，先有实践需求再有管理应对，政策供给需要基于实践的经验反馈并进行修正，往往出现不匹配或滞后于需求的情况。这既表现在适用于新区建设管理的标准规范与历史建成环境的更新实施产生矛盾，部分合理的甚至是迫切的更新措施"无章可循"，也表现在频繁调整的城市更新政策容易引起相关主体利益预期的变化，增加管理执行的难度且降低制度约束的效率与权威。从依法行政角度来说，城市更新因上述情况而缺乏法规、规划的明确支撑，难以在现有制度框架下获得完善的开发建设赋权、行政许可和物业确权，政策供给与需求之间不易协同。

城市更新管理的不协同，还表现在政府相关职能部门之间缺乏内部的综合协调。城市更新管理工作涉及土地征收、整备和开发规划、建设，以及街道社区管理等事务，涉及国土、规划、住建、发改、文物等多部门，以及市、区两级政府，横向、纵向的更新管理协同困难容易导致更新决策与实施过程的反复。如目前广州市城市更新的管理采用两级两轮审批，存在重复审查审批、流程复杂烦琐的行政效率问题，项目过程中规划审查、控规调整和建设报批难以有效协同与获得许可，也造成了区政府与市直部门的决策矛盾问题。

（七）城市更新"人—财—物"三维度制度困境

"人—财—物"三个维度城市更新的作用和目标在当前越来越综合，不仅要落实城市物质环境的改善，同时承担着提高土地使用效率、优化城市演进水平、推动城市经济转型、完善城市空间布局等重担。

然而，受传统管理体系的制约，城市更新过程中土地使用权的转移与取得、利益主体的参与和协商、旧有建筑的功能改变或局部拆建、公益项目落地与公服设施增补、历史文化遗产保护等相关行动，在实践操作中常常面临着诸多制度障碍，导致时间与人力成本的高投入、增值收益分配的不合理，以及规范和审批无法通过等状况；而住房城乡建设、自然资源、发展改革、民政等不同主管部门之间联动管理的缺乏，也使城市更新项目不时陷于被动。

当前,各地城市更新制度建设的困境与挑战可以简要总结到"人—财—物"三个维度,并重点体现在以下方面。

一是多元角色参与及利益协调。就"人"的维度来说,一方面由于城市更新会涉及原有业主方、政府、开发商、社会组织等多元利益主体,在更新改造过程中如何通过广泛参与来平衡和体现不同利益相关者的诉求需要制度保障。尽管更加注重基层百姓和业主权益的参与式规划设计等正在各地逐步兴起,但公众参与制度建设当前依然薄弱。另一方面,城市更新在"提质增效"或"拆除重建"等过程中实现的增值收益,如何在不同利益相关方之中进行合理的分配也是制度设计的关键。只有建立合理的增值收益分配机制,才可能减少市场主导更新时的"挑肥拣瘦",政府与市场或业主与市场等捆绑形成不合理的利益集团,以及政府投资缺失后续维护等现象的出现。

二是资金来源保障与有效利用。"财"的维度主要体现在更新资金的来源与使用上。城市更新中的一些实践由于土地或建设等的增值潜力而具备相对强的再次开发或利用动力,例如区位优越的中心区的一些拆旧建新、其他一些工改居或工改商项目等,政府、市场、社会各方对这些项目的出资或投入意愿大,资金来源通常能有较好的保障,其利益关键则在于前面提及的增值收益分配问题。但城市中还有很多以保障民生、改善人居环境为目标的非经营性、非收入型或公益性项目,例如当前广受关注的老旧小区改造、城市公共空间更新等,这些项目资金目前主要来源于政府部门,社会和市场的参与明显不足,导致财力保障上的不可持续与捉襟见肘。因此,针对不同类型的更新项目,需要通过积极有效的制度设计来合理调动政府、市场、社会三方的投入意愿,实现高效的资金使用。

三是物质环境更新改造的公共干预及管控。在"物"的维度上,政府如何实现对城市物质空间环境建设的合理干预和管控,也是城市更新制度建设的重中之重。这涉及不同管理部门之间的衔接与合作、城市更新改造项目的适用规范与建设标准、更新规划的编制要求与落地、项目审批的流程与规定,以及物质空间优化过程中对产权、功能、容量三个关键影响因素的管控规则设定等。产权、功能与容量的转移或调整往往直接决定了城市更新项目所产生的增值收益大小,因此在实践中经常成为多方利益博弈的焦点。对此,政府需要在研究确定明确的对策与举措基础上，根据不同项目的特殊性，因地制宜地坚守管控底线并赋予项目合理的弹性处理空间。

四、城市更新实践制度困境的出路

（一）推广"城市更新单元"，丰富发展权配置手段

在台北、东京和深圳等高度城市化地区的更新演进中，常通过划定城市更新单元的方式来配置发展权。具体操作中，由城市政府优先确定若干重点发展片区作为引导，并提出土地、产权、规划和资金等多种盘活手段。土地权利人可在自愿基础上拉动社会资本共同编制更新单元规划，并提前明确利益分配计划以作为规划实施的审批条件；通过审批后的更新单元规划可以替代原有控规（或区划），成为再开发的法定依据。城市更新单元制度强化了政府、市场、权利人等多方主体的深度参与，将城市更新中"策划—规划—利益分配—实施"等原本分散的步骤统筹到一个整体环节中，减小了规划刚性对城市更新的限制，形成统一承载使用权和发展权的平台（见图2-3）。在规划编制的博弈中，往往以增加开放空间或公共服务设施作为提高容积率或土地转用的条件，体现出土地发展权在多方主体之间的流转和交易，形成更新演进中上下结合的有效界面。

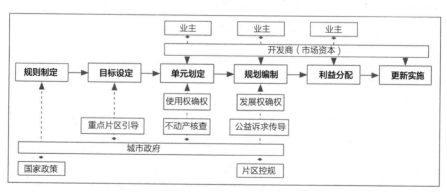

图2-3　城市更新单元的"策划—规划—利益分配—实施"流程图
（图片来源：李晋轩，曾鹏. 新中国城市扩张与更新的制度逻辑解析）

（二）提高"保障性住房"占比，推动人口城镇化进程

进入从高速发展转向高质量发展的新时期，物质空间建设带来的土地溢价相对下降。有必要改良当前的土地信用融资体系，从"投资房地产的一次性收益"转向"投资人才的持续性收益"，通过信用融资建设广覆盖的"保障性住房"，并设定"先租后售"规则来支撑"人的城镇化"。其中，关键环节在于针对城市产业发展的实际需求，为外来劳动力设置积分规则。在达到积分门槛前，劳动力可以长期租赁"保障性住房"，但此时对城市公共服务的使用受限；当劳动力通过向城市做出贡献而积累足够积分后，即可一次性地获赠"保障性住房"的使用权，从而实现个人价值的"期权变现"。在"保障性住房"模式中，信用的来源依旧是对城市发展的信心所导致的土地升值，但这种信心不再由物质环境提升带来，而是由劳动力升级和产业优化带来；建成后的"保障性住房"又成为对未来劳动力的新一轮投资，形成良性循环（见图2-4）。

英国、新加坡等国的经验显示，使土地信用融资参与到城市竞争力提升的更多维度中，有助于推动空间、社会、经济的同步可持续发展。尤其当保障房建设与存量再开发结合时，"人的发展的信用"更深层次地与"城市发展的信用"融合，有助于减少城市更新后的"绅士化"现象。此外，建成的"保障性住房"在赠予劳动力前属于公共资产范畴，有助于降低城市政府的资产负债比、消解之前过度依赖土地财政带来的金融风险。

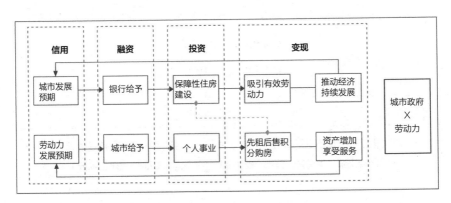

图2-4 城市发展与劳动力升级的交互示意图

（图片来源：李晋轩，曾鹏. 新中国城市扩张与更新的制度逻辑解析）

（三）创新"间接税制"下的外部性内化途径

西方国家一般以征收财产税的方式来回收土地开发的正外部性。但是，短期内我国税收制度仍将以间接税制为主，应结合"人民城市为人民"的理念做出合理创新。对于以公共投资为主的城市更新，可参考西方国家的商业改良区模式进行优化。对于亟须提升公共服务且社区居民意愿较强烈的片区，可结合城市更新单元的划定，设置若干"公共服务改良区"。在确定公共服务设施的规划、投资与利益补偿方案时，规定权利人需通过"一次性买断"或"5～10年的小额持续付费"来参与筹集更新所需的部分资金，政府在此基础上依据"民生困难程度"与"自付费比例"的双重指标，综合确定城市的更新实施顺序。对于市场资本与权利人主导的多元更新，则需要在合理确定基本容积的基础上，完善容积转移、奖励与交易机制。其中，"基本容积"由更新前的现状容积与城市密度分区共同确定；"转移与奖励容积"以"因落实公共利益建设而减少的开发量"为底数，并依据"对周边建成区产生的贡献量"而差异化确定乘数；"容积交易"则允许将"因用途管制的限制而无法实现"的部分发展权在市场内交易，以换取现金或入股其他开发项目。无论是改良区模式，还是容积转移与奖励模式，其本质均是"以资金或发展权等公共资源为触媒，补贴带动某个片区的公共产品优化"，赋予原本无法自行更新的片区以散点式、针灸式更新的机会。这一过程中，城市政府在间接税制下获取的大量资金将会逐步返还到整个城区（见图2-5），实现政府、权利人、市场主体、周边社区的共赢，体现出社会主义人居建设中"共在"的内涵。

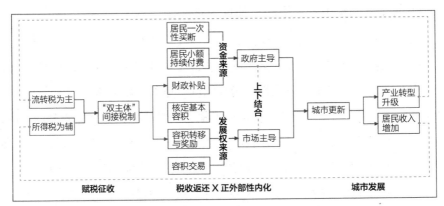

图2-5　间接税制下的正外部性内化逻辑示意图

（图片来源：李晋轩，曾鹏. 新中国城市扩张与更新的制度逻辑解析）

（四）制定更长远与更综合的更新演进目标

城市更新不仅仅是物质性的再开发，更重要的是要注重城市更新的综合性、系统性、整体性和关联性，应在综合考虑物质性、经济性和社会性要素的基础上，制定出目标明确、内容丰富并且面向更长远的城市更新战略。

在生态文明宏观背景以及"五位一体"发展、国家演进体系建设的总体框架下，城市更新更加注重城市内涵发展，更加强调以人为本，更加重视人居环境的改善和城市社会经济活力的提升。因此，城市更新制度体系构建的最终目标以人民对美好生活的向往为蓝图，守住城市发展的底线，将城市更新置于城市社会、经济、文化等整体关联加以综合协调，面向促进城市文明、推动社会和谐发展的更长远和更综合的新格局。具体而言，既是促进城市政治、经济、社会、文化、环境等多维要素目标的实现与耦合，注重人民生活质量的提高，重视人居环境的改善，加强城乡文化遗产的延续与传承，维护弱势群体的合法利益，提升城市公共服务水平，通过城市更新提升人民群众获得感、幸福感和安全感，充分体现城市更新制度及其体系的惠民性；与此同时，也更加强调积极推进土地、劳动力、资本、技术和数据五大要素市场制度建设，通过城市更新行动促进内需的扩大，形成新的经济增长点，以及通过产业转型升级、土地集约利用、城市整体机能和活力的提升，推动城市发展方式的根本转变。

（五）加强全面系统且协调的更新制度建设

借鉴发达国家的相关经验，宜在我国尽早构建贯穿"中央＋基层"的城市更新制度体系，具体涵盖"中央、省、市、县、社区"等完整的行政区域，内容可包括"法规、管理、计划、运作"四项子体系，即在国土空间规划体系框架下，制定主干法＋配套法的独立法规体系，在中央层面研究制定《城市更新法》作为主干法，市级管理部门出台《城市更新实施办法》；在中央设立独立的城市更新主管部门，加强部门的统筹与协调，省市、县区可分别设置城市更新管理部门，并重视基层社会组织的培育，吸收（非政府组织）NGO、（非盈利组织）NPO、行业协会、半公共演进机构的广泛参与；制定全面系统和多层次的城市更新规划体系，在市、县层面构建"总体更新计划—更新单元计划—更新项目实施计划"的三级更新体系；鼓励社区自治主体和社会资本的广泛参与，划定城市更新重点区域和城市更新单元，积极推动市场参与，探索发挥金融工具的创新作用，并将更新重点放在社会凝聚导向的更新上。

需要特别强调的是，由于不同城市所处发展阶段和制度框架的差异性，因此所采取的更新制度不宜照搬照套，需要依据不同城市的实际情况，互相借鉴、交流和学习。此外，还须注意"自下而上"的微观制度整合，即鉴于我国"地方先行先试"的改革原则，须抓紧进行城市和区域层面的相关研究与实践，之后基于地方的成功经验和待时机成熟时，尽快建立国家层面的、具有适用共性的城市更新制度体系，以通过微观制度的整合，形成宏观制度，并促成不同尺度制度的相互调试与渐进修正，从而最终构建起包含国家、区域、城市、社区等多层级全覆盖的，规划、行政、政策、法规体系全要素的，以及政府、市场、社会多主体协调的城市更新制度体系。

（六）体现市场规律和公共政策的综合属性

城市更新是一个非常复杂与多变的综合动态过程，市场因素起着越来越重要的作用，体现为产权单位之间，产权单位和政府之间的不断博弈，以及市场、开发商、产权人、公众、政府之间经济关系的不断协调的过程。在复杂多变的城市更新过程中，须充分掌握和尊重城市发展与市场运作的客观规律，积极推进市场制度建设，认识并处理好功能、空间与权属等重叠交织的社会与经济关系。同时，须在政府和市场之间建立一种基于共识、协作互信、持久的战略伙伴关系，通过政府的带动作用激发私有部门参与城市更新的信心和兴趣，在不影响市场秩序和公平竞争的原则下，可对市场提供一些特殊的政策优惠和奖励措施，包括财政补贴、税收优惠、简化行政审批手续、提供相关资讯等，使市场投资成为未来城市更新最主要的投资来源，并针对市场的不确定性预留必要的弹性空间。

十分重要的是，还须通过准入门槛的限制、不合法产权的处置、公共和基础设施用地贡献水平的要求、保障性住房配建比例要求，以及地价分类型、分级调节等规划管制、经济调控、土地处置和行政管理多种手段实施利益调控，既保障相关各方在改造中的基本权益，也可达到顺利引入市场主体实施整体开发的目的。总体而言，城市更新必须体现城市规划的公共政策属性，保证城市的公共利益，全面体现国家政策的要求，守住底线，避免和克服市场的某些弊病和负能量。

（七）建立有效的合作伙伴关系的演进机制

面对城市更新中的多元利益主体和不同利益诉求，为了更好地推进城市更新工作，须充分发挥政府、市场与社会的集体智慧，建立政府、市场、社会等多元主体参与的城市更新演进体系，加强公众引导和搭建多方协作的常态化沟通平台，明确不同主体的相应职责、权利和相互间的关系，政府应向提供公共服务、制定规则、实施规则监督，以及引领、激励和利益统筹协调的角色转变，进一步平衡与市场之间的伙伴关系，充分发挥市场在资源配置方面的高效作用。在"以人民为中心推进城市建设"的新时代背景下，要特别注重全民参与的、共建共享的城市更新管理模式，以及政府支持的"自上而下"和社会参与的"自下而上"相结合的更新演进合作伙伴机制的建立，政府须在各方参与方面发挥关键的组织和能力培养作用。

同时，须完善"社区自治"，倡导"参与式规划"，建立"社区规划师"制度，加强基层政府和社区人员的培训，并深入开展社会调查，了解城市更新涉及相关利益人的合理需求，进一步提升决策的前瞻性、科学性与公正性。

（八）应用数字化新技术辅助城市更新演进

我国新时期城市更新面临着多重矛盾和问题，而且各种矛盾和问题相互叠加、彼此激化，形成复杂的因果链，具有复杂性、矛盾性和艰巨性等突出特征。尤其是随着市场机制成为城市发展的基础性调节机制，由于像劳动力市场结构、土地市场结构、产业结构、资本市场结构等这样一些推动城市发展的力量都带有很大的不确定性，从而城市更新带有极强的动态性，使更新决策中的现状信息收集、分析和整理工作变得相当复杂和烦琐，这些无疑对城市更新的建设规划和管理提出了新的挑战。

多年来城市建设规划和管理工作一直以传统地图的形式表达和使用，面临的一个最大难题是对现状信息的收集、分析、整理工作相当复杂和烦琐，特别是对多方案综合评价和论证、城市信息的快速更新和城市突发事件的快速处理等问题难以应付，往往主观随意性大，容易造成决策的失误。为适应我国现代城市发展的客观要求，在城市建设管理和规划中必须寻求新技术、新方法的应用，使城市建设管理和规划走上自动化、定量化、科学化的轨道。

转型发展新阶段城市更新须借助"大数据＋信息分析＋互联网"等新技术对更新改造实行全过程的常态化动态监管，在统计数据、地形图、遥感影像、相关规划等传统数据的基础上，借助智慧城市感知数据和来自公众参与平台与社交网络等新媒体的新的多源大数据采集，建立国土、规划、城乡建设、房屋地籍、建筑建造等"规划—建设—管理"全周期过程的各行政管理部门基础数据共享机制，更好地服务于城市更新的政府管理和社会演进，从而为更新决策提供数字依据，并进一步促进各主体间的互动和平衡各方的利益，以此增加城市更新的可持续动力，加强城市更新的系统化和精细化管理。

（九）面向高品质维护的补短

维护城市建成环境并使其保持高品质与活力，同时保证良好的公共服务，应成为我国城市更新必要的、基本的职责。建成环境因维护不佳或过度消耗而走向衰败，本质上是经济社会维度的制度缺失。从经济维度看，要么是缺乏相应的资金，要么是收益被抽离；从社会维度看，要么是缺乏相应的维护责任，要么是使用主体与建成环境无情感联系。于是，低品质的旧城区成为

"城市病灶"并加速恶化，拆除重建式物质置换造成绅士化和社会断裂，而苟延残喘式物质衰败中贫困化和社会颓废的现象难以避免。失去自维护能力的建成环境衰败现象，从历史城区已经蔓延到 20 世纪 70—80 年代建设的居住区甚至相当一部分仅 20 ～ 30 年楼龄的商品小区，加上低成本低建安标准的历史原因，中国城市建成环境总体上存在低品质问题，以及品质维护制度缺失的短板。

因此，城市更新制度构建必须及时补齐短板并摆脱这一基本困境，建立面向高品质维护建成环境的制度体系，包括资金和责任两方面的基本制度创新。在资金方面，一是根据经济发展水平适当提高各类建筑的建造标准，倡导品质优先的建设理念；二是改革当前配比低、使用难的物业维修基金制度，确保相应维护标准的资金筹集和使用。在责任方面，一是政府应当承担保障公共服务和公共环境高品质的公共责任，并解决一部分历史遗留问题，如老旧公房修缮、加装电梯等品质提升问题；二是建立合理的物业收益与品质维护的权责匹配制度，以受益者合理负担的原则确定责任主体并建立长效机制。

历史城区、历史街区等禁止推倒重建的建成遗产保护区域，城市更新需要创新多渠道拓展收益，包括公共财政的奖补、合宜的商业化运营、现代化活化改造等，以"微改造""微赋权"的方式推动历史建成环境品质的改善。如法国在文物建筑修缮税收减免基础上的"以奖促修"特殊制度，培育了传统建筑修缮的产业链，涵盖了评估、设计、维护、施工、材料提供等环节；意大利遗产"领养人"制度则是实现了维护资源社会化的制度创新，具有积极的借鉴价值。广州市恩宁路永庆坊"绣花式"微改造中，创新提出了类似"公房领养人"的制度，给予相关企业 15 年经营权。此外，广州市对具有历史文化保护价值的老旧小区提出了"正面清单"+"负面清单"，规范建筑功能与改造措施。从国内外先进经验可以看出，高品质维护建成环境的制度设计应建立责任与资金匹配的积极关系，培育社区自我维护、合宜运行和激发活力的责任和能力。

（十）面向可持续开发的善治

城市更新在实现建成环境高品质维护的基本目标之外，也应建立通过城市空间再开发促进经济发展，实现城市环境代际升级的拓展目标。城市的可持续发展要求公共利益应该前置于土地再开发的经济效益，其核心在于消除或补偿更新改造的负外部性，并注重在场多元主体的公平性。因此，更新的制度设计必须强调善治的价值观，以共享更高品质城市生活为目标，更加积极地将减低外部负效应和改善周边居民生活环境结合起来，并注重再开发机会和权益分配的社会公平性，从整体统筹的角度来维护城市公共利益。

首先，城市更新应从城市整体功能结构优化的角度出发，将再开发的存量土地整备与城市发展的综合目标关联并统筹，通过一定程度的职住平衡与强化配套来调节"房地产化"本身的固有缺陷。如设定功能混合的目标、配建更大范围所需的大容量公共服务设施；在轨道站点等公共可达性高的区位，优先实现保障性住房的政策性供给；等等。其次，应从区域层面来统筹城市更新管理单元的划定和规划内容的确定，避免形成过度加密的建成环境，在空间上、功能适应性上为未来的发展留有弹性。如加强不同旧改更新项目之间、不同更新单元之间的指标转移、交换等合理化制度创新，必要的时候还应该进行更大范围的跨区协调统筹；更新区域可设定"预留地""白地"，并且充分考虑分阶段、渐进式实施的需求。

在开发许可上，对老城区"微改造"的城市更新行为，相应地也应当有基于产权地块的"微开发权"概念。历史产权地块作为老城区历史文化价值的形态基因，一经征收即灭失并合并到公有储备土地中了，即使保留私房产权性质，也难以获得积极的改造更新许可。从某种意义上说，设定微开发权是老城区空间形态历史文化传承的创新回归，使城市更新直接指向最终的产权业主或在地使用者，而不再经过房地产商的"转手"。广州市在历史建筑活化利用中提出可增加使用面积且无需补缴地价的措施，实际上也是在"微开发权"设定方面的一种创新。

城市更新的制度创新应该积极促成建成环境再开发从合理、合情走向合规、合法，探索再开发的权利设定与行政许可的创新，在物权确认、用途管制、审批许可等方面形成可供推广的制度改良，为城市包容性演进提供制度支撑，为不同的更新模式提供路径可能。

第三节　城市更新区规划制度建设

一、"城市更新区规划"的定义

通过研究发自按,在各国各地区的规划体系中,的确存在一种专门的规划类型以处理城市更新地区的管治需求。本研究将其命名为"城市更新区规划",其定义如下。

"城市更新区"(简称"更新区"),是为推行城市更新所应界定的权利范围,是受到赋权的更新地区的空间管制单位。而"城市更新区"是具有空间管制意义的规范性陈述,是"城市更新区规划"的编制和适用范围。由于其边界内外具有不同的规划干涉程度,需要审慎划定其边界(见图2-6)。

"城市更新区规划"(简称"更新区规划")是在特定地区内推行城市更新所采取的工具,是受到赋权的该地区内城市更新改造的管制依据。城市更新区规划是本研究提出的概念,是一种规划类型。美国的城市更新区规划、法国的协议开发区规划、日本的市街地再开发事业等都属于城市更新区规划。

因此,下面将从共性与特性两方面,对城市更新区规划的性质进行具体的探讨。

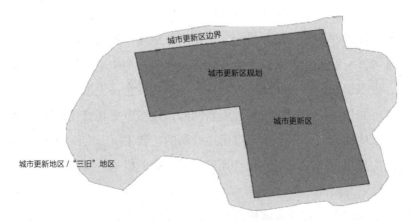

图2-6　城市更新区图

(图片来源:周显坤. 城市更新区规划制度之研究)

二、各地城市更新区规划的共性

城市更新区规划的共性

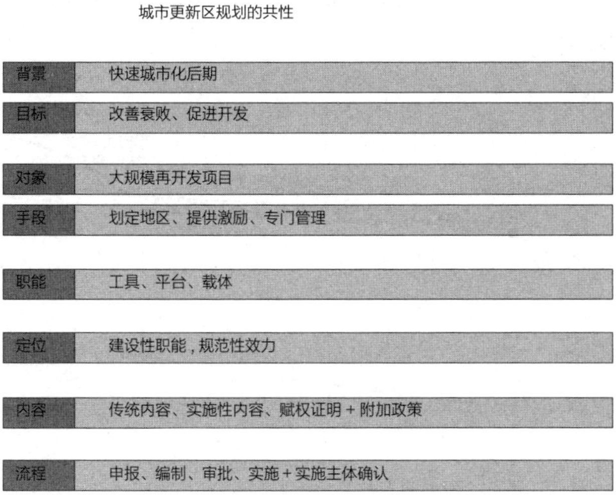

图 2-7　城市更新区规划的共性图

（图片来源：周显坤. 城市更新区规划制度之研究）

因此，初步构建评价各国各地区的制度实践的分析框架，提取出城市更新区规划的共性如图 2-7 所示，认为上述共性可以视为城市更新区规划这一规划类型的基本特性。在进行新的该类型规划制度设计或改进时，可以以这些基本特性作为参考和出发点。

（一）背景：快速城市化阶段后期

各国各地区推出城市更新区规划制度的时间如下。

美国——1949 年《住房法》出台，启动了"市区重建计划"（Urban Renewal Program），在各地的执行中出现了"市区重建规划"（Urban Renewal Plan）。

法国——1957 年的法案修改确定了"城市更新区"（ZRU），1967 年法案提出"协议开发区"（ZAC）。

日本——1969 年《都市再开发法》提出"市街地再开发事业"，1988 年的法律修改提出"再开发地区计划"，2002 年《都市再生特别措施法》提出"都市再生紧急整备地域"和"都市再生特别地区"。

中国——2009年广东省启动"三旧"改造行动；深圳市出台《深圳市城市更新办法》，提出"城市更新单元规划"；2015年上海市颁布《上海市城市更新实施办法》。

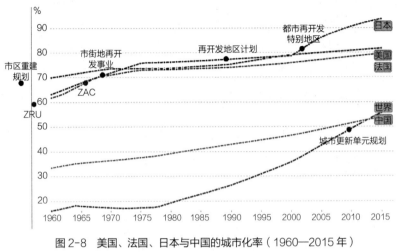

图2-8　美国、法国、日本与中国的城市化率（1960—2015年）

（图片来源：周显坤. 城市更新区规划制度之研究）

将上述时间置于城市化进程当中（见图2-8），可以发现一些规律：

第一，各发达国家提出城市更新区规划制度的时候都已经处于快速城市化阶段的后期，城市化率已经超过60%。与之相比，中国的城镇化率在2011年越过50%，已经踏入了城市化率的"下半场"，正处于快速城市化阶段的后期，此时部分发达地区的城市先行开展了城市更新区制度建设，这与其他国家的进程是相似的。

第二，由于二战，各国都有一个相似的城市发展进程，即战后重建。西方发达国家的战后重建是在原本就较高的城市化水平下进行的，直接带来了第一轮聚焦于住房建设的大规模城市更新，相应的规划也是在这样的背景下诞生。即使对没有太大直接创伤的美国而言，二战老兵的住房安置也是其市区重建计划的重要理由。相比之下，中国的战后重建是在低水平下进行的，属于新城建设，也就是"一五""二五"带来的第一轮城市化进程。这使得中国的城市更新并不像各发达国家一样以大规模的战后重建为起点，而更多的是一种比较"自然"的过程。这一方面可能使中国有机会更从容地开展城市更新，制定相关制度，避免一些匆匆上马的制度带来的潜在问题；另一方面，这可能使城市更新的迫切性、获得的社会关注与社会合力较为不明显。

第三，城市化率往往在推出城市更新计划后 10 到 20 年内不再增长，到达明显的平台期（美国 1970 年后，日本、法国 1975 年后）。因此，在整个城市化的大周期中，不妨将城市更新计划作为大规模城市建设的"最后的辉煌"，其后城市建设终究是要归于缓慢的。只有日本在 2000 年后出现了明显的城市化率提升，这可能与《都市再生特别措施法》提出的种种推进城市更新的举措有关，其中关联值得另外研究。

（二）目标：改善衰败、促进开发

各国各地区城市更新区规划的目标如下。

美国——"某些城镇地区陷入低标准、衰退或破败的状态……依据法规授权，地方政府得以通过其市区重建机构开展广泛的公共行动，以克服上述问题并创造适宜环境，吸引和支持私人开发，促进社区的健康成长。"

法国——"启动新的城市化，或强有力地重建未利用或废弃地区。"

日本——"城市是 21 世纪日本活力之源，为了应对近年来社会和经济情况的变化，如快速信息化、国际化、出生率下降和人口老龄化趋势，增加其吸引力和国际竞争力，这是城市再生的根本意义。"具体目标则包括"确保充满活力的城市活动，实现多样化和积极的交流和经济活动，形成抵抗灾害的城市结构，建设可持续社会，让每个市民都可以靠自己的能力实现可靠和舒适的城市生活。"

中国——以深圳市为例，"进一步完善城市功能，优化产业结构，改善人居环境，推进土地、能源、资源的节约集约利用，促进经济和社会可持续发展"（《深圳市城市更新办法》第一条）。

比较各国各地区出台城市更新区规划的目标，"改善衰败"往往成为城市更新区规划出台的口号，"促进开发"则是所有城市政府实际上的共同目标，并在此基础上追求经济增长、防灾、社区培养乃至提高城市竞争力等其他的综合性目标。

要进一步验证更新区规划的目标，则需要分析市场与政府的关系。

广义的城市更新是一种"自然"的过程，犹如"新陈代谢"一般伴随着城市发展的整个历史。任何一个历史久远的城市，必然是在原址上经历了一次又一次的重建、改造。即使是一个"无政府"的城市，例如由于地理环境而形成的商业市集，也自然会在经济规律作用下持续地发生更新改造行为。

这种经济规律可以被城市社会学的空间再生产理论、城市经济学的地租曲线移动等理论所解释。随着城市经济增长，中心区土地的潜在价值增加，当土地潜在价值减去当前使用价值的差额大于更新行为的成.本时，更新行为会在产权主体的逐利冲动下自然发生（见图2-9）。在城市规模达到一定程度后，外围扩张的边际收益越来越小，城市更新的效用可能比外围扩张更显著，这种情形不仅适用于东京、深圳等高度城市化的地区，还适用于纽约曼哈顿岛、厦门木岛等边界限制明显的地区。

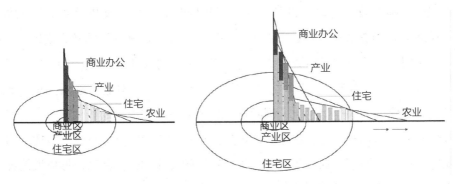

图2-9　城市增长、地租曲线移动与城市更新
（图片来源：周显坤. 城市更新区规划制度之研究）

城市更新与城市经济的关系是辩证的，城市经济增长带来城市更新的动力，城市更新释放的土地带来的用途和投资会继续促进经济增长。但是城市经济增长仍然是更为本质的要素，因为城市经济增长必然带来城市更新的动力。反之，如果一个城市陷入了明显的经济衰退，即使政府或开发商继续推动城市更新，只要发展路径和生产率没有明显的变化，那么并不会带来新的城市发展机会，只会加速透支原有增长路径下的潜能，对一些衰败的工业城市开展的更新计划就是如此。这就像肌体与激素之间的关系，在成长期，健康的肌体能承受生长激素的力量，加快释放增长潜力；在衰老期，单纯的生

长激素给肌体带来的只是生命力的透支和"回光返照"——在这个时期，激素不是不能使用，而是要配置更为丰富和有针对性。

尽管已经存在来自市场的"自然"的更新力量，而且政府干预更新的结果是如此复杂，各地的城市政府对待更新的态度仍然是鼓励和促进。只是具体的角色和手段会根据实际情况发生变化：是交给市场还是政府自己"下场"，所能采取的手段是全局还是局部、直接还是间接、单一还是综合等。

政府在城市更新中的职能变化与经济周期密切相关。城市化阶段是以数十年上百年计的大周期，经济周期的变化则是以十年计的较小周期，二者相互叠加，使得城市更新的相关制度法规建设也成为持续不断的进程：

在经济景气时，社会氛围希望摆脱政府干预自由发展。政府也倾向于遵守"本分"，不干预市场，让市场自发地发生更新行为。例如日本的 20 世纪 80—90 年代初，中国的 20 世纪 90 年代，甚至政府不得不加以必要管制，例如对过高容积率的再开发项目提出限制要求、对超额收益征税、对侵害原产权主体的行为进行保护等。同时，一些国有开发企业，例如法国的公共机构、日本的都市再开发机构，在经济景气期也会积极地参与再开发项目，这一定程度上会影响政府的立场。

在经济不景气，甚至城市陷入衰退时，社会氛围希望政府刺激和干预市场。政府也倾向于主动采取行动促进城市更新。较初步的措施是运用宽松、引导的策略，如 21 世纪日本政府主动放开各类用地限制；进一步的措施是加以刺激，例如美国底特律等城市进行的公共设施投资和财税补贴；更进一步的措施是直接主导更新项目，例如德国鲁尔区的工业区改造、中国东北城市的大规模棚户区改造等。

战后重建可以被视为一种特殊时期，这时候经济景气且政府强力介入以城市更新为重点的城市建设当中。

城市更新区规划作为各类更新相关制度中的代表性制度，一般出台于政府推动城市更新的动机最强烈的时期，即经济不景气期和战后重建期，体现了最鲜明的鼓励和促进城市更新的态度。

各国各地区另一个值得注意的共性是，虽然一般认为城市更新主要是一个地方政府负责的事务，但是，启动大规模城市更新的计划和法案——不管是美国 20 世纪 50 年代的"市区重建计划",法国 20 世纪 60 年代的城市规划法典修改,还是日本 20 世纪 60 年代的《都市再开发法》和 2002 年的《都市再生特别措施法》,都是出自中央政府。以上述视角可以对这种"错位"的情形做出更好的解释:中央政府比地方政府对宏观整体经济形势更为敏感并且对此负责,大规模城市更新计划并未单纯为了改善局部的民生情况,而更是刺激经济的整体方案的一部分。

除了时间限制,政府干预城市更新还会受到的空间限制,在这里就不一一赘述了。

（三）对象：大规模再开发项目

"自然"的城市更新拥有众多的项目类型,并不是所有类型的更新项目都需要政府介入干预,更不是所有类型的更新项目都值得专门编制城市规划进行干预(或者说,值得用新的规划来解除既有规划的管制)。将需要用规划手段进行干预的更新项目识别出来,是城市更新区规划的一个重要任务,即明确制度的应用对象或管制对象。

虽然各国更新区规划的应用对象,在政策条文中并不相同,但是从项目结果却可以得出明显的共同点——各国更新区规划推进的都是较大规模的、拆除重建类的更新项目,或者简称为"大规模再开发项目"。

1. 关于"衰败地区"的分歧

各国各地区城市更新区规划关于应用对象的要求如下。

美国——"市区重建规划"要求必须应用于"破败的开放地区"（blighted open area），或者"低标准、衰退或破败地区"（substandard, decadent or blighted open area）。其划定条件为：①这是一个主要为开放空间的区域；②出于自然条件限制、建筑老化、公共设施落后或产业经济发生重大变化等原因对社区的安全、健康、道德、福利与稳定发展有害；③通过私营企业的普通开发来发展它是过于昂贵的。

法国——"协议开发区"对更新项目本身没有性质上的要求。

日本——"都市再生紧急整备地域""市街地再开发事业"对更新项目本身没有性质上的要求。

中国——以深圳为例，"城市更新单元"的划定条件为"特定城市建成区"内具有"环境恶劣、安全隐患、设施不完善"等问题的"相对成片区域"。

通过比较发现，各国对更新区规划的管制对象的要求是不同的：美国、中国的要求较为详细，并且都要求出现衰败特征；而日本、法国的要求则没有性质上的要求。这来自赋权形式的不同，另外，通过定义内涵的方式来限定更新项目在实践中的可行性不高，"衰败""旧"等特性对更新项目来说，既不是充分条件，因为存在大量老旧且没有潜在经济利益的城市片区，并不会被划为旧区就得到更新；也不是必要条件，因为只要经济合算，较新的土地也可能成为待更新的对象。

2. 大规模

美国、法国的更新区规划名称中都包含"地区"（area），暗含制度应用对象为相对成片的、相对规模较大的区域。日本的制度名称从较大的"（都市再生紧急整备）地域""（都市再生特别）地区"，到具体的"项目"（事业）各有分工。中国的"单元"一词则比较微妙，有很强的规模弹性，介于"地区"和"项目"之间。

从结果来看，法国的协议开发区平均规模约 10 公顷左右，日本的更新项目平均规模约 1 公顷左右，虽然相对中国的项目地块规模仅能算是中等规模，但是相对于法国、日本的平均地块规模来看，无疑都属于大规模项目（见图 2-10）。美国于"市区重建"计划期间完成的一批市中心改造，对于本城市而言更是少有的大规模项目。

3. 拆除重建

按改造程度，更新项目可以分为保留建筑、局部改建和拆除重建等分类，其中，各国的更新区规划主要应用于拆除重建类更新项目。虽然在划定的区域范围内也可能有保留建筑、局部改建的建筑物或设施，但无论是在美国的市区重建还是在日本的市街地再开发事业中，拆除重建是最主要的更新方式。

更新区规划之所以以大规模再开发项目为主要对象，其原因可能来自经济可行性、政府干预合法性与制度体系安排等。

大规模再开发项目具有更可观的经济前景。大规模再开发项目虽然成本更高，但是可能通过拆除重建创造更多的土地利用价值，并且才有建设大型文化设施、巨构城市、标志性建筑物等具有显著正外部性的大型项目的可能性。这不仅增加了项目本身的经济收益，也更能帮助本地区实现刺激经济，提升城市综合竞争力的目标。

大规模再开发项目提供了政府干预城市更新的必要性。首先，大规模再开发项目通常处于复数、连片产权主体的情形，在土地整合过程中通常会出现"反公地悲剧"田，即由于所有者过多、少数个体轻易阻止整体造成的市场失灵现象（见图2-11）。在以市场为基础的协作解决方式难以适用的情况下，政府加以干预也就有了理论上的合法性与合理性。其次，随着项目用地规模的扩大，通常涉及基础设施系统的调整，以及公共设施、公共开放空间的塑造，需要政府介入处理。再次，更新区规模达到一定程度将具有对其他地区的，乃至全市性的影响，需要政府介入协调局部区域与其他地区关系，并且相应的动迁、社会变化、社会影响等问题也需要政府协调。最后，启动规划程序本身具有相当的成本，如果涉及政府动员则成本更高，如果不是大规模再开发项目则难以达到启动规划程序的门槛。

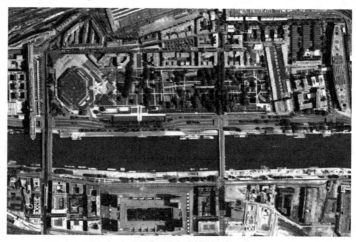

图2-10　法国贝尔西协议开发区卫星图

（图片来源：周显坤. 城市更新区规划制度之研究）

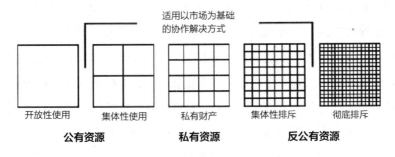

图 2-11　现有产权的完整范畴

（图片来源：周显坤. 城市更新区规划制度之研究）

由于上述两方面的原因，大规模再开发项目往往在各国的规划制度体系中得到重点的、专门的处理，成为各国更新区规划的应用对象。但是同时，各国也有其他的规划手段专门处理小规模的，或者以保留建筑、局部改建类的更新项目，例如美国的"社区规划"、法国的"历史保护区保护与利用规划"（PSMV）、日本的"中心市街地活性化基本规划"等。或者并不用规划手段，将小规模的改造更新直接纳入一般化的建设项目规划管理之中，运用一些更温和的手段来推进。

（四）手段：划定地区、提供激励、专门管理

各国各地区城市更新区规划促进更新项目的手段如下。

美国——划定为"市区重建区"，意味着联邦政府及州政府将提供财税补贴，并赋予了地方政府在该地区运用一系列制度工具的权力，包括土地征收权、区划调整、公共住房建设及示范性项目等。

法国——划定为"协议开发区"，意味着放宽了既有规划对土地利用的限制，使土地利用的功能、强度、形态都变得可以协商调整；通过公共机构等方式吸引了资本进入土地开发；允许政府主导收购土地，鼓励了城市土地的并购和整理。

日本——划定为"都市再生紧急整备地区"意味着可以获得中央政府和地方政府的相应补助；划定为"都市再生特别地区"，意味着该地区豁免了既有规划的限制，获得了一系列城市规划上的特殊优待。

中国——以深圳市为例，划定为"城市更新单元"意味着允许该地区自

主编制更新单元规划，并有了依据更新单元规划调整法定图则的机会，并纳入了宽松处理违建、产业激励等一系列更新相关政策的应用范围。

比较发现，各国各地更新区规划的基本手段都是划定地区、提供激励，即在城市建成区中划定一个地区（城市更新区），放松既有的上位规划管制，编制专门服务该地区发展的局部地区详细规划（更新区规划），以此为依据执行较为宽松的规划管制。除了规划管理方面的优待以外，还可能从土地整理、税收减免、财政补贴、产业扶持等方面提供激励。具体的激励手段可以是非常复杂的，不过大致可以把城市更新中公共部门提供的激励活动分为三个类型：公共融资激励、规划建设激励和公共管理激励（见表 2-1）。

表 2-1　政府对城市更新采取的激励方式表

类型	政府行为
公共融资激励	债务支持（如提供贷款担保、低息贷款、税收增额融资发行债券等）；国家和地方基金；直接补贴；税收激励政策（如税务豁免或削减、建立税收增额融资区）；利息补贴；股权融资（包括种子资本）低价土地出让；租赁；公共建筑融资（如停车场、工业园区、社区重构等）
规划建设激励	土地征用及土地整合政策（土地管理）；公共设施的改善；上空使用权；公共部门提供基础设施；修改建筑法规和容积率要求（容积率激励）
公共管理激励	建立开发部门和准公共机构（以便融资和提供专业技术员工）；规避招投标过程；尽量减少官僚作风；对发展更新项目的政治认同

由于"城市更新区"边界内外将具有明显的管制方式区别，因此"城市更新区"在理论上是一种空间管制区。

在空间管制的设立中，有必要区分"两个过程"和"两种手段"：一是边界划定的过程；二是凭借划定的边界进行管理的过程。前者是通过边界的划定从而确定区域范围的过程，主要体现技术手段；后者是对边界划定的确认和监督，以及在区域内制定和执行相应管制措施的过程，主要体现管理手段。管理手段按照管制力的强弱分为直接管理手段和间接管理手段。通常是否在区域中的判定造成了管理权责乃至过程的差别的，应当认为是直接管理手段；是否在区域中的判定未造成管理权责乃至过程的差别的，应当认为是间接管理手段或技术手段（见表2-2）。

表2-2　技术程度和管制程度的划分表

作用类型	作用方式	举例	城市更新相关制度
技术手段	作为技术内容，不作为管理的直接依据，为形成管理手段提供参考	适建性评价、中心城增长边界研究	中国城市总规层面的"三旧"资源统筹研究等； 日本"都市再开发方针"
间接管理手段	是管理的依据，但不采取强制手段	城市规划的"四区划定"（除禁建区外）	美国"市区重建区"； 法国"地区规划中允许被划定为协议"； 日本"都市再生紧急整备地域"； 中国（以深圳为例）"城市更新重点地区"
直接管理手段	是管理的依据，采取强制手段	建设用地边界、禁建区	美国"市区重建区划"； 法国"协议开发区"； 日本"都市再生特别地区"； 中国（以深圳为例）"城市更新单元"

　　按照上述理论，日本"都市再开发方针"中的研究性内容、中国在城市总规层面的"三旧"资源统筹研究等属于技术手段；美国"市区重建区"、法国"地区规划中允许被划定为协议"、日本的"都市再生紧急整备地域"、中国（以深圳为例）的"城市更新重点地区"等都属于间接管理手段；美国"市区重建区划"、法国"协议开发区"、日本的"都市再生特别地区"、中国（以深圳为例）"城市更新单元"等都属于直接管理手段。

　　更新区边界内外的区域的管制要求、管理过程、管理依据甚至管理权责都不相同。边界外规划指标要求较严格，规划管理过程为一般建设项目，规划管理依据为全覆盖的控制性层面的规划，管理权责为政府规划主管部门。边界内规划管制指标要求较松，规划管理过程为更新项目，规划管理依据为特定的更新区规划，管理权责可能由政府部门变为本更新区的管理委员会等地方性机构。

（五）职能：一个工具、一个平台、一个载体

城市更新区规划的职能在于"一个工具、一个平台、一个载体"，即进行城市更新项目管理的主要工具，政府与权利主体、开发商等各方进行博弈和合作的主要平台，以及政府实施公共政策的重要载体。

首先，更新区规划是进行城市更新项目管理的主要工具，具体有以下 2 种形式：一是由政府使用，以经过审批的规划文件作为政府进行规划管理、方案审查的依据，如美国的"市区重建规划"、法国的"协议开发区规划"；二是由实施主体使用，编制者即为项目建设者，规划文件本身就是一个得到许可的项目方案，管理更新项目本身的实施和建设进程，方案以此为依据实施，如日本的"市街地再开发事业"。中国深圳的"城市更新单元规划"二者兼具，在"管理文件"与"技术文件"的二元内容形式中，"管理文件"接近于前者，"技术文件"接近于后者。虽然理论上这两个管理过程并不一致，但是实践中却难以区分开来，特别是对于大规模再开发项目。城市更新区规划需要处理该片区在更新中面临的关键问题，包括现状分析、目标提出、空间设计、利益分配、实施方案等，基本上把城市更新项目的主要管理需求纳入更新区规划的内容框架中。正是通过更新区规划这一工具，大规模再开发项目才得以实施建设，变为空间现实。

其次，更新区规划是多方合作的主要平台。一般研究中，政府、市场、业主，或者说公共部门、私人部门、社区作为参与城市更新的三方，在这些参与主体之间将产生非常复杂的合作与博弈关系。例如，有时政府与开发商先达成了合作，共同对业主施加压力；有时政府与业主先达成了合作，共同筛选合意的开发商；有时业主与开发商先达成了合作，共同谋求政府支持。因此，在这里提出的公共利益方代表、资金利益方代表和产权利益方代表为新的"三方"，实际的城市更新的参与主体构成更为多样，合作与博弈关系也更为复杂。各方利益协调、博弈的过程实质上就是更新区规划编制的过程，合作和博弈的结果最终都要通过规划成果方案来表达。各地的更新区规划中都将对多方合作的制度安排作为一大重点：法国"协议开发区"采取的协议式赋权方式；日本的"都市再生特别地区""市街地开发事业"由私人开发商及业主申请设立；中国深圳更新中关于确定实施主体的大量规定；等等。此外，在更新

区规划的不同阶段，需要处理的利益协调关系不只是三方之间，还可能处理全民利益与政府利益、城市整体利益与地方局部利益、公共利益与私人利益等关系。更新区规划应当在编制流程中处理好各种利益关系，按照法国和日本的经验，将不同的利益关系分阶段分层次地处理可能是较好的方式。

无论如何，在一个良好运行的更新区规划制度里，规划成果的完成应当意味着参与各方对合作与博弈结果的共同确认。这个过程有两个方面的含义：一方面，各方（至少在形式上）达成了共同的目标和愿景；另一方面，规划成果在这个过程中获得了合法性。

最后，更新区规划是实施公共政策的载体。各个主体在城市更新中都有自身的诉求，例如开发商追求经济回报最大化，业主追求自身产权在更新前后得到延续等，作为公共利益方代表，政府的目标往往不止于更新项目本身，还要关注对城市整体的外部效用。特别是到达了城市化后期阶段以后，城市政府的各项政策缺少直接有效的着力点，此时，更新项目就成为难得的"抓手"，发挥了"以点带面"的作用。因此许多国家和地区都利用更新区规划承载各类公共政策。例如美国的住房建设、战后老兵安置政策，日本的经济刺激政策，深圳的产业政策、保障性住房政策，都是借助于更新区规划得以实施。

（六）定位：建设性层次职能，规范性层次效力

1. 规划体系的三个层次

要研究城市更新区规划在城市规划技术体系中的定位，首先要说明一般城市规划技术体系的构成。依据谭纵波等基于对中国、日本、法国的分析，城市规划技术体系大致可以分为战略性规划、规范性规划和建设性规划三个层面（见图2-12）。

战略性规划：包括中国的城市总体规划、日本的整备开发和保护的方针、法国的国土协调纲要（SCOT），以及其他国家和地区例如英国的结构规划（structure plan）、美国的综合规划（comprehensive plan）、德国的土地利用规划（flchennutzungs plan）、新加坡的概念规划（concept plan）和香港的全港和次区域发展策略（development strategy），这个层面规划基本上具有共同愿景的职能。

规范性规划: 包括中国的控制性详细规划、日本的地域地区(地域地区)、法国的地方城市规划(PLU)、英国的地区规划(local plan),以及其他国家和地区例如美国的区划条例(zoning regulation)、德国的建造规划(bebauungs plan)、新加坡的开发指导规划(development guide plan)和香港的分区计划大纲图(outline zoning plan),或称"羁束性规划",这个层面的规划主要发挥空间管治依据的职能。

建设性规划: 包括中国的修建性详细规划、日本的开发项目、法国的协议开发区详细规划(PAZ)与历史保护区保护利用规划(PSMV)等,这个层面的规划发挥建设实施指引的职能。中、日、法的规划实践表明,建设性规划是一种必要的、相对微观的规划类型,职能是对特定规划区内的建设项目及其周围环境进行设计及管理,面向的主要服务地区是城市核心区、新城、历史文保区、景观区和城市更新区等。

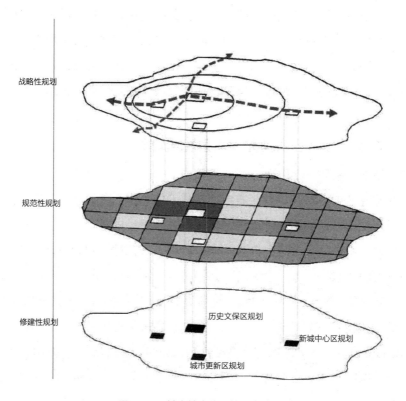

图 2-12 城市技术体系的三个层次

(图片来源: 谭纵波, 刘健, 万君哲, 等. 基于中日法比较的转型期城市规划体系变革研究)

2. 各国城市更新区相关规划在规划体系中的定位

各国城市更新区相关规划在规划体系中的定位，主要处于规范性与建设性层面之间（见图2-13）。

美国的"市区重建规划"，以波士顿政府中心区更新规划为例，属于建设性规划。"社区规划"同属建设性规划，并且在许多时候也处理城市更新项目。"市区重建区划"是规范性层面"区划"的一个子类，帮助将市区重建规划的技术成果与既有规划协同。

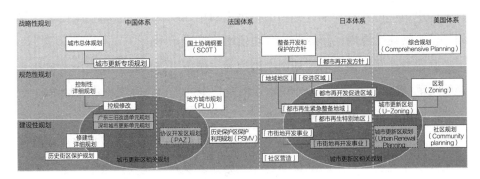

图2-13　各国城市更新区相关规划在规划体系中的定位

（图片来源：周显坤. 城市更新区规划制度之研究）

法国采用"协议开发区"与"历史保护区"2种不同的管制区来处理再开发与历史文保地区等不同的项目类型，相应也有"协议开发区规划"和"历史保护区保护利用规划"2种不同的建设性规划类型。不过随着协议开发区规划的取消，相应的职能由一般规划文件（类似于中国的专项规划）与规范性层面的"地方城市规划"来部分地承担。

日本的城市更新区相关规划包含多个规划类型。在规范性层面，都市再生紧急整备地域"都市再生紧急整备地域"是地域地区"地域地区"的一个子类，并且衍生出都市再生特别地区"都市再生特别地区"。另外还有都市再开发促进区域"都市再开发促进区域"为代表的各类意图区。在建设性层面，市街地再开发事业中区分了土地区划整理项目、新住宅城市开发项目、工业园区建设项目、城市再开发项目、新都市基础整备项目、住宅街区整备项目、防灾街区整备项目等不同的对象，它们都不同程度地与城市更新相关。其中，"市街地再开发事业"又是一个专门的建设性层面规划类型。

中国的城市更新区相关规划"正处于一种失位、落后、混乱的状态"。从全国的视角看，修详规、控规（修改）、一些非法定规划与其他管理制度都参与到了城市更新地区的规划管理当中，甚至还要加上"片区层面的规划条件修改"。其中，局部地区的制度探索，如深圳的城市更新单元规划与广东"三旧"改造单元规划，较为完整地符合更新区规划的职能要求。

在此，仅将以上"工具、平台、载体"的职能的具体承担者称为"城市更新区规划"。它们包括：美国的市区重建规划，法国的协议开发区规划，日本的市街地再开发事业、中国的城市更新单元规划、"三旧"改造单元规划，德国的建设规划，新加坡的行动规划，等等。

其他与更新区相关的规划制度则称为"城市更新区相关规划"。包括上述的规范性层次的几种配合性规划，以及日本的都市再开发促进区域等。

3. 城市更新区规划的定位分析

通过比较各国城市更新区相关规划的定位分布，可以进一步探究城市更新区规划在规划体系中的定位问题——更新区规划在规划体系中的定位是较为特别的。

从目标、范围、职能、手段来看，仅仅应用于局部地区的更新区规划应处于建设性层次，不过，从效力的视角看，更新区规划通常能够直接成为建设行为的规划管理依据，这又与规范性规划的效力有所重合。

从各国情形来看，更新区规划分布在建设性与规范性层次之间。美国市区重建规划、日本市街地再开发事业、法国协议开发区规划是建设性层次的，分别有相应的规范性层次规划与其配套使用。同时它们在编制中受到与规范性规划相似的、较为严格的流程约束。德国的建设规划是规范性层次的，但是非常接近建设性层次。中国的"三旧"改造单元规划的成果是控规形式，处于规范性层次；城市更新单元规划也处于规范性规划层次，"在法律效力上，更新单元规划审批后，视为法定图则的组成部分，作为规划管理依据"，但这两个规划仍然存在定位模糊之处。它们的定位差别可以从制度设计上的组合、单一两种形式加以解释。

总的来说，更新区规划往往以建设性层次的职能，获得了规范性层次的效力。

第十章 空间演进规律及高质量发展

第一节 世界城市空间演进规律及其启示

随着全球化及跨国经济分工与合作日益推进，世界上开始出现并培育出具有全球性经济、政治、文化影响的第一流大城市，被称之为世界城市。弗里德曼（John Friedmann）认为，城市发生的所有空间结构，将决定于城市与世界经济相融合的形式与程度，以及新的空间劳动分工分配给城市的职能。

作为被公认的世界城市，伦敦、纽约、东京由快速增长阶段到走向世界城市这一特定阶段上的空间形态演进历程，无疑会给当前中国的城市发展实践，以及迈向世界城市的目标以深刻启示。

一、世界城市空间形态演进历程

（一）伦敦：从不理想的"控制－疏散"空间战略到世界城市

伦敦为解决 19 世纪快速工业化和城市化过程中产生的住宅、交通、环境及区域不平衡、城乡矛盾等突出问题，用行政手段控制市区新建工业、围绕市区建绿带、外圈扩建城市，形成围绕中心城区的"环状路网＋绿带＋卫星城"典型模式。东京、莫斯科、北京等都曾采取了与之类似的城市空间发展模式。自 20 世纪 80 年代起，伦敦作为全球主要的金融、物流、信息中心和欧盟最大资本市场地位逐步确立和巩固。这既与其现代资本主义发祥地、商业中心和历史古都的地位一脉相承，也得益于伦敦以生产性服务业的高速发展保持了城市持续发展的活力。

1987 年，伦敦生产性服务业比重首次超过制造业，确立了新的城市发展功能。大伦敦区除主要发展高端服务业之外，还留存了一些具有竞争力的制造业，并吸引国际机构进入。其生产性服务业具有明显等级体系和功能定位，空间分布呈现"多极化、等级化、功能化"特征：城市中心主要承担高级商业服务，国际化、信息化程度较高；内城区和郊外的新兴商务区则主要面向国内或当地制造业，同时接受来自城市中心区的高等级产业辐射，如后台数据处理中心等，彼此之间密切协作。

尽管如此，伦敦的发展未能彻底扭转其当初实施的不适合城市高速成长阶段的"单中心 - 同心圆"空间战略，虽然伦敦加大公共交通建设、推行交通拥堵收费制等显著缓解了市区交通拥堵问题，"城市病"依然缠身。

（二）纽约：大都市区的管制、规划与分工合作孕育出世界城市

20 世纪 90 年代初，中心集聚为主的城市化使中心城市与郊区政府矛盾十分普遍，而走向一体化的全球经济迫切需要诸多功能性的城市网络去支配其空间经济运行和增长，美国首先产生了基于区域利益协调的大都市区管制模式。这一模式是社会各种力量之间的权力平衡，通过多种集团的对话、协调、合作以达到最大程度动员资源的统治方式，以补充市场经济和政府调控的不足。

为解决城市发展中的问题并走向可持续发展，从 1921 年到 1996 年纽约大都市区经历了以"再中心化""铺开的城市""3E（经济 Economy、公平Equity、环境 Environment）先行"为主题的三次大都市区规划。

从疏散中心城区办公就业，到把纽约改造成为多中心的大城市，再到提高地区的生活质量，使大都市区逐步具有了着眼全球以及经济、社会与环境并重的发展理念。纽约从港口商业城市转变为工商并举城市，进一步发展成为以第三产业为主的世界金融中心，与该大都市区成熟的分工合作、有机整体的孕育密切关联。"波士华"大都市带中的每个主要城市都有自己特殊的职能，都有占优势的产业部门，在发展中，彼此间又紧密联系，在共同市场的基础上各种生产要素在城市群中流动，促使人口和经济活动更大规模的集聚，形成大都市带巨大的整体效应。

（三）东京：政府作用下立足本土企业成长的国际化战略和多核多圈层空间形态

在空间受限、资源紧缺的条件下，东京经过 50 多年发展成为人口上千万、城市功能高度密集的世界金融中心、国际化大都市，其空间形态经历了由"一极集中"走向"多核多圈层"结构，成功实现了中心区集中容纳国际控制功能，副中心扩散次级功能，进而控制城市规模过度扩张，建设国际城市的设想。这与战后从对城市规模的关注转为对城市功能空间布局的关注，实施"多中心、分层次"的空间发展战略以及政府与市场作用得以充分发挥密不可分。战后东京经历了一个由"一极集中"走向大都市圈的城市发展历程。目前，大东京都市区正在形成"中心—副中心—郊区卫星城—邻县中心"构成的多核多圈层空间形态，各级中心多为综合性的，但又各具特色，互为补充。

在东京成为国际城市以及空间形态形成过程中，政府行为成为本土企业快速成长和生产性服务业发展的外部动力。一方面，实施以本国企业和资本扩张为动力的国际化策略；另一方面，国家权力的集中带来相关服务产业如金融保险、商业服务、教育咨询等的集聚。东京发挥自身人才和科研优势，重点发展知识密集型的"高精尖新"工业，使工业逐步向服务业延伸，实现产、学、研融合。此外，东京"多中心、分层次"的空间发展战略有力地支撑了生产性服务业的发展，老中心区与多个新中心区分层次并进，适应经济结构快速转变的需求，为生产性服务业提供了一个网络结构的发展空间。但在东京城市发展过程中，也始终存在着保持国际城市地位、控制功能过度集中，和城市规模膨胀这一两难问题。

二、世界城市空间演进规律对我国的重要启示

当今，处于积极成长中的特大城市北京，面临着严峻的城市问题并且城市发展受到诸多条件的限制。借鉴国际典型大城市发展演变规律，符合我国城市实际的发展模式必然是内生性的、可持续性好的、良性运转的，其内涵是：在传承特色、发挥自身优势基础上，注重区域合作、加强产业引导，通过更具包容性民主性的城市政策，以及众多发展目标的优化，最终发展成为具有全球控制力的世界城市。本书以北京为例进行具体分析。

（一）强化腹地支撑与更大范围的空间联系

城市经济区是以在城市与其腹地之间经济联系的基础上形成的，城市发展应考虑城市区域的协调发展与支撑体系的层次性与空间扩散的规律性。走向一体化的全球经济，迫切需要诸多功能性的城市网络去支配其空间经济运行和增长，城市与腹地之间的经济联系是城市经济区形成的主要动力，这些联系包括外贸货运流、铁路客货运流、人口迁移流、空间信息流，而且空间信息联系正成为跨地域经济联系中的关键因素。同时，大城市作为区域性的政治、经济、文化中心，在周边建设发展卫星城和新区，通过产业链和产业转移带动周边城镇经济发展，持续推动着周边地区的城市化进程。北京在这一阶段应使城市与区域之间保持相互联系、互动互利、共同发展的关系，并按照提供商品和服务的特征和等级不同，各个城市之间形成一种有序的层级关系，共同组成城市间稳定的分工合作关系，保持高度社会、经济、文化联系的城市体系。

从世界城市的空间流量角度看，城市之间的联系形成全球城市体系并导致等级次序和主导作用的产生，通过居于控制和领导地位的世界城市，把地区经济、国家经济和国际经济联系在一起。在全球城市体系中，其联系性的强弱程度决定了城市的地位和职能：联系性较弱的城市具有区域性的地位与职能，联系性较强的城市——世界城市，会形成全球性的地位与职能。

（二）科学规划和引导，营造产业聚集与创新的政策和制度环境

政府通过制定一系列政策或规章制度来引导或促进城市发展，制度或政策往往会对城市发展产生正向或反向的作用。日本东京实施的是以本国企业和资本扩张为动力的国际化策略，政府行为还成为生产性服务业充分发展的外部动力，为东京国际化发展起到了正向作用。

国际经验表明，采取倾斜性投资政策，如降低工业土地成本、投资补贴、改善交通基础设施和降低税收等，会使生产与人口过度集中的问题进一步加重。而人为地去控制城市规模（比如设置绿带、人口限制）的做法，反而会滋生新的问题。

影响经济结构的最主要因素是产业结构，产业结构的变动（迁）是城市

用地结构演变的主要原因和城市发展的真正动力。阿朗索（William Alonso）的城市土地竞标地租理论认为，城市中各种活动的区位决定于土地利用者所能支付地租的能力。因此，现代服务业集群主导着国际大都市中央商务区的发展，决定着城市经济的繁荣及其国际竞争力的高低。对于生产性服务业，追求创新是其持续发展的动力：一方面是产业集聚带来的产业创新和技术传播有助于行业创新；另一方面是行业规则的制度性变革和新技术的应用，如金融创新、信息技术创新、规则创新以及行业标准创新。

经济发展需要构建外在形态，形成有效载体，城市政府的作用就在于规划和引导产业集聚发展，为企业主体营造良好的环境。泰勃特理论认为，生产要素在空间上是可以流动的，而企业家和公众会以足投票，向公共服务好的城市流动。就北京而言，政府与其试图明确"要发展什么"，不如营造制度和环境，让投资者自己来决定产业发展，因为市场机制下，地租地价支付能力决定产业选择，提供什么样的制度和环境，就会吸引什么素质的企业家和适合什么样的产业。与此同时，还要有严格的碳排放限制，以及对高耗水、耗地、耗能行业的限制。此外，政府必须加强与民间的合作，城市政府集中力量投入到民营企业不做，而为了提高城市竞争力又必须做的事情上。教育、安全、法制、环境建设等公共产品，就成为政府提高城市竞争力的内在要求和必需的手段，成为政府的自觉行为。

（三）有效利用城市土地，促进城市空间资源优化组合

城市土地利用的最终目的并非获得地租收益最大化，而是把土地作为承载要素，在城市地理空间上汇集最优规模的城市资源，实现聚集经济的最大化和总产出的最大化。城市土地利用最有效率的评价依据，应该是城市资源在城市地理空间内的布局是否实现组合的互补性最优和规模最佳，或者说聚集经济是否达到最大。因为城市空间中互补性与竞争性聚集同时存在，在市场机制不充分或信息不完全对称的情况下，城市政府就有必要通过规划或者引导的手段，调节互补性个体资源之间的比例，使之处于最佳的互补状态，同时抑制竞争性资源之间的过分集聚；同样，城市政府也可以通过引入公共资源（如城市基础设施、医疗、教育资源等）的手段，使个体资源与公共资

源共同构成一个各种资源相互作用的城市空间组合环境，形成一个互补性最优的组合比例，使城市空间资源组合能够得到不断优化，进而使城市资源可聚集的密度和城市可聚集的规模放大到最大。2009 年北京南城规划建设就是一个很好的实践。

（四）注重文化提聚潜能，发挥首都软资源优势

城市发展具有路径依赖，一个城市的历史文化、意识形态、制度对一个城市的发展有重要影响。全球化对城市的影响，会随着城市的基础而变化。所以，每个世界城市必然有其个性。如，伦敦和纽约在世界城市体系中的地位遥遥领先，所不同的是，古都伦敦的深厚历史、文化底蕴、宗教传统与独特的社会风貌丝毫不与其现代化和国际化相悖，还被公认为最适合居住的大城市。

文化具有展示功能、经济功能和提升凝聚功能。文化对城市发展的积极作用首先表现在独特文化氛围对人才的吸引，同时，文化产业也日益彰显文化的经济潜能，深厚的历史文化底蕴是现代服务业集群发展的内在诱导因素。当前经济高速发展时期，文化、文明的滞后，经济增长和社会文明失衡是值得关注的新问题。就北京而言，还存在城市发展与历史文化保护、传承和发扬的问题。

从世界城市发展来看，在环境、资源、区域经济等的约束下，保证城市可持续增长，需要在快速发展阶段就积极寻求一条人口、经济、资源和生态环境相协调的发展道路。这一快速阶段往往是产生问题和解决问题的时机。欧美国家大体走了一个低密度、粗放的扩张型发展模式，而受限于空间资源的国家（如日本）则走了一个高密度、精明增长的路子。

经验研究表明：当产业结构处于高端水平，即产业结构相对"软化"时，其发展所需要的资源更多地依赖"软资源"，主要指社会性资源和人文资源。从北京产业结构变动规律可以清楚地看到，第三产业成为今后北京发展的主导产业，消费和投资也集中在第三产业。这就意味着，北京城市发展正逐步完成由硬资源向软资源转变，未来北京可持续发展和产业高级化进程，对经济、社会、环境的进步起到长期性、主导性作用的是具有比较优势的内生性软资源。

因此，首都特质资源、文化资源、科技资源、人才资源、信息资源、教育资源、金融资源共同构成首都城市可持续发展的关键资源。软资源成为城市发展的不竭动力还将取决于未来城市定位、体制改革、产业政策、社会政策和生态环境政策。

（五）制定更加包容、民主的政策，关注居民生活幸福，促进城市持续繁荣

弗里德曼将人口迁移目的地作为世界城市的指标之一。从世界城市的发展经验来看，对移民的接纳政策起到了积极的作用，如不同时期的移民、不同国籍的移民，为纽约城市发展提供了不同层次的劳动力资源，推动纽约工商业的迅速发展，也在很大程度上决定了纽约的经济结构及产业结构内部的巨大变化；伦敦对外国移民的接纳政策也为城市发展提供了充足的人才来源，并且促进了不同思想、文化间的相互碰撞，促进了城市的繁荣。

城市最重要的功能和目的是使人们生活更美好，在城市发展中提高自己、丰富自己，因而最优化的城市发展模式是关怀人、陶冶人。日本在对居民的一项调查中发现，高速的经济增长并没有带来市民生活质量的大幅度提高，居民主观幸福感下降。在经济全球化及信息化、人口老龄化等社会发展趋势影响下，东京首次提出了"建设生活型城市"的政策目标，其核心是就业与居住功能的平衡。

大城市的发展不断地积累着更大的通勤成本、更高的房价、不断加剧的噪音与环境污染等城市病。这些在北京城市发展中已经露出端倪，值得关注。我们应该在快速发展中及早解决这个正在来临的问题，改善仅以 GDP 衡量城市发展的传统指标，关注居民生活的幸福指数。这是个机遇，如果这个时候不去解决，可能就失去调整的机会了。

第二节　高质量发展与城市创新空间演进

城市高质量发展与创新空间演进息息相关。随着我国经济增长驱动力由要素驱动、投资驱动转向创新驱动，创新空间已成为引领城市、区域、国家

乃至全球创新发展的战略高地。以美国硅谷崛起为代表，多尺度多形态的创新空间在全世界范围内渐次兴起，知识经济与科技创新在后工业化城市发展中的作用日益凸显。2015年，李克强总理在《政府工作报告》中，首次将"大众创业、万众创新"上升到国家经济发展新引擎的战略高度。2017年，中共"十九大"报告提出加快建设创新型国家，并到2035年跻身创新型国家前列的重要目标。为顺应创新驱动空间高质量发展趋势，北京、上海、深圳等正在建设具有全球影响力的创新中心，杭州、武汉、成都等创新型城市也不断涌现。

然而，与其他创新型国家相比，我国创新发展仍处于"质与量"的失衡状态——创新体系开发水平和整体效率难以满足经济转型升级需要。城市内部中微观尺度的创新空间正是国家创新体系、区域创新体系，以及创新型城市建设的落实，因此，探究城市创新空间演进的逻辑与思路，对于我国建设"创新城市""知识城市"具有重要的政策启示。

一、国内外城市创新空间演进趋势

（一）创新空间形态的定向扩展

城市发展阶段理论是城市空间研究领域的重要思想依据。创新空间作为信息化条件下城市空间的一种形态，虽由难以预测的创新活动聚集而成，但同样遵循城市空间发展规律。作为创新型国家的典范之一，美国城市化进程是在"强市场、弱干预"发展模式下推进的，对其他国家的城市发展具有原型意义。

美国城市化发展在经历了中心城市集聚和郊区化扩散后，呈现出回归中心城市的新趋势，实现了城市地域空间组织的优化，具体可总结划为三个阶段（见图3-1）。同时结合美国都市区内部人口迁移规律，可将创新空间形态演进分为三代：第一代是专业化的产业园区模式，创新活动背后是技术进步、经济发展及文化变迁；第二代是20世纪60—80年代的科技园，该阶段城市郊区人口与中心城区人口的关系由接近转为超过，城市郊区出现诸多就业中心，局部非中心区域呈现出蔓延趋势，郊区化与技术进步共同促成了郊区各类科技园的出现；伴随旧城复兴计划的推进及知识经济的快速发展，第三代城市创新空间——创新城区兴起，中心城市人口增长率超过郊区，且高学历者和高收入者成为回城的主要人群。由此可见，创新空间演进与逆郊区化趋势相吻合，呈现出"由外围郊区到边缘区、主城片区再到中心城区"的空间特征。与空间发展的阶段性特征相统一，城市创新空间形态也具有多样性，布鲁金斯学会的研究报告将其归纳为三类：一是"锚"型。以剑桥肯戴尔广场、费城大学城为典型代表，这类空间主要是围绕创新主体形成的大规模混合功能开发区域，包括参与创新过程的创新驱动者和创新培育者。二是"城市更新"型。这类空间蕴涵深厚的历史文化积淀，或面临老工业区转型升级，通过与先进研发机构、支柱性企业合作，实现城市旧城复兴，典型代表主要有巴塞罗那普布诺等。三是"科技园区"型。这类空间通常分布于郊区，通过改善生活环境、推进功能融合等，实现集聚区企业创新空间拓展，如北卡罗来纳州的创新三角园区等。

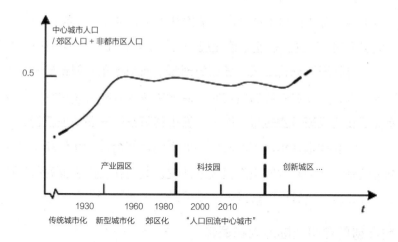

图 3-1 美国城市化进程中城市创新空间的演进特征（图片来源：作者整理绘制）

（二）创新组织模式的多维延伸

国外没有明确提出"城市高质量发展"的倡议，与之相近的是如何推进城市可持续发展，该思想为城市创新空间"双螺旋关系"向"创新生态系统"转变奠定基础。从"区域工作计划""经济花园计划"等国际案例可知，在创新驱动过程中，创新主体并非单一，而是由地方政府、企业、高校、科研机构等多元主体构成。早期创新活动主要发生在产业层面，创新主体间需要通过界定各方的权责边界来实现知识共享。其后，在技术与经济发展推动下，"大学—产业""大学—政府""产业—政府"的"双螺旋关系"模式逐步形成。伴随三螺旋模型概念的提出，"大学—产业—政府"新型产业组织出现，并通过三者"交叠"所产生的互相作用实现创新的螺旋式上升。

伴随城市可持续发展内涵的不断丰富，"四重螺旋""五重螺旋"开始强调系统内部各要素间的生态互动、创新联结及知识转化，并在社会与自然协调发展视角下，分别将"公民社会""自然"两类要素纳入不断自我完善、健康的创新生态系统，进而实现整个系统的协同升级，如旧金山湾区创新生态系统等。在现阶段人才驱动模式转换、产业升级动力转轨、空间更新需求转型趋势下，区域内各种创新主体与创新环境之间通过创新流的联结传导，形成共生竞合、动态演化的复杂创新生态系统，引起区域功能等级化和地域差异性显著。同时，创新要素流动加速了区域极化并促进区域和城市空间功能重构，有效推动了区域产业结构升级及竞争优势形成。

与美国不同，我国的快速城镇化进程与知识经济是同步的。在短时期内，产业园区、科技园、创新城区三类型的创新空间均存在于创新型城市创新空间的建设实践，其发展由对物质空间的需求拓展为对社会文化空间的发掘，整体面临更新式或渐进式转型。综上，城市创新空间发展呈现新趋势：从地理郊区化下的高技术密集区到回归中心城市的创新街区，从依托于产业集群的创新集聚到多类创新空间组织模式的涌现，其内在动因主要为科技产业变革、生活方式转向及城市更新诉求。

二、城市创新空间演进的内在逻辑

城市创新空间可视为一个科技、经济、社会结构独特的自组织创新体系，通过在城市生产体系中引入新要素或实现要素的新组合而推动城市高质量发展。因此，可遵循"构成要素—运行机理—价值取向"的主线，探寻城市创新空间演进的内在逻辑（见图3-2）。

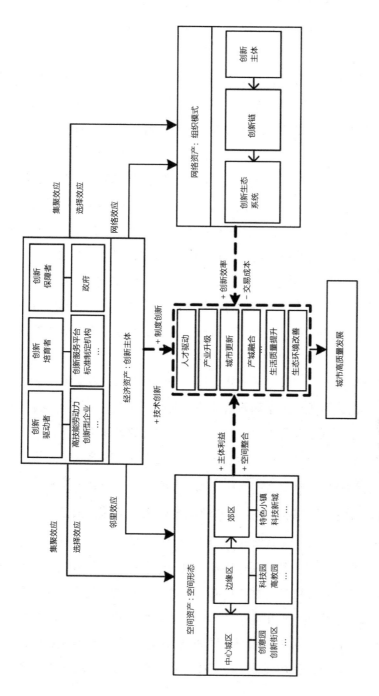

图 3-2　我国城市创新空间演进的内在逻辑（图片来源：作者整理绘制）

（一）构成要素：经济资产、空间资产、网络资产

与传统城市空间组织基于功能分工及围绕交通枢纽形成的城市经济活动模式不同，城市创新空

间的形成与发展要从三种资产予以考察：经济资产（Economic Assets）、空间资产（Physical Assets）及网络资产（Networking Assets）。

首先，经济资产主要是指创新主体，其中创新驱动者（创新型企业、研发机构、高技能劳动力等）是创新活动产生源；创新空间培育者（金融等创新服务平台、技术标准制定机构、知识产权服务机构等）为创新活动高效交易与运行提供支撑；政府通过提供政策法规、管理体制等软件资源及交通、通信设施等硬件设施，解决创新集聚空间无序、创新协作割裂、成果转化制约等问题，优化创新的物理环境及制度环境，为创新空间培育提供保障。

其次，空间资产为不同类型创新空间提供物理空间，主要包括公共领域空间、私人领域空间、连接创新空间与其他空间的通道等，当不同创新主体植入后，相应形成科技园、创意园、高教园、创新街区及特色小镇等不同类型空间形态。

最后，网络资产是一种隐形的社会资源，以潜在网络效应作用于城市与区域创新活动的全过程。由于创新活动的复杂性，创新主体仅依赖自身的有限资源无法满足创新活动要求，因此，需形成闭合的创新价值链，积极地从外部获取创新资源，解决其在创新过程中遇到的人才、资金、信息等资源瓶颈，此时，网络资产是城市内部创新主体间形成的网络、信任和规范等。

（二）运行机理："集聚与选择""邻里与网络"的综合效应

其一，创新空间生产率优势主要来源于"集聚效应"和"选择效应"，因创新空间形态的不同，其微观作用机制也呈现出一定的差异性，但均能有效推动经济资产增加和创新。城市中心区生产率优势主要是高效率企业的主动选址行为或低效率企业迫于竞争压力而退出所致；开发区生产率优势主要产生于企业和人口集聚带来的知识外溢和技术进步，同时，开发区政策有助于创建产业集群、增加区内就业、改善生态环境等，促使竞争加剧，形成优胜劣汰机制。

其二，非市场联系对创新主体行为的影响主要包括由地理空间邻近而产生的"邻里效应"和因社会空间联系而生成的"网络效应"。从地理空间视角看，创新活动的地理空间比一般经济活动的地理衰减性更强，地理空间紧凑成为不同类型创新空间形成的重要因素之一，为整合和创新空间资产奠定基础；从网络组织视角看，在网络效应影响下，各创新主体与其他创新要素之间的正式与非正式合作更有利于知识和技术创新，促使创新链不断完善，推动创新生态系统构建，为巩固和完善网络资产提供保障。

其三，创新活动在"集聚与选择""邻里与网络"的综合效应下，与城市其他活动发生互动，除推动产业升级、城市更新等外，更有力地促进城市生活质量提升与城市生态环境改善，实现创新空间与"生产—生活—生态"空间耦合。此外，推动经济资产、空间资产及网络资产"量与质"的提升，最终实现城市高质量发展。

（三）价值取向：城市高质量发展

其一，创新驱动的增长方式不只是解决效率问题，更重要的是依靠知识资本、人力资本和创新激励制度等实现要素的新组合。一方面，创新人才成为新经济形态中最具活力的生产要素，在城市内部集聚的同时，吸引高新技术企业等入驻，并通过技术创新缓解传统要素边际递减带来的负面效应，提高社会全要素生产率，进而加快产业转型升级；另一方面，政府对创新环境的营造推动科技成果转为现实生产力，以制度创新破除制度性障碍，进而推动科技创新，有效提升资源配置效率，为经济高质量发展提供保障。

其二，创新活动聚集产生的创新空间替代传统高价值区位，响应城市中心城区复兴与郊区兴起的空间策略，成为城市新的热点区域之一。一方面，创新空间培育作为中心城区城市更新的重要进路之一，将多元主体的利益诉求在同一空间上实现整合与分配，改变了传统科技园区空间相对隔离的发展格局，迈向城市功能更综合开放的"城区"阶段；另一方面，在逆城镇化趋势与互联网应用的影响下，交通成本对劳动力和企业选址的约束力降低，城市边缘区域聚集效应增强，原有的城乡空间界限将趋于模糊化，创新型特色小镇以高密度的交互空间为创新创业人才提供思想交流平台，有效增强了创新空间内部互动，成为驱动产城融合的重要抓手。

其三，与资本驱动阶段地租理论作为影响城市空间布局的主线不同，在创新驱动阶段，因创新主体沟通互动等所产生的低交易成本发挥更突出的作用。从城市内部创新网络看，创新主体间因知识溢出、专业化分工或经济交易产生联系，依托"关系型基础设施"减少交易成本，构建结构完整、功能完善的创新生态系统，并以新要素、新业态带动形成更为密集的"本地蜂鸣"。从城市外部创新网络看，顺应创新系统生态化以及创新全球化趋势，城市创新空间需嵌入全球、国家、区域创新网络，寻求更高水平的开放，更低交易成本的合作，建立高质量发展的"全球通道"。

三、我国创新型城市创新空间建设实践

截至 2018 年，我国提出建设创新型城市构想的城市已有 200 余个，获批成为创新型城市试点的城市共有 78 个，其中，典型创新型城市创新空间建设案例具有示范意义。2006 年澳大利亚创新研究机构 "2thinknow" 开始构建包括文化资产、人力资本、市场网络及专利授予四个方面、由 162 项指标构成的综合性评价体系，评估全球城市创新能力，为创新型城市案例选取提供依据。此外，根据 Eisenhardt 的观点，以案例研究方法构建结论，至少需选取 4 个案例以保证结论可信度。因此，关于我国创新型城市创新空间建设案例的具体遴选过程为：首先，基于 2019 年全球创新城市指数，选择位列前 300 的国内创新型城市；其次，考虑东中西各部的区域异质性，综合参考 "国家创新型城市创新能力指数（2019）" "中国城市科技创新发展指数（2019）" "中国城市创新竞争力（2018）" 的城市排名与各区域城市占比，最终选出 14 个典型案例，其中东部地区 6 个（北京、上海、深圳、广州、天津、杭州），中部地区 4 个（武汉、郑州、合肥、长沙），西部地区 4 个（重庆、成都、西安、昆明），梳理并总结我国城市创新空间发展特征与现实挑战（见表 3-1）。

表 3-1　我国创新型城市创新空间演变特征比较表

区域	城市	组织模式	空间形态	空间结构
东部	北京	科创＋研发；依托高新技术创新	科技园、科学城、高教园、孵化器、特色小镇	以五环为边界的市中心集聚单核主导型，外围"农村包围城市"
	上海	科创＋文创＋研发；依托信息技术和互联网创新	科技园、科学城、产业社区、大学城、科研院所、众创空间	快速交通导向下的均质化扩散和多中心结构趋向
	深圳	硬件创新＋技术创新；依托高科技企业技术创新	科技园、创意园、孵化器、特色小镇	边缘 K 圈层外溢，外围呈现多中心结构
	广州	科创＋合作研发；依托产业集群和对外合作平台	高教园、大学城、科学城、软件园、特色小镇	中心极化和空间扩散趋势并存，呈现网络化结构
	天津	科创＋研发；依托智能制造产业集群	高新技术园、教育园、孵化器、特色小镇	城市创新空间发展主轴，滨海创新空间和城镇创新空间发展带
	杭州	科创＋文创；依托互联网模式创新	科技园、孵化器、创意园、特色小镇	中心城区向外围扩散，廊道集聚、边缘定向集聚
中部	武汉	科创＋研发；依托高新技术和现代制造业	工业园区、开发区、科研院所、科学城、众创空间	以高速外环为中心，沿交通干线；呈西北—东南向带状分布
	郑州	科创＋研发；依托高新技术和航空经济基地	产业园区、技术开发区、科技新城、大学城、众创空间	点状开发，轴向扩展
	合肥	科创＋研发；依托高新技术产业和合作平台	科学城、研究院所、高新区、众创空间	团块状、圈层式分布形态
	长沙	科创＋文创；依托先进制造业和文化传媒业	科技城、开发区、创意产业园区、众创空间	核心—外围结构，由点状转为点状与廊道集聚
区域	城市	组织模式	空间形态	空间结构
西部	重庆	科创＋研发；依托高新技术和先进制造业	科学城、科研院所、高新研发园、高端制造园、产业园	沿交通轴，呈圈层状布局
	成都	科创＋文创；依托高新技术和数字信息产业	科学城、科技城、高新区、科研院所、生物城、特色小镇	中心城区、功能拓展区、城市重点发展新区三大圈层，走廊布局
	西安	科创＋研发；依托高新技术产业集群	高新技术区、工业园区、研究院所、科技街、众创空间	多中心、区域化趋势
	昆明	科创＋合作平台；依托高新技术和对外合作平台	高新区、产业园区、创业园区、孵化基地	单中心圈层拓展趋势

（一）发展特征："三个并存"趋势

1."科创 + 研发"主导下的创新组织模式

多地依托先进制造业、战略性新兴产业、现代服务业等，建设世界级、国家级产业集群，形成以"科创 + 研发"为主的组织模式来更好聚合创新主体的资源和能力。在政府的科技政策支持下，北京、上海、广州、天津、深圳、合肥、昆明等城市依托高新技术企业技术与信息技术创新等，建设各地特色产业集群，同时开始注重创新人才引进，并与大学、科研机构以及对外交流平台合作，进而构建"企业 + 高校 + 机构"的产学研发展体系，如北京高精尖创新中心、广州大学城、杨浦知识创新区等。上海、杭州、长沙和成都除"科创 + 研发"创新主体组织模式外，文创活动的知识外溢也较为突出，通过加强数字信息、互联网技术等在文化产业领域的应用，有效促进了产业创新，增强城市文化产业竞争力。

2."增量 + 存量"融合下的创新空间形态

北京、上海、深圳、广州等城市综合运用增量拓展和存量转型的方式，推动多类型创新空间向中心城区聚合与郊区拓展，并逐渐呈现出网络化空间结构。创新活动的空间分布遵循距离衰减定律，表现为科研院所、大学城等聚集在城市中心，创新街区、科技社区等以城市更新实现新旧动能转换。随着中心城区空间资源愈发紧张，创新活动向边缘区溢出的趋势凸显，逐步建立高教园、科学城、创新型特色小镇等创新基地，引领了郊区的科技创新发展，如上海张江高科技园区、重庆科学城等。除北京呈现创新资源中心化下的"农村包围城市"形态外，上海、深圳、广州等东部地区城市创新活动拓展态势明显，逐步向网络化创新空间结构演化。此外，天津、杭州、武汉和郑州城市创新空间表现为轴带状、廊道式布局结构，合肥、重庆、成都和昆明创新活动则呈现圈层拓展特征。

3."硬设施 + 软环境"并存下的创新氛围

北京、上海、深圳、杭州等城市通过提供公共物品、建立网络联盟和创办交流平台等为城市创新空间发展营造良好环境。在硬设施上，北京、上海、武汉、成都等城市以多层次、特色化的配套设施满足人群差异化空间需求，吸引了多样性创新人才入驻，为城市创新空间发展提供了创新源；在软环境中，北京、广州、深圳等城市在教育环境、金融环境、文化包容氛围等方面优势凸显，在吸引创意人才、引擎企业留驻的同时，也支持了创业和中小微企业创新活动，且鼓励多元主体合作，形成了良好的创新氛围，如上海通过建立"校区—园区—社区"联动模式实现创新型城市建设。此外，广州在"十一五"时期已意识到资源环境约束问题，在推进经济发展方式转变的同时也改善了创新环境。

（二）现实挑战："三个错配"问题

1. 要素支撑与创新外溢不匹配

一方面，创新主体亟待破除经济资产中的技术支撑体系瓶颈。天津、杭州、武汉等东部城市的中心城区集聚了高等院校、科研院所等研发功能和信息服务功能，但支撑科技创新孵化、转化的职能较为短缺，难以满足城市创新外溢的需求，成为"产业旱地"。另一方面，创新主体亟须提高对网络资产的重视程度。科技园、科学城及大学城等承载着政府主导的国家级科研单位，而郑州、合肥、长沙、西安、昆明等中西部城市的科技创新多数自成系统，缺乏对周边地区的知识外溢和创新辐射，成为"技术孤岛"。如与我国东部沿海地区城市相比，昆明市尚未形成多元化的友城交流网络。

2. 创新空间与"三生空间"不融合

从生产空间看，科研用地等创新型用地主要布局在城市中心区和部分外围新建的大学城、科学城等，而工业研发用地等主要分布在郊区产业园区内，这导致研发功能和应用功能出现了空间分离态势。从生活空间看，多地在远郊区以产城融合的方式打造科技新城、特色小镇，依靠快速轨道交通与主城区建立联系，忽略了城市生活服务配套，难以满足新时代创意人才对优质地方品质的需求。从生态空间看，良好的城市生态环境为创新环境营造提供基础，更有利于高新技术企业、高技能劳动力进行创新创意活动，但却是城市创新空间发展所忽略的要素之一，如阿里巴巴没有选址在北京、上海等第一位序的城市，而是选择了杭州。

3. 地方营造与创新需求不适应

从规划制定与实施看，创新用地在规模、布局等方面的规划与实施存在不匹配现象，大量存量资源尚未得到有效利用，且创新空间从增量向存量调整中缺乏政策依据，城乡规划主观的政策供给缺乏与客观创新需求的有效应对。从制度创新看，部分城市仅注重科技创新，忽略了推动科技成果转化为现实生产力的制度创新，如创新劳动产权权益维护、创新服务支持、创新全响应社会服务管理体系等，使得公共空间与分散节点难以满足创新主体的创新创业需求，导致城市整体创新创业氛围不足。如中原经济区（以郑州大都市区为核心）虽在城市创新的技术支撑方面与湖北、湖南等相近，但在创新环境营造方面却有较大差距。

四、我国城市创新空间发展思路

（一）驻留多元创新主体，强化存量创新空间赋能与提质

其一，在城市更新和老旧小区改造中，充分谋划和实施创新空间向中心城区回归，推动大学、政府、社区等多元主体共同参与，创造更具活力的中心区。

其二，加快城市边缘区高新技术园区、教育园的城市功能提升，通过"三生空间"融合的构筑，营造优美、人性化的城市环境，提高创新人群对空间的归属感和认同感。

其三，积极推进创新型特色小镇规划建设，赋予其在土地、融资等方面先行先试权力，引导社会主体通过锚定或植入"高教资源""引擎创新机构"等，在城市郊区培育更高能级的产业创新空间。

（二）构建创新生态系统，推进支持创新发展的制度变革

首先，有效整合城市产业集群、支柱机构、基础设施、社会服务及文化要素等，构建创新生态系统，推进城市创新规划建设与管理。其次，推进适应创新发展的现代产权保护制度、创新成果转化机制、金融服务体系、行政服务体系等的实践探索，营造并形成支持创新的制度环境。最后，加强非正式制度建设，积极探索地域文化、价值信念等与创新融合的发展进路，营造既鼓励创新，又包容失败的良好社会氛围。

（三）重视社会网络关系，助力全球—地方创新网络的嵌入

一是鼓励不同地域、不同层次的创新主体自发参与创新活动，挖掘创意

人才社会网络关系，加强"邻近"区域间的信息交流，形成自上而下、自下而上或双向互动的协同创新关系。二是聚焦企业间社会关系的调整和优化，突破单纯依赖金融资源等的限制，建立规范、互信、互利的共同体，实现规模更灵活、成本更低的经济收益。三是关注城市在全球网络中的特色地位，以全球生产网络嵌入、合作共享机制构建等，引导城市在全球网络中向更高价值区发展。

　　"硅谷"的垂范激发了地方政府打造创新空间的冲动，然而某些精心"规划"的创新空间的低效甚至失败案例时有上演，这就要求各地方政府实施差异化创新政策，实现创新空间发展的"地制宜"。因此，从城市宜居环境营造、人才培育与引进、社会网络关系建设等方面，建立创新发展规律和城市空间发展规律之间的逻辑"嫁接点"，助推我国创新型城市向全球创新中心迈进，增强全球竞争话语权。

第十一章　城市更新与空间演进路径探析

第一节　城市更新与空间演进理念

一、城市更新理念的转变

（一）工业化时代的城市更新

18世纪前的前工业化时代，城市发展较慢，到1800年，城市人口不足世界总人口的3%，国民经济以农业为主，城市的功能比较固定，城市手工业基本没有技术进步。城市老化主要是物质的老化，作为统治阶级的城市管理者，较少顾及陷入衰败的贫民窟。

随着工业化时代的到来，城市化的速度越来越快，技术进步使得城市的功能不断增加和扩充。城市更新主要不再是物质的更新，更重要的是其产业结构和生产布局需要调整、优化和提高，并解决工业化带来的工业污染、拥挤等问题。但是，在整个工业化时代，每一次城市更新的最初美好愿望往往都伴随着严重的负面影响。

1. 卫生环境的改善和城市美化

二战之前的城市更新可大致分为两个方面：卫生环境的改善和城市美化。城市规划的概念出现之前，城市基本奉行放任自由的政策，工业污染和生活污染威胁着居民的健康，各种疾病蔓延。因此，以讲卫生为宗旨的新工业环境建设开始对城市社会环境进行改良、更新。二战前的城市更新受"形体决定论"思想的影响，进行了主要以街道、城市雕塑、公共建筑、公园、娱乐设施、开放空间等手法达到城市美化效果的城市更新，可称之为城市美化运动。但是，城市并不是一个静止的事物，指望通过整体的形体规划来解脱城市发展困境是不可能的，更大的压力来自功能的需要。

2. 大规模清理贫民窟与拆旧建新

城市更新一个重要的方面是贫民窟的重建，城市生态学派对"过滤"作用与"人侵"作用的阐述，表明了城市老化必然伴随着贫民窟的形成。

战后清理贫民窟采用的办法是：将贫民窟全部推倒，并将居民转移走，但给予贫民的补贴并没有使其能够摆脱贫困，贫民最终居住的仍然是贫民窟。如美国的"城市更新"（urban renewal），它只是把贫民窟从一处转移到另一处，更糟糕的是，它消灭了现存的邻里和社会，1973年美国国会宣布终止"城市更新计划"。

3. 城市中心土地的过度商业化与衰败

在 CIAM（现代建筑协会）倡导的城市规划思想指导下，大规模的城市更新使大量的老建筑被各种标榜为国际式的高楼取代，工业化和技术成为城市建筑的表现主题。虽然布局有序，但城市空间和实体的协调不复存在，使人们觉得单调乏味、缺乏人性，并且带来大量的社会问题。有学者称之为"第二次破坏"。

50-60年代是西方各国经济迅猛发展的时期，经济增长使对城市土地的需求高涨。按《雅典宪章》所倡导的土地使用分区原则，城市更新将混合的城市活动排挤出城市中心区，过去整个社会代表性的剖面，现在变成基本上是一个商业区。"汽车文化"强化了城市更新，把城市中心变为商业办公的单一功能区（CBD）。但是，一度繁荣之后，很快带来了大量问题，地产投机猖獗，地价飞涨助长了城市的郊区化，加剧了钟摆式交通堵塞，一些大城市中心在夜晚和周末变成了"死城"（necropolis），随之引起了高犯罪率等社会问题，城市中心区也随之开始衰退。同时，大量被迫从城市中心迁出的低收入居民在内城边缘聚居，形成了新的贫民窟。

（二）后工业化时代的城市更新

1956年美国的白领人数首次超过从事体力劳动的蓝领，约翰·奈斯比特声称这标志着美国开始进入了后工业社会，"有史以来第一次，我们大多数人要处理信息，而不是生产产品"。当然，这在世界范围内还未能达到，因此也有人把 80 年代确定为后工业化的起点。毋庸置疑，我们正处于工业化时代和后工业化时代交接的时期，科技进步剧烈影响着城市的形态、结构和功能。

1. 虚拟空间

由于互联网络技术的发展，网上购物、网上学校、网上社团等使得城市具有实体和虚拟的双重性，多媒体教育、网络学校、电子医疗、网络护士、电子商务等使得网上的可达性与日俱增。虽然虚拟的城市不可能完全取代实体的城市，但是已经和必将成为实体城市相辅相成的一部分。

2. 居家工作

美国"居家工作"的人员已经占就业人数的 10%，一台电脑、一根电话线就是一个公司，在西方国家，家庭办公族 SOHO（simple office&home office）越来越多。现在"商住"已经是一个普通的词条。"3A"甚至"5A"的智能化大楼已屡见不鲜。家将是居住、工作、学习、娱乐、交际、健身等很多活动的地方。人们的出行目的改变，上下班、购物减少，而旅游、消闲、交际、教育等出行将增加。

3. 空间结构整合

居住、工业、商业、交通等用地的划分将不再适合研究、生产、营销一体的知识产业。生产、销售一体化将日益明显，流通环节趋于减少。用户将直接通过电子通信手段向厂家订货，厂家根据家庭配货，送货上门，商业用地将减少，取而代之的是电子交换系统 EDI（electronic data interchange）。由于城市和区域的功能分区可能通过虚拟空间实现，商务办公区将多中心化。交通用地朝着高速、便捷的方向发展，如地铁、轻轨、小型飞机等。

后工业化的城市更新呈现出功能一体的后工业城市景观，城市的商务、零售、娱乐和休闲功能日益突出；城市中心地区独特的居住环境，传统的历史文脉和浓郁的文化氛围成为地区发展潜力所在，"人本主义"思想对城市更新的影响与日俱增；城市更新更加注重人的尺度和人的需要，其重点从对贫民窟的大规模扫除转向社区环境的综合整治、社区经济的复兴以及居民参与下的社区邻里自建。

4.中产阶级与邻里复苏

20世纪60年代以来，西方国家的城市更新运动出现了一种新的倾向——"中产阶级化"，一些"新生代"中产阶级家庭自发地从市郊迁回城市中心区。他们大都接受过高等教育，受公共参与、生态保护等新观念的影响，作为一种新的文化价值取向，他们中的一些人特别偏爱城市中心地区具有历史文脉的建筑环境和文化氛围。

5.公共参与和社区规划

20世纪70年代以后，公共参与的规划思想开始广泛被居民接受，通过居民协商，努力维护邻里和原有的生活方式，并利用法律同政府和房地产商进行谈判。公共参与对城市更新政策有较大的影响。这一时期还出现了"自下而上"的所谓"社区规划"，是由社区内部自发产生的"自愿式更新"。他们不仅渴望改善原有的居住条件，同时又希望保护社区文化以获得个人认同，要求直接参与规划的全部过程，希望由自己来决策如何利用政府的补贴和金融机构的资金。"社区规划"以改善环境、创造就业机会、促进邻里和睦为主要目标，目前已经成为西方国家城市更新的主要方式。

二、我国城市更新的需求

由于历史的原因，我国工业化时代的城市更新任务并未完成，但是，如果城市更新仅以工业化时代的城市形态要求为标准，那就是在走发达国家城市建设的弯路；如果现在仅以发达国家城市现状来要求，也很快就会落伍。城市建设必须采取高起点、跳跃式发展的跨越战略。城市更新的"后发优势"在于吸取工业化城市的经验，放弃工业化时代以生态环境质量换取经济效益的做法，防止过度商业化对人文环境的破坏，但又不能因为"保存历史"而拒绝现代文明。城市更新的要求既要考虑到工业化时代的需求，又必须考虑后工业化时代的需求。

（一）物质形态层次的需求

城市中各种基础设施、各类功能用地的优势发挥在于集聚效应、规模效应、发散效应、极化效应等。要充分发挥城市的这些效应，就要使城市具有通达性、多样性和密集性。这三个工业化城市最本质的特性，在后工业化时代有所改变和加强。

通达性（accessibility）要求并未因通信的发达而减弱，反而要求更加快速便捷的交通。城市的通达性优势在于：巨型机场、深水港在国际交通中的作用，高速公路、铁路在区域交通的作用，高架、轻轨、地铁、直升机在城市内部交通的作用。而大城市在信息流的通达性方面有更大的优势，大城市是信息高速公路的重要节点——信息港。

"多样性（diversity）是城市的天性。"人的需求是多方面的，现代城市强调以人为本，主张在城市的发展中采用"以人为尺度的生产方式（human scale of production）和适宜技术（appropriate technology）"。混合土地使用带来的环境污染和形象混乱在后工业化时代并不是问题。因此，近来西方国家的城市更新从大规模的推倒重建，向小规模的渐进式转变，从按功能简单地划分城市用地，转向注重混合的基本功用（mixed primary uses）。有的规划师提出 CA（central area）的概念，相对于传统上的 CBD，CA 提倡功能多样化，同时强调环境质量，增加绿化、水面等城市要素设计。

密集性（concentration）在后工业化时代的区位原则虽然有变化，但密集性的要求同样存在，城市在很大程度上从生产中心转变为生产的投资和扩散中心、生产技术开发和市场服务中心及生产管理中心。创新氛围、文化环境等也要求城市成为适合居住的集聚场所。

（二）创新氛围的需求

工业化时代城市的作用在于集聚效应、极化效应、发散效应等，而现代城市更注重创新效应。现代城市应为创新氛围提供条件。先进的通信技术可以在瞬息之间获得千里之外的情报，但是情报还需要集中和加以处理才能产生出支持决策的信息，需要聚集各种信息，为决策服务的信息中心。在越来越复杂的国际性经济活动中，要提高决策的准确性，需要的是头脑风暴法（brainstorming）激发产生的思想，依靠的是信息神经中枢在空间的高度聚集。商务活动需要专业化市场服务，如法律、会计、管理、咨询等知识行业，这些市场服务的聚集又进一步吸引商务活动的聚集。研究和开发的不同领域、不同环节的人员适度接触，技术支持和休闲设施的便利，是构成创新氛围的要素。

（三）人文环境的需求

世界级的运动场、体育馆、高尔夫球场等组成的体育中心，世界级的图书馆、博物馆、艺术馆、美术馆、大剧院、音乐厅……组成的大文化娱乐中心，其氛围是农村和郊区不可比拟的。更重要的是城市具有宝贵的文化底蕴。1977 年国际建协制定的规划大纲《马丘比丘宪章》指出："不仅要保存和维护好城市的历史遗迹和古迹，而且还要继承一般的文化传统，一切有价值的、说明社会和民族特性的文物都必须保护起来。"人们对城市历史文脉的保护在早期是出于潜意识的良知，而为了追求经济效益，把古建筑和历史遗迹推倒，建成现代建筑的情况并不少见。进入后工业时代，城市的商务、零售、娱乐和休闲功能日益突出，居住环境、传统的历史文脉和浓郁的文化氛围成为地区发展潜力所在。

（四）自然生态环境的需求

城市的优势是文化底蕴和人文环境，劣势是自然生态（绿化、大气、水体、废渣、噪声）。为了能够满足可持续发展的要求，城市功能得以充分发挥，第二产业中的高能耗、高水耗、有污染的产业，以及劳动密集型的产业需向中心城市以外地区扩展。"柔性城市""山水城市"的概念，反映了人类回归大自然和追求生活环境自然化的愿望。建立 EFA（ecological function area），对城市特殊的自然景观生态区域或人工建立的模拟自然景观生态区域进行有意识的保留或建设，成为现代城市的迫切任务。

第二节　优化城市更新与空间演进的制度供给

一、制度供给概述

"控制增量、盘活存量"理念指引下的城市更新正日渐成为我国城市空间建设发展的持续任务和常态化工作。近年来的国土空间规划改革强调生态文明导向下的"三区三线"管控，对生态保护红线、永久基本农田、城镇开发边界的严格底线约束，以及土地资源本身的有限性等，使得城市用地的扩张面临制约，以"存量提质"为内核的城市更新成为推进城市高质量发展的关键路径。城市更新是针对城市的物质性、功能性或社会性衰退地区，以及不适应当前或未来发展需求的建成环境进行的保护、整治、改造或拆建等系列行动，其经历了城市重建、城市再开发、城市振兴、城市复兴、城市再生等一系列概念迭代，内涵随着社会经济发展和人们认知的提升而不断丰富。进入新时代，城市更新强调运用综合性、整体性、公平性的观念和行动来解决城市的存量发展问题，从经济、社会、物质环境等各方面对处于变化中的城市地区进行长远持续的改善与提高。城市更新理论和实践也从过去主要关注物质形态改造，转向以人为本的综合与可持续更新，并注重思考更新背后的政治、经济、社会等动力机制。

在我国，由于缺乏系统的理论指导和有效的制度设计，城市更新工作开展时常受阻。一方面，受传统规划和土地管理等体制的制约，城市更新过程中的资金来源、土地或建筑使用权限的取得、居民或企业物产的拆迁与补偿、建筑或用地的功能改变、旧建筑改造的消防审核与工商注册等一系列相关行动的落地经常举步维艰或者成效不佳——或者要经历复杂的规划调整或项目审批流程，或者要投入高昂的时间、资金和机会成本，或者带来利益主体间的权益分配不均，又或者造成社会矛盾和历史文化与邻里关系断裂等问题。另一方面，在行政管理上，传统的发改、规划与国土（自然资源）、民政等部门分别从各自领域出发开展工作，不同部门之间缺乏有效联动，使得行政审批、公共资金使用等城市更新配套措施无法实现跨部门的有机衔接，导致更新政策沦入"最后一公里"陷阱而难以落地。因此，若旧有制度不加变革，可能会导致此类问题的持续发生，造成城市更新活动偏离其价值目标或者停滞不前。

以上种种说明，在我国城市建设从增量发展转向存量提质的过程中，政府亟须建立和提供新的行动规则来保障和促进城市更新行为的有序发生，即通过制度建设来维护城市更新的秩序化开展。城市更新制度作为规制更新行为的具体规则，包括法律法规、政策、体制、机制等多元内容，影响和塑造着城市空间建设，关乎着其他社会、经济、文化等力量介入城市更新的结果。诺斯（North）指出制度是"人为设计出来构建政治、经济和社会互动关系的约束，它由'正式的制度'（宪法、法律、产权）和'非正式的制度'（奖励、禁忌、习俗、传统及行为准则）组成"。"正式"和"非正式"制度对城市更新的促进作用均显而易见，但在我国现行城市建设管理规则主要服务增量模式的当下，建立具有外部强制性的正式行为规则，即助推城市更新的"正式制度"建设，应成为政府工作的重中之重。

二、城市更新制度建设的关键维度："演进尺度—动力机制—管控要素"的适配

不同国家的社会、政治、经济、文化等制度共同组成了影响和制约城市更新实践开展的外部环境；而从城市更新的内部运作来看，更新目标、更新导向、产权构成、更新规模、更新对象、参与主体、改造方式、功能变更、土地流转、安置模式等，成为理解和认识当代中国城市更新特征的重要视角（见图6-1）。这些视角是城市更新制度可以施加约束、进行干预或实行调节的关联领域。

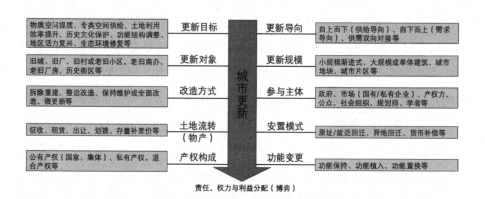

图6-1 认识城市更新特征的十种视角

（图片来源：唐燕. 我国城市更新制度建设的关键维度与策略解析）

有效的城市更新制度体系建设离不开不同维度下行动规则的相互支撑和配合。从我国城市更新制度建设的薄弱环节出发，整合思考10种视角涉及的产权变更、主体协作、用途转换等规则需求可以发现，"治理尺度"（国家和地方）、"动力机制"（约束、规范和激励）和"管控要素"（主体—空间—资金）对我国更新制度建设的创新推进具有重要考量价值，这三者之间的规则适配是实现高质量城市更新制度供给的关键（见图6-2）。

从"治理尺度"维度来看，塔隆（Tallon）在探讨英国城市更新时，将

相关政策划分为"国家政策"和"城市政策与战略（地方）"两类来辨析不同层级的更新规则供给。由此可见，城市更新制度在国家与地方等不同空间尺度上发挥着作用，中央与地方（省、市等）之间的制度协同与行动配合，或二者之间的利益博弈与规则错位等关联行为由此变得十分普遍。在时间尺度上，欧洲等西方国家因为政党换届所致的城市更新政策"断裂"时有发生，如荷兰的执政党更替使得其近10年的城市更新政策从关注社会融合走向新自由主义导向的市场化进程。政策机制的"突变"在我国亦存在类似情形，原因往往在于行政工作者任期变化或人员调动等造成的干预措施波动。

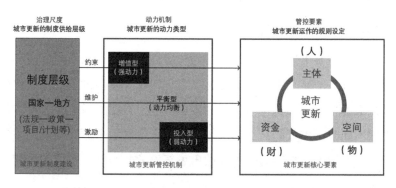

图6-2　城市更新制度建设过程中"治理尺度—动力机制—管控要素"的多维适配
（图片来源：唐燕. 我国城市更新制度建设的关键维度与策略解析）

从"动力机制"维度来看，城市更新实践因促发动力强弱的不同，需要差异化的管控措施加以调节以保障更新行动落地。制度作为人们活动需要遵循的规则与依据，具有约束性／激励性、控制性／指导性、规范性／程序性等多元机制特点。具体到城市更新制度，则通常表现出三类主要的引导机制倾向，即注重"抑制"的约束／管束机制，突出"鼓励"的激励机制，以及施加"规范"的程序／维护机制。黑塞（Hesse）从卢森堡的内向"填充式"更新策略出发，指出城市更新的显著矛盾往往集中体现在市场力量与公共政策之间的紧张关系上，即城市通过更新规制建设，陷入既想促进开发又想控制开发的两难境地。因此从更新动力的客观实际出发，推进精细、精准、差异化的城市更新管控机制供给显得愈发重要，对动力弱者需施加激励，动力强者需强化管束。

从"管控要素"维度来看，城市更新活动的发生几乎都离不开依托要素的资源投入、关系协调或利益分配，包括人的要素，物的要素，以及资本、信息、技术等其他要素。这些要素的相互结合是城市更新实践需要具备的基本条件。然而长期以来，我们通常仅关注物的要素在城市更新中的投入与产出，其他要素的地位和作用要么被忽视，要么被重视的程度不足。由此，针对人、物（空间）、资本、运作管理等全要素进行统筹的制度设计，将成为保障城市更新综合目标达成的重要途径。

三、治理尺度：国家层面与地方层面的城市更新制度供给

（一）城市更新制度的国家引导

国家层面的城市更新制度建设需要统筹提出一般性的引导方向和规则框架，帮助推进各地城市更新实践并解决客观问题。发达国家的城镇化进程开始得早，也更早面临来自存量更新的各项挑战。在二战后至今，世界各国通常会根据不同时期国家的社会经济态势与综合发展需求颁布相应的城市更新政策，以此引导和创造与时俱进的城市更新模式与行动，也取得了相应的进展和成效。

从发达国家城市更新的经验来看，大致经历了以下几个阶段：第一，二战后以住房供应为核心的城市再开发行动；第二，20 世纪 60—70 年代兴起的郊区化趋势导致内城衰退，旧城复兴成为城市更新的关注点；第三，随着城市功能和产业不断换代升级，针对老工业区、老码头区等的更新行动越来越普遍；第四，进入 21 世纪以来，推进社会、经济、文化综合发展的城市更新与内生发展日趋多元。发达国家在国家层面的城市更新制度供给一直未曾停歇，早在 20 世纪 80 年代之前，日本、英国、德国、美国基本就已出台诸如《都市再开发法》（日）、《内城法》（Inner Urban Area Act）（英）、《城市更新和开发法》（德）等国家层级的城市更新法律法规，并不断通过增补、迭代或完善，来形成日趋体系化的国家城市更新规则体系（见表 6-1）。这些制度确定了城市更新在不同国别"干什么"和"怎么干"的基本规定，并常常配合国家层面的城市更新项目／计划和资金计划等产生作用，带动和指导全国城市更新活动的实践开展。

表 6-1　发达国家的国家层面城市更新法规建设与整体引导示例

时期	日本	英国	德国	美国
1950 年代	主导集中重建 《建筑基准法》(1950) 《土地区划整理法》(1954)	物质更新：改善房屋与空间蔓延 《城乡规划法》(1944) 《城市再发展法》(1952)	住房建设与旧区翻新 《联邦住宅建设法》(1950)	联邦政府主导住房建设 《城市重建法》(1954)
1960 年代	都市再开发 《市街地改造法》(1961) 《都市计划法》(1968)、 《都市再开发法》(1969)	《美化城市环境法》(1967) 社区发展计划制度(1969) 一般改善区制度(1969)	《住宅补金法》(1963) 《空间秩序法》(1965)	《示范城市法》(1966) 《美化法》(1966) 《住房与城市发展法》(1968)
1970 年代	《都市绿地保全法》(1973) 《国土利用计画法》(1975)	社会与社区福利 内城区研究计划(1972) 住宅改良街区地区制度(1974) 综合社区计划(1974) 《内城法》(1978)	旧城保护 《城市更新和开发法》(1971) 《城市建设促进法》(1971) 《特别城市更新法》(1971) 《住宅改善法》(1977)	政府、市场与民间参与 《住房与社区开发法》(1974) 《土地开发法》(1975)
1980 年代	《民间都市开发特别推动法》(1987)	企业式城市更新 城市开发公司制度(1981) 企业区制度(1982) 城市开发项目制度(1982) 城市再生项目(1987)	谨慎城市更新 《城市建设资助法》(1984)	
1990 年代至今	上下结合的都市再生 《都市再生特别措施法》(2002) 《城市建设补助金制度》(2004) 《民间都市再生整备项目的认证制度》(2005) 《特定都市再生整备地区制度》(2011)	城市竞争和城市政策 城市挑战计划(1991) 单一更新预算计划(1994) 《全英国一起行动：街区更新的全国战略》(1998) 城市复兴和城市更新 《我们的城镇：迈向未来的城市复兴》白皮书(2000) 紧缩时代的更新 《地方化法案》(2010)	《城轻投资负担和住宅建设用地法》(1993) "福利城市"计划(1999) 《城市发展促进资金指引和项目指南》 1990 年代至今	多向合作综合演进 "希望六"计划(1992) 《精明增长的城市规划立法指南》(1999)

新中国成立以来，我国城市更新首先经历了百废待兴的建成空间充分利用与改造期，后陷入社会、政治、经济波动中的无序开展；1978年改革开放政策实施后，城市功能完善和大规模旧城改造着力推进；20世纪90年代以来，在市场经济的导向下，住宅开发建设的热潮和针对历史街区、城中村、工业区等的拆改行动变得十分普遍；2013年后随着新型城镇化战略的逐步探索确立，城市更新向着更加复合多元的模式转型，渐进式改造、有机更新等做法得以强调。

近年来，我国从国家战略层面提出的社会经济和城市建设策略对城市更新作出了重要的方向指引，包括：推进国家演进能力与演进体系现代化；严控增量、盘活存量；推进高质量发展；建构"双循环"新发展格局；实施城市更新行动等方面（见表6-2）。此外，不同部委针对老旧小区改造、老旧厂房转型文创空间等更新活动出台的其他专项政策，则提供了更具体和更有针对性的国家专类城市更新制度指引（见表6-3）。但总体上，我国尚未出台全局性、统领性的国家级城市更新法律法规或管理办法，因此一些学者认为这方面的制度建构将成为未来我国城市更新的重点任务。国家可逐步研究出台全国城市更新工作的行动纲领或框架（指导意见），持续推进相应的法治建设（如编制国家条例等），并积极引导城市更新与规划体系变革的有效融合，创新融资渠道、优化更新收益分配、增强空间设计指引，赋予市场和社会等主体充分参与更新的机会和途径。由于我国地域辽阔，东、中、西部城镇化进程不一，且各城市当前阶段的核心建设任务有所差异，因此国家引导需给地方设立规则预留出弹性空间，鼓励地方管理部门因地制宜地建构"本地化"的城市更新工作指引。

表6-2　我国国家层面的城市更新方向指引

政策指引	提出时间	行动方向
演进能力与演进体现代化	2013年11月（党的十八届三中全会）	将"推进国家演进体系和演进能力现代化"作为全面深化改革的总目标。城市建设须担负起推动和优化社会演进的相关责任，通过城市更新实践促进城市精细化演进
严控增量，盘活存量	2013年12月（中央城镇化工作会议）	"严控增量，盘活存量，优化结构，提升效率""由扩张性规划逐步转向限定城市边界、优化空间结构的规划"
高质量发展	2017年10月（党的第十九次全国代表大会）	根据高质量发展要求，城市发展应注重"量"的合理增长与"质"的稳步提升，着力解决城市区域发展不平衡、不充分等问题，补足短板并提质增效
"双循环"新发展格局	2020年5月（中央政治局常委会会议）	在全球化经济总体下行和新冠疫情的影响下，推进国内国际"双循环"相互促进的新发展格局。城市建设在通过城市更新实现空间品质提升的同时，激发经济发展动力
实施城市更新行动	2020年10月（党的十九届五中全会）	对下阶段城市建设工作进行战略部署和方向指引：明确城镇化过程中要解决城市发展问题，制定实施相应政策措施和行动计划；提出内涵集约式发展的具体举措

表6-3　我国国家层面推进住区更新改造的主要近期政策（2020年）

编号	政策文件名称	政策文件要点	发布情况
1	《国务院办公厅关于全面推进城镇老旧小区改造工作的指导意见》	明确改造内容；健全组织实施机制；建立政府与居民、社会力量合理共担改造资金的机制；完善配套政策	国办发〔2020〕23号
2	《住房和城乡建设部办公厅关于印发城镇老旧小区改造可复制政策机制清单（第一批）的通知》	加快改造项目审批；存量资源整合利用；改造资金由政府与居民、社会力量合理共担	建办城函〔2020〕649号
3	《住房和城乡建设部等部门关于开展城市居住社区建设补短板行动的意见》	合理确定居住社区规模；落实完整居住社区建设标准；因地制宜补齐既有居住社区建设短板；确保新建住宅项目同步配建设施；健全共建共治共享机制	建科规〔2020〕7号
4	《住房和城乡建设部等部门关于印发绿色社区创建行动方案的通知》	建立健全社区人居环境建设和整治机制；推进社区基础设施绿色化发展；营造社区宜居环境；提高社区信息化智能化水平；培育社区绿色文化	建城〔2020〕68号
5	《住房和城乡建设部办公厅关于成立部科学技术委员会社区建设专业委员会的通知》	充分发挥专家智库作用，包括研究城市社区建设发展动态和趋势，制定城市社区建设工作发展战略、标准规范等，参与相关领域评审、评估、检查工作	建办人〔2020〕23号

（二）地方城市的更新制度探索

我国地方层面的城市更新制度供给主要集中于省（自治区、直辖市）、市、区三个尺度，目前省级层面（不含直辖市）的统筹制度建设刚刚起步（如安徽、辽宁等省已出台省级管理文件），市级层面的制度创新正日渐兴盛，同时部分城市在简政放权的过程中不断强化各区在城市更新政策供给上的权限配置。2008 年以来，城市层面的城市更新制度创新在我国首先兴起于沿海发达城市，如广州、深圳和上海等地。这些城市在扩张过程中率先面临来自新增土地资源不足、城市产业转型升级等方面的挑战，通过制度建设破解此类难题成为共同选择。

1. 地方城市更新制度的"顶层设计"

广州、深圳、上海等城市近 10 年来持续推进城市更新政策与体制的改革创新，涉及机构设置、资金来源、法规建设、规划编制、审批流程等多方面。这些城市基本专设了城市更新管理机构（通常由住建或规自部门主管，联合其他部门协同工作），出台了城市更新管理办法（或条例）和一系列配套政策法规。2020 年底，深圳在原《深圳城市更新办法》基础上发布了具备更高法律地位的《深圳经济特区城市更新条例》，创造了我国城市更新制度建设的新里程碑；2021 年，广州市住房和城乡建设局就《广州市城市更新条例（征求意见稿）》征求意见；2021 年，上海市十五届人大常委会第三十四次会议表决通过《上海市城市更新条例》。无论强调市场导向还是政府导向，这些城市基本都明确了城市更新从规划编制到实施落地的具体流程和要求，通过多主体申报（政府、业主、开发商等）等程序来确定更新项目，并探索划分"旧城—旧厂—旧村""全面改造—微改造—混合改造"或"拆除重建—综合整治"等类别，差异化引导推进实践项目的审批管理和实施建设。其间，标图建库、圈层引导、容积率奖励和转移、公益用地上交、保障性住房和创新产业用房提供等单项创新举措也不断出台。

2. 地方城市更新制度的"基层创建"

各地涌现出的基层规划师制度，开始发展成为联结政府与社会的重要纽带，在推动公众参与、协调多方诉求、优化利益分配等方面发挥着桥梁作用，表征了我国规划师从"技术精英"向"中间者／协调者"转型的新趋势。上海和广州推行的社区规划师制度、北京推行的责任规划师制度等，为自下而上地探索更加灵活多元的城市更新实施路径创造了有力的机制保障。不同城市竞相摸索的公共空间微更新、老旧小区改造、参与式设计、社区花园等百花齐放的试点项目，也成为城市更新制度建设中"摸着石头过河"的重要创新实践。

四、动力机制：经济动力视角下的"增值型—平衡型—投入型"城市更新制度供给

在开展分类引导的城市更新管控中，更新对象通常被划分为"老旧厂房""老旧住区""老旧商办"等不同功能类型，或按照"拆除重建""综合整治"等不同改造力度类型来实施政府管理。但从常常被我们忽视的极其重要的经济动力视角来看，城市更新还可简要划分为"增值型""平衡型""投入型"三类——更新管控的制度供给需根据这三类对象的差异进行针对性的规则设定（见图6-3）。

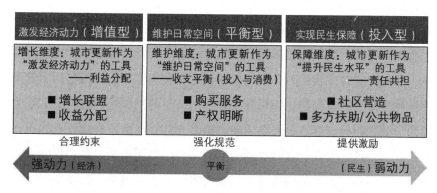

图6-3　增值型、平衡型、投入型城市更新类型及其管控导向
（图片来源：唐燕. 我国城市更新制度建设的关键维度与策略解析）

（1）更新动力强劲的"增值型"城市更新。一些城市更新项目的实施会带来可观的增值收益，如将一片老旧工业区改造为城市 CBD 或商住片区的拆除重建行为。政府和市场等主体参与和推动这类更新项目的潜在动力大，且政府、开发商等往往通过结成"增长联盟"来共同实施地区更新，并在此过程中获取相关收益。因此这类更新活动的管控关键在于如何更加合理地进行增值收益分配，如何避免更新改造可能造成的环境或社会等方面的负面影响，如何保障更新对地区综合长远发展的贡献等。

（2）日常空间维护的"平衡型"城市更新。平衡型城市更新几乎每天发生在城市的不同角落，是对空间环境老化的一种持续性修缮和维护工作，如业主出资的房屋外立面维修等。这类城市更新的空间对象往往责权边界相对清晰，业主等通过购买服务来修缮物产并获得相应的品质回报，投入与收获达成平衡关系。针对此类投入与消费过程，更新的管控关键在于通过规范建构（如完善物业管理机制、优化相关法规建设等）进一步明晰产权关系，保障业主意愿的合理实现，确保相关服务的有效获取和供给等。

（3）为保障民生开展的"投入型"城市更新。这类城市更新往往并不能带来直接的增值收益或经济收入，相反更多地需要资金、人力等成本投入，以保障基本民生所需和拉动落后地区的发展，如对一些老旧社区、贫困地区开展的改造和优化行动。因此这类更新通常离不开来自政府、社会组织、第三方机构等的扶助，其管控关键在于如何调动居民出资、明确责任共担机制、保障公共物品供给，以及如何通过推动社区营造、激发市场参与实现以在地居民为核心的多元主体共建共治。

总体来看，上述三类更新的有效管控需要机制设计与策略举措上的区别应对。例如：针对"增值型"城市更新，需更多考虑如何进行好的"管束／约束"和公平的利益分配，确保开发容量不"超容"、建设行为不破坏生态环境和历史文化等，以避免强劲更新动力带来的一味追求经济收益的再开发影响；针对"投入型"的城市更新，政府需要提供更多的支持、保障和激励措施，如局部放宽对功能用途等的管制要求（对"补短板"行动的弹性管理支持等），提供一定的资金帮助或容积率奖励等；针对"平衡型"的城市更新，则需建构有序的维护和维修等机制保障，以便物业公司、业主在公共维修基金使用等问题上实现良性互动，确保城市物产能够获得持续有效的渐进式"修补"，这对于减少"短命建筑"和实现存量空间的长远稳定发展至关重要。

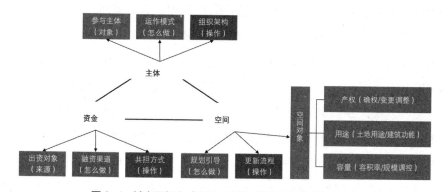

图6-4 城市更新中"主体—空间—资金"要素的相互支撑
（图片来源：唐燕. 我国城市更新制度建设的关键维度与策略解析）

五、管控要素："主体—空间—资金"的相互支撑

我国城市更新规则设计过程中，对主体、空间、资金三类要素的统筹思考十分关键（见图6-4）。这对应着"人—财—物"的有序安排与高效协同，是当前我国城市建设的重要内容。

（1）主体：保障多角色参与和优化利益协调。政府在我国的城市更新活动中长期扮演关键角色，市场和社会等的参与时有缺失。在新时期，如何强化城市更新的多主体参与、推进精细化的社会演进成为重要使命，需要不断借助制度建设，保障产权人、公众、社会组织、规划设计者、开发公司、非营利机构等积极介入城市更新，推进政府主导、社会主导、市场主导等更新模式的多元共存。为保障我国城市更新行动逐步迈向以参与主体多元化、角色关系平等化、决策方式协商化、利益诉求协同化为特征的"多元共治"，城市更新制度建设需重点维护不同主体的参与权利，调动不同主体的参与热情，达成不同主体的协同合作或一致同意。此外，政府也将从过去单一的城市更新"实施者"转型为城市更新的"管理者""协调者"或"服务者"，通过有效的机制设计来推动"利益相关者"的更新协作，对各主体间的利益博弈和协调发挥调节作用。

（2）空间：既有空间改造中的"产权—用途—容量"干预。城市更新制度需要界定政府干预城市空间更新改造的边界与要求，这涉及不同管理部门的对接、更新项目适用的规范与标准、更新规划的编制与落地、项目审批的流程与要求，以及空间管控相关规定等。其中，有关空间产权、用途、容量的更新规则设定，已成为当前我国城市更新制度创新突破点和争议点的汇集处，其背后折射的是权力和利益在不同主体间进行分配的关系与诉求。具体来看，在"产权"方面，因经年累月的物业流转、主体变化和政策革新等所导致的复杂产权归属与产权期限情况，很大限度上影响甚至决定着更新行动能否得以开展。相应制度的创新主要表现在产权收拢或分割的政策设计、历史问题地块等的确权、产权期限和类型约定、土地产权"招拍挂"或"协议出让"的途径要求等措施上。在"用途"方面，城市更新对已有空间的"用途（或功能）"进行变更常常导致更新前后的空间收益变化。当前制度创新调节的重点表现在用途转变后的补缴地价、控制性详细规划的相应认定要求、允许功能混合与转换的特殊约定、过渡期政策优惠等方面。从"容量"方面来看，容量是城市更新过程中开发建设面积的表征，也是平衡成本与收益、决定开发获益等的重要指标——"增加容量"（从而增加经济收益）仍是当前大量城市更新项目得以实现的支柱力量，更是开发商介入城市更新并进行利益博弈的焦点。然而，只是借助建造更高楼房和提供更多建筑面积的方式来推进更新开发，从长远来看是不健康、不可持续或难以为继的，很可能导致城市建设在强度和密度上的失控，因此相关制度创新宜聚焦容积率调整的上限设定、以公益贡献获取容积率奖励、推行容积率转移等举措上。2021年8月住房和城乡建设部发布《关于在实施城市更新行动中防止大拆大建问题的通知》，明确提出不应以过度房地产化的开发建设方式进行城市更新。

（3）资金：扩大资金来源并进行有效利用。城市更新不能只是政府公共资金的一方投入，还需要市场和社会资本的广泛参与。如何吸引政府外资金积极投入城市更新实践，尤其是参与获利少的"投入型"更新项目，往往成为相关制度建设的核心挑战。国际经验表明，政府吸引社会资本参与更新行动的举措可以非常多元，包括更新收益共享、项目合作、空间（土地）的激励和优惠措施，以及相关的税收调节和金融手段等。我国城市更新的主要资金激励措施目前集中在土地关联政策上，如地价优惠与返还、过渡期政策、用途转变许可、新旧捆绑开发等，而税收和金融手段的应用还处在起步期（近期房地产信托投资基金等新型途径的引入或将开启新的融资前景）。撬动来自居民等的民间资本参与更新，需更加清晰地界定各主体间的"责权利"关系，并通过"参与"使更新改造更加契合居民的需求与愿景。实现城市更新总体资金的有效利用，同样需要将改造内容与客观诉求匹配起来，特别是在"自上而下"的公共资金使用过程中，避免店招单一化改造等资金投入脱离实际的争议现象。

第三节　城市更新与空间演进的可能方向

2020 年 10 月，中共十九届五中全会通过的《中共中央关于制定国民经济和社会发展第十四个五年规划和二〇三五年远景目标的建议》正式从国家战略层面提出实施城市更新行动；2020 年 11 月 17 日，住建部官网发布时任住房和城乡建设部部长王蒙徽的署名文章《实施城市更新行动》，吹响了全国各地实施城市更新行动的号角。2021 年间，全国超过 20 个省份、30 个城市相继出台城市更新相关的法规政策或就法规政策公开征求意见，城市更新已然成为各个主要城市发展的新热点。毫无疑问，2021 年是中国城市更新元年。

一、住建部的"油门"与"刹车"

作为城市更新的主责部门，住建部就城市更新行动在全国范围内的实施与部署发布了三份文件。

一是时任住建部部长王蒙徽于 2020 年 11 月 17 日在部门官网发布的署名文章《实施城市更新行动》。该文章虽不属于住建部发布的部门规章或政策性文件，但在部门官网发布且于 2020 年 12 月 29 日在《人民日报》全文刊发，属于"十四五"规划出台背景下的官方发声，其重要意义不言而喻。该文提出城市更新"四大意义"和"八大目标"。

"四大意义"是指：①实施城市更新行动，是适应城市发展新形势、推动城市高质量发展的必然要求。②实施城市更新行动，是坚定实施扩大内需战略、构建新发展格局的重要路径。③实施城市更新行动，是推动城市开发建设方式转型、促进经济发展方式转变的有效途径。④实施城市更新行动，是推动解决城市发展中的突出问题和短板、提升人民群众获得感幸福感安全感的重大举措。

"八大目标"是指：①完善城市空间结构。②实施城市生态修复和功能完善工程。③强化历史文化保护，塑造城市风貌。④加强居住社区建设。⑤推进新型城市基础设施建设。⑥加强城镇老旧小区改造。⑦增强城市防洪排涝能力。⑧推进以县城为重要载体的城镇化建设。

二是住建部于 2021 年 8 月 30 日印发的政策文件《关于在实施城市更新行动中防止大拆大建问题的通知》（建科〔2021〕63 号，下称"63 号文"）。该文件经过短暂的征求意见后立即发布，划定城市更新活动的"四道红线"：①拆旧比。原则上城市更新单元（片区）或项目内拆除建筑面积不应大于现状总建筑面积的 20%。②拆建比。原则上城市更新单元（片区）或项目内拆建比不应大 2。③就地就近安置率。城市更新单元（片区）或项目居民就地、就近安置率不宜低于 50%。④租金年度增长率。城市住房租金年度涨幅不超过 5%。

三是住建部于 2021 年 11 月 5 日发布的《关于开展第一批城市更新试点工作的通知》。该通知决定在北京等 21 个城市（区）开展第一批城市更新试点工作。按照计划，第一批试点自 2021 年 11 月开始，为期 2 年，试点城市包括北京、唐山、沈阳、南京、苏州、潍坊、成都、西安等。从试点城市名单来看，第一批试点城市全面覆盖中国东部、中部、西部、东北部四大区域。既有超大城市、特大城市的部分城区，又有中等城市全域；既有吸引力渐强的省会城市，又有深受"虹吸效应"困扰的地级城市；既有重焕新生的千年古都，又有囿于环境的资源型城市。该通知指出，要探索建立政府引导、市场运作、公众参与的可持续城市更新实施模式；坚持"留改拆"并举，以保留利用提升为主，开展既有建筑调查评估，建立存量资源统筹协调机制；构建多元化资金保障机制，加大各级财政资金投入，加强各类金融机构信贷支持，完善社会资本参与机制，健全公众参与机制；重点探索城市更新统筹谋划机制，探索城市更新可持续模式及探索建立城市更新配套制度政策。

分析总结以上三份文件的内容，不难看出住建部对城市更新行动的双重态度：一方面要加大力度实施城市更新行动，将城市更新作为拉动经济增长、提高城市品质的重要引擎；另一方面要防止过度拆建行为破坏生态环境和历史建筑。

这两方面如同城市更新行动的"油门"和"刹车"，必须协同使用。既要鼓励城市更新，解决公共配套不足、土地利用率低下、城市规划不合理、居住安全隐患等城市病，也要避免城市更新中的过激行为产生新的城市病。既要激励市场要素积极参与城市更新，也要加强政府统筹监管，让城市更新在政府的统一规划、分批计划、全程管控的体制下运作。

二、城市更新的未来展望

经过高速城镇化发展，中国城镇化水平已经超过 60%。步入城镇化中后期阶段，中国面临着很多新的问题和新的形势。从棚户区改造到老旧小区改造，再到实施城市更新行动，中国对于城市更新的重视不断增加，未来五年全国城市更新的力度将进一步加大。已有专家预计，城市更新将催生数万亿级的市场。城市更新不仅仅是房地产开发企业取得土地的新形态，也是政府发展产业、提升城市品质的重要手段。当城市更新成为城市发展的新常态、成为国家级行动部署，城市更新也将面临一系列新趋势、新特点和新挑战。

（一）城市更新将成为解决土地二元制结构性矛盾的主要手段，集体土地市场将成为中国土地市场的重要组成部分

我国用地制度存在集体土地和国有土地的二元制结构性矛盾。在 2019 年《土地管理法》修订之前，集体土地的用途受到严格限制，经营性建设用地通常只限于国有土地。《土地管理法》限制集体土地用于经营性建设的规定，与市场经济活动的现实情况脱节。以广东省为例，改革开放初期大量的外企、民企与村集体经济组织合作，合作的主要方式是村集体出地、企业出资建设工业厂房。正是改革开放初期建设于集体土地的工业厂房构成了如今成片的村级工业园，农村集体经济也在村级工业园的基础上发展起来。村级工业园吸引大量外来务工人员，催生大量的消费、商业和居住需求，城中村的物业价值也随之攀升。但因为《土地管理法》及其他法律法规的限制，外企、民企与村集体合作建设的大量工业厂房缺少合法的审批手续，也未取得产权证书。

为解决普遍存在的历史遗留违法建筑问题，深圳曾出台多份法规政策文件，但仍有大规模城中村建筑依然无法办理合法登记手续。城市更新已成为彻底解决历史遗留违法建筑问题的重要手段，为此深圳出台了城市更新项目范围内历史违建的简易处理制度、合法用地比例制度和历史违建权利人确认制度。当城市更新项目列入更新单元计划，项目范围内的历史违建可以得到搬迁补偿，项目范围内的集体用地可以完成征转手续后转为国有用地，建成后的物业可以作为市场商品房无限制地流通。从某种意义上说，深圳的城市更新制度已为彻底解决土地所有权二元制结构性矛盾提供范例，但城市更新项目集体用地处理仍然是非常棘手的问题。

2021年修订的《中华人民共和国土地管理法实施条例》（下称《实施条例》）或将彻底改变城市更新项目的用地审批困境。《实施条例》对城中村改造具有以下重要意义：一是明确集体经营性建设用地入市的程序、入市方案、合同内容、入市的相关权利义务等内容，有利于集体经营性建设用地与国有建设用地真正实现"同地同权"；二是鼓励乡村重点产业和重点项目利用集体经营性建设用地，促进集体经营性建设用地的节约集约利用；三是优化建设用地审批流程，减少农用地转用的批准手续。

《实施条例》将彻底扫清集体经营性建设用地流转的法律障碍，集体土地不再需要先转为国有土地再进行流转。在新的土地管理法框架下，城中村更新项目用地手续办理、地价成本将有望改变深圳一贯的做法，转而按照新的程序办理，即无需先将集体土地转为国有土地后再进入国有经营性建设用地市场，而是直接以集体经营性建设用地进行改造和流转。随着各地配套政策的落地，尤其是各地政府对村级工业园改造的大力支持，城中村将出现新一轮的投资建设热潮，"产城融合"将随着村级工业园全面升级改造而得以实现，集体土地的资产价值也将随着城市更新得以全面实现，庞大的集体经营性建设用地市场将逐渐形成。

（二）城市更新将由"开发模式"向"经营模式"转变，地产开发商参与城市更新面临新的机遇和挑战

住建部63号文旗帜鲜明地指出城市更新要防止过度地产化，要鼓励城市更新发展模式由"开发方式"向"经营模式"转变，探索政府引导、市场运作、公众参与的城市更新可持续模式。各地政府亦在相关政策中响应中央号召，采取措施防止城市更新中的土地开发炒作。具体的举措主要包括：①强调公益属性，提高城市更新项目的公共服务空间比例。以深圳为例，《深圳更新条例》首次提出"公益优先"；从已批准立项的项目来看，城市更新中公共服务空间贡献比例平均达到30%左右。②强调产业保障，鼓励"工改工"、限制"工改商住"。广东省各城市的城市更新政策存在共性特点，即出台各种激励政策，大力推进成片工业园改造，释放新的产业空间，严格限制工业用地转为商住用地的供应。③强调"绣花功夫"，鼓励微改造，限制大拆大建。微改造能够有效地提升居住品质、改善社区环境，能够在保护历史建筑的同时挖掘文化旅游资源。

自深圳开展市场化城市更新以来，城市更新市场中最活跃的主体是房地产开发商，以及为开发商配套融资的金融机构。城市更新市场活动中会房地产投机炒作行为，既包括前期服务商炒卖项目，也包括项目范围内回迁房的交易炒作。这些问题已经引起政府部门的关注，深圳市、区两级政府均已出台相关规定禁止回迁房炒作。地方政府防止城市更新地产化的系列举措不断挤压房地产开发商在城市更新的利润空间，再加上房地产调控和三道红线的影响，部分房地产开发参考商已经陷入债务困境，楼市开始降温。房地产行业将迎来行业大洗牌，城市更新市场也将进行深度调整。对于部分债务负担重、追逐高额利润、投机套利的开发商企业，近期的强管控对它们影响很大。但对于稳健经营、资金充裕的房地产企业而言，却是抓住机遇进行转型的好时机。

如何顺应政策导向完成"开发模式"到"经营模式"的角色转型，是参与城市更新的房地产开发商首要考虑的问题。城市更新市场实践并无成熟的经验可供借鉴，住建部63号文也没有具体规定开发商如何从开发模式转变为经营模式。城市更新具有很强的地域性，全国各地很难在短期内依据住建部63号出台清晰可行的转型政策，参与城市更新的开发商将面临较大挑战。开发商不仅需要转变思维，更需要创新商业模式。

从市场角度分析，从"开发模式"转变为"经营模式"，意味着城市更新市场将面临系列的转变。首先，从短期高额利润到长期价值创造转变，短期投机行为将逐渐挤出市场。如本文前面分析，过去，城市更新市场中存在大量的投机行为，但随着政府提高市场准入资格、加大审批监管力度，大量的以投机为主的中小企业将挤出市场。其次，从资本驱动到专业驱动的转变。在"开发模式"下，以大拆大建房地产开发为主，这种模式主要靠资本驱动。而在"经营模式"，以产业园建设和微改造为重点，无论是产业项目，还是老旧街区的改造，专业能力显得更加重要。最后，从独立项目开发到社区、片区整体运营的转变。传统开发模式下，开发商以项目为单位独立开发，除了项目配套的商业设施和公共设施外，项目相对独立。但随着城市更新的深入推进，城市更新更加注重片区整体规划、整体开发和整体运营，是多项目、多业态、多模式的混合，市场主体必须考虑整个社区、片区的利益平衡。

（三）城市更新是政府招商引资的新引擎，镇村旧工业园成片改造将迎来新机遇，市场主体应顺应政府趋势，积极布局相关市场

城市更新将在盘活低效空间、推动产业升级中发挥重要作用。从广东省来看，城市更新是产业升级转型的重要引擎，城市更新将传统高污染、高能耗、低附加值的低端制造业改造为以高新技术、智能制造、新材料、新能源等方向为主的新产业聚集区，真正实现产业转型、"腾龙换鸟"。

截至目前，粤港澳大湾区珠三角9市实施的城市更新项目中，属于产业类的项目超过 1000 个。各地政府都在积极开展以城市更新为主题的产业招商引资工作。以顺德为例，顺德全区有十大主题产业园规划用地合计约3.5 万亩（约23.3 km²），已启动建设的园区用地合计约 1 万亩（约 6.6 km²），已完成的建筑面积约384.19 万 m²，这些主题产业园区已布局芯片、智能家电、机器人等新兴产业。而东莞存量的镇村工业园 1 800 多个，园区面积50 多万亩（约 333.3 km²）。东莞提出从 2020 年起，以低效镇村工业园改造为核心，实施"工改工"三年行动计划，力争三年完成"工改工"拆除整理 30 000 亩（20 km²）。

从政策层面来看，各地政府在持续优化"工改工"政策，不断释放政策红利。例如，东莞市政府在 2020 年出台《关于加快镇村工业园改造提升的实施意见》，该意见针对土地归宗拆迁补偿难、连片改造动力不足、各类历史遗留问题负担沉重等难点，围绕"降低成本、提高收益、创新模式、破解难题、机制保障"五个方面，通过60多项创新集成为镇村工业园改造提供政策支撑。"工改工"的政策环境和市场环境持续向好，"工改工"市场尤其是镇村旧工业园成片改造将迎来新机遇。首先，在住建部防止大拆大建和限制地产化总体思想指导下，改造方向为商住类的项目将减少，拆除重建类的成片工业园改造将是存量土地再开发的主战场。开发商要获取新的土地资源，成片工业园的改造将是不可或缺的途径。其次，政府将逐步放开"工改工"项目的诸多限制。比如适当放宽用途管制，允许混合用途的"工改工"项目。再比如放宽面积分割转让限制，使得"工改工"项目的流转更符合市场需要。最后，成片工业园改造和整村改造相结合，产业空间和商住空间捆绑开发会成为主流模式。

因此，市场主体应当顺应政策趋势，以"工改工"为抓手，以整村改造、产城融合开发为主要模式，将公司长期盈利目标和城市发展的公益目标相结合，方可实现城市更新的可持续发展。

（四）创新成为引领未来城市发展的动力

在全球经济转型的背景下，创新成为城市发展的重要动力。在空间层面，城市创新的逻辑已发展转变，创新经济的载体已从传统的"生产主导型"的产业园、高新技术园区等产业集聚区转向生产生活相融合的"城市社区型"创新街区。城市街区成为吸引创新集聚的主要原因在于其具备完善、功能齐全的城市硬环境和软环境，可在有限的空间内实现高密度协同。未来将有更多的混合街区成为创新创业载体，尤其是城市的老旧住宅区，在更新改造后更易成为最具活力的创新空间。国外，通过城市更新使传统的老旧住宅区转型为创新街区已成为一些城市普遍实施的城市复兴和经济发展战略，如伦敦硅环（Silicon Roundabout）、纽约硅巷（Silicon Al-ley）等。未来，通过规划创新街区打造创新空间，吸引创新人才，将成为城市更新建设的核心关键之一。

（五）文化传承彰显未来城市的特色魅力

城市文化是城市区别于其他地区的特征所在，是城市内在吸引力的表征，是城市核心竞争力的体现。美国社会哲学家刘易斯·芒福德曾指出"城市是文化的容器"。国家新型城镇化战略提出"要融入现代元素，更要保护和弘扬传统优秀文化，延续城市历史文脉"。我国未来城市建设中，应通过文化探索城市发展的新路径，展现城市新形象。

当前城市文化的载体一般聚焦在历史街区、工业区更新为创意街区以及文化区等，在社区层面的文化传承较为薄弱。而对于居民而言，社区是其最主要的活动场所，社区层面进行文化建设更易形成城市文化的"触媒"，更有利于文化氛围的营造。

（六）智能技术提升未来城市的运行效率

目前，新技术持续的突破性进展正带来城市的新一轮变革，大数据的应用、计算能力的提升、理论算法的革新和网络设施的演进驱动信息技术进入发展高峰期，以 AI、虚拟现实为代表的新技术将会深刻改变现代人的生活，并会极大提升未来城市的运行效率。如新加坡计划通过信息技术打造全球城市，开展"智慧园"计划。毋庸置疑，智能技术将对未来城市的建设产生深刻的影响。智慧社区作为智慧城市组成的基本单元，智慧化建设亦有助于提高社区效率，解决社区中的社会问题。

（七）更新成为未来城市建设的主要方式

我国在过去数十年的城镇化发展过程中，用地惯性扩张的现象长期存在，土地资源被粗放地消耗，城市规划亟须由原先的增量扩张向存量更新转型。存量规划时代，减量提质、城市更新成为未来城市发展及建设的主要方式。其中，老旧居住区是城市更新的重要组成部分。但以往的城市更新存在问题众多：土地利用方式粗放，公共利益界定不明，公共设施难以保障，旧城社会网络遭受破坏等。鉴于此，以上海、广州为代表的城市积极探索社区"微更新"。改造并推动从设施完善、产业优化、环境美化、内涵升华、演进永续的五大目标逐级递进。

微更新可在一定程度上解决社区的空间、设施及活力问题，但由于局限于"小规模、微尺度"，故提升力度有限，对城市发展的带动力度较弱。故而，文章将未来社区理念引入未来城市更新，探索其如何带动城市整体发展，改善人居环境，提高土地使用效率，带动转型升级等，同时彰显城市特色与文化内涵。

三、基于未来社区理念的未来城市更新规划要点探索

（一）价值取向的修正

1. 从以物为本向以人为本的转变

以往的城市更新过多关注物质空间，而忽视人的实际需求。在创新经济时代背景下，"人"必然会成为城市最重要的资产，未来社区理念下，应把人对美好生活的向往、对生命价值的追求视为核心问题，关注物质要素和人文环境是否能够公平均好地满足每个人的物质和精神需求，使城市成为幸福家园。

2. 从单一目标向多元目标的完善

现阶段城市更新侧重以盘活存量用地、追求经济效益为主要目标。未来，应将城市更新上升到城市发展战略、城市公共政策的高度来看待，更加注重体现社会公平、改善人居环境、促进产业转型升级、传承文化、激发城市活力等多元目标的实现，并向智慧化、生态化等多元化的方向升级。

3. 从有限利益主体向多元利益主体的重构

目前的城市更新大多是政府和市场占据主导地位，社区居民的参与力度不足，诉求往往得不到有效回应。未来社区理念下，不仅应权衡政府、市场、居民的三方利益（充分保障公众有序、有力地参与，同时对开发商的行为进行有效规范，确保开发商不过多挤占利益空间），更应考虑城市创新人才、就业群体、租户等城市其他人群的利益，形成开放多元的主体形式。

（二）人本宜居的贯彻

1. 提供多层次的设施和服务

基于生活圈理论，面向文化、教育、健康等需求，配套多层级、复合化的公共服务设施，并提供个性化、定制化的服务。如杭州萧山瓜沥七彩未来社区突出文化和公共服务功能，打造集公共服务中心、智慧管理中心、文化

中心、创业中心、宴请生活中心、社交娱乐中心、运动健康中心等七大中心复合一体的综合服务中心。

2. 塑造回归人本的公共空间

公共空间的规划应更加注重人的需求和空间活力的提升，在传统营造多层级公共空间的基础上，以精细化、立体化为重点。可合理利用建筑灰色空间，营造活力、互动的街道；通过街道空间的精细化设计，营造无障碍的慢行公共空间；通过空中平台（连廊）系统，塑造"三维立体"的公共空间。未来社区普遍规划有空中平台（连廊）系统，构建立体网络化活动和交通空间。在其他城市更新区块，也应该结合地形、环境条件和周边情况，有意识地强化空中（或下沉）类型活动空间的打造，并相互连接，形成城市级别的立体系统。

（三）文化特色的传承

1. 营造文化特色空间

深入挖掘城市的历史文化特色，并通过空间上的转译和再现，实现传承。如义乌下车门社区传承"商城"特色，打造"商居融合"的社区新模式。构建各具特色的步行化商住街区，传承义乌的商业风情特色。结合文化物质要素，打造记忆节点：如杭州始版桥社区保留代表城市工业发展历史的老厂房烟囱，打造中心公园，并结合汽车南站的旧址规划"南站纪念小广场"。在其他的城市更新地区，应该重视地块的"小"文化特色的凸显，积小成大，促进城市"大"文化特色的传承。

2. 融入文化风貌特色

未来社区一般通过空间尺度、建筑元素的延续植入传统地域文化要素，并以现代化的手法进行演绎，形成"既传统又未来"的风貌特征。如衢州柯城礼贤社区在文化特征中提取传统小街巷、多院落的组合方式，营造宜人的空间尺度；并提取传统东方建筑"白墙黛瓦""前坊""望楼"等元素进行现代演绎，融合形成大花园、小房子，兼具地域特色与强烈未来感。在未来城市更新时，在融入文化元素的同时，应注重"未来感"的体现。

3. 强化文化IP，延续精神内核

城市文化IP的终极目标是追求价值和文化认同，未来社区通过对文化

IP 的塑造满足人们对文化认同与社会关系延续的期许。如宁波鄞州划船社区秉持"众人划船、共建和谐"的社区精神，打造里坊式邻里形态，并分别嵌入原有的"墙门"文化；同步建设红色文化展示长廊，展示社区精神。未来其他地区城市更新，应通过文化空间的重现、文化形态的重组、文化记忆节点的还原等方式，延续文化。

4. 创新要素的统筹

城市层面，需进行支撑创新"全要素矩阵"的构建，包括营造创新环境、系统考虑科研基础与平台、谋划特色创新空间、对创新产业进行整体培育等。未来社区是"全要素矩阵"的重要组成部分，一般承担"创新街区的营造""适应创新人才的居住载体""谋划特色创新空间"等分工。一方面，通过用地混合开发，营造创新街区，打造弹性共享的复合型多功能创新载体；另一方面，通过户型选择、特色打造、主题营造等方式，建设创新人群需求的"潮宅"。如拱墅瓜山未来社区改造老的农民房，从户型设计、主题特色、配套设施等方面均考虑创新人群的需求，打造面向创新人群的居住空间。再者，可通过建筑垂直混合，打造激发创新、促进创新交流的多元空间。未来城市更新应着重考虑创新需求，根据其在城市层面应承担的"创新分工"及自身特征，通过用地混合、建筑混合等策略推广创新驱动的有机更新。

5. 系统化整体设计

未来社区引领城市更新的关键之一在于通过要素的构建统筹城市或片区整体；无论是基础设施还是服务设施均具有网络型、系统性、公共性的特点，无法局限于单个地块内考虑。只有从交通、功能、公共空间、智慧化运营等多方面通过与城市（或片区）进行系统组织，才可发挥整体作用。

如未来社区中高效立体的交通组织，无疑需要考虑与城市交通的衔接，与公共服务设施的连通，与公共交通设施的对接；公共空间的构建，应与周边的公园、广场、绿地等进行统筹考虑，形成连续、开敞的公共空间整体，方可更高效地发挥作用。再如，智慧化建设需要以城市各类网络系统融合为基础，进而建设虚实交融、服务感知无处不在的"虚拟社区"，实现物流、商业、医疗、文化、教育等服务设施广泛覆盖。具体到社区层面的措施包括以全链接的理念构建智能服务平台，整合信息要素；推进智慧物流体系，建立物流配送的信息共享平台等。未来城市更新不应局限于更新单元内部，应多方面综合考虑各单元与城市（片区）的匹配，以及各系统的整体联结；而城市也需要不断调整更新发展的路径，预留和升级各系统接口，方便各单元融入城市系统形成整体。

第十二章　城市微更新的发展与展望

第一节　城市微更新的发展趋势

一、城市微更新：一种有情感有温度的城市发展方式

在经济和文化飞速发展的今天，旧建筑夹杂在新建筑之间，建筑改造成为日渐热门的话题。新区建设犹如在白纸上画画，新建筑只要画完图就可以施工，但老建筑的改造过程像一场考古挖掘，随时有新问题和新亮点呈现。老城区大拆大建容易伤筋动骨，因此改造更要"温柔细心"。

如何通过微更新，用小而美的改造为居民带来身边的"微幸福"，是当下城市治理面临的新课题。

（一）微更新理论的提出

寻找微更新理念的源头，要将时间退回到 2012 年 2 月，在国际城市创新发展大会分论坛——"城市的使命与未来"上，仇保兴提出"重建微循环"理论，不要迷恋巨型城市，要树立"小就是美，小就是生态"的观点。

在仇保兴的"重建微循环"理论里，共有"十微"——微降解、微能源、微冲击、微更新、微交通、微创业、微绿地、微医疗、微农村、微调控。

仇保兴认为，许多城市在发展中已经到了转型的门槛前，城市管理者应遵循"自组织"理念，抛弃初期疾风暴雨式的大拆大建，倡导"有机更生"，积极拓展"微空间"，从重视城市地上建筑转向地下空间综合利用，努力发掘城市空间利用效率。城市更新不需要每年"大变脸"，而需要向"更低碳"的目标前进。

（二）微更新理论的支持

1. 微更新理论的主张

①批判现代主义城市大规模改造，强调城市建设应注重人的需求，符合人的尺度。②注重中小型功能的多样性，主张用中小规模的、包容多种功能的、逐步渐进的改造取代大规模的、单一功能的、快速的改造。③建议扶持中小规模的商业及文化功能的发展。④认为"有机拼贴"的城市才具有活力，也易于实现规划目标。⑤强调小项目对城市复兴具有的积极作用。⑥主张以可识别的城市空间修复传统城市形态，弥补碎片和消失的历史建筑。⑦注重多功能混合的廉价商业空间，保护现有社区的空间环境和社会结构。

2. 有机拼贴的城市——更具活力

1978 年，柯林·罗（Colin Rowe）、弗瑞德·科特（Fred Koetter）出版《拼贴城市》一书，将"拼贴"一词用于城市与建筑设计领域，认为城市"断续的结构，多样的时起时伏的激情，一系列周游列国的记忆，一起呈现为我们所说的'拼贴'"。事实上，历史性城市往往突出地表现为各个历史时期残余的奇妙"拼贴"组合。

城市的生长像人一样，保留着自己童年和少年每一阶段的片刻回忆。具有漫长历史的城市，往往表现为各个历史时期的"拼贴"。例如，由于自然地理因素和各个历史时期政治、经济、文化的影响，上海就成为一个典型的"拼贴"城市。

在历史性城市的保护和改造中，应着重选取典型历史风貌地段进行保护。而历史风貌地段不能切断自身的发展，应是顺应城市新陈代谢的"有机更新"。

（三）"微更新"的思维转变过程

正如马斯洛的需求层次理论所说，人总是先有温饱需求，再谈价值需求。而今天上海的城市发展，正进入这样一个阶段——从"有没有"，到"好不好"。人们不仅看空间够不够用，还讲究空间的品质和环境。

换句话说，即使城市用地在今天没有"顶到天花板"，增量空间仍然存在，城市也已经到了微更新阶段，到了追求细节、精致、品质生活的阶段。微更新不是一种倒逼，而是顺理成章的内在需求。

二、城市微更新：城市治理与发展的新潮流

中国城镇化进程进入"下半场"，城市的全面改造模式面临着巨大挑战。住建部公布了《关于在实施城市更新行动中防止大拆大建问题的通知（征求意见稿）》，明确提出禁止大拆大建式的城市开发，鼓励微更新。上海、北京等地也发布了相关法规、计划，积极进行城市微更新的探索。以"小修小补"代替大拆大建成为城市治理与发展的新潮流。从整体性规模更新到渐进式微更新，城市更新也呈现出新趋势、新路径。

城市微更新，本质上是一种城市规划建设理念的革新。具体而言，即在保持城市肌理的基础上，对已有城市空间进行小范围、小规模的局部改造，从而实现空间活化与区域振兴的目的。城市中一些小尺度地块的更新，看似投入少、影响范围小，但对环境的改善却是实质性的。这样的更新更贴近市民的实际生活需求，更尊重城市发展的内在规律，结果也比大项目更易于把控，更容易带来积极的效益。

微更新可以带来大改变。对城市空间进行碎片式的更新、小而美的改造，可以让老社区旧貌换新颜，让老街区焕发新活力，让城市内涵品质得到提升，让人们更好地在城市中"诗意栖居"。

城市微更新有以下四种常见模式。

（一）开发－更新模式

开发-更新模式主要针对生活环境破败、建筑质量差、居住水平低的城市衰退区。区域内部以本地居民为主，但由于人口流失严重、老龄化特征明显，使得社会融合度趋于退化。针对其公共空间缺乏、基础设施缺乏等现实情况，可以根据城市发展要求及民众诉求进行小规模开发、小尺度新建，以满足城市发展要求和民众对生活质量的要求，为衰退区域带来可持续发展的动力，让城市得以再生和延续。

（二）重构－改造模式

重构-改造模式主要针对城市中结构定型较早的区域。区域内部以原住民为主，他们保持着原本的生活方式，社会融合度较高，但生活环境较差，

城市功能不足，用地压力加大，各项要素不得不根据民众的需求和时代的要求进行调整和改造。对于需要保护和传承的要素进行保留，对于不符合时代发展、达不到功能要求的要素进行小规模调整和改造，以达到城市格局清晰、功能层次丰富、视觉层次清楚的目的。

（三）织补－加强模式

大规模的城市更新建设使一些区域的土地、空间、经济结构发生变化，在带来社会、经济效益的同时也冲击了社会网络，使社会融合趋于分异。但其城市文脉和历史格局都具有极为重要的价值，需要保护和传承。因此，在保护和传承的大方向下，可以通过对街道立面、色彩等要素进行精准的织补和修缮，满足现代人最新的需求，实现城市空间环境和生活品质的提升。

（四）保护－整治模式

保护-整治模式主要针对空间环境质量较高、公共设施齐全、人口构成丰富、社会网络完整的现代化区域。从空间塑造的角度来看，各部分完整、有序且相互联系，色彩、图案、标识等要素足以表现大城市特色，是城市更新过程中需要保护和侧重表达的内容；从时代发展的角度来看，城市更新是一个持续性过程，面对不断涌现的城市品质与内涵问题，选取相对应的构成要素进行有针对性的整治，是满足城市发展要求、提升城市环境品质与内涵的必要手段。

三、城市微更新：中国社区更新的关键趋势

2020年，仲量联行发布的城市更新白皮书《聚焦社区更新，唤醒城市活力》指出，加速推动社区更新改造，是城市存量挖潜、产业人口重构的重要抓手，亦是唤醒中国城市活力的关键。仲量联行中国区战略顾问部总监徐岱雄表示："在新一轮城市更新进程中，伴随产业回流和人口重构，社区将作为产业和人口的重要空间载体，也是串联城市不同功能模块的介质。社区更新，特别是城市中心区老旧社区的改造，是推动城市更新，焕发城市活力的核心着力点。"

（一）中国社区更新关键趋势

近年来，我国社区更新模式逐渐从"拆、改、留"转向"留、改、拆"，从"点状建筑更新"转向"片区整体更新"。更新改造的目的不再是单纯满足人的幸福感，更重要的是引领需求，激活城市中心，提供全新的产业和功能载体。而传统的大规模房地产开发逻辑在老旧社区更新改造中不再普遍适用，微更新成为关键趋势。

（二）老旧社区更新改造的主要矛盾及解决策略

老旧社区更新改造是我国当前城市建设的一项重要内容，也是一项极其复杂的城市活动，但在更新改造过程中存在着以下矛盾。

部分老旧社区在更新改造过程中未充分考虑其与周边城市功能的融合和衔接，缺乏顶层设计和区域统筹，引入的产业无法持续经营。城市更新白皮书认为，社区更新改造必须以区域融合发展作为思考前提，由政府完成顶层设计并制定战略目标，老旧社区改造必须找准自身功能定位，引入合适的产业，融合更多现代化功能，将其重新纳入城市有机整体中，从根本上解决社区改造和城市功能统筹的矛盾。

早期，我国的社区更新改造几乎是在大规模的拆建模式中往复进行的，这使得城市社区的历史底蕴在一定程度上被覆盖，丧失了其独有的文化，出现"千城一面"的状况，文化延续与城市发展的矛盾逐渐显现。城市更新白皮书指出"尊重历史，唤醒记忆，融入当下"是老旧社区更新改造的首要出发点，在充分考虑更新改造后引入的新功能、新业态与历史文化、历史建筑融合的同时，政府也需要制定相关法律条款，保护历史建筑和尊重历史文化特色。

老旧社区建设初期采取的高密度建设方式和后期不完善的社区管理措施，也激化了社区内居民多样性需求与外环境空间不足的矛盾。在社区微更新过程中，一方面应进行社区内部资源挖潜；另一方面可联合周边社区进行空间共享，从平面、空间、时间等多维度发挥社区价值，以满足居民更高的居住需求。

老旧社区更新改造面临的另一重大难题是改造资金的来源。改造资金主要源于财政拨款和补助，而这有限的资金大多用于对建筑本体结构的改造，对社区外环境的品质提升有限。要想从根源上解决有限的资金来源与改造成效的矛盾，需要丰富资金来源渠道，建议考虑 PPP 公私合作模式、收益期权定向出售等路径，以保障老旧社区更新改造长效进行。

除了面临有限的资金来源，老旧社区更新改造盈利模式单一和持续运营的矛盾也阻碍了社区的良性运营。在徐岱雄看来，社区在收取物业管理费的传统盈利模式基础上，可引入更多合作方，拓展盈利渠道。例如：后续物业管理、便民设施付费；改造现有公共空间，引入商业服务等收取租金；引入智慧社区，提供线上增值服务等，以支持社区的持续运营。

随着我国社区发展的复杂化，未来社区治理的参与主体将更加多元化。由于各方利益诉求不尽相同，不同参与方利益之间的矛盾会长期存在。因此，在制定社区更新改造方案的过程中，需要平衡各方利益，形成完善的分工体系并构建一体化工作流程，各司其职并积极反馈，以保证社区更新改造工作高效推进，使社区微更新效果得以最大化实施落地。

（三）政策支持创新为社区更新保驾护航

社区更新可以从财政政策、改造制度、空间政策和用地政策方面寻求长效的政策支持创新，为社区更新全过程提供支持，解决资金筹措、空间利用、治理模式和运营管理的政策保障问题。

仲量联行武汉战略顾问部总监彭博表示："仲量联行提出的理想社区包括邻里空间、商业配套、健康服务、教育服务、公共空间及运营机制六大维度评价指标。我们应运用存量运营思维，通过优化流程、明确分工、创新模式、政策支持等措施对社区功能进行全面提升，以构建空间丰富、管理智能、资金多元、配套齐全的理想社区。"

第二节　城市微更新存在的问题

在城市微更新实践中，由于价值导向缺失、系统调控乏力等问题，一些城市的微更新以拆除重建和土地效益为主，忽视城市品质和功能的提升，公共利益难以得到保障。还有一些城市的微更新只满足单个项目的技术要求，在一定程度上背离了城市微更新的宏观目标，城市系统性问题无法得到解决，甚至加剧城市系统风险。

一、环境破坏严重，造成城市持续发展的后劲不足

改革开放以后，工厂与城市居住区、商业区混合布局的弊端日益暴露。大量的生产车间与居民住宅互相混杂。由于过度注重经济增长、过度消费能源环境，城市局部地区出现环境污染加剧、整体生态退化、破坏城市景观等问题。对于"三废"污染严重干扰居住环境而难于治理的工厂，应采取分期、分批迁出城市的措施，但是企业的环保意识、治理技术很难达到国家的标准。因此，如何改善环境质量、构建良好的城市环境和风貌成为城市发展面临的一个直接挑战。

二、城市风貌趋同性，缺乏城市特色

中国许多城市的建设以西方发达国家城市、国内大城市的建设为样板，不分历史文化背景、气候自然条件、城市性质差异而照搬照抄，城市风貌逐渐变为一个个高度相似的"克隆"脸。许多城市一方面大量拆毁珍贵的历史遗迹，另一方面却大搞"复古热"，如唐街、宋城、明清一条街、西游记乐园、三国城、水浒城等，建筑风格相似，城市空间雷同。一些城市的城市特色尚未形成，却将具有悠久历史文化的街区、胡同、建筑物大肆拆毁，这种对城市文化和传统的破坏行为又进一步加剧了城市风貌的趋同。

三、城市问题是社会、经济问题的集中体现，具有长期性

当前，中国的经济社会发展进入了一个新的历史阶段，城市发展也进入了新时期，大规模的新城建设和城市改造同时进行。城市中社会、经济问题的长期性也决定了城市改造的长期性。例如，解决城中村问题实质是解决低收入群体的居住问题、失地农民的收入问题，而这些问题的解决与社会的发展有关，难以在短时间内解决。因此，有关部门要制订阶段性更新计划，逐步缩小甚至消除与周边地区的差别，建设和谐城市。

第三节　城市微更新的优化路径

一、历史文化街区的微更新

（一）对历史建筑或环境的再利用

通常而言，文化资源驱动的历史文化街区微更新往往开始于历史建筑的微更新。随着街区微更新的开展，一个被修复甚至焕然一新的历史文化街区被创造出来。历史建筑作为重要的城市建筑遗产，常成为微更新的目标，进而成为受欢迎的新场所。这个新场所结合了文化元素和现代便利设施，既可以使人们感受到其文化内涵，又能够使人们从中获取各种生活服务的便利。这体现了历史文化在城市可持续发展中，赋予资产附加的机遇和价值，为艺术设计创作提供了便利，从而吸引大量艺术家入驻，使得局部地区呈现出艺术文化产业繁荣发展的景象。

（二）提升公共空间品质

良好的历史文化街区在城市发展中的独特价值已经被政府和社会大众广泛认可。在微更新过程中，历史文化街区不仅可以实现公共空间环境品质的改善，同时还可以促进城市的再发展。在历史文化街区微更新项目中，有许多以多种方式应用于空间品质提升的案例。例如，对街道环境的改善，包括重新粉刷建筑立面、修缮人行道、重整街面、安装新的照明设施等。这些方式不仅改善了当地公共空间的质量，同时也强化了地区特征。

（三）通过对公共空间的修缮和提升，改善本地居民的生活环境

公共空间在人们日常生活中扮演着重要角色，尤其是历史文化街区。在许多城市的历史文化街区中，人们的生活依旧保留原有的模样，邻里之间存在着非常密切的生活联系，传统的生活方式也在一直延续。这些生活方式具有当地特色，并且形成于漫长的历史进程中，受当地气候环境和其他因素的影响，公共空间则是这些活动发生的场所。因此，公共空间的修善不仅能直接提高居民的生活质量，甚至还可以维持并推进传统的生活方式，进而保护当地的传统特色。

二、老旧社区的微更新

（一）对破败不堪的老旧社区进行重建改造或者维修升级

在微更新之前，必须对建筑的破败情况进行评估，以免在维修升级过程中发生坍塌，造成二次事故，得不偿失。对于需要重建的建筑一定要加强与居民的沟通、交流、协商，以求更好地完成改造。这样不仅能够让居民体验到更好的现代生活，还能改善市容市貌。

（二）改善环境，通过立体绿化来增加植被覆盖率

老旧社区的植被覆盖率受限于土地资源难以提高，可通过立体绿化来增加老旧社区的绿化率。可以利用墙体种植毯，在建筑的侧面种植一些爬藤植物或者一些不招蚊虫，甚至驱蚊的植物。墙体种植毯可以利用营养液为植被提供所需营养，还可以在下雨时收集雨水，干旱时灌溉，在南方雨水较多的地方可以实现免维护、免浇灌。这样不仅节约用水、工程短、施工便捷，还能充分利用空间，给老旧社区增添一抹绿色。

三、城市工业遗产的微更新

工业旅游近年来在国内发展迅速，成为新时代中国旅游业发展的新亮点。不少企业与机构相继对公众开放，实现生产过程透明化，消除信息不对称，以品牌效应吸引消费者，增加消费者对产品的信任度。中国地质大学旅游发展研究院发布的《中国工业旅游发展报告（NO.1）》指出，当前中国已迈入3.0工业旅游时代。主要特点为工业旅游资源丰富、工业旅游资源类型多样、地域分布较均衡；产品的主要类型为工业遗产博物馆、工业遗产公园、工业文化创意产业园、观光工厂和工业特色小镇。将工业遗产视作挖掘城市文化产业的"金山银山"，数十年或上百年的工业史是城市化的历史见证，而时代的发展往往导致工业遗产无暇兼顾、无迹可寻。历史的印记如何保护并发展，不只是推倒重来那般简单。

工业遗产的保护、激活需要尊重技艺与记忆，更需要情感联系。据国际工业遗产保护协会透露："大规模工业建筑转换中，主要的国际原则是尊重原有的美学，以及尊重建筑的历史——很多工业建筑的价值正是来自其历史特色。因此，保护中不仅要留下单纯的厂区、建筑的躯壳，更重要的是要留

下工业的记忆，留下流程和工艺中的故事。"国际工业遗产保护协会一直致力的一项重要工作就是专门考察工业建筑，进而对其进行改造设计，在此过程中记录它们过去的生产流程，也记录它们的改造过程。

四、城中村的微更新

（一）高效的空间利用

城市物质空间的更新离不开经济的支持，同时城市的开发建设完成后又会对城市经济起到促进和提升的作用，二者相辅相成。城中村改造后，大面积的套房户型显然不能够实现租金效益最大化，小面积、小户型、多分隔的空间布局模式，更能实现高效的空间利用。

（二）匹配的空间关系

城市的空间形态与其所处社会结构特征是相匹配的，城中村的空间特征与其熟人社会的社会结构具有明显的匹配关系，在空间形态上表现为生活空间之间的相互联系。城中村的租户人群为中低收入者，在空间形态上，则表现为生产、生活、商业高度混合，呈现出低质、无序但又具活力的复合空间形态。因此，城中村改造规划的主要导向应为联系紧密、有序、更具活力的转型式复合空间形态，与村民和租户的社会结构相匹配，而不是拆迁之后按城市居住小区建设。

（三）人性的公共空间

公共空间是属于公共价值领域的空间，是村民活动、交流的重要场所，也是营造社区活力的关键。公共空间的布局要结合环境，尺度宜人，周围建筑不要形成太强的压迫感，最好远离城市主干道。公共空间可以结合使用者的需求进行布置。城中村改造后租户大部分都是白领、学生等，公共空间的使用者多数是本地村民，村民已经习惯了改造前的小尺度、紧凑的公共空间，所以大广场的形式显然不合适。因此，在城中村的微更新过程中，公共空间的布局要针对本区域内特定人群的空间使用方式和行为方式，营造人性化的公共空间。

五、"三旧"综合更新改造

（一）保护式更新

只有通过城市具有的历史文化精神才能彰显该城市的特色，并充分展现该城市特有的深刻内涵。为保护具有历史价值区域内的历史建筑与周边的历史风貌建筑群，可以采用"修旧如旧"的模式，采取管线入地、拆除周边乱搭乱盖、对不具备居住条件房屋的居民实施搬迁、进行适当绿化等措施，将其改造成能体现历史文化、提供展览区域、展现娱乐精神并提供娱乐设施和场地的文化创意用地。

（二）置换式更新

置换式更新主要是指在政府的总体规划指引下，按照高效用地的要求，在规划区范围内进行大规模土地使用性质和物质形态的再次开发和重建，使土地利用更高效，基础设施更完善。对于危旧房分布比较集中、土地功能布局不适应城市发展需要或公共服务配套设施极端落后的区块，大部分城市采取了一种先征地、拆迁、补偿，再通过土地公开出让回笼资金，以市场化的方式进行成片开发和重建的方式，以达到改善人居环境、完善城市公共服务设施、更新城市形象的目的。

（三）改建式更新

针对旧城镇中市政配套落后，公共设施不足，建筑结构、功能和环境设施不达标的区域，除采取拆除重建的方式外，对于零散分布的危旧房，可以进行改建式更新，扩大现有建筑或拆除其中不适宜的部分建筑。改建后，土地的用地性质保持不变，只是开发强度发生了变化。对于旧城镇的改建，可以采取建筑修缮、内外装修、加装电梯等方式，完善房屋使用功能，改善公共空间环境，使其满足房屋使用及城市形象更新的需要。对于旧厂房的改建，可以增加旧厂房的层数，对旧厂房进行表面修饰，改善或配齐现有的配套设施，以提高旧厂房的容积率和土地利用率，同时进行技术革新，引进节能环保新技术，提高企业产出效率。对于旧村的改建，需要结合美丽乡村建设、历史文化名镇名村和中国传统村落的保护进行统一规划和部署，多方筹措资金，按照就地改造原则，配以相应的基础设施和公共服务设施，建设社会主义新农村。

参考文献

[1] 刘新宇，张真，雷一东，等．生态空间优化与环境治理：上海探索与实践 [M]．上海：上海人民出版社，2019.

[2] 白雪燕，童明．城市微更新：从网络到节点，从节点到网络 [J]．建筑学报，2020（10）：8-14.

[3] 张东雪．社区营造视角下的城市剩余空间设计策略研究 [D]．南京师范大学，2019.

[4] 李楠，文佳．城市老旧社区公共空间微更新策略研究：以昆明市为例 [M]．昆明：云南大学出版社，2021.

[5] 李涛，孟娇．城市微更新：城市存量空间设计与改造 [M]．北京：化学工业出版社，2021.

[6] 廖菁菁．公众参与社区微更新的实现途径研究 [D]．北京林业大学，2020.

[7] 孙嘉金．昆明主城区老旧社区微更新研究 [D]．昆明理工大学，2021.

[8] 李光耀．北京市丰台区棚改安置社区微更新研究 [D]．北京建筑大学，2019.

[9] 李思敏．居住性历史文化街区公共空间微更新研究 [D]．西南大学，2021.

[10] 郭天泽．城市触媒理论下的铜梁老城居住区公共空间微更新设计 [D]．西南大学，2021.

[11] 韩彪．基于耦合分析的居住型地铁站域商业设施微更新研究 [D]．北京工业大学，2018.

[12] 毕鹏翔. 基于微更新理念的商业街区空间品质提升策略研究 [D]. 合肥工业大学, 2018.

[13] 高伟豪. 城市微更新视角下的下沉式广场景观设计 [D]. 中国矿业大学, 2019.

[14] 赵博石. 基于"微更新"理念的中小城市化学性棕地景观再生研究 [D]. 北京建筑大学, 2021.

[15] 李向前. 基于旅游选择偏好的工业遗产微更新研究 [D]. 东北大学, 2019.

[16] 周彝馨. 居住区更新改造：以广州文德路传统居住区为例 [J]. 城市, 2007（10）: 37-40.

[17] 吴芋韬. 贵州省安顺老城旧居住街区微更新设计策略研究 [D]. 北京建筑大学, 2020.

[18] 张鑫. 哈尔滨市老旧住区微更新对策研究 [D]. 哈尔滨工业大学, 2019.